21世纪复旦大学研究生教学用书

软件工程：方法与实践

赵文耘 彭　鑫 张　刚 沈立炜　著

复旦大学出版社

作者简介

赵文耘，复旦大学软件学院教授、博士生导师。1984 年毕业于复旦大学计算机科学系，1989 年获得硕士学位。从 1984 年开始在复旦大学任教至今，曾任复旦大学档案馆副馆长、复旦大学校园网管理服务中心主任，现任复旦大学软件工程实验室主任、软件工程一级学科学术带头人、软件工程博士后流动站站长。学术兼职包括中国计算机学会软件工程专业委员会副主任、中国软件行业协会软件工程分会副理事长。研究方向为软件工程、软件开发工具及其环境、企业应用集成 (EAI)。自 1989 年到 2000 年一直参加国家科技攻关项目"大型软件开发环境青鸟系统"的研制和开发，为复旦大学所承担的各子专题的主要开发人员或子专题负责人，该系统获 1998 年国家科技进步二等奖、1996 年电子工业部科技进步特等奖和 1996 年三部委联合颁发的荣誉证书。2001 年至今参加的 863 项目 "基于 Intemet 以构件库为核心的软件开发平台"和"上海构件库及其应用研究"分别获得 2006 年国家科技进步二等奖和 2005 年上海市科技进步二等奖。主持上海市精品课程"软件工程"，获得"复旦大学教学名师"称号，负责的"软件工程课程教学与实践"获 2009 年上海市教学成果奖二等奖。

彭鑫，博士，复旦大学软件学院副教授、博士生导师。现为中国计算机学会高级会员、软件工程专业委员会委员、上海市计算机学会青年工作委员会委员。2001 年毕业于复旦大学计算机科学与工程系，获学士学位。2006 年复旦大学计算机软件与理论专业研究生毕业，获博士学位。2010 年晋升为副教授，2013 年入选复旦大学"卓学计划"。主要研究方向包括软件维护与演化、软件产品线、自适应软件、移动计算与云计算等。至今已在国际会议及国内外期刊上发表论文 40 余篇，并担任了 ICSR，SEKE，ICSM 等国际会议的程序委员会委员。研究工作获得第 27 届软件维护国际会议最佳论文奖。

张刚，博士、高级工程师，上海理工大学光电信息与计算机工程学院教师、硕士生导师。研究方向为软件工程，包括软件开发方法、软件体系结构、软件维护等，在国际会议上发表多篇论文。2013 年毕业于复旦大学计算机科学技术学院，获博士学位。此前在上海贝尔任职 12 年，历任软件工程师、高级工程师、软件开发经理、主任工程师和顾问工程师等职，曾长期担任全球第一款全 IP 千兆接入产品 ISAM7302 的总体软件架构师。自 2009 年起担任公司战略与转型部门技术教练，成功引领了多个产品和团队的敏捷转型。2013 年被贝尔实验室授予"杰出工程师"称号。

沈立炜，博士，复旦大学软件学院讲师。2009 年毕业于复旦大学计算机科学技术学院，获博士学位，博士期间曾前往美国北卡罗莱纳大学夏洛特分校进行学术访问。目前主要从事软件工程方面的教学与科研工作，研究方向包括软件体系结构、软件产品线及自适应软件等。参加多项国家 863 项目与自然科学基金项目的研究，在国内外相关领域学术会议和期刊上发表论文 10 余篇。

推动科技出版事业

提高学术研究水平

为「上海科技专著出版资金」题

徐匡迪

二〇〇〇年十一月十日

科学技术是第一生产力。21世纪,科学技术和生产力必将发生新的革命性突破。

为贯彻落实"科教兴国"和"科教兴市"战略,上海市科学技术委员会和上海市新闻出版局于2000年设立"上海科技专著出版资金",资助优秀科技著作在上海出版。

本书出版受"上海科技专著出版资金"资助。

上海科技专著出版资金管理委员会

编辑出版说明

21 世纪,随着科学技术的突飞猛进和知识经济的迅速发展,世界将发生深刻变化,国际间的竞争日趋激烈,高层次人才的教育正面临空前的发展机遇与巨大挑战。

研究生教育是教育结构中高层次的教育,肩负着为国家现代化建设培养高素质、高层次创造性人才的重任,是我国增强综合国力、增强国际竞争力的重要支撑。为了提高研究生的培养质量和研究生教学的整体水平,必须加强研究生的教材建设,更新教学内容,把创新能力和创新精神的培养放到突出位置上,必须建立适应新的教学和科研要求的有复旦特色的研究生教学用书。

"21 世纪复旦大学研究生教学用书"系列教材正是为适应这一新形势而编辑出版的。该系列分文科、理科和医科三大类,主要出版硕士研究生学位基础课和学位专业课的教材,同时酌情出版一些使用面广、质量较高的选修课及博士研究生学位基础课教材。这些教材除可作为相关学科的研究生教学用书外,还可以供有关学者和人员参考。

收入"21 世纪复旦大学研究生教学用书"的教材,大都是作者在编写成讲义后,经过多年教学实践、反复修改后才定稿的。这些作者大都治学严谨,教学实践经验丰富,教学效果也比较显著。由于我们对编辑工作尚缺乏经验,不足之处,敬请读者指正,以便我们在将来再版时加以更正和提高。

复旦大学研究生院

前 言

随着计算机和软件技术的发展,计算机软件正越来越深入地影响并改变着人们工作和生活的方方面面。与此同时,计算机软件的开发、维护和运行也面临着质量不可靠、开发效率低、维护困难等诸多问题和挑战。软件工程是一门研究用工程化方法构建和维护有效、实用和高质量软件的学科,涉及软件需求、软件设计、程序设计、软件测试、软件维护等多个方面,是实现工程化的软件开发、维护和运行的重要基础。自从 20 世纪 60 年代"软件工程"的概念被提出之后,软件工程相关的方法、技术和工具等都有了长足的进步。与此同时,工业界的软件工程实践也有了很大的发展,积累了很多重要的工程经验和最佳实践。

在总结、凝练软件工程研究和实践的基础上,许多国内外学者和出版机构都出版了介绍软件工程方法、技术和实践的著作。这些著作以软件工程的经典开发方法,如瀑布模型、结构化开发方法、面向对象开发方法等为基础,以普及和介绍软件工程的基本概念和思想为主要目的。

近年来,随着互联网的迅猛发展以及应用形态和软件技术的不断创新,围绕着基于互联网的软件开发、维护和运行,软件工程领域发生了一系列重要的突破性进展,也产生了许多新的软件工程思想、方法和技术。例如,敏捷开发、基于构件的软件开发方法、软件产品线开发方法等已经得到了广泛应用;一些有效的软件开发技术和实践,如契约式设计、重构、模型驱动的体系结构等也逐渐普及;同时,围绕大规模、复杂软件系统开发及维护的支持工具和技术,如版本管理、自动化测试、程序理解、逆向工程等,也受到了越来越广泛的关注。目前还缺少一本全面介绍这些新的思想、方法和技术的软件工程著作。

本书的主要目的是为软件工程领域的研究和实践者提供一本反映近年来软件开发方法、技术、工具和实践方面最新进展以及未来发展方向和趋势的专业著作。它需要既能保证内容的全面性、覆盖软件工程领域的基本概念和思想,又能突出软件工程研究和实践的最新进展,这是一项富有挑战性的工作。本书主要按照软件开发生存周期的过程和阶段进行组织,然后对一些软件开发的新方法和新技术进行介绍。第 1 章对软件工程的基本概念和根本性困难进行了介绍和分析,第 2 至第 7 章分别介绍软件过程、需求工程、软件设计、软件构造、软件测试和软件维护。这部分内容突出了方法的系统性及实践背后的基本原理,同时对于相关的软件工具和实践指南进行了扼要介绍。在此基础上,我们还介绍了一些新的软件开发方法。其中,第8章介绍了软件复用与构件技术,第9章介绍了软件产品线,第10章介绍了面向方面的软件开发等软件开发新技术。

赵文耘编写了本书的第1章和第8章,并负责全书的统稿;彭鑫编写了本书的第3章、第7章和第9章;张刚编写了本书的第2章、第4章和第5章;沈立炜编写了本书的第6章和第10章。此外,陈碧欢、董瑞志、林云、钱文亿等研究生也参加了相关资料的收集和整理工作。

本书的出版受到了复旦大学研究生院资助项目以及上海科技专著出版资金的支持,同时也得到了复旦大学软件学院的大力支持,在此一并表示感谢。此外,我们还要感谢复旦大学出版社的黄乐、梁玲等编辑的信任和支持。

我们希望这本书能够为软件工程领域的研究者了解相关方面的研究状况并开展相关研究工作打下基础,同时为项目经理、架构师等高级工程技术人员掌握软件开发过程管理、软件设计和构造技术等方面的前沿技术和最佳实践提供帮助。

编者

2014 年 7 月

目 录

第 1 章

软件工程概述

本章将首先介绍软件工程的基本概念,并对软件开发的根本性困难进行分析,然后介绍软件工程知识领域,最后对后续各章的内容进行简要介绍。

1.1 软件工程基本概念

软件工程(Software Engineering)的概念是在 1968 年北大西洋公约组织(NATO)的一次会议上正式提出的。当时工业界所面临的一个普遍问题是:一方面所开发的软件系统的规模和复杂性越来越高(如 IBM 的 OS/360 系统),另一方面手工作坊式的软件开发方式在开发效率、成本控制、质量保障等方面越来越难以满足需要。许多软件开发项目所遭遇的情形正如 Brooks 在其著作《人月神话》中所形容的[1]:"……正像一只逃亡的野兽落到泥潭中做垂死的挣扎,越是挣扎,陷得越深,最后无法逃脱灭顶的灾难。……程序设计工作正像这样一个泥潭,……一批批程序员被迫在泥潭中拼命挣扎,……谁也没有料到问题竟会陷入这样的困境……"这一问题被形容为"软件危机",具体表现包括开发进度难以预测、开发成本难以控制、用户对产品功能难以满意、产品质量难以保证、软件难以维护。

国际标准化组织 ISO/IEC/IEEE 在所发布的系统和软件工程术语标准中将软件工程定义如下[2]:将科学和技术的知识、方法和经验,系统化地应用于软件的设计、实现、测试和文档化;将系统化的、规范的、可量化的方法,应用于软件的开发、运行和维护,即将工程化应用于软件中。

软件工程的目标是在开销合理(时间、成本)的情况下开发高质量的软件产品。其中,软件质量关注于软件产品满足预期需求的程度,而开销合理是指软件开发、运行的整个进度和成本满足用户要求的程度。软件工程的基本思想是将工程化的思想、方法和原则应用到软件的开发、维护和运行过程中。例如,软件工程强调量化管理、规范化的开发过程、详细的开发文档、自动化工具的应用等,希望通过严格的工程化开发实现软件开发时间、成本和质量可预测、可控制以及成功经验可复制。

软件工程的基本内容可以概括为一种层次化结构,如图 1-1 所示[3]。其中,质量关注点(Quality Focus)是软件工程的根基,是工程化软件开发所追求的目标;过程(Process)是软件工程的基础,为工程化的软件开发指明了路线图;方法(Methods)为软件开发过程中遇到的各种问题

工具
方法
过程
质量关注点

图 1-1 软件工程的几个层次[3]

（例如，如何捕捉用户需求、如何进行体系结构设计）提供具体的解决方案；工具（Tools）则为过程和方法提供自动化或半自动化的支持，为工程化过程和方法的执行提供支持，并提高开发效率和质量。

软件产品和软件系统从概念孕育到由于失去作用或被替换而退役的整个过程被称为软件生存周期（Software Life Cycle）。这个过程往往持续很长时间，可能长达几年、十几年甚至几十年。另一方面，软件生存周期过程涉及与软件开发、维护和运营相关的多个方面，包括商业协议、组织和技术管理、项目管理、质量管理、开发实施等。国际标准化组织 ISO/IEC 发布的软件生存周期过程标准[4]将软件生存周期过程分成系统上下文过程和软件特定过程两大部分（详见第 2 章）。其中，系统上下文过程关注系统工程，包括软件产品所处的商业环境、组织管理、需求管理、质量管理和业务运营等环节。软件特定过程关注软件工程，共包括7 个软件实施过程、8 个软件支持过程和 3 个软件复用过程。其中的软件实施过程又覆盖了基本的软件开发过程，包括软件需求分析过程、软件体系结构设计过程、软件详细设计过程、软件构造过程、软件集成过程、软件合格测试过程。

1.2 软件开发的根本性困难

软件工程自提出至今的几十年间已经有了长足的发展，并已形成了较为完整的过程、方法、技术和知识体系。在开发过程方面，从早期的瀑布模型、演化模型、螺旋模型，发展到统一软件过程（UP）和敏捷开发过程。在开发方法方面，从结构化开发方法、面向对象开发方法，发展到基于构件的开发方法和模型驱动的开发方法；在开发技术方面，各种软件分析、设计、构造、测试和维护技术及支持工具层出不穷；在知识体系方面，IEEE 在总结软件工程各方面研究和实践成果的基础上编辑发布了软件工程知识体系（SWEBOK），目前已经发布了3.0 版。

然而，在软件开发实践中，软件产品质量低下、项目成本超支、无法按时交付等问题仍然层出不穷。由于软件缺陷、延迟交付或成本超支等问题造成项目失败甚至重大损失的案例则不胜枚举。很多时候，软件开发项目的管理者、开发人员和客户都对项目的成功缺乏信心。这一方面是因为软件应用越来越广泛，软件系统的规模和复杂度越来越高，另一方面则是由于软件开发自身所面临的根本性困难。

软件开发与建筑业、制造业等其他工程化领域的一个根本性的区别在于其生产的是完全不可见的逻辑产品，是一种从问题领域知识到软件解决方案的知识转换过程。软件的不可见性使得软件的需求和设计规格说明难以精确刻画（对比一下汽车零部件和一个软件模块的规格说明），而软件开发进度和质量则难以精确度量和掌握。另一方面，软件开发所面临的问题领域纷繁复杂、需求的个性化程度高，不同软件系统之间的差异性很大，很难做到通用和标准化。以上这些都使得软件开发的问题分析、方案设计、构造与测试等都非常依赖于开发人员的个人能力、经验和主观判断，而规模化的软件开发项目还非常依赖人与人之间的有效沟通与协调。因此，软件开发的系统化、严格约束和可量化的工程化目标很多时候难以完全实现，项目的成功很多时候仍然依赖于开发团队及个人的能力、经验和投入程度。

软件开发所面临的困难还有很大一部分来自于频繁的需求变更及其对于软件开发进度、质量和成本的影响。虽然在建筑工程中，业主也可能对一栋正在建设的建筑提出修改意见,但出于对于变更的可能性和成本的认识,他们对于这种意见会非常谨慎。而由于软件的不可见性以及对于软件开发缺乏了解,客户对于软件需求变更的影响则缺乏认识,这也导致了他们会更加频繁和随意地提出变更要求。在此方面,IEEE 的软件工程知识体系对于软件开发项目管理所面临的特殊困难进行了总结,具体如下[5]:

(1) 客户经常不知道需要什么或者哪些是可行的;

(2) 客户经常缺少对于软件工程所固有的复杂性的认识,特别是需求变更的影响;

(3) 对于问题理解的不断加深以及情况的变化经常会产生新的软件需求或需求变化;

(4) 由于需求变化,软件经常是以一种迭代化而非序列化的过程构建的;

(5) 软件工程必须将创造性和规范性两个方面相结合,在二者之间维持平衡常常很困难;

(6) 软件开发的创新性和复杂性经常很高;

(7) 软件开发的基础技术的变化非常快。

20 世纪 80 年代,Brooks 在其著作"No Silver Bullet: Essence and Accident in Software Engineering"[6] 对于软件工程中的根本性困难和次要困难进行了论述。他的一个基本论断是"没有银弹＊",即"没有任何一种技术或管理上的进展能够独立地承诺在 10 年内大幅度提高软件的生产率、可靠性和简洁性"。这一论断似乎至今仍然是有效的。Brooks 所说的次要困难是指软件开发中那些曾经存在或者目前仍然存在,但并非与生俱来的一些困难。在过去的几十年中,人们在这些方面已经取得了许多重要的进展,例如高级语言、分时、统一开发环境等。这些进展极大地提高了软件开发效率和质量,但由于软件开发中的根本性困难的存在,这些进展对于软件开发的现状还难以带来质的变化。Brooks 所说的根本性困难是指由软件的本质特性所决定的软件开发的固有困难,包括软件的复杂度、一致性、可变性和不可见性。他强调软件开发中困难的部分是对于构成抽象软件实体的复杂概念结构的规约、设计和测试,而不是对于概念结构的表示(如使用某种编程语言),以及对于表示的准确性的测试。

与此同时,Brooks 也对一些可能的"银弹"进行了分析,包括购买而非自行开发(商用第三方构件等)、需求精化和快速原型、增量开发、好的设计者等。这些手段虽然也不能从本质上解决问题,但无疑能够在一定程度上帮助我们提高开发效率和质量。事实上,这些思想已经在很大程度上反映在当前流行的开发方法和技术之中,例如基于构件的开发方法、敏捷开发方法等。

1.3 软件工程知识领域

按照 IEEE 软件工程知识体系(SWEBOK V3.0)[5] 的定义,软件工程作为一个工程学科包含 15 个知识领域(knowledge area),分别为软件需求(Software Requirements)、软件设计(Software Design)、软件构造(Software Construction)、软件测试(Software Testing)、软件维护(Software Maintenance)、软件配置管理(Software Configuration Management)、软件工

＊ 欧洲中世纪的传说中有一种叫"人狼"的妖怪,只有用银子制成的特殊子弹才能杀死人狼。这里"银弹"用来比喻解决软件开发的根本性困难的有效手段。

程管理（Software Engineering Management）、软件工程过程（Software Engineering Process）、软件工程模型和方法（Software Engineering Models and Methods）、软件质量（Software Quality）、软件工程专业实践（Software Engineering Professional Practice）、软件工程经济学（Software Engineering Economics）、计算基础（Computing Foundations）、数学基础（Mathematical Foundations）、工程基础（Engineering Foundations）。

软件工程过程知识领域关注于软件工程师在软件生存周期中所进行的软件开发活动以及开展的方式(如活动间的顺序等)。软件需求知识领域关注于整个软件产品生存周期内软件需求的获取、分析、规约和确认以及需求的管理。软件设计知识领域涵盖了对于软件系统或部件的体系结构、部件、接口和其他特性的定义以及以上这些设计过程所产生的结果。软件构造知识领域包括以创建可运行的软件为目的的编码、验证、单元测试、集成测试和调试活动。软件测试知识领域关注于如何从通常无限的执行域中以适当的方式选取有限的测试用例集合，从而对程序是否提供了所期望的行为进行动态验证。软件维护知识领域关注于软件在初次交付后的维护和支持，但软件维护活动并不限于交付之后，而是往往在更早的时候就已经开始了。以上这些知识领域覆盖了软件开发生存周期中的主要阶段，同时也是本书介绍的重点。

软件开发不可避免地会涉及商业因素以及对于软件制品和人的工作的规划、协调和管理，因此软件工程也包含与管理和经济学相关的方面。软件配置管理和软件工程管理这两个知识领域涵盖了软件配置管理、软件项目管理、软件度量等管理内容。软件质量知识领域则关注于软件质量和质量管理，包括软件质量的基本概念、软件质量管理过程、管理技术和工具等。而软件工程经济学则关注于商业环境下的软件工程决策，包括风险分析、成本效益分析等。

合格的软件工程师应当具备相关方面的基础知识以及相应的专业实践技能，同时对通用的软件工程模型和方法有所了解。计算基础、数学基础和工程基础 3 个知识领域关注于与软件开发、演化和运行相关的计算基础(如程序设计原理、算法、并行与分布式计算、数据库、网络等)、数学基础(如集合、关系、函数、逻辑、证明、图和树、有限状态机、语法等)，以及工程基础(如经验方法和实验技术、统计分析、工程化设计、建模与模拟、标准等)。软件工程专业实践知识领域关注于软件工程师在实践中应当具备的技术和非技术知识、能力和经验，包括职业认证、职业道德、团队协作、沟通技巧等。软件工程模型和方法知识领域则涉及软件工程模型的建模与分析以及通用的软件工程方法。

1.4　各章内容简介

本书第 2 章介绍软件过程。第 3 章至第 7 章按照软件开发的基本过程分别介绍需求工程、软件设计、软件构造、软件测试和软件维护 5 个技术领域。第 8 章和第 9 章则分别介绍了软件复用与构件技术、软件产品线。最后，第 10 章介绍了几种软件开发新技术。

1.4.1　软件过程

第 2 章介绍软件过程。过程来自现代工业环境中人类最佳实践的不断积累和以此为基础的控制协作活动复杂性的努力。为了达成软件项目或产品的目标，在软件的整个生存周期中,需要进行产品定义、需求分析、体系结构设计、编码实现、测试和运行维护等多种不同的软件开发活动。与此相应,整个开发过程也涉及多种多样的参与者,例如客户、需求分析人员、设计人员、实现人员、测试人员、项目经理以及工具支持人员等。如何有效地组织软件开发活动、在项目参与者之间分配职责并加强协作是软件过程所面临的主要问题。

成功的软件项目是业务、组织、项目运作和技术等因素综合发挥作用的结果。我们首先以 ISO/IEC 12207 软件生存周期过程为基础,全面介绍了软件生存周期中的过程、活动和任务。接着,我们围绕这些任务在软件生存周期中的不同组织方式,介绍了多种软件开发模型,包括瀑布模型、增量模型和演化模型等。然后我们分别介绍了统一过程以及敏捷与精益软件开发方法。统一过程是一个集成的软件开发过程框架,在过去的十年间得到了广泛的认可和应用。而敏捷与精益方法作为正在兴起的软件开发方法,以灵活性和持续改进作为核心思想,正得到越来越多的认可。当然,无论统一过程还是敏捷与精益方法,都不仅仅是抽象的软件过程模型,因此我们在后续章节中有选择地介绍了一些与这两种开发过程相关的工程实践。

软件过程并不是静态的,它会随着软件组织的发展和环境的变化而持续改进。在第 2 章的最后一节我们介绍了软件过程改进的概念,以及用于评估软件开发组织的能力成熟度模型集成(CMMI)。

1.4.2 需求工程

第 3 章介绍软件需求工程。软件开发的目的是为现实世界中的各种问题提供基于计算机软件的解决方案,因此全面、准确地认识所面临的问题是成功的软件开发的前提。软件需求是对软件产品或服务所要具备的外部属性的一种刻画,这些属性应当保证所提供的解决方案能够满足用户所需要解决的现实世界问题。需求工程关注于通过工程化的过程、方法和工具实现软件需求的获取、分析、文档化、确认和管理,确保对于需求的正确认识和有效管理。

本章首先介绍软件需求的相关概念。软件需求包括功能性需求、质量需求和约束 3 个方面,反映了相关涉众的主观期望和要求,以及法律、商业、文化、技术等各个方面的现实世界客观约束。该部分也分析了软件需求中的主要困难。在造成软件开发项目失败的原因中,与需求相关的问题占了很大一部分,包括需求模糊、不确定;需求不完整;相关各方对于需求的理解不一致;需求的频繁变化和管理失控等。此外,这一部分还对需求制品和需求工程活动进行了概述。

现实中的软件系统大多以软件密集型系统的形态存在。这类系统中的软件与其他上下文元素之间存在着密切的联系。因此,从系统分析入手、考虑系统上下文是分析软件需求的基础。为此,第 3 章介绍了软件密集型系统及系统上下文的相关概念,然后对问题框架方法(一种软件开发问题的结构化分析方法)进行了简要介绍。

为了支持相关涉众之间针对系统需求的交流、沟通和理解,需求工程过程必须对所获取的需求进行文档化的描述和记录,从而产生各种需求制品。其中,目标、场景以及面向方案的需求是 3 类最常用的软件需求制品。在相关涉众、已有的文档和系统等需求来源基础上,需求工程通过一系列工程化的过程及活动实现系统化的需求获取、分析和有效管理。其中,主要的需求工程活动包括需求获取、需求分析、文档化和需求确认。

需求管理主要是指对于需求制品和需求变更的管理。广义的需求管理还包括对于需求工程全过程的管理，包括需求工程活动开展的顺序等。这一部分将主要介绍对于需求制品的追踪关系、优先级管理以及需求变更管理。

1.4.3 软件设计

第 4 章介绍软件设计。软件设计提供了软件实现的蓝图，是连接软件工程的问题域和解决方案域的桥梁。它承接软件需求工程的工作，通过系统化、工程化的方法寻找恰当的解决方案，为后续的软件构造活动铺平道路。良好的软件设计能够提高软件开发效率，保证软件的持续演化能力，降低软件开发的风险。从软件设计的关注点和抽象层次的角度，软件设计涵盖了体系结构设计、模块级设计、数据设计和用户界面设计等多个领域。软件设计是一种创造性的思维活动。往往越是创造性的活动，越是需要清晰的方法学指导，从而在无序的发散性思维和有序的理性思维之间游走自如。第 4 章基于设计的一般理论，首先简要介绍了设计的普遍原则和方法，包括设计目标、设计约束、可选项、设计范例、效用函数以及设计制品的概念，然后以此为线索对软件设计中的重要概念和体系结构设计的方法进行了讨论。

软件设计首先从设计目标开始。软件设计的目标是多重的，既包括服务于当前项目或产品的短期目标，也包括支持软件组织可持续发展的长期目标。ISO/IEC 25010《系统和质量属性模型》对软件设计中可能出现的不同维度的需求及其质量属性给出了完整定义。设计阶段的核心目标就是通过良好的方案设计，最大限度地满足期望的质量属性需求。我们在第 4 章也对与设计目标紧密相关的质量属性定义、表述和优先级进行了讨论。

从设计方法上看，卓越的设计并不是凭空产生的，任何设计在本质上都借鉴或者复用了前人智慧的结晶，这就是"模式"的价值所在。模式从所要解决的问题类型和问题所处的上下文出发，总结了既有的成熟方案。通过熟悉既有的设计思想，设计人员可以避免大量不必要的尝试，在更高的思维层次上进行创新。为了阐释这一概念，我们将在第 4 章介绍软件体系结构模式。与此相关的还有设计模式、实现模式等。

为了支持设计过程中的思考和对设计结果的表达，我们介绍了模型和视图的概念。并以 Kruchten 4+1 视图为例，展示了视图在体系结构设计中的应用。在第 4 章的最后，我们介绍了设计评审的要点以及常见的几种体系结构评审方法。

1.4.4 软件构造

第 5 章介绍软件构造。软件构造体现了软件开发的最终价值。软件构造过程的核心是编码，但也包括了围绕编码活动的详细设计、调试和单元测试、集成以及软件开发工具等关键问题。

在第 5 章中，我们首先从软件工程的角度探讨了面向对象设计中的核心概念，即类和接口，然后介绍了契约式编程。采用契约式编程可以有效降低软件单元之间的依赖造成的复杂度。接着我们转入对代码编写的讨论。与代码编写相关的一个重要决策是编程语言的选择。无论是静态语言还是动态语言、强类型语言还是弱类型语言、面向对象语言还是函数式语言等，都有其各自的优缺点和适用情况。同时，由于软件工程项目往往涉及多人协作并且持续很长时间，一致的编码规范对于改进开发人员之间的沟通以及软件的可维护性具有重要意义。因此，我们也对编码规范的整体原则进行了讨论。

单元测试一般情况下都不是独立于编码的活动,而是作为一种质量保证机制与编码活动同步进行。所以,我们将单元测试放在第 5 章进行介绍。除了单元测试所必需的工具、测试设计的方法以及依赖注入等技术外,我们还介绍了测试先行和测试驱动开发的思想。测试先行和测试驱动开发也是敏捷软件开发的核心工程实践之一。

最后我们对软件集成进行了介绍。相对于大爆炸方式的集成,增量集成是降低集成阶段风险的有效方法,将增量集成推到极致就是持续集成。我们也用了较多的篇幅对持续集成的目标、价值和实践方法进行了探讨。

1.4.5　软件测试

第 6 章介绍软件测试。软件测试是一种重要的软件质量保证手段。软件测试一般是指基于一组有限的测试用例执行待测程序,动态地验证一个程序是否提供了预期行为的过程。此外,针对软件文档(如需求文档、设计文档等)与代码的评审和缺陷分析也被作为一种静态技术归属软件测试的范畴。软件测试的一个重要问题是如何在有限的资源和时间的约束下,选择合适的软件测试技术从大量的程序输入空间中选取、设计并执行有限的测试用例,从而达到发现软件缺陷的目的。

本章首先介绍了与软件测试相关的基本概念以及不同的软件测试类型。这一部分还介绍了验证与确认这两类密切相关但侧重点各不相同的质量保障活动。软件测试可以遵循特定的测试过程,以指导开发人员决定在什么时候进行何种软件测试活动。随着人们对测试的认识不断深入,测试过程也不断发展,产生了 V 模型、W 模型与 H 模型等不同的软件测试过程模型。此外,软件测试方面的一些国际和行业标准也能够为软件测试活动的有效开展提供指导。

在执行软件测试活动时,选择合适的软件测试技术对测试的效果至关重要。这些技术包括用于指导测试用例设计的黑盒测试与白盒测试技术、用于缩减测试用例数量的组合测试技术、用于评价测试用例质量的变异测试技术,以及其他测试用例精化、筛选与排序的技术。这一部分将会对这些技术进行介绍。

按照不同的测试目标,软件测试可以分为多种不同的类型,包括单元测试、集成测试、系统测试、验收测试,以及针对文档和代码的评审。此外,回归测试是在软件进行修改后用于确认修改未引入新的错误或导致其他代码产生错误的一种有效的测试方法。这一部分还介绍了针对不同测试类型的一些常用的软件测试工具。

与面向过程的程序相比,面向对象所具有的封装、继承与多态等特性对于软件测试技术提出了新的要求。这一部分将在分析面向对象软件测试的特点的基础上,从面向对象软件的分析、设计与编程这 3 个方面介绍面向对象软件测试的要点和原则。

1.4.6　软件维护

第 7 章介绍软件维护。大多数软件产品在初次交付给客户和用户后都会进入长期的软件演化和维护过程。而在敏捷开发等增量、迭代的软件开发过程中,软件演化更是与软件开发过程本身进一步融合在一起。软件维护过程通过一系列方法、技术和工具支持软件维护人员以一种高质量、高效率以及经济的方式实现软件的演化目标。

本章首先介绍了软件维护的相关概念。基本的软件维护类型包括纠正性维护、预防性维护、适应性维护、完善性维护。软件可维护性的概念涵盖了可理解性、可测试性、可修改性、可扩展性、可复用性等与软件的修改相关的质量属性。软件维护遵循一套包含规划、分析、实施、评审等活动的工程化过程。而软件再工程则被视为一种特殊的软件维护类型,将逆向工程、重构和正向工程结合起来,实现对于遗留软件系统的重新构造。这一部分还对软件维护的技术内容进行了概述。

第 7 章接下来的内容按照软件维护技术的基本框架进行组织。软件分析技术是很多软件维护技术的基础,为程序理解、变更影响分析、逆向工程、重构等提供关于程序和文档等方面的基础信息。软件分析的对象包括源代码、目标代码、文档、模型、开发历史等。这一部分将介绍静态分析、动态分析、开发历史分析 3 类分析技术。

执行软件维护任务的开发人员在进行代码修改之前必须首先理解相关程序的功能、结构和行为等方面,从而为确定修改方案打下基础。此外,变更影响分析技术将辅助开发人员确定代码修改的影响范围。这部分将具体介绍特征定位、软件制品追踪关系、变更影响分析 3 类程序理解和变更影响分析技术。

逆向工程通过分析软件系统的实现创建需求和设计等更高抽象层次上的系统表示。逆向分析的结果不仅可以辅助程序理解,还可以辅助开发人员完成软件维护和软件再工程等不同的任务。这一部分将介绍程序度量、模型逆向恢复、体系结构逆向恢复、软件可视化等相关的逆向工程技术。

软件重构是指在不改变程序外部行为的情况下对其内部的设计和实现进行改进和优化的一种软件维护实践。软件重构的目的一般是为了改进软件的可维护性。这一部分将首先介绍软件重构所针对的代码中的坏味道,然后介绍软件重构的类型及原则。

最后,第 7 章还介绍了一些常用的软件维护工具,包括缺陷追踪管理工具、软件维护任务管理工具、特征定位工具、克隆分析工具、逆向分析工具、代码分析和度量工具等。

1.4.7 软件复用与构件技术

第 8 章介绍软件复用与构件技术。软件复用是一种利用已有的软件资源和知识来创建新软件的一种方式。软件复用能够帮助软件开发者提高开发效率以及软件产品的质量、降低开发成本,同时缩短软件的上市时间。软件复用的对象涵盖各种类型、粒度的软件知识与制品。其中,基于构件的软件开发是软件复用中最为有效的实践方式之一。此外,框架与中间件等大粒度的软件复用单元能够进一步提高软件复用的效率。

本章首先对软件复用的基础知识进行介绍,包括软件复用的对象以及不同类型的软件复用。这一部分对软件复用的发展历史进行了简单的梳理,并总结了软件复用的现状及其在实践中所面临的挑战。对于一个企业而言,软件复用相关决策往往基于与复用相关的成本和效益分析,因此这一部分从软件工程经济学的角度提供了一组定量和定性的软件复用度量方法。

为了有效地实施软件复用,软件企业一般要遵循特定的过程并采用合适的复用技术。在复用过程方面,这一部分将首先介绍软件复用的一般过程,即生产者复用、消费者复用这两种过程及其所包含的活动,然后介绍软件复用过程标准 IEEE 1517 以及用于评价企业软件复用水平的复用成熟度模型。在复用技术方面,这一部分将按照生成式复用与组装式复用两种类型分别介绍相关的复用技术。此外,这一部分还将针对面向对象语言中的类、设计模式等机制,探讨其支持复用的实现方式。

基于构件的软件开发涉及一系列与构件相关的描述、实现、组装与管理技术。有些构件模型用于定义和描述构件规约和其他特性,而有些构件模型则指定了构件的设计与实现方案。为了实现基于构件的系统开发,复用者需要根据构件的接口规约采用合适的组装技术进行构件集成。商用成品构件(COTS)作为一种特殊的软件构件,在构件的获取与组装方面都有其特殊之处。此外,构件的管理机制主要以构件库为载体,在对构件进行详细刻画的基础上,支持构件的开发者与使用者实现构件的快速存储、检索与获取。这一部分将按照这些内容展开,并对基于构件的软件开发在实践中遇到的问题进行探讨。

框架与中间件作为大粒度的可复用单元已经在当今的软件开发中占据重要的地位。框架被认为是部分实现的软件体系结构。中间件是独立发布、可单独运行的软件系统,其目标是为大规模、分布式的软件应用提供基础设施。使用框架与中间件的软件开发能够使得开发者仅关注于特定应用逻辑的实现。这一部分将介绍框架和中间件的概念及特性,以及几种常用的框架和中间件。

1.4.8 软件产品线

第9章介绍软件产品线。软件产品线是一种针对特定领域的系统化的基于复用的软件开发方法。其基本思想是通过对领域共性和可变性的把握构造一系列领域核心资产,使得面向特定客户的应用产品可以在核心资产基础上按照预定义的方式快速、高效地构造出来。软件产品线工程主要包括领域工程、应用系统工程和产品线管理3个方面。

本章首先介绍了软件产品线的基本思想和方法。软件产品线是在软件复用的基础上发展起来的,其基本思想是面向特定领域、以系统化的基于复用的开发方法实现软件产品的大规模和定制化开发。这部分对软件产品线的特点和优势进行了分析,并简要介绍了软件产品线开发过程。

软件产品线开发的目的是缩短产品上市时间、提高产品开发效率和质量、降低产品开发成本,从而提高经济效益。领域范围与产品线投资和收益两个方面都密切相关,因此在很大程度上也决定了产品线的经济效益。确定软件产品线范围是软件产品线开发的首要任务,而可变性则直接为产品线开发中的范围效益提供支撑。

接下来的第9章分别介绍了领域工程和应用系统工程的基本过程和相关技术,包括这两个层面上的需求工程、设计和实现。第9章最后介绍了软件产品线管理,包括对于软件产品线管理中的特殊问题的分析,以及组织管理和技术管理两个方面的管理内容。

1.4.9 软件开发新技术

第10章介绍3种软件开发的新技术,分别是面向方面的编程(AOP)、面向特征的编程(FOP),以及模型驱动的体系结构(MDA)。作为当前最流行的软件开发方法,面向对象软件开发方法通过封装、继承、基于消息的交互等机制为模块化设计以及可复用性和可扩展性提供了支持。然而,面向对象方法在处理横切关注点以及特征的灵活组合等方面存在着不足。这3种软件开发新技术可以在一定程度上弥补面向对象方法的不足。

AOP技术为横切关注点的模块化提供了支持。AOP允许开发者将横切关注点与完成特定业务职责的模块相分离并封装为方面(Aspect),并通过定义编织规则实现与其他模块的灵活装配。这一部分将首先介绍 AOP 的基本概念及其特性,然后介绍 3 种常用的 AOP 实现框架(AspectJ,Spring AOP 和 JBoss AOP),包括技术特性、语法和应用实例。

面向对象方法中高层特征与实现代码之间的复杂映射关系导致特征的修改或重新组合常常涉及代码中的多个类,为软件的开发与维护带来不便。针对这一问题,FOP 以特征作为封装单元,以特征层次化为核心思想,支持开发者根据用户的需求进行特征单元的灵活选择和装配。这一部分首先介绍 FOP 的基本概念,然后介绍 3 种典型的 FOP 语言模型(Genvoca,AHEAD,FOMDD)及其应用实例,最后介绍一个开源的 FOP 建模与实现平台(FeatureIDE)。

MDA 提供了一种通过创建可执行的软件模型以及模型转换的方式生成可运行软件的方法。MDA 的开发过程是一个持续的模型转换过程,首先从平台无关模型出发,通过模型转换逐步扩展不同层次的实现技术细节,从而得到与具体实现技术相关的平台特定模型,最终将其转换为软件代码。这个过程涉及不同模型之间的映射与转换的技术。这一部分将在 MDA 的概念和模型体系的介绍基础上,详述 MDA 的开发过程,并通过一个基于统一建模语言(UML)的模型转换实例展示 MDA 的具体应用过程。

本章参考文献

［1］弗雷德里克·布鲁克斯著,汪颖译.人月神话.清华大学出版社,2007.

［2］ISO/IEC/IEEE Systems and Software Engineering Vocabulary (SEVOCAB). http://www.computer.org/sevocab.

［3］Roger S Pressman 著,郑人杰等译.软件工程——实践者的研究方法(原书第 6 版).机械工业出版社,2007.

［4］ISO/IEC 12207:2008 Systems and Software Engineering-Software Life Cycle Processes (2nd ed.).

［5］Pierre Bourque, Richard E Fairley. Guide to the Software Engineering Body of Knowledge (SWEBOK Guide V3.0). IEEE Computer Society. http://www.computer.org/portal/web/swebok.

［6］Frederick P, Brooks Jr. No Silver Bullet: Essence and Accidents of Software Engineering. IEEE Computer,1987,20(4):10 - 19.

第2章

软件过程

软件开发是一个涉及多种要素的复杂活动。成功的软件开发既需要在范围、成本、质量和时间等方面满足多种要求和约束，还需要客户、开发者之间的充分协作，使用正确的技术方案和工具等。软件过程的目的就是通过定义良好的步骤和方式，协调上述要素间的关系，交付满足业务需求且达到工程目标的软件产品。

本章首先介绍软件过程的基本概念和 ISO/IEC 12207 软件生存周期模型，然后讨论常见的软件过程模型。接着，将就一些典型的软件过程和方法，包括统一过程、敏捷软件开发方法（和软件过程相关的部分）等进行讨论。最后，介绍 CMMI 能力成熟度模型和软件过程改进的概念。

2.1 概述

2.1.1 基本概念

在软件工程的早期，人们的主要精力集中于软件开发的技术方法和工具环境等方面的改进。这些努力提高了软件开发的效率，逐渐使软件开发走向工程化的道路。但是，随着软件应用领域和软件规模的不断扩大，软件开发的协作和活动的各种细节（如项目管理、过程控制、人员和沟通协作合作等）对软件开发的成功开始变得越来越重要。在现代的软件工程项目中，是否采纳了合适的软件过程，对项目的成败起着至关重要的作用。

软件过程又称软件生存周期过程，定义了软件组织和人员在软件产品的定义、开发和维护等阶段所实施的一系列活动（Activity）和任务（Task）。同时，软件过程也描述了活动及任务的时序关系以及达到预期目标的途径。

活动是为实现某个目的而采取的步骤或执行的职责。在典型的软件开发过程中，常见的活动包括系统需求分析、系统结构设计、软件需求分析、软件体系结构设计、软件详细设计、软件编码和测试、软件集成、软件合格性测试、系统集成、系统合格性测试、软件安装、软件验收支持和过程实施等。在不同的应用领域、不同大小的项目中，一般都包括上述这些活动。但是，活动的执行顺序并不是确定的，而是和具体的开发模型相关。它们既可以是顺序执行，也可以是迭代或者并行的执行。

任务是构成活动的基本元素，一项活动往往由若干个任务构成。例如，软件体系结构设计可以包含如下两个任务：

（1）任务 1：建立软件系统的顶层结构，包括构成软件的元素（如子系统、模块或构件等）、软件元素的具体职责以及它们之间的协作关系，并形成相应的文档；

（2）任务 2：对设计的软件系统结构进行评价和验证，并形成相应的文档。

任务的目标是根据输入，通过任务执行产生所需的输出。与活动相比，任务关注的目标比较小，也比较具体。每个任务都需要产生实际的制品。例如，上述任务 1 将产生体系结构的设计文档，任务 2 将产生体系结构的评估文档。

软件开发中的活动和任务并不总是顺序执行的。过程流描述了如何在执行顺序和执行时间上对活动和任务进行组织。常见的过程流包括线性过程流、迭代过程流、并行过程流和演化过程流等。正如其名字所指示的，线性过程流中的活动顺序执行，而在迭代过程流中，在执行下一个活动之前，会重复执行之前的一个或多个活动。并行过程流中，多个活动可以并行执行，而演化过程流则是采取循环的方式执行各个活动，每次循环产生一个更完善的软件版本。不同的过程流形成了软件开发的各种过程模型，2.1.3 节将对软件过程模型进行详细讨论。

软件开发是人的创造性活动，通过客户、市场人员、软件开发人员、测试人员、管理者等涉众（Stakeholder）之间的互动和协作，来获取需求、进行软件开发并对其进行验证。良好定义的软件过程需要定义和协调涉众之间、涉众与制品、涉众与相关工具、技术之间的关系。人员、角色和职责的定义如下：

人员指软件开发活动中的相关工作者。人员通过各自的角色在软件开发活动中发挥作用。

角色定义了和人员相关的、一组关联紧密的行为集合。角色有时候也被称为工作人员（Worker）。人员可能充当不同的角色，而同一角色的职责也可以由不同的人员来完成。例如，一个人可以既是一个模块的设计人员，同时还是另一个模块的评审人员。而多个工程师都可以同时充当设计人员，分别负责同一个或者不同模块的设计。

职责定义了某个角色在软件开发活动中的具体目标和应该执行的行为。每个角色都有特定的一组行为和职责。职责通常同特定制品的产生、修改或控制活动相关联。例如，系统分析人员执行需求获取和需求建模活动，产生需求管理计划和用况模型等制品。而架构人员执行整体结构设计活动，并领导和协调技术活动，产生软件系统的体系结构文档等制品。

需要注意，软件过程是一种改进生产力的工具，而不应该成为对生产力的约束。软件开发团队需要采纳合适的软件过程，并进行适应性调整，从而达成软件项目的最终目标。

成功的软件开发是业务、技术、人员、过程和工具等方面综合作用的结果。采用了合适的软件过程，并不意味着软件项目就必然能够达成业务目标。为了保持普遍性，软件开发过程框架一般情况下不会对特定的软件开发技术或者工具等要素进行约定，但是这不意味着这些就无关紧要。软件过程必须与切实的软件工程实践相结合。在软件开发实践中，应该对其中的最佳实践进行总结，甚至纳入组织的特定过程中。此外，还需要在软件开发过程中对过程本身进行评估和调整，使其更加符合项目和组织的特点。

2.1.2　ISO/IEC 12207 软件生存周期过程

软件生存周期指的是软件产品或软件系统从产生、投入使用到被淘汰的全过程[1]。软件过程覆盖了软件的整个生存周期。国际标准化组织 ISO/IEC 于 1995 年发布了 ISO/IEC 软件生存周期过程 12207 国际标准，对软件生存周期的概念和其中的关键活动进行了规范化定义。ISO/IEC 12207 软件生存周期过程标准是软件工程标准中一个基础性文件,为软件生存周期过程建立了一个公共框架,系统地定义了软件开发中所需的各种任务。目前该标准的最新版本是 2008 版[2]。

ISO/IEC 12207—2008 把软件生存周期过程分成系统上下文过程和软件特定过程两个部分。系统上下文过程关注系统工程,包括软件产品所处的商业环境、组织管理、需求管理、质量管理和业务运营等环节。它共包括 2 个协议过程(Agreement Process)、5 个组织项目使能过程(Organizational Project-Enabling Process)、7 个项目过程和 11 个技术过程。其中,技术过程的实现过程部分在软件特定部分进行描述。软件特定过程关注软件工程,共包括 7 个软件实现过程、8 个软件支持过程和 3 个软件复用过程。

需要注意,ISO/IEC 12207 的目标是提供一个全面的框架,而不是定义一个特定软件项目或组织的过程。尽管 ISO/IEC 12207 的定义非常全面,但是对于一个软件项目而言,并不一定会用到所有的方面。因此,可根据具体情况对标准的过程、活动和任务进行剪裁,移除不适用的过程、活动和任务。图 2-1 给出了 ISO/IEC 12207 定义的所有生存周期过程的一个概貌。下面分别对各个过程组的过程进行介绍。

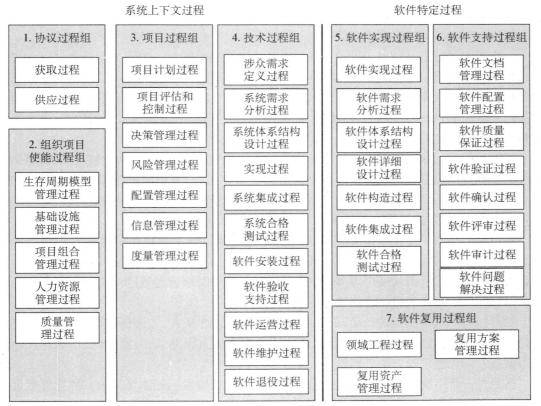

图 2-1　ISO/IEC 12207 软件生存周期过程[2]

1. 协议过程组

协议过程组从整个软件产品或服务项目的商业载体的角度,描述了一个软件系统的需方(Acquirer)和供方(Supplier)在获取或提供满足需求的软件产品或服务方面应该进行的活动。需方指从供方获得或采购系统、软件产品或软件服务的个人或组织,例如买主、顾客、拥有者、用户或采购者;供方指与需方签订合同,并按合同规定提供系统、软件产品或软件服务的组织,例如承接方、生产方、卖方或供货方。需方和供方有时候并不一定是法律意义上彼此独立的组织。在很多情况下,需方和供方也可以是同一个组织的不同单元。

获取过程定义了需方活动。它包括获取准备(如业务目标识别、概念定义)、招标、供应商选择、合同签订、协议履行监督、验收以及关闭等。获取过程的最终结果是所获取的符合要求的软件制品。过程中的输出还包括需求获取定义、策略和相应的文档,以及供应商、对供需双方的期望、职责和责任的契约描述等。

供应过程定义了供方活动。它包括机会识别、投标、合同签订、合同执行、产品或服务的交付与支持等活动。供应过程的最终结果是交付满足需方需求的软件产品或服务,除此之外还包括与投标、合同签订和执行以及产品服务和交付相关的中间制品。

2. 组织项目使能过程组

只是成立一个组织,并不意味着该组织具备了获取或提供产品和服务的能力。组织项目使能相关过程的目标是通过建立必要的资源和基础设施,支持组织建立上述能力。它包括生存周期模型的管理、基础设施的管理、项目组合的管理、人力资源的管理和质量管理等多个方面。

一个组织应该定义针对自己的产品或服务的生存周期模型。生存周期模型可以促进整个组织的各个部门、不同角色的涉众之间建立良好的协作。例如,一个供方组织的生存周期模型包括业务机会识别、技术可行性分析、产品立项、开发、验证、交付及维护等阶段。通过定义每个阶段的目标、进入和退出条件、责任人和相关涉众等,可以改善组织协作,也为组织过程改进奠定清晰的基线。

任何组织的运作离不开基础设施的支持。例如相应的办公环境、设备和工具、信息化建设等。基础设施过程包括了对基础设施需求的分析和定义、基础设施建设和后续的维护等活动。基础设施的建设和维护是一个持续的过程,在整个过程中,还需注意一些隐含的需求,例如安全性、可用性、成本等因素。

项目组合反映了一个组织如何通过一些合理的项目定义及顺序安排来实现组织的目标。例如,苹果公司的iPod,iPhone,iPad等系列产品的推出策略就经过了精心的策划,从而在资金、概念验证、市场推广等方面取得最佳效果。项目组合过程的活动包括业务机会识别、项目建立或终止、项目组合评估等方面。

软件作为知识密集型的产品,最重要的生产要素始终是人。人力资源管理过程的核心是建立和保持软件组织的核心技能,典型的活动包括能力识别、能力发展(如培训和辅导)、能力配置和知识管理等方面。

质量是一个组织能够建立良好的外部协作以及可持续发展的重要基础。质量管理过程的目标是帮助组织建立起可以创造满足组织目标、具备客户满意度的产品和服务的能力。它包括质量管理、问题纠正等相关活动。

3. 项目过程组

在绝大多数情况下,软件产品和服务的开发都是通过项目来实施的。项目过程组包括项目管理过程和项目支持过程。项目管理过程包括了项目的计划、控制和评估 3 个方面。

通过计划、评估和控制,项目管理过程可以有效地控制项目复杂度,降低项目风险。项目支持过程包括决策管理、风险管理、配置管理、信息管理和度量管理。项目支持过程针对项目中的某一个方面,定义了所需要执行的活动,达成具体过程目标。例如,在决策支持过程中,需要定义决策的策略、发掘可选项、进行最终决策等;而在风险管理过程中,具体的活动则包括制定风险管理计划、风险分析和风险处理及风险监控、风险管理过程评估等。

4. 技术过程组

技术过程组定义了产品和服务生存周期各阶段中与技术相关的过程。为了获取业务上的成功,软件组织需要关注构建整个系统的各个方面,例如,发现和定义系统需求和软件需求、进行软件开发、对软件和系统进行合格测试、运营和维护等。ISO/IEC 12207定义了包括涉众需求定义、系统需求分析、系统体系结构设计、实现、系统集成、系统合格测试、软件安装、软件验收支持、软件运营、软件维护和软件退役等一系列过程。

涉众需求定义过程的目标是根据用户和其他相关涉众的利益诉求,定义给定环境下的系统功能或服务。在涉众需求定义过程中的活动包括涉众识别、需求识别、需求评估、对需求达成一致、对需求进行记录等。该过程的输出包括涉众、应用上下文、系统方案限制、需求和涉众之间的追踪关系、需求定义和采取何种方法进行验证等方面。

系统需求分析过程的目的是将涉众需求转换为系统需求。系统需求分析过程包括两个主要的活动:建立系统需求规约和对需求进行评估。该过程的输出包括功能性和非功能性(例如性能、安全、保密性等)需求、为了优化项目方案所采取的技术、对系统需求的正确性和可测性的分析、系统需求对当前运营环境的影响等。在系统需求分析中,还需要对优先级进行排序、分析系统需求的一致性、建立系统需求和涉众需要之间的追踪关系,以及对当前产品基线造成的成本、时间和技术的影响进行分析和评估。最后,系统需求分析的结果还需要通知到所有相关人员,并建立相应的文档基线。

系统体系结构设计过程的目的是建立高层系统体系结构,该体系结构将系统需求按硬件、软件、人工操作这3个要素分为硬件配置项、软件配置项和人工操作项,并对其中的系统元素分配恰当的职责、进行接口定义等。这里的接口既包括外部接口,也包括系统元素之间的内部接口。通过验证系统需求到各系统元素的分配情况,保证系统体系结构的定义能够实现系统需求。

系统集成过程的目的是根据系统体系结构设计过程中建立的硬件配置项、软件配置项和人工操作项,对实现过程中获得的制品进行集成,获得满足系统需求的完整系统。该过程包括集成活动和测试准备活动。系统集成过程的输出还包括根据系统需求优先级定义的集成策略、为系统合格测试进行的必要准备等。

系统合格测试的目的是根据合格需求和合格测试计划,对集成后的系统进行测试,来检查系统是否达到了可交付的要求。

除了上述过程之外,技术过程组还包括软件安装过程、软件验收支持过程、软件运营过程、软件维护过程和软件退役过程等,此处不再详细展开。

5. 软件实现过程组

软件实现过程组是软件开发过程的最核心部分。软件实现过程的目标是创建所需的软件产品或服务。软件实现过程根据行为、接口和约束规约,通过一系列的活动来创建对应的软件项。除了定义实现策略、识别实现的技术限制、实现和打包软件项等活动外,软件实现过程还应当包括需求分析、体现结构设计、详细设计、软件构造、集成和测试等活动。为此，ISO/IEC 12207 在软件实现过程组中定义了相应的软件需求分析、软件体系结构设计、软件详细设计、软件构造、软件集成和软件合格测试过程。

软件需求分析过程的目的是确定软件的功能性需求和质量特性需求，并定义需求分析规约。软件需求分析过程的活动主要包括：定义功能性和质量特性的规约，包括性能、合格需求、安全需求、保密需求等；定义外界与软件配置项的接口；进行人机工程，定义人机界面需求；对数据和数据库需求进行定义；定义现场安装及验收需求；定义用户文档需求；定义用户操作和执行需求、用户维护需求等。上述需求应该满足如下的要求：具备到系统需求和系统体系结构的追踪关系；能够从外部与系统需求保持一致；软件需求内部具备一致性；具备可测试性；操作和维护具备可行性等。

软件体系结构设计的目的是将软件需求分析规约转化为软件体系结构。在软件体系结构中，应该定义并描述各个主要组成部分，对软件的外部接口、数据库、软件各部件之间的接口进行顶层设计；初步完成用户手册的初级版本；定义初步测试需求并制定软件集成计划等。软件体系结构的设计应该与软件需求保持一致、各部件之间具备一致性。

软件详细设计的目的是对软件体系结构中的每个部件进行详细设计。软件详细设计是未来进行软件实现的主要输入。软件详细设计的主要任务包括：尽可能将每个部件分解为可进行编码、编译及测试的软件单元；定义软件各部件的外部接口以及各单元之间的接口；设计数据库；定义单元测试需求并制定单元测试计划等。

软件构造的目的是依据软件设计，创建可执行的软件单元。需要注意，软件开发是一个不断认知、发现新的知识和问题的过程，所以，在很多情况下，软件详细设计和软件构造过程的界限并不非常明显。往往在软件详细设计的过程中，为了更好地理解如何进行设计，会进行一些编码活动，而在软件构造过程中，也常常需要对既有的设计思路进行修改。

软件集成的目的是将软件构造阶段获得的软件部件依据软件体系结构设计集成为一个完整的软件系统。软件集成阶段的主要任务包括：制定集成计划（如测试需求、集成步骤、数据、责任和时间进度等）；按计划进行软件的集成；针对合格需求制定合格测试集及步骤等。

软件合格测试以集成好的软件系统作为测试目标，检验软件系统是否达成软件需求。

6. 软件支持过程组

软件支持过程组包括软件文档管理、软件配置管理、软件质量保证、软件验证、软件确认、软件评审、软件审计、软件问题解决等 8 个支持过程。虽然这些软件支持过程并不直接产生软件制品，但是它们的存在对成功的软件实现功不可没。

文档管理过程的关注点是软件开发活动中的文档。在软件开发活动中，会产生许多重要信息，而这些信息往往需要靠文档加以记录。因此，一个文档管理过程应该能够定义软件生存周期中的文档策略、识别哪些信息需要被文档化、文档需要如何被创建、评审、批准和维护等。

软件配置管理关注于软件开发活动中的配置项（Configuration Item）。配置项指的是一个实体，它满足一项最终使用功能，并能在给定的基准点上单独标识。配置管理过程的目的就是对这些配置项进行配置控制、状态记录、配置评估以及对交付进行管理等。

软件质量保证从过程和产品两个方面，确保交付的软件制品与合同及计划的一致性。

软件验证（Verification）和软件确认（Validation）分别检查对软件实现过程中的制品以及对定义的需求的满足情况。软件验证过程包括对需求验证、设计验证、代码验证、集成验证和文档验证等多个方面。软件确认则是对用户需要的满足情况的确认。

软件评审过程不仅仅能够帮助改善软件开发活动的质量,而且能够在不同的涉众之间建立对于所要构建的软件制品或应该采取的行为的一致性理解。

软件评审过程包括项目管理评审、技术评审等多个方面。

软件审计(Audit)过程是指由授权人员对软件产品和过程进行的独立评估,评定是否符合需求、计划或者协议等。

软件的整个开发活动中总是会产生各种各样的问题,这些问题既可能是技术问题,也可能是管理和协作等问题。良好定义的问题解决过程能够建立一个良好的闭环,对问题进行记录、识别、分类、分析、提供解决方案以及对问题解决的结果进行跟踪等。

7. 软件复用过程组

软件复用过程组在 ISO/IEC 12207 中显得比较特殊。除了软件复用过程组中的过程之外,其他的软件特定过程都是在项目的范围之内进行的。但是软件复用过程是一个组织级过程,这是因为只有从组织级对软件复用进行规划,才能最大化从复用的价值。软件复用过程由 3 个过程组成,分别是领域工程过程、复用资产管理过程和复用方案管理过程。本书的第 8 章和第 9 章将对软件复用技术进行详细讨论。

2.1.3 软件过程模型

在 2.1.2 小节中,我们以 ISO/IEC 12207 软件生存周期过程为依据,对软件项目和组织中的过程、活动和任务进行了介绍。值得注意的是,软件生存周期过程并没有对具体的活动和任务的顺序以及彼此之间的关联做出严格的约定。之所以如此,是因为在不同的项目中,可以以不同的顺序对这些活动或任务进行组织或执行。过程模型是在一定的抽象层次上对软件过程和结构的描述,刻画了一类软件过程的共同结构和属性。不同的过程模型事实上也反映了看待软件开发的不同观点,软件过程模型有时也被称为软件开发模型。

典型的软件过程模型包括瀑布模型、增量模型、演化模型和螺旋模型等。除此之外,还有许多关于过程模型的提法,例如智能模型(基于知识的开发模型)[3]、基于构件的开发模型或形式方法模型[4]等。本节将以主流的过程模型为线索,介绍过程模型的基本思想,并对它们的主要优缺点进行分析。

1. 瀑布模型

瀑布模型的提法最早出现在 1970 年 Winston W Royce 发表的著名论文[5] "Managing the development of large software systems"中。瀑布模型有很多不同的变体,图 2-2 是瀑布模型最初始的定义。由于时代的关系,图 2-2 中的软件活动与 ISO/IEC 12207 有较大差异,但是瀑布模型的大致特征仍然是相同的。瀑布模型最突出的特征是软件开发的各项活动像瀑布流水一样被按照固定顺序联接起来。在瀑布模型中,每个阶段的工作都是以上一个阶段的工作结果为前提的。

瀑布模型很好地吻合了人类希望有条不紊地解决问题的直觉。作为最早出现的软件过程模型,瀑布模型在软件工程中占有重要的地位,它提供了软件开发的基本框架,特别是关于软件开发活动的清晰定义,对软件过程模型的发展具有一定的积极意义。直到 20 世纪 80 年代早期,瀑布模型一直是最主流的软件过程模型。但是,在现代的软件开发项目中,瀑布模型存在诸多问题,目前已经很少有完全采用瀑布模型的项目。

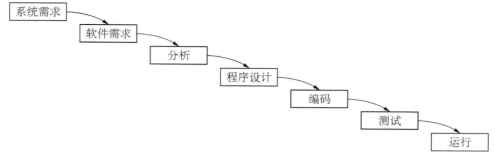

图 2-2 瀑布模型

瀑布模型的关键问题在于假设了一个理想世界,即每个活动都能够"一次通过"。这种假设在许多非软件领域(如工业生产领域的流水线操作)是合理的,对于软件项目则不然。由于软件开发的本质是一个知识获取的过程,其天然特点就是渐进式的。例如,在项目开发早期,客户通常难以清楚地描述所有的需求,往往是在看到开发的产品之后,才能发现需求中描述不清楚的地方,甚至发现新的需求。但是,瀑布模型却要求客户在一开始就明确需求,所以很难适应在许多项目开始阶段必然存在的不确定性。同样,在软件开发中设计、编码等也都存在不确定性。虽然后来人们对瀑布模型加入了许多修正,例如带有反馈的瀑布模型,但是并没有从根本上解决问题。瀑布模型作为一种线性过程模型,很容易加剧任务之间的依赖性,导致阻塞或者等待。因此,瀑布模型仅仅适用于需求非常确定、对技术方案也非常确定的场合。事实上这种场合是很少的。

需要特别指出的是,虽然 Winston W Royce 在其论文中描述了瀑布模型,但是 Winston W Royce 本人并不是瀑布模型的支持者。他在论文中明确指出,对大规模软件系统而言,瀑布模型是不适用的[5]。这可以看作是对瀑布模型最早的批判。

瀑布模型的另外一个潜在问题是交付的及时性不足。由于整个软件开发过程是一个完全线性的过程,客户仅仅在所有的过程都执行完毕后才可以获得实际的软件产品。这在传统的软件项目中或许不是大问题,但是随着互联网的不断发展和业务竞争的越来越激烈,尽早交付(即使是功能不够完备的情况下)已经成为一个重要需求。增量模型和演化模型分别采取了新的方式,来解决瀑布模型的上述问题。

2. 增量模型

增量模型的概念如图 2-3 所示。在增量过程模型中,整个产品的开发被分成若干个增量进行。每个增量都执行一系列的活动,且每个增量都产生出一个可执行的中间产品,直到产生最终的完善产品。在不同的过程模型中,具体的活动名称可能不同。在增量模型中,前面的增量往往是产品的核心功能,或是有助于后续开发的探索性特性,而后续的增量一般用来开发产品的附加特性。例如,在一个移动互联网的社交系统中,可以在第一个增量中开发消息发布和查看功能,在第二个增量中开发消息评论,在第三个增量中加入好友管理,在后续的合适时机加入广告信息推送功能。

与瀑布模型相比,增量模型具有一系列的优势:

(1) 更快开始:在使用增量模型的情况下,软件开发团队没有必要在一开始就弄清楚所有需求。在产品的基本需求大致弄清楚之后,就可以开始开发。这样既加快了开发速度,还能够通过前面的增量开发、使用和评估,进一步弄清楚后续增量的特征和功能。

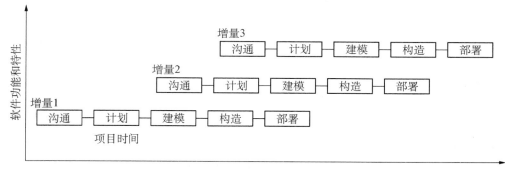

图 2-3 增量模型

（2）更早交付：由于每个增量开发的都是一部分功能，因此用户能够更早地获得产品的基本特性。

（3）合理调度人力资源：在增量开发的模式下，各个开发活动存在并行性，从而能够更好地协调人力资源，避免出现人员浪费和人员不足的情况。

（4）降低商业风险：如果早期的增量获得的客户反响很好，就能够在后续增量中加大投入。相反，如果所获得的客户反响并不好，就可以及时终止项目，避免更大的浪费。

（5）降低技术风险。例如，如果软件的功能和某个新硬件相关，但并不是核心功能，就可以把该功能放到后续增量中，等待硬件技术成熟，以规避新硬件带来的技术风险。

3. 演化模型

演化模型是一种基于迭代的过程模型。演化模型认为软件开发中的不确定性是一种普遍现象，应该采用探索的思路、演化的方式进行软件开发。

软件开发中的不确定性来源是多方面的。例如：

（1）软件系统的上下文环境和产品需求可能会经常发生变化；

（2）用户对软件系统要解决的问题的认知有限或者表达能力有限，往往会在看到早期的版本之后，才能提出新的需求；

（3）开发方案也可能会在开发的过程中逐步成熟，例如找到了更好的实现方法或者人机界面设计等。

演化模型的思路如下：首先基于用户的基本需求快速地构造出软件的第一个初始可运行版本（这个初始版本在有些场合也被称为原型）。然后根据用户在使用过程中提出的意见或发现的问题，对软件进行改进，获得下一个版本。不断重复上述过程对软件产品进行演化，直到达成期望的目标为止。在这种模式下，基于演化模型的开发过程同时也是从初始原型逐步演化成最终软件产品的过程。

演化模型能很好地应对产品需求的变化，适应不断变化的商业环境，同时在早期就交付一些功能有限的版本，缓解竞争压力或商业压力。与增量模型类似，应用演化模型的项目要求把产品需求定义和开发活动根据演化的目的进行良好的分割，从而促使在开发过程中快速建立对需求和开发方案的认知，并且方便产品的未来演化。值得注意的是，虽然演化模型强调快速迭代，但是在迭代的过程中仍然需要确保每次迭代的质量。否则，不断的问题积累将会给后续的开发循环带来巨大的隐患。

从项目实施角度,事实上很难把演化模型和增量模型区分开来。往往在增量模型的后续增量中也会考虑需求和设计的演化问题。对于产品的早期原型,根据其探索的目的不同,可以分为探索型原型、实验型原型和演化型原型。探索型原型针对需求不够清楚的情况,实验型原型主要用于对实现方案进行探索,演化型原型则会把原型作为系统的一部分,逐步对其加以改进,演化为最终的系统。下面将介绍的螺旋模型也可以认为是演化模型的一种方式。

4. 螺旋模型

螺旋模型的本质是一种演进式软件过程模型。Barry Boehm 于 1988 年在 Software 杂志上撰文[6],认为风险分析是软件项目中的一个重要问题,螺旋模型通过周期性的方式,逐步加深对项目风险、系统定义和实现的理解,对软件系统进行完善。螺旋模型的结构如图 2-4 所示。

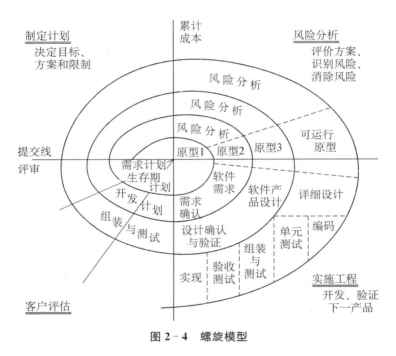

图 2-4 螺旋模型

螺旋模型沿着螺线进行若干次迭代,每个迭代在图 2-4 中表现为一个开发周期。在每个开发周期中,都包括制定计划、风险分析、工程实施和客户评估 4 个阶段。

螺旋模型具有两个突出的特点:首先是对风险的强调。螺旋模型在每个迭代中都包含一个显式的风险分析过程,使得开发人员和用户对本次迭代可能出现的风险有所了解,继而采取相应的行为,从而消除或减少风险的损害。其次,螺旋模型通过把每次迭代映射到 4 个象限,清晰地定义了里程碑,从而有助于不同角色之间的沟通和协作。

2.2 统一软件开发过程

统一软件开发过程也被称为"Rational 统一过程"(RUP,Rational Unified Process)或

"统一过程"(UP，Unified Process)。作为一个过程框架，统一过程得到了非常普遍的认同，被许多软件开发组织采纳。Ivar Jacobson 在《统一软件开发过程》[7]一书的前言中写道："统一过程是稳定的，因为它是经过 30 年的发展和实际运用后推出的最终产品。"事实也确实几乎如此。在过去的十多年间，统一过程体现了强大的生命力。虽然不能否认新的商业环境和新技术发展必然带来统一过程不能涵盖的问题，但是统一过程作为一个产生于实践的框架，在许多领域具备相当程度的普适性。

统一过程起源于面向对象方法学的研究和实践。作为一种过程和方法框架，它的内容事实上已经远远超出了"过程"范围。统一过程不仅仅讨论了软件生存周期、工作流、风险管理、质量管理、项目管理和配置管理等方面，还从面向对象开发方法的角度出发对具体活动的实施方式进行了阐述。但是，由于统一过程的涵盖面广泛，常常被误解为一个重量级的过程，这是不正确的。统一过程被设计为一个可裁剪的过程。在运用合理的情况下，它可以是一个轻量级的过程框架。

本节将主要从软件过程角度出发，以《统一软件开发过程》[7]和《Rational 统一过程引论》[8]为基础，对统一过程的主要内容进行介绍，不涉及面向对象方法学的详细内容。需要了解更多信息的读者可以进一步参阅文献[7、8]。

2.2.1 迭代和增量的过程框架

统一过程是一个增量和迭代的过程框架。一次增量向系统中添加一部分功能，形成一个新的软件版本。这在统一过程中被称为一次循环。整个软件产品的生存周期由多个循环构成，如图 2-5 所示。

图 2-5 统一过程的生存周期

统一过程把每个循环划分为初始、细化、构造和移交 4 个阶段。每个阶段以一个里程碑结束。初始、细化、构造和移交 4 个阶段的结束分别对应于生存周期目标、生存周期构架、初步运作能力和产品发布 4 个里程碑。

在每个阶段内部包括一个到多个迭代，对待开发的软件系统从业务、需求、分析、设计到实现等各方面进一步完善。这些活动对应于一系列工作流，如图 2-6 所示。

1. 初始(Inception)阶段

初始阶段是每个循环的起始阶段。这个阶段关注的是项目进行中的主要风险，包括业务、需求和技术风险。统一过程认为：虽然系统风险是一个不可回避的客观存在，但是在项目早期发现风险要远远优于在项目后期才发现风险。许多复杂项目之所以陷入困境，就是因为这些项目的关键风险没有在早期被充分重视。

初始阶段的活动包括：确定项目的软件范围和边界条件，识别系统的关键用况，发现最主要的风险；产生系统构造的大致轮廓，对整个项目的成本和进度进行粗略地估算；并对细化阶段进行详细的计划等。

初始阶段产生的制品包括：关于项目核心需求、关键特性和主要限制的构想文档；有关

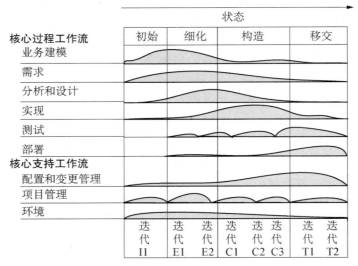

图 2-6　统一过程模型

用况模型的调查报告；项目术语；初始的业务用况；早期的风险评估报告；后续阶段和迭代的项目计划。此外，在初始阶段可能还会产生最初的用况模型和领域模型，如果需要的话还应有一个业务模型、初步的开发案例描述以及一个或几个原型。

初始阶段结束时对应第一个重要的里程碑——生存周期目标里程碑。达到生存周期目标里程碑的项目，相关涉众应该已经通过合作定义了项目的范围；对成本和进度有了初步的估计；相关涉众对需求的理解已经通过主要用况进行了验证；评估了可能遇到的风险和它们的优先级，对即将使用的构架有了较清晰的了解。因此，生存周期目标里程碑表明了项目基本的生存能力。假如项目没有通过这个里程碑，则应取消这个项目或重新考虑。

2．细化（Elaboration）阶段

细化阶段是 4 个阶段中最关键的一个阶段。细化阶段的目标是详细说明产品的大多数用况，并设计出系统的构架。

细化阶段的主要活动包括：分析问题领域，建立用况模型，建立健全的体系结构基础，制订迭代开发计划，消除项目中高风险的元素，并为构造阶段准备好过程、工具等基础设施和开发环境。在细化阶段，必须在理解整个系统的基础上，对体系结构作出决策，包括其范围、主要功能和如何满足重要的非功能需求等。

细化阶段的末期，项目经理需要制定构造阶段的迭代计划。迭代开发计划可以按用况进行分组，每次构造阶段的迭代完成一组用况的开发。通常，具有高优先级、高风险的用况应尽早实现。高优先级的用况是指实现系统最基本功能的用况或对系统相对比较重要的用况。高风险用况是指对软件体系结构有重要影响（高体系结构风险）的用况、对进度估计无把握（高进度风险）的用况等。

细化阶段结束时对应第二个重要的里程碑——生存周期构架里程碑。生存周期构架里程碑为系统的构架建立了管理基准，并使项目组织能够在构造阶段中顺利开展工作。通过了该里程碑，意味着软件开发可以进入高投入的实际构造过程；而如果项目没有通过该里程碑,也同样应该取消项目或进行重新考虑。

3. 构造(Construction)阶段

从某种意义上说,构造阶段是一个以实现为中心的过程,构造阶段会花费大部分的软件开发成本,所以构造阶段的重点是高效、高质量、低成本地产生一个可用的软件产品。

构造阶段以初步运作能力里程碑结束,此时在细化阶段产生的软件构架已经通过开发活动转换为比较完善的软件产品。尽管此时的软件还可能留有缺陷,但是该软件产品应该已经能够回答一个非常关键的问题:是否该产品已经能够完全满足客户的需求? 如果答案是肯定的,就可以考虑将产品在测试环境中进行部署。此时的产品版本也常被称为 β 版。如果项目没有通过这个里程碑,则可能必须将产品推迟到下一次发布时移交。

4. 移交(Transition)阶段

产品进入 β 版之后的整个阶段都属于移交阶段。移交阶段的目标是将产品移交给用户。移交阶段的任务包括了实施 β 测试、试运行、培训、产品包装、产品展示、产品发布等。移交阶段也可以跨越几次迭代,包括为发布做准备的产品测试、基于用户反馈的少量调整等。

移交阶段以产品发布里程碑结束。产品发布里程碑意味着已经达到了本次周期的目标,此时可以决定是否要进入下一个新的开发周期。

2.2.2 用况驱动,以构架为中心

前文提到,统一过程并不仅仅是一个过程模型,它还包括为了达成过程目标所采取的技术手段。正如参考文献[7]所描述的,统一过程的特点可以用 3 个关键词来概括:用况驱动,以构架为中心,迭代和增量。以下对用况驱动、以构架为中心的核心概念进行简单介绍。关于用况和构架的概念讨论,请参阅本书第 3 章和第 4 章。

1. 用况驱动

软件系统的首要目标是为用户提供有价值的功能。为了帮助软件开发者有序地理解用户使用系统的方式,Ivar Jacobson 提出了用况(Use Case)的概念。需要注意,这里的用户所指的不仅仅是人,它也可以是与该系统交互的其他系统。一个用况描述系统的一个功能,所有用况就构成了系统的完整功能需求。系统功能通过用户和系统之间的交互来完成,这种交互体现为系统和用户之间的一个动作序列。

统一过程是一个用况驱动的过程。首先,在需求获取阶段,通过标识用况和用况的执行者来建立用况模型。然后,在分析、设计和实现阶段,通过标识用况的实现结构来建立分析模型、设计模型和实现模型。最后,在测试阶段,测试人员基于用况来验证软件系统是否实现了所描述的功能。从用况模型到分析模型、再到设计模型、再到实现模型的过程,实际上是以实现用况为目标的推进过程。

2. 以构架为中心

在统一过程的概念中,软件构架的概念可以和建筑物的构架相比拟。统一过程认为构架主要包括以下 4 个方面的含义:

(1) 软件系统的组织,也就是软件由哪些元素组成;

(2) 定义组成系统的结构元素和它们之间的接口,以及当这些元素相互协作时所体现出的行为;

（3）考虑如何组合这些元素使它们逐渐集成为更大的子系统；

（4）定义构架风格，它将指导系统组织及其元素、它们之间的接口、协作和构成。

软件构架刻画了系统的整体设计并且忽略了系统的具体细节，从而为软件系统的实现提供了一个容易理解的蓝图。这一蓝图有助于相关涉众理解软件系统的组织、接口和风格，便于开发工作的组织和集成，也为今后的系统演化打下了基础。在统一过程中，开发者在初始阶段往往会创建一个早期构架，用于发现系统实现的关键风险问题。以构架为中心这一思想主要体现在细化阶段和构造阶段。细化阶段对构架进行完善，设定基线，然后使用需求来对构架进行验证。此时，需要往构架的骨架上添加内容，调整、精化构架，并确定不再有新的设计决定会削弱和破坏构架。经过多次迭代，构架不断得到演化、改进和精炼。

2.2.3 核心工作流

统一过程是一个迭代过程。在每个迭代中，统一过程定义了6个核心过程工作流和3个核心支持工作流，来组织每个迭代中可能发生的活动。根据迭代的不同，工作流的要求和复杂度也不同。图2-6也描绘了工作流在各个迭代中的分布情况。

工作流的定义需要相应的模型元素。统一过程定义了工作人员、活动、制品和工作流4个模型元素，来描述一项任务应该由谁来做、做什么、怎么做和什么时候做。

（1）工作人员（Worker）指的并不是某个特定的"人"，而是根据要完成的工作划分的角色。每个工作人员有具体的行为和职责。统一过程中定义的工作人员包括业务过程分析人员、业务设计人员、系统分析人员、用户界面设计人员、用况描述人员、架构人员、设计人员、实现人员、系统集成人员、代码评审人员、测试设计人员、测试人员等。

（2）活动（Activity）是工作人员执行的工作单元。一个活动可以分解成若干个步骤。例如，"寻找系统的用况和执行者"是一个活动。这个活动可分解为如下7个步骤：①寻找执行者；②寻找用况；③描述执行者与用况之间的交互；④对用况和执行者归类；⑤通过用况图表示用况模型；⑥开发一个用况模型综述；⑦对结果进行评审。

（3）制品（Artifact）是项目过程活动中创建、修改或使用的有形物。制品的形式有多种，例如模型（如用况模型、分析模型、设计模型、物理模型等）、模型元素（如类、用况等）、文档、源代码、可执行文件等。

在统一过程中，工作人员的职责与某一特定的制品相关联，由工作人员通过活动来创建、修改和控制这些制品。例如，系统分析人员执行需求获取和需求建模活动，创建和维护需求管理计划和用况模型等制品。架构人员执行整体结构设计活动，并领导和协调技术活动，架构人员创建和维护基准构架（Reference Architecture）制品和软件构架文档制品，并控制分析和设计模型制品。一个活动以某些制品作为输入，产生若干输出制品（包括对输入制品的更新）。一个活动的输出制品又可以是另一个活动的输入制品。同一个制品可能要经过重复多次的执行活动来完善，重复活动通常由同一个工作人员完成，但也可以是由扮演同一工作人员角色的不同人来完成。活动的规模应该比较合理，不过小或过大，以能由一个人经过几小时或几天完成为宜。

（4）工作流（Workflow）描述一类相关活动的过程、参与工作人员及相关制品。在统一过程的描述中，工作流可以用 UML 的顺序图、通信图或活动图来表示。使用活动图时，常常通过 UML 泳道来展示哪个工作人员参与了哪个活动。

下面分别简单介绍统一过程的 6 个核心过程工作流和 3 个核心支持工作流。其中，6 个核心过程工作流是业务建模工作流、需求工作流、分析和设计工作流、实现工作流、测试工作流和部署工作流，3 个核心支持工作流分别为项目管理工作流、配置和变更管理工作流以及环境工作流。

1. 业务建模工作流

业务建模工作流描述了以建立业务模型，理解目标组织的过程、角色和职责所需的活动流程。业务建模工作流的关键目标包括：理解将要实施的系统组织结构和动态特性；理解当前存在于目标组织中的问题，明确改进潜力；确保客户、最终用户和开发人员对目标组织有统一的理解，获取用于支持目标组织的系统需求。

在业务建模工作流中，有两类角色参与其中：业务过程分析人员和业务设计人员。业务过程分析人员负责完成业务构想文档、业务用况模型、目标组织评估、补充业务规范、业务规则等，而业务设计人员负责完成业务用况的设计。该工作流的主要活动包括：识别和描述当前业务、设计业务过程实现、细化角色和职责以及领域建模等。

2. 需求工作流

需求工作流描述了为建立软件系统的用况模型所需的活动流程。需求工作流的关键目标包括：与客户和其他项目人员在系统要实现的功能方面达成一致，理解系统需求的动机；定义清晰的系统边界，并定义系统的用户界面；为计划迭代过程中的技术内容提供基础；同时为估计开发系统需要的成本和时间提供基础。

在需求工作流中，主要的制品有用况模型、需求管理计划、补充规格说明、需求属性等，它们由系统分析人员完成，用况描述人员负责创建用况和软件需求规格说明等，用户界面原型则由用户界面设计人员完成。

在需求工作流中，首先需要确定项目的涉众，确定系统的边界和约束。通过与项目涉众积极沟通，保证真正地理解需求，然后就要解决的问题达成一致。如果问题分析的正确性已经得到确认，就可以更精确地定义系统需求，并对系统的范围进行管理。对于无法在系统范围内完成的工作，要和客户和项目相关人员进行沟通。对属于系统范围内的需求，可以通过用况模型来细化系统需求。此外，对需求变更的管理贯穿了整个工作流，需要基于需求属性和可跟踪性来评估需求变更所产生的影响。

3. 分析和设计工作流

分析和设计工作流描述将软件需求转换为分析模型和设计模型所需的活动流程。分析和设计工作流的关键目标包括：将需求转换为系统设计，同时更精确地理解需求；根据需求进行设计，产生一个易维护的系统构架，并在设计中考虑性能等方面的问题。

在该工作流中产生的制品主要有分析模型、设计模型、接口、软件构架文档、用况实现、类等。其中分析模型、设计模型、接口、软件构架文档主要由架构人员负责，而用况实现、类、子系统等主要由设计人员负责。

分析和设计工作流在初始、细化、构造阶段都可能出现。由于每个阶段的关注点有所不同，分析和设计工作流的活动在这些阶段也是不同的。在初始阶段的迭代中，分析和设计关注于系统可行性，需要通过早期的构架分析来评估潜在的技术方案。当然，如果开发相关的风险比较小或者技术风险较小，此工作就可以省略。在细化阶段的早期迭代中，关注的是建立一个初始的系统构架草图，包括重要的构架元素、系统的初始分层和组织等。而在后期迭代中,架构人员需要开始精化构架,例如识别设计元素、描述运行时构架等。与此同时,设计人员需要分析系统用况,将用况转换为构架元素的行为。然后,根据分析行为的输出,将软件元素映射为部件设计。如果系统包括了大量数据,还应该进行数据库设计。

4. 实现工作流

实现工作流描述实现构件并将其集成为软件系统所需的活动流程。实现工作流的关键目标包括:从实现子系统的角度定义代码的层次组织;编写代码,实现类和对象;在所影响到的代码和构件上进行单元测试和构件级测试,另外将开发的结果与可执行系统进行集成。

实现工作流涉及的工作人员主要有实现人员、系统集成人员、架构人员、代码评审人员,包括了构造实现模型、制定集成计划、实现构件、系统集成等活动,完成的制品主要包括构件、已实现的子系统、集成构造计划、实现模型、已评审的代码等。

5. 测试工作流

测试工作流描述测试软件系统所需的活动流程。测试工作流的关键目标如下:验证构件之间的交互和构件集成是否适当,验证所有的需求是否已经正确实现,最终确保所有已发现的缺陷在软件部署之前已经修复。

测试工作流涉及的工作人员主要有测试设计师和测试人员,包括了制定测试计划、设计测试、实现测试、执行测试、评估测试等一系列活动。该工作流的制品包括测试计划、测试模型、测试用例,以及测试脚本、测试记录等。

6. 部署工作流

部署工作流描述为使最终用户有效部署软件所需的活动流程。部署工作流中需要重点关注的是项目开发成功的标志是客户愿意使用该产品,而不仅仅是修复了编译和运行的错误,从而能够使系统顺利运行。部署工作流活动包括了 β 测试、产品安装、发布、培训等活动。

7. 配置和变更管理工作流

配置和变更管理工作流的目的是跟踪并维护不断演化的项目资产,使这些资产在不断进化的情况下维持完整性和一致性。配置和变更管理工作流的活动包括计划项目配置和变更控制、建立项目配置管理环境、变更和交付配置项、管理基线和发布、监控和报告配置状态、管理变更请求等。

8. 项目管理工作流

项目管理工作流描述项目管理所需的活动流程。项目管理工作流对于及时交付满足客户和最终用户需求的产品具有重要的作用。项目管理是风险驱动的,在制定阶段计划时,必须估计人员配备、进度和项目范围之间的权衡关系。项目管理工作流的活动包括制订迭代计划、迭代管理、评价项目的范围和风险、监督和控制项目、结束项目等。项目管理还需要平衡相互竞争的目标、管理风险和克服障碍等。

9. 环境工作流

环境工作流描述为支持开发组织使用过程和工具所需的活动流程,其目的是为开发组织在工具、过程和方法上提供支持。项目管理工作流的活动包括为项目准备环境、为迭代准备环境、为迭代准备指南、为迭代提供支持环境等活动。

2.3 敏捷和精益方法

2.3.1 概述

在20世纪90年代,由于传统的软件开发方法面临的挑战,先后出现了一系列轻量级方法(相对于传统的"重量级"方法而言),例如极限编程(Extreme Programming,XP)[9]、Scrum[10]、水晶软件开发方法(Crystal)[11]、自适应软件开发(Adaptive Software Development,ASD)[12]、动态系统开发方法(Dynamic System Development Method,DSDM)[13]等。后来,人们逐渐认识到虽然这些方法的实践各有不同,但是其价值观和原则是一致的。通过识别这些方法间的一致性,逐渐建立了"敏捷方法"的概念。

精益思想是最早起源于制造业的一套管理方法体系[14],在许多行业都取得了巨大成功。在2003年,Mary Poppendieck和Tom Poppendieck最早把精益思想映射到软件开发领域[15]。精益思想和敏捷方法的起源不同,应用领域也略有区别,但是二者具有非常多的共通之处,并且在实践上有许多互相融合的部分。现在常常把敏捷和精益并行讨论。

敏捷和精益方法的兴起首先源于商业环境的变化。从商业环境和软件形态上,今天的软件产品和软件工程早期已经非常不同。早期的软件项目以科学计算、国防、电信等大型项目为主,这些客户一般来自大型机构,对于成本并不敏感,也往往能承受较长的开发周期。从竞争方面,当时有条件从事软件开发的组织比较少,竞争并不是非常激烈。但是,自20世纪80年代以后,个人计算机和桌面操作系统逐渐普及,带来了大量个人应用和商业应用方面的需求,需求也开始呈现多样化的趋势。用户群的增多和应用领域的拓展,导致软件需求更加易变,而且相对于早期的软件项目,这些软件项目的预算要小得多,项目周期一般也较短。20世纪90年代后期互联网的兴起和近些年移动互联网的兴起,进一步强化了这种趋势。现在软件项目的周期更短、变化更频繁、预算更有限,商业竞争也更加激烈。这种严苛的商业环境和传统上按部就班的开发过程之间就出现了比较突出的矛盾。

软件开发技术的进步也对敏捷和精益方法的产生起到了关键的影响。在传统的软件开发方法中,一般认为变更成本在时间轴上呈指数级上升趋势。变更发生得越晚,变更成本就越高,如图2-7(a)所示。基于这一假设,传统的软件开发过程往往非常强调变更控制,不太希望发生变化。但是,起源于极限编程的测试驱动开发、重构、持续集成等技术,为变更带来更多灵活性。在应用这些技术的软件组织中,虽然变更仍然可能导致成本上升,但是这时其

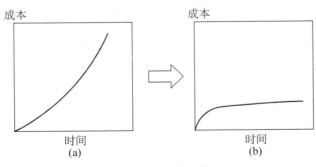

图2-7 变更成本

成本已经可以得到非常良好的控制，如图 2-7(b)所示。这就为敏捷软件开发承诺的"拥抱变化"带来了技术上的可能。

敏捷和精益方法的兴起还源于人们逐渐建立的关于对人在软件开发中的作用的新观点。人们逐渐意识到，软件开发是一种信息密集型的工作，从事软件开发工作的知识工作者和传统生产线上的工人具有完全不同的特点。作为知识工作者，其主观能动性和自我管理对于软件开发的成功至关重要。管理学大师 Peter F Drucker 在《卓有成效的管理者》[16]一书中指出：不是只有管理别人的人才称得上是管理者，在当今知识社会中，知识工作者即为管理者，管理者的工作必须卓有成效。这一观点也对敏捷和精益方法产生了很大的影响。

2.3.2 敏捷方法的价值观和原则

敏捷软件开发方法的核心在于"适应性"，即通过有效的过程、方法和技术，快速响应变化。这些变化既包括需求的变化，也包括实现方案的变化、组织结构的变化和外部环境的变化等。2001 年 2 月发布的《敏捷宣言》较为系统地阐述了敏捷开发方法的价值观和原则。《敏捷宣言》提出的价值观[17]如下：

《敏捷宣言》

我们正在探索更好的软件开发方法。
通过亲身的或者协助他人进行软件开发实践，
我们建立了如下的价值观：
个体和交互　重于　过程和工具
可以工作的软件　重于　详尽的文档
客户合作　重于　合同谈判
响应变化　重于　遵循计划
也就是说，尽管右项有其价值，
我们更重视左项的价值。

上述价值观反映了敏捷开发方法的最本质驱动力。《敏捷宣言》认为：软件开发的核心是交付对客户有价值的软件，所以应从这一目标出发对软件开发实践进行审视和改善。虽然过程和工具、文档、合同谈判以及计划等开发实践都是不可或缺的成功要素，但是不能背离软件开发的核心目标来机械地应用既有方法。

"个体和交互重于过程和工具"是对当时的主流开发实践过分倚重软件过程的一种反思。当时的主流思想认为软件开发可以和工业生产相类比，软件过程和工具就类似于工业生产中的作业流程和流水线。只要定义了清晰、合理的过程，并辅以恰当的工具，就可以把人对软件开发结果的影响降至最低，甚至可以对人进行随意的替换而不影响最终结果。但是，实际情况却不尽人意：虽然软件过程一再地被增补和扩充，但是软件效率却没有得到根本性的提升。相反，由于软件过程越来越复杂，软件开发人员的效率和积极性却都在下降。导致这种现象的原因不是因为过程不完善，而是因为根本的立足点出现了问题。工业生产事实上是一种重复性的活动，对生产过程中的成功因素，可以通过过程和工具固化下来。对于生产过程中出现的问题，可以通过过程进行规避。过程和工具对生产力的改进是直接的。但是，软件开发却完全不同：没有任何一个软件项目和过去的软件项目是一模一样的。软件开发是一种信息密集型的活动，过程中充满了对未知因素的探索。在这种情况下，通过过程来固化成功因素和规避失败因素，能取得一定的成果，但是对于软件开发中不确定性的部分却无能为力。事实上，开发中的不确定性部分往往代表了软件开发中价值最大的部分。成功的软件开发必然依托于开发人员的劳动和创造力，人员是软件开发中最重要的生产力。

《敏捷宣言》并不否认软件过程和工具的重要价值，但是它认为应该更多地从改进软件开发人员的生产力出发来应用软件过程和工具。如果过程或工具已经不能适应当前团队、当前情况的需要，就应该对过程或工具进行改善。如果某些过程或工具已经成为生产力的障碍，就应该果断抛弃。另外，人和人之间沟通的手段是多种多样的，只要是对软件开发人员的效率和它们之间的沟通有益的方式，都应该积极地采纳和改进，即使它们不属于传统认为的"过程和工具"范畴。

"可以工作的软件重于详尽的文档"强调了可以工作的软件才是软件开发的核心制品。这本来是理所当然的道理，但是随着当时的软件过程越来越复杂、部门越来越多、任务划分越来越细，导致很多部门和人员都只能看到问题的局部，无法了解自己的工作如何影响最终的软件制品。人和人的协作建立在复杂的流程之上，每个人的贡献往往通过向下游环节交付制品来体现。文档渐渐地成为部门和部门之间、工作步骤和工作步骤之间信息传递的主流方式，从而很多人的工作都是把撰写和阅读文档作为目标，开发"可以工作的软件"的最终目标反而被忽略。

"可以工作的软件重于详尽的文档"并非否定文档，必需的文档仍然具有它的价值，只是不能把文档作为软件开发活动的目标。在一个复杂的系统中，由于往往无法清晰地看到全局，文档很容易成为一个部门、人员和开发活动的最终成果，这会导致针对文档的局部优化。因此，在考虑撰写一个文档时，必须考虑这个文档是如何帮助产生"可以工作的软件"的。另外，文档作为沟通的手段事实上效率低下，撰写文档本身就需要花费较长的时间，再加上文档评审、修改等环节，可能会花费数月的时间才能产生一份稳定的文档。如果再出现需求变化，文档的更新又要花费很长时间，这必然影响工作效率。事实上，如果采取面对面沟通的方式，可能仅需一天甚至几个小时就可以了解到充分的信息。另外，由于自然语言往往是模糊的、不精确的，文档又不能像代码那样可以通过执行展示形象的结果，容易导致歧义的产生。如果仅仅是出于沟通的目的，面对面的沟通效果要远远优于文档的效果。

"客户合作重于合同谈判"说明了在敏捷开发方法中开发团队和客户的协作关系。在传统的项目管理中，合同条款（特别是关于项目范围的条款）是双方应该严格恪守的。在许多领域，这种观点没有什么问题。但是软件开发存在特殊性：如果项目还没有开始，定义清晰的范围是非常困难的。客户往往是在看到软件产品之后，才能提出更有价值的需求。而且在项目开发过程中，由于商业环境的变化等因素，需求也往往会发生变更。如果一味地强调预定义的合同，开发出的软件往往包含许多过时的需求甚至是错误的需求。这既损失了客户利益,也很可能会损失开发团队的利益。例如,如果客户在试图进行需求变更时经常遭到拒绝,就会在项目早期提出尽量多的需求(包括一些不一定必要的需求)以避免后期加入功能的困难,这样,开发团队就不得不去开发这些功能。从这个意义上来看,只有开发团队和客户建立共同目标,才能准确地理解客户需求,积极响应需求的变化,继而获得双赢的结果。

"响应变化重于遵循计划"说明了在敏捷开发方法中关于计划的观点,事实上它也是一个不言自明的道理。但是,在传统的项目管理中往往会以项目的执行是否和项目计划匹配来进行考核。由于软件开发的复杂性,精确的预测和计划事实上是不可能的。首先,提前预测需求往往很困难。在项目进行过程中,往往会发现新的需求,不再必要的需求,或者需求的优先级需要变更。同样,在设计方面,也很难一开始就做出完善的设计,往往会在实现的过程中发现更好的解决方案,或者出现过去没有预料到的困难。从团队角度来看,在项目的过程中有时也会出现团队成员的变更。此外,项目的资金预算、交付日期等也都存在变数。在项目开始时就预计到这么多复杂的情况显然不可能,因此,对待计划的正确态度应该是把计划看作一种基于预测的行动指南。如果现实情况发生了变化,就应该及时更新计划,而不是一味地遵照原计划执行。

《敏捷宣言》的价值观需要通过具体实践加以体现。为了指导实践,《敏捷宣言》发布的同时还包括了 12 条原则[18],具体如下:

《敏捷宣言》遵循的原则

(1) 我们的最高优先级是持续不断地、及早地交付有价值的软件来使客户满意;

(2) 拥抱变化,即使是在项目开发的后期,敏捷过程愿意为了客户的竞争优势而采取变化;

(3) 经常地交付可工作的软件,相隔几星期或一两个月,倾向于采取较短的周期;

(4) 业务人员和开发人员必须在项目的整个阶段紧密合作;

(5) 围绕着被激励的个体构建项目,为个体提供所需的环境和支持,给予信任,从而达成目标;

(6) 在团队内和团队间沟通信息的最有效和最高效的方式是面对面的交流;

(7) 可工作的软件是进度的首要度量标准;

(8) 敏捷过程倡导可持续开发,项目发起者、开发人员和用户应该维持一个可持续的步调;

(9) 持续地追求技术卓越和良好设计,可以提高敏捷性;

(10) 以简洁为本,它是减少不必要工作的艺术;

(11) 最好的体系结构、需求和设计是从自组织的团队中涌现出来的;

(12) 团队定期地反思如何变得更加高效,并相应地调整自身的行为。

《敏捷宣言》的 12 条原则覆盖了迭代和增量过程、人员和交互、持续改善和技术实践 4 个维度:

首先,敏捷开发方法是一种基于增量和迭代的适应性过程。通过增量和迭代开发,采用敏捷软件开发方法的项目可以在早期就交付最有价值、最重要的功能,而不必等到所有的开发完成。敏捷软件开发不仅仅是增量和迭代,它更加强调开发过程中的适应性,积极拥抱变化。为了达成上述目标,敏捷过程的迭代还必须是短周期(几星期到几个月)的迭代。与长周期迭代相比,短周期迭代能够更快交付、更容易接受变化。

第二,敏捷开发方法强调人和沟通在软件开发中的重要作用:信息发现是软件开发中的一个重要成功因素。开发人员需要更好地理解业务需求,业务人员需要理解开发人员所做的工作对业务需求的影响,还需要加强业务人员和开发人员的协作,能更快建立对彼此的理解,避免方向性错误。同时,软件开发作为一种创造性活动,每个个体的主观能动性至关重要。为了激发这种能动性,应该对开发人员充分授权,给予信任,并给予必要的环境和支持。从沟通的角度,《敏捷宣言》认为人和人之间沟通的最佳方法是面对面沟通。因此,从实践角度,采用敏捷开发方法的团队往往坐在一起,避免由于空间上的分割带来沟通壁垒。

第三,敏捷开发方法是一种基于反馈的过程改进,《敏捷宣言》认为"团队定期地反思如何变得更加高效,并相应地调整自身的行为"。由于软件过程、工作方法、工具、人员能力等都不可能在一开始就尽善尽美,因此最重要的就是通过持续不断的改善,使团队变得越来越高效。由于敏捷开发方法是增量和迭代的过程,在一次迭代刚刚结束时,往往是团队做出改进的最佳时机。通过定期的反思活动,团队共同发现哪些地方需要改善,并定义具体的行动计划。

第四,敏捷开发方法需要与技术实践紧密结合。尽管增量和迭代体现了各种各样的优势,但是如果需求划分不合理或者设计的可扩展性不足,增量和迭代往往就难以为继。因此,应该"持续地追求技术卓越和良好设计"。在技术卓越支持敏捷软件开发的同时,敏捷开发方法认为:采取敏捷开发方法的团队,由于部门之间的壁垒更少,更容易发现问题,也就更容易达到技术卓越。

2.3.3 精益思想

精益思想起源于汽车制造业,首先从日本丰田兴起。从 20 世纪 50 年代开始,日本丰田逐渐建立了一套和大规模生产不同的生产方式,被称为"丰田生产系统"(Toyota Production System,TPS)或"即时制造"(Just in Time Manufacturing,JIT)。在 20 世纪 90 年代,由于丰田在汽车领域的突出成就,麻省理工学院(MIT)的 James Womack 等人深入研究了丰田生产系统的特点,对丰田生产系统的核心思想进行了总结,出版了《改变世界的机器》一书,并定义了"精益"这一术语。精益是和"大规模生产"相对的概念,它描述了一种不断寻找和消除影响质量和生产力浪费,从而更快交付客户价值的思维方法。精益思想现在已经是制造行业的普遍实践。

"消除浪费"似乎是一个普遍被认可的观点。但是,精益思想认为的"浪费"和传统观点存在差异。精益思想对浪费的理解是从"客户价值"出发定义的,这是一种和传统会计成本理论不同的思维方式。以下面的场景为例:

一个工厂购买了一些设备,但是某些设备出现了闲置。

(1) 在传统的效益观点中,为了避免这些设备闲置导致的浪费,应该加大生产量,让设备全速运转起来,从而摊薄每个零件的设备成本。

(2) 精益思想从系统思考的角度来看待这些设备闲置:如果确实市场上并不需要更多

的产品,全速运转的结果是消耗了更多的原材料,产生更多的库存,导致大量的资金浪费,不能带来实际的商业回报。加大生产并不能消除浪费。

所以,精益思想认为从传统的会计观点来看待浪费是不合理的,应该从是否增加了价值的角度来评价一个活动是否是浪费。在上述例子中,让设备全速运转虽然生产了更多产品,但是由于市场环境的约束,这些产品不能转化为商业回报,就不能被看作产生了价值。

丰田生产系统定义了7种典型浪费,分别是缺陷、过度生产、搬运、等待、库存、移动和过度加工。如果从丰田生产系统的视角来审视软件开发活动,就会发现这些浪费在软件开发领域也以类似的形式而广泛存在:

(1)缺陷:由于缺陷会导致返工,这是非常显而易见的浪费。精益方法非常关注如何防止缺陷。当一个缺陷发生后,应该立即找到缺陷根源,并据此调整工作方式,确保缺陷不会再次发生。在软件开发活动中,这体现为给予缺陷避免活动更高的优先级。例如,可以通过自动化测试在早期对缺陷进行拦截。如果某个缺陷没有被自动化测试拦截,就针对该缺陷创建一个新测试,防止同样的缺陷再次产生。

(2)过度生产:在丰田生产方式中,过度生产指生产了超出实际所需的产品(资金的浪费),或者在实际需要之前就生产了产品(时间的浪费)。在软件开发中,开发了不需要的额外功能,或者在尚未需要该功能时就完成了开发,事实上也是一种过度生产。这些功能可能是由于过时的需求、错误理解的需求、不正确的需求优先级等原因产生的。任何功能都是需要成本的:需求分析、设计、编码、测试和问题修复等活动都是成本;而且,一旦功能被开发出来,以后再添加新功能时,就需要考虑和这些功能的兼容性,这也是成本;此外,已经写完的文档、代码等有时候甚至会成为新功能实现的限制。

(3)搬运:在生产领域,搬运活动指的是在不同的工厂、不同的工作单元或不同的机器之间移动物料和零部件。搬运活动消耗人力物力,但是无助于创造任何价值。如果能消除这些搬运活动,就节省了资源。在软件开发领域,信息传递事实上也是一种"搬运"。例如,系统需求分析师创建了一份需求文档,然后把它传递给设计人员。设计人员撰写设计和代码,把结果传递给测试人员。测试人员根据产品需求对最终产品进行验证。信息传递也是有成本的。首先,每次信息传递都意味着信息的接收者需要花费相当的精力才能理解这些信息。其次,信息容易在传递过程中丢失或者失真,导致后续工作的偏差。考虑到信息丢失的复合效应,即使每个环节仅仅损失 10% 的信息,那么经过 4 次传递,也只能保留原来 65% 左右的信息。因此,在软件开发中应该采取各种方式,例如建立交叉功能团队、结对编程等,避免不必要的信息传递。

(4)等待:在生产领域,各个工序之间是相互衔接的。如果前一个工序过慢或者后一个工序过快,就会导致后续工序不得不进行等待。在软件开发领域,不同的任务之间也存在依赖。等待会造成时间和人力成本的浪费。但是,如果为了避免等待而同时执行多个任务,就会造成"移动"(见第 6 条)这一浪费。针对这个问题,后文将介绍在精益思想中避免等待的正确做法。

(5)库存:在精益生产中,库存指的是一切占用了资金但尚未带来收益的东西。不仅仅正在加工的零件是库存,尚未使用的原材料、已经生产完毕但是未销售出的商品也都是库存。库存消耗了组织的现金,占据了仓库和生产空间,带来了浪费。软件中的库存不像生产领域那么容易识别(不需要真实的仓库),但是那些已经编写完毕的文档、编写完毕但是尚未被充分测试的代码、已经测试完毕但是尚未交付的产品，也都具备和生产领域的库存相仿的性质。

（6）移动：移动指的是为了完成生产活动，人或设备的多余的移动或传送。在有些软件开发组织中，一个人往往同时需要承担多个项目的开发工作。这样看起来能更好地利用人力资源，但是却会造成不必要的任务切换和多头管理问题。由于频繁的任务切换容易影响大脑的专注状态，会显著降低生产效率，因此在精益软件开发中，团队在同一时间点应只专注于一个功能的开发，避免任务切换的浪费。

（7）过度加工：过度加工指的是所做的工作超出了所要求的标准。这样做既增加了成本，也没有带来额外的商业回报。在软件开发中也经常存在一些不必要的活动，例如不必要的会议、没有人阅读的文档以及手工完成而原本可以自动化的测试等。

除了上述 7 个方面的浪费，丰田生产系统对浪费还有一个额外的补充，就是未能充分发挥人的能力。这是一个非常重要的浪费：如果人的创造力未能被充分利用，不但意味着额外的人力成本消耗，而且往往反映了组织中存在压抑人的积极性和创造性的因素。

在精益方法中，经常使用价值流图（Value Stream Map, VSM）来识别和消除浪费。为了识别浪费，需要把所有从开始到结束的活动标识出来。然后，将每个活动从客户角度标识为"增加价值的"、"没有增加价值的"或者"没有增加价值，但是必须的"。凡是"没有增加价值的"活动应该予以消除。凡是"没有增加价值，但是必须的"活动，需要考虑是否存在更好的解决方案。价值流图中还应该显式标明完成每个活动所需的时间。图 2-8 是某项目中的一个价值流图片段。在该例子中，两个模块是并行开发的，分别进行设计、编码、编译、代码评审、模块测试等活动，然后进行集成以及功能测试。图 2-8 中的每个方框代表一项活动，CT 代表周期时间（Cycle Time），即实际花费在一项工作上的时间，LT 代表生产周期时间（Lead Time），即该项活动从开始到结束的时间（可能包含等待）。下方是根据上方活动计算的日程表。日程表中波峰上的数值表示等待时间，波谷上的数值表示周期时间。

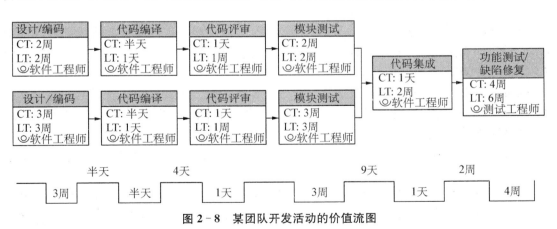

图 2-8　某团队开发活动的价值流图

从图 2-8 可以发现，在代码评审活动中存在较多等待：实际评审时间仅仅需要 1 天，但是生产周期时间却需要 1 周。同样，由于两个模块的开发速度不同，在代码集成之前共有两天的等待时间。代码集成、功能测试和缺陷修复也出现了很长时间的等待。为了消除评审的等待，需要考虑是否存在评审人力不足、时间安排不合理等因素。为了消除集成前的等待,可以考虑重新在两个模块之间分配人力等方式。此外,即使看起来没有等待的任务,也有可能加以改进。例如,图2-8中功能测试占用的时间较长。为了改进效率,可以通过自动化测试等方式对周期时间进行改进。

前文对消除浪费做了很多讨论。值得注意的是,虽然消除浪费是精益思想的一个重要部分,但是消除浪费并不是精益思想中最本质的部分。精益思想的核心有两点,分别是"针对系统的持续改善"和"尊重人"。持续改善是一个比较易懂的概念。尊重人虽然看起来比较模糊,但是却有非常重要的意义:包括不应该给"客户"(下游的工作者)带来麻烦(例如,提供有缺陷的制品、让其他人等待、超负荷工作),应该首先发展员工的技能、然后才是制造产品,应该发展具有凝聚力的团队等。

从"持续改善"的角度,精益思想定义了5条改进系统的原则:

(1)识别价值:价值是客户愿意购买产品的原因,也是产品开发的根本价值所在。例如,在软件系统中,客户会为了正确运行的软件付费,但并不会为一个只有完备的产品开发文档而不能运行的软件付费。"是否有助于增加价值"是精益方法衡量过程活动的准则。

(2)定义价值流:价值流描述了组织为了交付价值所采取的一系列有增值的活动。既有工作过程中的无增值活动属于浪费。

(3)保持价值流的流动:价值流的存在并不代表价值可以快速流动,仍然可能存在等待、拥塞等问题。因此,良好的系统应该让价值迅速流动,用较低的成本生产出正确的产品。

(4)拉动系统:拉动和推动是相对的概念。在推动系统中,制造商预测未来一段时间的商品销量,然后据此制定生产计划,最后试图将该商品销售出去。在这种场景下,制造商会面临库存和市场环境变化的较大风险。而拉动系统是基于当前客户的需求,向生产环节逐级反馈,每个环节都基于下一个环节的需求而进行生产。

(5)持续改善:持续改善是精益思想的最重要支柱。精益思想认为上述4个方面并不是静态的,总是存在可以改善的空间。精益思想的核心就是不断进行改善从而实现最大化价值。

虽然精益思想和敏捷方法的出发点有所不同,但能发现二者的大多数实践都能够互相呼应。例如,《敏捷宣言》强调"团队定期地反思如何变得更加高效,并相应地调整自身的行为",而精益思想的支柱之一就是"持续改善";《敏捷宣言》认为"敏捷过程倡导可持续开发,项目发起者、开发人员和用户应该维持一个可持续的步调",精益思想从尊重他人的角度认为不应该超负荷工作;敏捷宣言认为"可工作的软件是进度的首要度量标准",精益思想认为应该从客户的角度定义价值,等等。

在文献[15]中,Mary Poppendieck和Tom Poppendick定义了软件开发的7条精益原则:

(1)消除浪费:消除浪费是精益思想的主要推动力之一。如前文所述,在软件开发中也存在大量的浪费,所以应该利用各种精益工具(如VSM),来发现和消除软件开发中的浪费,进行持续改进。

(2)内建质量:在传统的软件开发中,往往会在项目的后期集中进行集成测试和回归测试,导致项目后期才发现许多本可在早期发现的错误,增加修复成本。精益软件开发倡导机制性的改进,例如在开发中采取持续集成等方案,一旦错误注入,立即就可以发现。

(3)创建知识:精益软件开发认为软件开发的过程同时也是知识创建的过程。这些知识既包括与产品开发相关的领域知识,也包括如何进行软件开发的方法、经验和教训。在开发过程中创建的知识是组织的宝贵财富,应该对这些知识进行良好的整理、归置和传播。

(4)推迟决策:在软件开发中的信息是逐步获得的。拥有的信息越多,做出的决定就更准确。如果一个决定还没有到达最后关键时刻(即不影响项目进展),而且还有一些信息没有澄清,最明智的做法就是暂时不做出决定,等获得了更多的信息以后再做决定,以避免决定的反复修改和错误决定导致的浪费。

(5)快速交付:快速交付的概念和敏捷方法中的短迭代完全一致。通过快速交付,能从客户那里获得更多的反馈,更早为客户带来价值,降低由于需求不清、业务环节变化等带来的风险。

(6)尊重他人:这也和敏捷方法的原则完全一致,包括不让员工做浪费的工作、发展员工的技能、建立人性化的工作环境、建立信任和合作的文化、发挥员工的创造性等。

(7)全局优化:全局优化是精益思想的重要部分。前文所述的机器闲置的例子在软件开发中也有许多类似情况,例如开发人员的资源得不到充分利用等。如果仅仅是局部优化(如安排开发人员做更多的工作),效果往往适得其反。在考虑优化时,应该从价值流的角度进行全局考虑。

2.3.4　敏捷和精益实践简介

为了对敏捷和精益方法有更具体的理解,本节将有选择地介绍一些典型的敏捷和精益实践方法,包括 Scrum,XP 和看板方法。

1. Scrum

Scrum 是一种增量和迭代的开发管理框架,广泛应用于软件开发领域。Scrum 为软件组织的开发管理活动提供了一个模型,使得软件组织可以具体化属于本软件组织的、符合特定上下文的敏捷软件开发过程。Scrum 是一个简明的软件研发管理框架,其核心概念如图 2-9 所示。

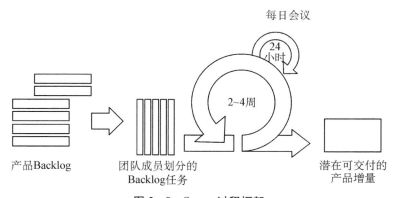

每日会议

24 小时

2~4周

产品Backlog　　　团队成员划分的　　　潜在可交付的
　　　　　　　　　　Backlog任务　　　　　　产品增量

图 2-9　Scrum 过程框架

Scrum 包括如下 4 个要素[19]:

(1)时间盒。时间盒(Time-Box)是一个固定的时间段,为软件开发提供了一个节奏。时间盒在 Scrum 中称为"Sprint"。在每个 Sprint 中,都包含完整的需求分析、计划、开发、测试等各个环节。一般情况下,每个 Sprint 都应该产生可发布的产品增量。每个 Sprint 的开发时间是固定的,一般是一个月或者更短的时间。

(2) Scrum 团队。Scrum 团队是自组织、跨职能部门的,其核心目标是提高灵活性和生产能力。每个 Scrum 团队都包括 3 种角色:敏捷专家(Scrum Master)、产品负责人和开发团队。其中,Scrum Master 负责保证 Scrum 团队的成员理解并且遵循 Scrum 框架;产品负责人指明团队的开发方向,最大化 Scrum 团队的工作价值;而开发团队负责具体的开发工作,在每个 Sprint 结束之前将产品负责人的需求转化成为潜在可交付的产品增量。

(3) 制品。Scrum 中最核心的制品是潜在可交付的产品增量。在每个 Sprint 结束时,Scrum 团队都应该能够产生一个新的、可交付的产品增量,这部分和既有的已开发产品一起形成一个整体,随时准备交付给客户。此外,Scrum 中的制品还包括产品的 Backlog、Sprint 的 Backlog 等。产品的 Backlog 代表了产品负责人对软件开发团队的需求的列表,而 Sprint 的 Backlog 是开发团队成员为了实现一个 Sprint 的开发目标而定义的开发任务。

(4) 规则。为了保证产品持续稳步的开发,Scrum 非常强调纪律性。例如,Scrum 的规则要求开发团队在每个 Sprint 的交付物都应该达到"完成"(Done)。该完成标准由开发团队定义并且进行清晰的描述,只有达到了完成标准,开发团队在 Sprint 的输出才能被看作合格的交付物,才可以声称完成了某个产品增量。

Scrum 的发明人 Jeffery Sutherland 和 Ken Schwaber 认为,Scrum 通过如下 3 个重要的支柱[19],提高了产品开发的可预见性:

第一个支柱是高透明度。高透明度保证了让关心结果的人能清晰地看到影响结果的各种因素。例如,Scrum 要求团队严格执行 Sprint 的交付标准,忠实记录项目的执行过程,从而充分了解所观察到的问题。

第二大支柱是检验。Scrum 团队需要经常检测开发过程中的各个方面,以确保及时发现过程中的重大偏差。

第三大支柱是适应。如果 Scrum 团队发现所产生的制品或者所使用的工作方法是不合适的,那么团队就应该及时对过程、方法或者软件制品进行调整,减少或消除进一步的偏差。

Scrum 使用产品 Backlog 来管理需求,产品负责人对 Backlog 中的内容和优先级负责。Scrum 不赞同在项目初期定义出所有精细的产品功能,只要定义足够的需求不影响当前的价值交付就可以了,更多的时间应该留给当前待开发的需求,而不是花费时间到很久之后才可以实现的需求上。随着项目的发展,产品 Backlog 可以不断地进行调整和扩充。为了能够支持迭代和增量的开发,Backlog 中的条目(Product Backlog Item,PBI)应该是良好分割的。产品负责人负责按照优先级对产品 Backlog 中的条目进行排序。

Scrum 的基本迭代单元是 Sprint,即一个固定的时间周期。在每个 Sprint 中,Scrum 团队都要致力于交付潜在可交付的产品增量。每个 Sprint 中的活动都是类似的,包括 Sprint 计划、每日例会以及 Sprint 演示等。

Sprint 计划会议发生在每个 Sprint 的开始。Sprint 计划会议分成两个部分。第一部分是产品负责人介绍当前的产品 Backlog 中高优先级的条目。然后,团队从高到低按照优先级选择将要开发的条目。团队选择的 Backlog 的条目数量取决于团队的历史速率。在 Sprint 计划过程中,一个常见的实践是采用任务墙和燃尽图来记录 Sprint 计划的结果,并且在后续的开发阶段使用它们来保持对团队状态的跟踪。图 2-10 给出一个例子。其中,最左侧是当前 Sprint 要完成的产品 Backlog 条目。在"待开始"一栏中,是团队为了完成客户功能所计划的工作。每个任务卡片右下角的数字代表了团队对该任务所估计的大概完成时间。需要注意,与传统的项目计划不同,计划阶段每个任务并不分配给团队成员。只有在 Sprint 的开发阶段,一个任务从"待开始"移动到"进行中"的时候,才会决定由哪个团队成员来完成,任务的分配通常由团队成员自我选择实现。这既是 Scrum 中自组织团队的一种体现,背后也体现了"延迟决策"、"排队理论"等思想。燃尽图是一种常见的、可视化的项目管理工具,用于描述当前工作的进展情况。燃尽图有一个 Y 轴(工作)和 X 轴(时间)。在理想情况下,该图表是一个向下的曲线,随着剩余工作的完成,"燃尽"至零。需要注意的是,燃尽图的重点在于关心剩余的工作量,而不是所完成的工作量。

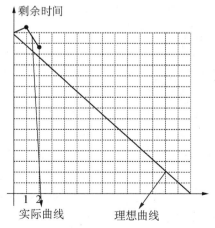

	待开始		进行中	已完成
客户功能-1 2 故事点	对M2模块编码 2	对M2模块进行功能测试 6		
	集成M2模块到系统中 4			
客户功能-2 5 故事点	实现基本功能 4	优化用户界面 4		
	编写数据库 Schema 6	性能测试 16		
客户功能-3 5 故事点	设计远程调用接口 8	测试第三方构件C1 16		
客户功能-4 3 故事点	编写自动化测试用例 2	撰写客户文档 12		

剩余时间

1 2
实际曲线   理想曲线

图 2-10 任务墙和燃尽图

在 Sprint 开始后,为了保证团队能够了解和分享全局的项目信息,Scrum 团队每天都会召开一个不超过 15 分钟的短会,就项目的整体状态和关键问题快速交换意见。为了避免每日例会花费团队的过多时间,确保团队成员仅讨论最重要的、共同关心的问题,很多团队要求参加者站着开会,因此每日例会也被称为"每日站立会议"。

在 Sprint 即将结束时,团队都会发布一部分已经通过测试、可供交付使用的功能。为了能够获得更好的反馈,以及为后续的开发活动提供输入以便于改善和调整,Scrum 要求开发团队在每个 Sprint 结束时都对本 Sprint 完成的功能进行演示。Scrum 建议 Sprint 评审尽量使用非正式的方式进行,例如,不要使用幻灯片,也不应该花费过长的准备时间。Sprint 评审会议不是一种干扰或者负担,应该是 Sprint 中一个富有成效的反馈环节。

为了对团队的工作方式进行持续改进,在每个 Sprint 结束时,Scrum 都要求团队成员共同对刚刚结束的 Sprint 进行回顾。一个好的回顾会议能够协助 Scrum 团队发现并保持当前过程中的有效部分,发现潜在的问题,通过不断的尝试来改进实践与想法。

2. 极限编程

极限编程是一种敏捷软件开发方法。虽然极限编程因结对编程、测试驱动开发等技术实践而广为人知,但是极限编程并不仅仅是技术实践。极限编程的发明人 Kent Beck 认为,极限编程是一种软件开发的哲学、一组实践、一套互补的原则和一个社区[20]。

极限编程的方法体系由"价值观-原则-实践"构成。Kent Beck 认为,短期的、个人的目标常常与长期的、社会的目标相抵触,或者即使没有抵触,在涉众之间的差异也会导致软件项目的不必要的麻烦和浪费。例如,如果一个团队成员倾向于在项目估算时故意放大估算结果,很可能是由于管理者倾向于按照估算结果进行资源分配,并且拒绝在资源不足时减少工作或者增加资源,甚至以项目前期估算的准确性来评估开发人员的工作。这显然会将管理者和开发人员置于对立的位置,影响涉众之间的有效协作。公共的价值观在有效协作中起到至关重要的作用。例如,在上述例子中,管理者和开发人员如果能够就"估算仅仅是一种力所能及的预测"达成共识,管理者也认同开发人员并没有怠工,就会在发现估算不足时及时进行调整,也就避免了开发人员蓄意放大估算的行为。因此,为了能够保证涉众间的有效协作,涉众之间应该对"什么是最重要的"有明确的共识,这就是"价值观"。Kent Beck 在《极限编程:拥抱变化》的第一版中列出了 4 个价值观,分别是沟通、简单、反馈和勇气。在这本书的第二版中,他又加入了第五个价值观——尊重。

(1) 沟通。成功的软件开发的关键要素既不是撰写文档,也不是编写代码,而是是否掌握正确的信息。例如,如果客户需求不能准确地沟通,就会导致开发人员不能充分理解需求,无法产生正确的软件。同样,如果模型和设计的变化在开发者之间不能及时的同步,就会导致不一致的实现和集成问题。在极限编程的实践中,使用了许多实践来最大化团队成员之间、团队和客户之间的沟通,例如强调真实客户的参与、开发人员之间结对编程等。

(2) 简单。简单原则要求团队在任何时刻仅做当前最必要的工作,类似于制造行业的 JIT。所以,仅应该使用最必要的过程、撰写最必需的文档、编写最必要的代码。简单这一价值观确保了团队不产生额外的浪费,而且通过避免预测未来和减少对未来的不必要投资,最大程度减少由于未来的变化而造成的影响。以极限编程中的"简单设计"这一实践为例,简单设计要求软件设计不要过分预测未来,而是保证当前设计的可扩展性。如果在未来有新的需求,由于既有设计的可扩展性做得足够好,实现新功能并不困难;相反,如果在当前的设计中为未来的功能编写了过多的代码,万一将来的功能发生了修改,当前的代码则会变得混乱、难以维护。

简单和沟通是互补的原则。越复杂的设计,所需要的沟通成本就越大。而通过加强沟通，可以发现那些当前不需要的需求、不必要的设计，最大限度地增强简单性。

（3）反馈。Kent Beck 说："盲目乐观是设计的敌人，而反馈是避免盲目乐观的药方。"极限编程鼓励团队利用每一个可能的机会来发现开发中的问题并做出调整。在极限编程的实践中，充满了大量的反馈回路，而且尽可能缩短反馈的周期。例如，通过结对编程发现设计的问题，通过现场客户发现需求的问题，首先编写测试来反映设计意图和发现实现问题等。通过构建反馈回路，极限编程在客户和团队之间、团队成员之间、设计意图和已经实现的软件之间迅速同步，避免设计中的浪费。

（4）勇气。软件开发面对的是一个不确定的世界，在不确定的世界中做出正确的决策是困难的。勇气使得团队倾向于做正确的决策——即使是困难的决策，而不是选择看似容易、实际上是错误的决策。例如，如果项目的状态不如预期，团队应该有勇气如实告知投资者和客户。同样，如果在项目的中间阶段发现了前期设计的重大失误，虽然修复失误会带来额外的成本，团队仍然应该勇于承认这个问题并且予以修复。极限编程鼓励做正确的事，而在很多场景下做正确的事都是需要勇气的。

勇气不是鲁莽。勇气需要和极限编程的其他价值观相结合，例如沟通、简单和反馈。当团队有勇气承认个人或者团队的不足时，更有助于建立彼此信任和沟通的氛围。勇气帮助建立关于事实真相的反馈，也有助于产生更简单的工作方式、更简单的设计和更简单的代码。

（5）尊重。尊重是在极限编程 2.0 中新出现的价值观。Kent Beck 认为，沟通、简单、反馈和勇气都与尊重相关。在实际的项目团队中，认可团队中每个人的专业技能和价值，如实反映和他人利益相关的情况，构建整个团队的共同目标，都体现尊重这一价值观。

原则是对价值的具体应用。极限编程 2.0 中的原则包括人性化、经济性、互惠、自相似、改善、多样性、反省、机遇、流动、失败、冗余、质量、小步骤和接受责任共 13 条原则[20]。

极限编程是一种迭代、增量的开发方法。一般将极限编程的开发阶段分为探索、计划、迭代到发布、产品化以及维护阶段。图 2-11 描述了极限编程的开发过程[4]。

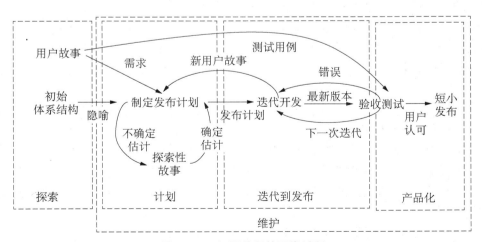

图 2-11　极限编程的开发过程

探索阶段是采用极限编程方法的项目的第一个阶段。在探索阶段，用户和开发团队紧密协作。例如,通过工作坊(Workshop)的形式,建立对系统的高层需求的理解和发现系统中的风险要素。在探索阶段有两个关键的活动,分别是产生用户故事列表的初始版本,以及发现对系统实现影响重大的体系结构决策。

经过最初的探索阶段,项目团队需要制定软件产品的发布计划。需求和初步的体系结构是产品发布计划的输入。基于这些输入,项目团队可以做出估算并据此做出发布计划。如果估算出现问题,往往提示需求和体系结构存在模糊性,这时可以采取某些探索性的活动,例如,通过构建快速原型来澄清其中的模糊性,获得更合理的估算。

迭代到发布阶段完成主要的开发工作,包括建模、编码、测试和集成。在开发阶段,随着认识的深入,可以产生新的用户故事。同时,可以依据用户故事开发相应的测试用例,对开发的新版本进行验收测试。如果验收测试发现错误,则回到开发阶段。否则,将开始新一轮的迭代、继续完成待开发的用户故事。

经过验收测试的版本进入产品化阶段,在用户认可之后成为一个新的可发布的版本增量。

XP 认为维护是极限编程的常态。维护意味着一方面保持现有系统的正常运行,另一方面要开发新功能。维护既包括如前所述的添加新的用户需求,也包括开发团队为了获得更好的体系结构进行的重构等。

3. 看板方法

看板是敏捷软件开发的精益方法。"看板"一词来源于日语,本意是"可视卡片"。在生产系统中,人们使用看板来发布生产指令。例如,在丰田生产系统中,后一个生产环节如果需要上游提供某些部件,则可以使用看板发出指令。丰田通过看板的方式,实现了对"在制品"(Work-in-Progress,WIP)数量的限制,继而实现了一个有效的拉动系统。

WIP 是一个精益的概念,是指正在加工的产品或者准备加工的原料或半成品。通过使用看板方法,可以发现软件开发系统中的问题并加以逐步改善,实现高效的软件开发。由于WIP 占用了资金和资源而不能立即交付给客户,在精益生产中被看作一种浪费。在丰田,看板专指将整个精益生产系统连接在一起的可视化物理信号系统[21]。

看板方法在软件开发中的定义与在精益生产中的定义是类似的。David J Anderson 将看板方法定义如下[22]:"看板是一种增量的、演进的改变技术开发和组织运作的方法。看板通过限制 WIP 的数量,形成了一个以拉动系统为核心的机制,暴露系统中的问题,激发协作来改善系统。"

与精益思想追求持续改善的思路一致,看板方法的本质是一种改善系统的方式。David J Anderson 认为应用看板方法有如下 3 个基本原则:

(1) 从组织的现状开始。看板方法首先认可组织当前的现状,不寻求激烈的改变。

(2) 形成以渐进的、演化的方式来改善系统的共识。使用看板方法的团队理解并且愿意为了改善系统而实施逐步的改善。由于看板方法的本质是持续改善,缺乏这种共识的团队显然无法成功。

(3) 看板方法尊重当前的过程定义、角色、职责或头衔。首先,看板方法认可当前组织现状的合理性因素。同时,David J Anderson 认为,如果希望追求成功的变革,就应该消除那些影响变革的恐惧因素。尊重当前的过程定义、角色、职责或头衔可以部分消除这方面的恐惧。

看板方法仅仅包括 5 条非常简单的规则。下面对这些规则逐条加以解释。

（1）可视化工作流。工作流和精益概念的价值流有细微的差别。工作流反映了组织的工作现状。为了能够发现可以改善的问题，首先需要了解当前的工作流。创建可视化工作流需要首先列出日常工作中的所有活动。然后将这些活动进行归类，将活动按照它们之间的依赖关系串行化，而后将当前的工作在工作流上的现状用图表呈现出来。在这个过程中，团队的紧密协作是非常重要的。一个可视化的工作流如图 2-12 所示，其中每个列代表工作流的一个步骤，而每张卡片代表一项工作（在本例中是一个可交付的功能）。卡片所处的列代表该工作所处的开发步骤，其中需求清单列中是尚未开始开发的需求。

需求清单	开发准备		实现		系统测试		客户确认	上线
	分析	完成	进行中	完成	进行中	完成		
	M	K	J	G	F	D	C	A
		L		H		E		B
N								
O								
P								
Q								

图 2-12　可视化工作流

（2）限制 WIP 的数量。限制 WIP 数量是精益方法的重要手段。例如，在图 2-12 中，开发准备、实现、系统测试、客户确认阶段的制品显然都属于 WIP。如果将客户确认的 WIP 限制为 1，系统测试的 WIP 限制为 3，那么如果客户确认阶段的 WIP 已经有了 1 个，即使系统测试中已经完成了新的功能，也不能将该功能移动到客户确认阶段。这将导致系统测试阶段也达到 WIP 的限制数量，进一步阻止实现阶段开发更多的新功能。依此类推，每个阶段都仅仅能够在下一个阶段有需求的时候才能够继续开发。这就实现了从后端往前端的拉动系统。

（3）度量并管理周期时间。周期时间是一个需求在整个开发环节流动的时间。显然周期时间越短，意味着对客户的响应越迅速，因此周期时间的长短是创建价值的重要指标。通过度量周期时间，软件开发组织能够了解现状，并且为下一步的改善设定目标。

（4）明确过程准则。以图 2-12 中的工作流为例，如果缺乏明确定义的准则，软件团队可能会产生困惑。例如，开发准备阶段应该做到什么程度才算完成？实现阶段是否应该包含代码质量检查？是否应该包含自动化单元测试？如果没有这些准则，软件团队就无法准确了解项目的当前状态，也无法进行进一步的改善。所以，应该就工作流中的每一步定义明确的过程准则，在整个软件开发团队中达成共识。

（5）通过科学的方法改善工作流。WIP 的限制以及对周期时间的度量能够很容易暴露软件开发过程中的问题。例如，如果工作流总是在系统测试处发生拥塞，这对开发团队给出了提示："系统测试方面可能是人员不足。"看板方法并不会告诉软件团队应该如何做，但是它会要求软件团队就这个问题进行讨论,然后提出解决方案。解决方案可能是增加测试人员、提高该阶段 WIP 限制的数量,或者如果仅仅是暂时性的问题,团队也可以选择什么都不做。对软件组织所做的改善也有可能影响到软件组织的工作方式,因此看板中的工作流并不是一成不变的,软件团队会在实践中逐步发现更好的工作流。

2.4 软件能力成熟度和过程改进

2.4.1 软件过程改进

软件过程在提高软件组织的能力、规范开发行为、改善开发效率等方面发挥着非常积极的作用。为了让软件过程始终保持有效,就不能静态、僵化地应用软件过程,而应该以持续改进的观点,有序地对组织所使用的软件过程进行优化。

软件过程改进(Software Process Improvement,SPI)是根据软件开发团队和组织的现状及发展需求对软件过程进行改善的活动。显然,软件过程改进的首要条件是软件组织已或多或少具备了一定的软件过程规范,而且存在依据这些过程的实践。在此基础上,软件组织还需要具有持续改进的愿望和相应的策略。通过有效地应用软件过程改进活动,可以发现和解决当前过程中存在的问题,推广尚未进入软件过程但已被证明行之有效的实践,从而获得更多的投资回报。

在具有一定规模的软件开发组织中,由于软件过程涉及的范围比较广泛,不同的角色有不同的利益诉求,待改进的方面往往很多,因此有效地实施过程改进是一个富有挑战的任务。过程改进需要系统化的方法,其中,卡耐基-梅隆大学软件工程研究所(CMU-SEI)提出的 IDEAL 模型是 SPI 过程模型的代表[23]。IDEAL 是一个迭代的改进模型,每次迭代都包括启动(Initiating)、诊断(Diagnosing)、建立(Establishing)、行动(Acting)和学习/扩充(Learning/Leveraging)这 5 个阶段。DEAL 改进模型如图 2 - 13 所示。

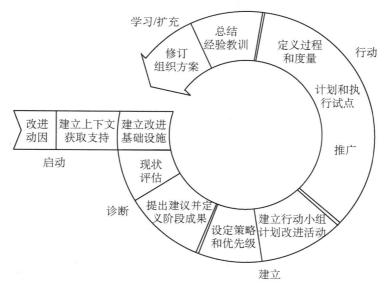

图 2 - 13　IDEAL 过程改进模型

在图 2-13 中,启动阶段是过程改进的起点。启动阶段的重要活动是建立改进的上下文,获取支持,特别是来自于高层的支持。为了进行改进活动,还需要建立相应的基础设施,例如组织的改进章程、必需的过程度量工具、相应的调研手段等。

诊断阶段为了后续的过程改进定义目标。首先,根据组织的愿景和业务规划,确定改进的主要方向。然后,在该方向上对过程现状进行评估,建立过程改进的基线。通过发现问题,对接下来的改进定义阶段性目标。

建立阶段的目标是定义待改进问题的优先级,制定解决方案策略并定义行动计划。制定行动计划的过程中应尽量使目标和进度易于度量。

执行阶段将尝试定义经过改进的过程方案以及通过这些方案达到的预期目标。过程方案应首先在试点团队中试运行,如果达到了预期的效果,可以考虑将其制度化并进行推广;如果试点没有达到预期效果,则应该重新对过程方案进行优化。

过程改进循环的最后一个阶段是学习或者扩充阶段。该阶段的目标是总结本次改进的经验和教训,为下一次改进循环打下良好的基础。

软件过程改进本身可以看作一个针对内部用户的项目,所以它遵循一般项目的过程规范和基本要素,例如清晰的目标、计划、管理和跟踪、反馈等。同时,软件过程改进又有其特殊性。除了上述一般性的因素,成功的软件过程改进还应该考虑如下 4 个方面:

(1) 从开发实践出发定义改进目标。由于过程改进并不是针对外部客户的,在目标定义方面应该更加谨慎地进行价值分析,发现那些对组织影响最大的过程问题。

(2) 倡导全员参与。过程改进不仅仅是过程小组的工作,它应该得到整个组织的持续关注。事实上,由于实践者每天都在亲身参与软件开发活动,更容易发现过程问题,也能够更快地验证解决方案。通过全员参与过程改进,可以提出更合适的问题,定义更可行的方案,也更容易得到沟通和执行。

(3) 获得高层支持。虽然每个人都不会否认软件过程改进的重要性,但是由于每个人在组织中承担的角色不同,因此他们可能无法有效贯彻具体的改进行动。例如,如果项目经理的业绩指标仅仅是如期交付项目,他们可能就会选择一些短期有效的手段来加快进度,而顾不上考虑改进系统性的问题。高层的支持可以使整个组织贯彻一致的价值观,得到必须的支持和投入。当然,为了获得高层支持,首要的前提是满足第(1)点的要求,即保证过程改进的目标和组织目标的一致性。

(4) 持续改进:过程改进是一个持续性的活动。通过持续改善,不断完善开发过程,同时也能够在组织中倡导持续改进的氛围,最终建立具有持续卓越绩效的软件开发组织。

2.4.2　能力成熟度模型集成

在介绍能力成熟度模型集成之前,首先介绍一下 CMMI 的前身——能力成熟度模型(CMM)[24]。CMM 起源于美国卡耐基-梅隆大学软件工程研究所在 20 世纪 80 年代至 90 年代的工作。从 1986 年开始,卡耐基-梅隆大学软件工程研究所受军方委托,开始着手制定一套评估承包商能力的模型,这就是 CMM。CMM1.0 版本在 1991 年发布。

CMM 模型定义了 5 个成熟度等级,分别如下:

(1) 初始级(Initial):初始级的软件组织就像是"手工作坊"。虽然可能或多或少有一些过程定义,但整体上呈现无序甚至混乱的状态。虽然初始级的软件组织偶尔也能成功完成项目,但是这种成功主要依赖于个人或小组的努力,缺乏机制上的保证。

（2）可重复级（Repeatable）:正如其名字所示,处于可重复级的软件团队能够依靠有效的过程实践,在团队层面重复既有的成功。为了达成该目标,这些团队应该已经建立了基本的项目管理过程,能够对需求进行管理、制定合理的项目计划并进行跟踪、有正确的质量保证机制和配置管理机制等。

（3）已定义级（Defined）:达到了已定义级的软件开发组织已经将管理和工程活动两个方面的软件过程文档化和标准化,定义了组织的标准软件过程。所有项目均使用经批准、剪裁的标准软件过程来开发和维护软件。

（4）已管理级（Managed）:已管理级意味着软件组织已经能够有计划地收集关于软件过程和产品质量的度量数据,对软件过程和产品能够进行定量的管理和控制。

（5）优化级（Optimizing）:优化级体现了软件组织具备了持续的过程改进和技术革新的能力。

为了能评估软件组织的成熟度,除了初始级外,CMM 为每个成熟率等级都定义了若干个关键过程域（Key Process Area, KPA）,每个关键过程域描述了一组针对过程能力的目标。如果一个组织实现了某个成熟度等级以及较低等级的所有关键过程域,就意味着其过程能力达到了该成熟度等级。CMM 还为每个关键过程域定义了若干关键实践,作为组织进行过程改进的指导。CMM 的关键过程域和成熟度等级的映射关系如表 2 - 1 所示。

表 2 - 1　CMM 的关键过程域

成熟度等级	可重复级	已定义级	已管理级	优化级
关键过程域	需求管理 软件项目计划 软件项目跟踪和监督 软件分包合同管理 软件质量保证 软件配置管理	组织过程焦点 组织过程定义 培训大纲 集成软件管理 软件产品工程 组间协调 同行评审	定量过程管理 软件质量管理	缺陷预防 技术更新管理 过程更改管理

虽然 CMM 最早的目的是用于承包商的能力评估,但是它同时也能够服务于组织的过程改进。CMM 在软件开发领域取得了巨大的成功,这也使得人们试图将其推广到其他学科领域,例如系统工程的能力成熟度模型、适用于集成化产品开发的能力成熟度模型等。从 1998 年开始,美国产业界、政府和卡耐基-梅隆大学软件工程研究所共同主持了 CMMI 项目,旨在创建一个支持多个工程学科和领域的、系统的、一致的过程改进框架。CMMI - SE/SW/IPPD 第一版于 2000 年发布。目前最新的版本是 2010 年 11 发布的 CMMI 1.3 版[25],它包含了 3 个模型:面向开发的 CMMI - DEV,面向服务的 CMMI - SVC 和面向采购的 CMMI - ACQ。下面以 CMMI - DEV 为主介绍 CMMI 的主要结构。

过程域是构成 CMMI 的核心元素。CMMI - DEV 从过程管理、项目管理、工程和支持 4 个方面定义了 22 个过程域,如表 2 - 2 所示。

表 2-2　CMMI 的 22 个过程域

过程管理	项目管理	工程	支持
组织级过程定义(OPD) 组织级过程焦点(OPF) 组织级绩效管理(OPM) 组织级过程绩效(OPP) 组织级培训(OT)	(IPM)集成项目管理 (PMC)项目监督与控制 (PP)项目计划 (QPM)量化项目管理 (REQM)需求管理 (RSKM)风险管理 (SAM)供应商合同管理	(RD)需求开发 (TS)技术解决方案 (PI)产品集成 (VAL)验证 (VER)确认	(CM)配置管理 (MA)度量和分析 (DAR)决策分析与解决 (CAR)原因分析和解决 (PPQA)过程和产品质量保证

CMMI 为每个过程域定义了一组目标,其中包括所有过程域都应达到的通用目标(Generic Goal,GG)和属于特定过程域的特定目标(Specific Goal,SG)。同时,CMMI 也建议了达成相应目标所推荐的实践,分别称为通用实践(Generic Practices,GP)和特定实践(Specific Practices,SP),其中,通用目标用于评估一个组织在某个过程域上的能力情况。GG1,GG2,GG3 分别对应于"已执行"、"已管理"和"已定义"3 个等级。特定目标则和具体的某个过程域相关。下面以配置管理为例,列出了特定目标和特定实践的例子:

SG 1　建立基线

SP 1.1　识别配置项

SP 1.2　建立配置管理系统

SP 1.3　创建或发布基线

SG 2　变更跟踪和控制

SP 2.1　跟踪变更请求

SP 2.2　控制配置项

SG 3　建立完整性

SP 3.1　建立配置管理记录

SP 3.2　执行配置审计

考虑到对 CMMI 的应用具有不同的场景,CMMI 定义了两种表示法:阶段式模型和连续式模型。这两种表示法是等价的,可以进行相互转换,但具体的目的有所不同。对于准备使用 CMMI 进行改进的组织,可以根据实际情况选择使用其中一种模型。阶段式模型和 CMM 的结构非常类似,它也定义了 5 个成熟度级别,分别为初始级、已管理级、已定义级、定量管理级和优化级(见表 2-3)。除了表述上略有不同外,从意义上与 CMM 的 5 级成熟度模型是一致的。

表 2-3　CMMI 的连续性模型

成熟度等级	已管理级	已定义级	定量管理级	优化级
过程域	需求管理(REQM) 项目计划(PP)	需求开发(RD) 技术解决方案(TS)	组织级过程绩效(OPP)	组织级绩效管理(OPM)

成熟度等级	已管理级	已定义级	定量管理级	优化级
	项目监督与控制(PMC) 供应商合同管理(SAM) 度量和分析(MA) 过程和产品质量保证(PPQA) 配置管理(CM)	产品集成(PI) 验证(VER) 确认(VAL) 组织级过程焦点(OPF) 组织级过程定义(OPD) 组织级培训(OT) 集成项目管理(IPM) 风险管理(RSKM) 决策分析和解决(DAR)	量化项目管理(QPM)	原因分析和解决(CAR)

连续性模型分别针对每个过程域进行评估,CMMI 称之为能力等级,共包括以下 4 级:

(1) 不完全级(0 级):过程域没有执行,或者虽然已经执行但没有达到该过程域的特定目标;

(2) 已执行级(1 级):该过程域的特定目标都已经达成;

(3) 已管理级(2 级):该过程域的特定目标都已经达成,并且和该过程域相关的目标及实践都能够被良好地计划、执行;

(4) 已定义级(3 级):该过程域的特定目标都已经达成,并且在整个组织层面和该过程域相关的过程都已经制度化。

从过程改进的角度来看,在使用阶段性模型的情况下,改进的路径是固定的,虽然规划起来比较简单,但是缺乏一定的灵活度。使用连续性模型的组织有更大的自由度,可以在一个时期内选择某一组特定的过程域进行改进,但是由于过程域之间存在关联性,如果对过程域的选择不当,可能会影响实际达成的改进效果。在进行过程改进时,开发组织应该根据以上两点和本组织的情况作出适合自己的选择。

本章参考文献

[1] 张效祥主编. 计算机科学技术百科全书(第 2 版). 清华大学出版社,2005.

[2] ISO/IEC 12207:2008 Systems and Software Engineering-Software Life Cycle Processes (Second edition).

[3] 朱三元,钱乐秋,宿为民编著. 软件工程技术概论. 科学出版社,2002.

[4] 钱乐秋,赵文耘,牛军钰编著. 软件工程. 清华大学出版社,2007.

[5] Winston W Royce. Managing the Development of Large Software Systems. Proceedings of IEEE WESCON,1970,26(8):328 – 338.

[6] Barry W Boehm. A Spiral Model of Software Development and Enhancement. Computer,1988,21 (5):61 – 72.

[7] Ivar Jacobson,Grady Booch, James Rumbaugh 著,周伯生,冯学民,樊东平译. 统一软件开发过程. 机械工业出版社,2002.

[8] Philippe Kruchten 著,周伯生,吴超英,王佳丽译. Rational 统一过程引论. 机械工业出版社,2002.

[9] Kent Beck 著,唐东铭译. 解析极限编程:拥抱变化. 人民邮电出版社,2002.

[10] Ken Schwaber. Business Object Design and Implementation. Springer London,1997.

[11] Alistair Cockburn. Crystal Clear:a Human-powered Methodology for Small Teams. Pearson

Education，2004.

[12] Jim Highsmith. Adaptive Software Development：An Evolutionary Approach to Managing Complex Systems. Dorset House Publishing，2000.

[13] Jennifer Stapleton. DSDM-Dynamic System Development Method：The Method in Practices. Addison-Wesley，1997.

[14] James P Womack，Daniel T Jones 著,沈希瑾等译. 精益思想. 机械工业出版社,2008.

[15] Mary Poppendieck，Tom Poppendick. Lean Software Development. Addison-Wesley，2003.

[16] Peter F Drucker 著,许是祥译. 卓有成效的管理者. 机械工业出版社,2005.

[17] Kent Beck *et al*. Agile Manifesto. http:// www. agilemanifesto. org.

[18] Kent Beck *et al*. Principles behind the Agile Manifesto. http://www. agilemanifesto. org/principles. html.

[19] Jeff V Sutherland，K Schwaber. Scrum Guide. http://www. scrum. org/scrumguides/.

[20] Kent Beck，Cynthia Andres 著,雷剑文等译. 解析极限编程:拥抱变化(第 2 版). 机械工业出版社,2011.

[21] Hendirk Kniberg 著,李祥青译. 精益开发实战:用看板管理大型项目. 人民邮电出版社,2012.

[22] David J Anderson 著,章显洲译. 看板:科技企业渐进变革成功之道. 华中科技大学出版社,2014.

[23] McFeeley Bob. IDEAL：A User's Guide for Software Process Improvement. CMU/SEI，1996.

[24] Paulk Mark C，Curtis Bill，Chrissis Mary Beth，Weber Charles V. Capability Maturity Model for Software，Verson 1. 1. Software Engineering Institute. CMU/SEI-93-TR-24，1993.

[25] CMMI Product Team. CMMI for Development，Version 1. 3. Improving Processes for Developing Better Products and Services. Software Engineering Institute. CMU/SEI-2010-TR-033. 2010.

第3章

软件需求工程

软件开发的目的是为现实世界中的各种问题提供基于计算机的解决方案。显然,成功的软件开发项目的一个重要前提是全面、准确地理解所要解决的问题以及相关涉众对于软件解决方案的期望和约束,即软件需求。需求工程关注于通过工程化的过程、方法和工具实现软件需求的获取、分析、文档化、确认和管理,确保对于需求的正确认识、准确描述和有效管理。

本章将首先介绍与软件需求及需求工程相关的基本概念和思想,然后分别介绍系统及上下文分析、需求工程活动、需求制品和需求管理。

3.1 需求工程概述

3.1.1 软件需求

软件开发的目的是以软件产品或软件服务的形式为用户(个人或组织)提供现实世界问题的解决方案。传统意义上的软件开发问题主要是对用户所承担的某项任务(如文档编辑、税金计算)的自动化处理,对某些业务流程(如订单处理流程)的自动化支持,或者对于硬件设备(如工业生产设备、家用电器)的自动化控制。随着信息技术的发展,软件开发正越来越多地面临着实现创新性功能和应用模式的要求[1]。例如,基于 Web 的信息系统实现了新型的社交网络及电子商务应用;基于嵌入式软件实现了防抱死刹车系统(ABS)、自适应巡航控制(ACC)、制动辅助系统(BAS)等新型汽车电子应用。无论是何种系统,软件开发的目的都是将开发好的软件部署到通用或专用的机器上,使得包含软件在内的计算机系统能够配合人类活动一起去完成现实世界的任务、实现人们对现实世界的期望[2]。

软件需求是对软件产品或服务所需要具备的外部属性的一种刻画,这些属性应当保证所提供的解决方案能够满足用户所需要解决的现实世界问题的要求。事实上,不仅仅是软件,在构造任何人工制品或系统(如建造房屋、生产食品、制造汽车等)时都要事先明确目标和要求。然而,与一般的人工制品或系统不同的是,软件系统是无形的而且相应的软件开发目标具有抽象性,因此软件开发中的需求和需求工程显得尤为重要[2]。

对于传统的以自动化信息处理和自动化控制为目的的软件系统而言,软件需求主要是对现实世界中已经存在的业务过程和任务处理逻辑的理解和刻画,其获取和分析相对容易。而对于实现创新性应用模式的软件系统而言,软件需求则更多地要以创造性、探索性的方式来获取和分析,其难度更高。

IEEE 610.12—1990(软件工程术语)标准[3]将"需求"定义为:①用户解决某个问题或者达到某个目标所需要的条件或能力;②一个系统或系统组件为了实现某个契约、标准、规格说明或其他需要遵循的文件而必须满足的条件或拥有的能力;③对①或②中所描述的条件或能力的文档化表示。

该定义的第一点强调了反映用户主观期望和要求的系统需求,这部分需求提供了解决现实世界问题所需要的基本能力以及所达到的条件。例如,对于一个财务管理系统而言,用户希望提供的基本能力包括凭证录入、支出规则控制、财务报表生成等功能以及负载能力(如可以支持 100 名用户同时登录进行账务处理)、安全性(如用户密码不能被包括管理员在内的其他用户查询到)等质量要求。第二点则强调了适用于目标软件系统的各种法律、法规、规章、标准、规格说明等所形成的约束。例如,对于一个财务管理系统而言,行业及部门颁布的相关法规和财务管理制度都可能形成对于该系统的约束(如需要上报的财务报表格式、凭证编码规范等)。上述定义的第三点则强调了对于以上这两类需求的文档化所形成的需求制品。这是因为系统需求必须以某种方式(如 UML 模型、目标模型、自然语言文档等)进行描述和记录,并在用户、项目经理、需求工程师、架构师、程序员等之间进行共享,成为各方交流沟通需求的重要媒介以及系统维护的重要基础。

软件需求一般包括以下 3 类[1]:

(1) 功能性需求:功能性需求描述系统应当向用户提供的功能,包括系统应提供哪些服务、系统如何响应特定的输入以及系统在特定情形下的行为(即应当做什么、不应当做什么)。

(2) 质量需求:质量需求定义了待开发系统的质量属性(如系统的性能、可靠性、稳定性等)。质量需求可以针对系统整体进行定义,对系统产生全局性的影响;同时也可以针对特定的服务、功能或系统组件定义质量属性。

(3) 约束:约束是针对开发过程或待开发系统自身属性的一种限制。这种约束通常来自其他组织过程(如来自项目管理的时间或资源约束)或者系统运行的上下文环境(如所在组织和业务领域所适用的法律、法规等)。

需要注意的是,约束可以针对待开发系统自身的属性进行定义(如相关法规对于 Web 网站日志留存的规定),也可以针对开发过程(如所使用的开发工具、语言、项目的工作量等)。这些约束从不同方面对满足需求的解决方案提出了限制。

3.1.2　现状与挑战

从软件开发的整体状况来看,软件项目的成功率一直不高。Standish 集团的一份针对 1994 年—2009 年间软件开发项目的调查报告[4]表明,完全取得成功的项目总体在 30% 左右,而失败或部分失败(如项目严重超支或需求实现不完整)的项目则占到 65% 以上。该集团的另一份报告[5]分析了造成项目部分失败的各种原因及其分布(见图 3-1)。从图 3-1 中可以看出,与需求问题相关的因素(包括模糊的目标、不切实际的期望、缺少用户参与、不完整的需求、需求变化)占到 48% 以上。

许多文献中都对由于需求问题导致项目失败的案例进行了分析,其中一个被广泛应用和讨论的案例是伦敦救护车服务(London Ambulance System,LAS)[1, 6]。LAS 系统是一

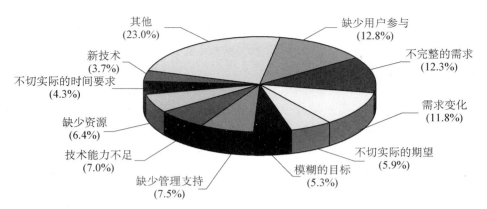

图 3-1　造成项目部分失败的原因[5]

个计算机辅助调度系统,其目的是实现自动化的急救电话处理以及救护车调度。该项目最终以失败告终,其中的主要原因就是对于需求的考虑不充分。例如,需求工程过程未将重要的涉众(如救护人员)纳入进来,缺少对于系统运行上下文环境的充分考虑,等等。所导致的问题包括:对救护车通讯设备的用户接口需求考虑不当,造成通过这些设备提供给救护人员的信息不正确或不完整,同时救护人员感到难以操作这些设备;未考虑一些特殊情况,例如,救护人员跟随一辆与系统所调度的救护车不同的另一辆救护车去处理呼救请求的情况;未能充分考虑网络通信的状况,例如该系统完全没有考虑无线电通信盲点的问题。这些问题最终导致系统投入运行后产生了一系列令人无法接受的状况:例如,将处于未就绪状态的救护车调度到呼救地点,导致延迟并直接危及人的生命;将超出所需数量的救护车调度到同一个呼叫地点,造成这些救护车无法被用于其他紧急呼救等。

与这些分析报告相一致的是我们在软件开发项目中经常都能感受到的与需求相关的问题和困扰,具体表现包括:需求模糊、不确定;需求不完整;相关各方对于需求的理解不一致;需求的频繁变化和管理失控等。造成这些问题的原因是多方面的。首先,软件自身的复杂性和不可见性决定了软件需求与其他工程化需求(如房屋建造、硬件制造等)相比更加难以准确、全面地获取和刻画以及进行有效地管理。其次,用户、客户与软件开发人员之间在知识背景和思维方式上的巨大鸿沟导致双方在沟通和交流上的困难。此外,由于缺少系统化的过程、方法、技术和工具支持,需求的获取、分析、描述和管理等仍然主要依赖于软件开发人员的个人能力和经验。

3.1.3　需求制品

软件需求工程的目的是建立并维护作为软件设计、构造、测试等开发活动基础,并且在相关涉众之间取得共识的需求规格说明。为了支持相关涉众之间针对系统需求的交流、沟通和理解,需求工程过程必须通过适当的方式对所获取的需求进行文档化的描述和记录。文档化之后的需求一般称为需求制品。

目标、场景以及面向方案的需求是 3 类最常用的软件需求制品[1],这 3 种需求制品通常可以结合使用。其中,目标作为早期需求分析的产物刻画了相关涉众对于待开发系统的期望和意图;场景通过一系列交互步骤给出了满足或不满足目标的具体实例;而面向方案的需求则从解决方案的角度更加具体和一致地描述了待开发软件的数据、功能和行为等方面。

根据内容和使用方式的不同，需求制品可以采用不同的描述语言和格式，包括自然语言、概念模型或形式化语言等。例如，对于需求场景既可以通过自然语言按照一定的文本格式描述其前后置条件、参与者、交互步骤等信息，又可以使用 UML 顺序图和活动图等描述其交互过程。使用自然语言描述的优点是表达能力强、灵活性高、易理解，但不足是自然语言所固有的二义性问题。用于需求描述的概念模型（如 UML 模型、数据流模型等）一般建立在严格定义的元模型基础上，具有准确的语法和语义，图形化建模、一致性检查等一般都可以在可视化建模工具的支持下进行，但其表达能力和灵活性有限，且需要一定的基础知识才能理解。形式化语言（如 Z 语言）建立在严格的数学符号及规则基础上，支持自动化的分析和证明，但易用性和易理解性不高。

在实践中最常使用的需求描述方式是自然语言文本和各种需求模型，其中常用的需求模型包括描述系统使用实例的场景模型、描述系统行为的状态机模型、描述系统功能的数据流模型、描述数据的实体关系模型、描述业务流程的流程模型等。除此之外，伪代码、决策树、规则表格等也常被用于需求制品描述。

3.1.4　需求工程过程及活动

除了一般我们所理解的用户及客户之外，来自其他一些方方面面的人或组织也可能会对需求乃至开发项目的成败产生影响。这些与待开发系统存在利益相关性同时对系统最终的外部特性存在影响力的人或组织一般被称为涉众（Stakeholder）。这些涉众会在待开发的系统上主张自己的利益和诉求，对于系统需求存在着直接或间接的影响。全面、准确地识别与待开发系统相关的涉众以及他们的利益诉求、期望、目标和要求，是成功的需求工程的基本前提。一般情况下典型的涉众主要包括以下 5 类：

（1）用户：直接或间接参与系统使用过程的人或组织，例如，系统的直接操作人员、为系统提供信息或接收系统产生信息的人员；

（2）客户：委托开发方进行系统开发或作为系统市场销售对象的人或组织；

（3）市场人员：开发组织内部或第三方针对待开发系统相关市场的分析人员；

（4）领域专家：开发方或客户组织内对相关业务领域有着丰富的经验和业务积累的专家；

（5）软件工程师：开发组织内部的软件工程师，包括架构师、开发人员、测试人员和维护人员等。

在相关涉众、已有的文档和系统等需求来源基础上，需求工程通过一系列工程化的过程及活动实现系统化的需求获取、分析和有效管理。其中，主要的需求工程活动包括以下 4 类：

（1）需求获取：识别涉众及其他相关的需求来源，收集并获取初始的系统需求信息，建立起对于待解决问题的基本认识，初步明确待开发系统的范围；

（2）需求分析：在所收集的需求信息基础上，进行分析、整理和综合，识别并解决其中所隐含的冲突，从系统需求中导出细化的软件需求；

（3）文档化：针对需求分析所得到的软件需求，通过各种建模语言以及自然语言文本进行规范化的描述和记录，形成需求文档和规格说明；

（4）需求确认：通过多种手段验证需求文档和规格说明符合相关的格式规范、满足相关质量属性（如一致性、完整性、无歧义性、可理解性），同时确认所得到的需求与所要解决的问题相符。

除了以上这4类基本活动，需求工程过程一般还会包括跨越整个需求工程过程的需求管理活动。需求管理的目的是规划需求工程活动并保证相关活动得到有效的开展，确保需求制品的完整性和可追踪性，同时对需求变更进行有效管理。

由于受到早期瀑布模型的影响，许多人习惯于将需求工程理解为软件开发过程的一个初始和早期阶段，其中隐含着将需求工程作为一种在软件开发过程初期开展的一次性活动的含义。这种理解比较适合于传统的信息系统开发。这类系统往往在现实世界中已经存在明确的对应物（如业务过程或处理过程等），而且人们对于其本质（如业务逻辑和规则）已经有了全面、深刻的认识。这类系统的主要目的是对现实世界中业已存在的业务过程和业务处理的自动化。然而，随着互联网应用及嵌入式系统的发展，软件系统正越来越多地用于实现此前并不存在的创新性功能和应用模式，例如创新性的互联网应用以及汽车电子系统等。这些应用系统的需求并不存在一个业已存在的对应物，往往需要创造性的创意和思维，并根据市场和用户反馈不断地进行调整和优化，因此其需求无法在软件开发过程早期通过阶段性的需求工程过程来确定。除此之外，这种将需求工程作为软件开发过程的一个早期阶段的理解还存在以下这些问题[1]：缺乏持续性，无法及时反映变化；需求分析过程十分费时费力；不支持系统化的需求复用；关注点十分狭隘，难以容纳创新性的想法。

随着软件越来越多地被用于实现创新性的功能和应用模式，迭代化的软件开发过程已经得到广泛的认同和应用。与之相应的是需求工程也逐渐成为一种贯穿整个软件生存周期以及跨越项目和产品边界的持续性过程。持续的需求工程思想已经融入许多过程和生存周期模型中，例如UP统一过程以及极限编程、Scrum等敏捷方法。这种持续的需求工程可以从时间和空间两个维度去理解。从时间维度上看，需求工程过程伴随着迭代式的软件开发过程持续进行。每次迭代过程中，需求工程过程都会从此前的迭代过程获得各方面反馈，同时将对于待开发系统更深层次的理解和新的想法融入进来。从空间维度上看，需求工程过程跨越了单个软件产品或软件开发项目的边界。需求工程活动在很大程度上扩展到功能或业务领域范围内，甚至以跨领域的方式开展。为此，软件开发组织需要建立起统一的领域或组织范围内的需求库，从而支持跨项目、跨产品的需求制品分析、维护、演化和复用。例如，软件产品线方法（见第9章）就是一种典型的针对特定领域的开发方法，其中的需求工程过程就是以一种跨项目和跨产品的方式开展的。

3.2 系统与上下文分析

现实中的软件系统大多以软件密集型系统（Software-Intensive System）的形态存在。这类系统中的软件与其他上下文元素之间存在着密切的联系。因此，从系统分析入手、考虑系统上下文是分析软件需求的基础。

3.2.1 软件密集型系统

如果一个系统中的软件对于该系统整体的设计、构造、部署和演化起着根本性的影响作用,那么这个系统可以被称为软件密集型系统[7]。

软件密集型系统有两层重要的含义:首先是强调系统的整体性以及其中的软件元素与其他非软件元素的共同作用。在这样的系统中,软件必须与其他非软件元素一起实现系统的功能和质量特性,满足相关涉众的要求和目标。例如,传统的企业资源计划(ERP)系统、教学管理系统、人事管理系统等信息管理系统必须与所属组织机构中各个岗位上的工作人员、规章制度、网络基础设施等非软件部分相结合才能发挥系统的整体作用;汽车电子系统中的软件单元必须与刹车、油门和转向控制等电子和机械单元一起密切配合才能实现防抱死制动、自动巡航等汽车控制功能。

其次,软件密集型系统突出强调了软件在系统中所发挥的重要作用甚至是决定性作用。软件密集型系统中的一些核心功能(如信息管理、分析决策)一般都是由软件实现的。不仅如此,互联网和软件技术的发展还使得软件正越来越多地成为开发创新性产品和服务的关键。例如,依托互联网和嵌入式软件技术实现的创新性社交网络、电子商务和物联网应用正在逐渐改变着我们的生活。

现实中的软件密集型系统一般分为如下两种类型,即信息系统和嵌入式系统[1]。

(1)信息系统:信息系统对信息或数据进行收集、存储、转换、传输和/或处理,其目标是在适当的时间和地点为用户(人或其他系统)提供他们所需要的信息。信息系统的一个典型实例是银行账务系统,该系统可以告知客户账户余额情况或者支付和银行转账处理情况。一个信息系统主要由运行在通用计算机上的软件组成。

(2)嵌入式软件密集型系统:与信息系统相比,软件仅仅是嵌入式软件密集型系统的一部分,但却经常是支撑创新性功能和质量特性的重要组成。在嵌入式软件密集型系统中,软件与硬件之间密切地集成在一起,即待实现系统中的硬件和软件部分之间经常存在复杂交互。嵌入式软件密集型系统的一个典型实例是汽车的防抱死制动系统。ABS控制单元中的软件与硬件(如车轮传感器、刹车系统、引擎控制系统等)密切交互,能够在急刹车和路面湿滑的情况下防止车轮抱死,保证驾驶员对于车辆的控制。

软件密集型系统由一系列软件和非软件元素组成。除了其中处于核心地位的软件(一般是指应用软件)元素外,软件密集型系统的元素一般还包括以下6种类型。

(1)硬件设备:软件系统运行所依赖的通用服务器和客户机,以及各种专用的输入/输出设备、通信互联设备、控制设备及其他电子和机械设备等;

(2)基础软件:支撑应用软件运行的操作系统、中间件(如消息中间件、构件容器)等基础软件;

(3)数据库:为系统提供持久化信息存储和管理服务的数据库;

(4)网络基础设施:支持分布式系统通信的骨干网、城域网、局域网等网络基础设施;

(5)人员:使用和操作系统功能的各种用户;

(6)制度和规程:定义与系统相关的各种业务处理规则(包括非软件实现的那部分业务)的制度和规程。

一个软件密集型系统的成功依赖于以上各个方面系统元素的相互配合和共同作用。例如,已经在我国大部分高校广泛建立并实施的校园一卡通系统就是一个典型的软件密集型系统。该系统核心的账户管理、充值、消费、记账、结算等功能都是依托软件实现的。但另一方面,支撑各个校区和消费点(如食堂、校内超市等)互联互通的网络基础设施,在充值、消费和账务处理等各个岗位上的工作人员，以及明确定义一卡通开通、挂失、补办等处理流程和规则的规章制度等非软件元素，同样也是保证校园一卡通系统正常运行的重要保证。

3.2.2 从系统需求到软件需求

软件密集型系统与现实世界中问题领域之间的关系如图 3-2 所示。软件密集型系统的需求涉及问题领域中的事件或状态以及这些事件或状态必须满足的条件，这些需求可以在不考虑计算机系统的情况下完整地进行陈述[2]。例如，对于一个校园一卡通系统而言，"卡内余额低于 10 元时不能消费"这一系统需求表达了客户针对问题领域现象的一种要求，但并不关心计算机系统在此需求的实现中发挥怎样的作用（例如，是由计算机系统"自动检查余额并在低于 10 元时拒绝消费"，还是由工作人员"查看卡内余额后发现低于 10 元则拒绝消费"）。软件需求则是对问题领域和计算机系统之间的交互行为及其约束条件的期望，因此属于二者的共享现象范畴。例如，校园一卡通系统的软件需求"刷卡后如果余额低于 10 元则在屏幕上显示余额不足"是针对软件（计算机系统）与人（问题领域）之间共享现象的要求。软件系统规格说明则进一步明确了软件解决方案的结构和性质，其中会涉及计算机系统的内部现象。例如，可以使用数据流图描述校园一卡通系统的内部功能及其之间的数据流关系。

图 3-2 软件系统和问题领域的关系[2]

软件密集型系统中的软件位于一个由硬件、网络、人员等其他元素共同组成的完整系统之中，因此软件需求的定义也必须在整个系统上下文之中进行考虑。最终，实现需求的软件组件将与各种硬件组件、网络基础设施、人员等其他系统元素一起实现系统的总体目标。

软件需求工程开始于一个针对整个系统的目标和愿景，而目的是得到完整、准确的软件需求定义。为此，相关涉众需要在系统需求分析的基础上，通过系统设计过程得到系统的总体规划方案，具体包括：组成系统的软件、硬件、网络、人员等组件和元素；各个组件和元素之间的功能和责任分配；不同组件或元素间的接口及相关的质量约束等。系统分析和设计过程属于系统工程的范畴。

由此可见，软件需求很大程度上取决于系统分析和设计过程中不同系统组件和元素之间的功能和责任分配方案。例如，一个拥有多个校区的学校如果要实现校园一卡通系统中统一的账务管理这一目标，那么有两种可选的方案：一是实现多校区之间校园网络的全连通，这样一卡通管理相关的软件完全不需要考虑多校区问题；二是多个校区之间的校园网不连通，由一卡通管理软件提供额外的多校区数据定时同步与合并功能。这里的两个候选方案可以看作校园网络（作为网络基础设施的系统元素）与一卡通管理软件（系统中待开发的软件组件）之间不同的功能和责任分配的结果，相应的软件需求也会不太一样。

软件需求工程过程伴随着系统分析和设计过程，并随着系统组件及元素规划的明确逐步得到软件需求规格说明。最终得到的软件需求规格说明反映了待开发的软件组件与系统其他组件和元素之间的接口需求。例如,目标模型被认为是一种早期需求模型,主要反映系统的总体目标及可能的目标实现方案;场景模型通过具体的场景化实例反映软件组件与其他上下文元素之间的交互;而面向方案的需求则进一步反映系统总体规划方案对于待开发的软件组件在数据、功能和行为等方面的要求。

3.2.3　系统上下文

从软件密集型系统的角度认识软件开发和软件需求,要求我们始终将软件需求置于系统上下文环境之中进行认识和理解。系统边界将待开发的目标系统与系统上下文区分开,如图 3-3 所示。系统边界之内代表着将由待开发的解决方案来实现的系统元素。对于这一部分,软件开发团队可以自主规划并构造解决方案。而对于系统边界之外的上下文,开发团队只能做出相应的假设并被动地接受和适应。需要注意的是,系统边界的划分与待开发产品或项目的范围相关。例如,对于一个中学教学管理信息化系统,如果要求开发团队在学校已有的网络及硬件设施基础上建设该系统,那么学校的网络和硬件基础设施属于系统边界之外的上下文;如果要求开发团队提供一个包含网络和硬件在内的信息化整体建设方案,那么网络和硬件基础设施将位于系统边界之内,开发团队可以对其提出自己的解决方案。

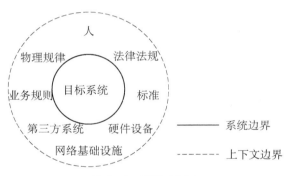

图 3-3　系统上下文

待开发系统周围所存在的相关上下文要素(见图 3-3)可能会对系统的需求造成直接或间接的影响,具体包括相关的人、物理规律、法律法规、标准、网络基础设施、硬件设备等。特别要强调的是,系统上下文之中还可能包括存在影响的第三方软件系统,例如,对于支持在线支付的网上购物系统而言,第三方支付系统就是一个重要的上下文要素。位于系统上下文边界之外的是与待开发系统无关的上下文。由于现实世界中存在着无穷的上下文要素,因此需要通过一个上下文边界来将无关上下文与相关的系统上下文区分开。

全面、准备地识别并分析相关的上下文要素对于准确、完整地定义待开发系统需求至关重要,这是因为系统需求建立在对于上下文要素的一系列假设基础上。例如,图 3-4 描述了文献[8]中所介绍的一个电水壶自动控制系统需求的实例。该系统的水温控制需求"当水壶中的水温低于 100 摄氏度时,加热装置应当一直处于工作状态",建立在上下文假设"水壶在标准大气压下烧水"的基础上。然而,在实践中需求工程师经常都不会明确定义该上下文假设,而只是将其作为系统必然满足的一个条件。显然,当登山者带着这种电水壶在高海拔的山上烧水时可能会发生水壶在沸点持续加热(此时沸点低于100摄氏度)而导致水烧干的情况。正确的做法是明确识别水的温度和沸点这一上下文要素(属于物理规律),然后调整需求使之能够适应不同大气压环境(如能够根据大气压调整沸点设置),或者明确将非标准大气压这一使用环境排除在外(即明确该水壶只能在标准大气压下使用)。

需求:当水壶中的水温低于100摄氏度时,加热装置应当一致处于工作状态;
上下文要素:水的温度和沸点;
上下文假设:该水壶在标准大气压下烧水(此时水的沸点是100摄氏度)。

图 3 - 4   电水壶自动控制系统的水温控制需求

3.2.4   问题框架方法

问题框架方法[9]是由 Michael Jackson 提出的一种软件开发问题结构化分析方法。问题框架方法指出研究需求工程必须关注软件问题,关注软件系统所处的环境。在解决软件问题时,问题框架方法强调对软件将要作用的环境的刻画,将需求的含义指称到环境的描述上,认为软件问题的解决就是要得到一个能够在给定的环境约束下、满足特定用户需求的软件解决方案[10]。

问题框架方法分析、总结了现有的软件问题分析、求解的经验,总结出 5 种基本的问题框架(即命令式行为框架、需求式行为框架、工件框架、信息显示框架、变换框架)及 4 种变体模式(即描述变体、操作者变体、连接变体、控制变体,通常可以利用变体模式扩展基本问题框架来适应特定的软件问题分析需要)。同时,问题框架方法提供了一系列的技术(如上下文图、问题图、问题框架图等)来支持软件问题的分析与求解,通过复用基本问题框架及其变体框架中的软件问题求解模式得到软件问题的解决方案。这一部分将基于文献[9]介绍问题框架方法的基本概念和思想。

   1. 方法概述

直接关注目标软件系统要解决的软件问题,而不是直接进入软件问题解决方案的设计,这是需求工程的一个重要原则。计算机及运行在其上的软件是软件问题的解决方案,而软件问题本身处于计算机系统之外的现实世界之中。

以如图 3-5 所示的病人监护问题为例,为了解决该问题,问题框架方法倡导深入问题所关联的现实世界,考虑如下 3 个问题:

   (1) 所有的病人都要被监护,还是仅有一部分病人要监护?
   (2) 所有病人的安全参数都相同,还是每一个病人都有不同的安全参数?
   (3) 是由医生指定周期和范围,或由其他人指定这些参数?

病人监护问题:软件开发人员面临的问题是开发出一个病人监护软件系统。每个病人由一个模拟设备来监护,模拟设备用来测量病人的脉搏、体温、血压、表面阻力等体征参数。该软件按照医生指定的周期读取模拟设备所获取的数值,并将这些数据存储在数据库中。对每个病人而言,医生指定了每一个监控参数的范围。如果监控到的某个参数超出了安全范围或发生模拟设备失效,则通知护士工作站。

图 3 - 5   病人监护问题的描述

软件工程∷方法与实践

需求工程应当首先关注于所面临的软件问题而不是解决方案,这是因为:经验表明许多软件项目的失败归因于软件需求没有被很好确定,根本原因在于对软件问题自身缺乏深入的研究与分析;在需求工程阶段关注软件问题,有助于尽可能早地识别解决软件问题时可能存在的困难,从而降低软件问题解决方案的开发成本。

　　分析软件问题时,问题框架方法首先关注"问题在哪里",深入问题关联的现实世界,使用上下文图刻画给定问题的上下文。上下文图展现了用于解决软件问题的计算机系统所处的环境,描述计算机系统与其上下文中领域要素之间的接口,即计算机系统是如何连接到环境的。图3-6是病人监护问题的上下文图。其中,带有两条竖线的长方形表示机器,即用来解决软件问题的计算机系统;长方形表示与机器关联的现实世界中的要素,即问题关联的现实世界中的实体;带有一条竖线的长方形表示由开发者来设计的领域,即信息的物理表示。领域要素之间的连线表示接口,表示它所连接的领域要素间共享事件、状态或数值*。上下文图通过显式地表示问题关联的领域及领域间的连接来澄清问题的上下文边界,指明了软件问题所在。

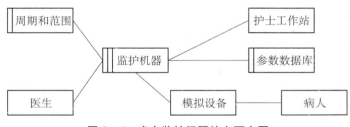

图3-6　病人监护问题的上下文图

　　上下文图指出了软件问题的所在,但并未阐明软件问题自身是如何把用户需求、问题所处的环境、问题的解决方案联系起来的。为此,问题框架方法采用问题图描述软件问题的结构。在上下文图的基础上,问题图引入用以表示需求的图元,界定了需求与物理领域之间的关系,并进一步详述了领域间的接口细节。例如,病人监护问题的问题图如图3-7所示。在图3-7中,虚线的椭圆表示需求。从需求引出的虚线表示需求引用,描述需求对物理领域的领域现象的引用;从需求引出的带箭头的虚线表述需求约束,描述需求对于与之关联的领域现象或行为的期望和要求。此外,问题图还精化了领域间共享现象的描述,指出了领域对共享现象的控制关系。在图3-7中,"!"把领域和领域控制的领域现象的集合关联起来,某一个领域控制的现象的集合使用包含在大括号内的现象集表示。

　　现实世界中的软件问题通常是复杂的,控制问题的规模和复杂性的关键是分解。问题框架方法利用已有的问题分析经验(即问题框架)分析待解决的问题,通过对软件问题中领域特性、接口特征等方面的分析,利用匹配基本问题框架的方式把面临的问题分解为多个子问题。其中,每一个子问题匹配一个基本问题框架或变体框架。再复用问题框架的框架关注点,诱导出问题的解决方案,同时识别出解决问题时可能面临的困难(问题解决时可能面临的困难用特定的关注点表示)。

---

*　事件是在特定的时间点瞬间发生或出现的个体;状态是实体与值之间关系的表示,实体是指持久存在的个体;数值是一种无形的个体,用来表示数值和字符。

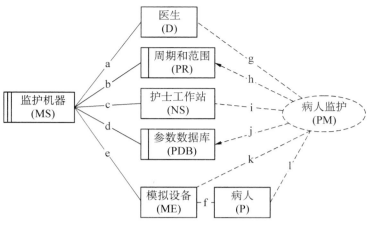

a：D!｛EnterPatienName, EnterPeriod, EnterRange, EnterFactor｝

b：PR!｛PatientName, Range, Period, Factor｝

c：MS!｛Notify｝

d！MS｛SetPatientName, SetRange, SetPeriod, SetFactor｝

e：ME!｛RegisterValue｝

f：P!｛FactorEvidence｝

g：D!｛EnterPatientName, EnterPeroid, EnterRange, Enterfactor｝

h：PR!｛PatientName, Range, Period, Factor｝

i：NS!｛NotifyInfo｝

j：PDB!｛PatientNameValue, PeriodValue, RangeValue, FactorValue｝

k：ME!｛RegisterValue｝

l：P!｛FactorEvidence｝

图 3-7　病人监护问题的问题图

2. 基本问题框架及其变体框架

问题框架是一种模式,它捕获并定义了一个直观的、可标识的问题类。目前,问题框架方法包含了 5 个基本的问题框架(见图 3-8)。

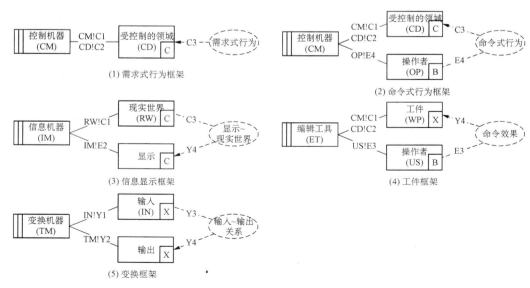

图 3-8　基本问题框架

（1）需求式行为框架：存在物理世界的某个部分，其行为需要受到控制以使其满足特定的约束。问题是建立一个机器来施行所需要的控制。

（2）命令式行为框架：存在物理世界的某个部分，其行为需要按照操作者的命令来控制。问题是建立一个机器，它将接收操作者的命令并施加相应的控制行为。

（3）信息显示框架：存在物理世界的一部分，其状态或行为的信息需要被显示出来。问题是建立一个机器，这个机器从物理世界获取所需的信息，然后按照要求的格式显示这些信息。

（4）工件框架：需要一个工具来支持用户创建或编辑特定类型的、计算机可处理的问题或图形对象。问题是建立一个机器来充当这个工具。

（5）变换框架：存在一个计算机可读的输入文件，其数据必须按照特定的格式变换成要求的输出文件。需要构建一个机器实施这种变换。

每一个问题框架都有各自的问题框架图、框架关注点。问题框架图描述问题框架中的领域特征、接口特征及框架风格。框架关注点综合了已有的、针对特定问题框架的问题分析经验，标识了在问题解决过程中可能存在的困难。

由于现实世界中软件问题的复杂性，分解后的子问题有时很难匹配某个基本问题框架。考虑到问题类的可扩展性，问题框架方法使用框架变体来扩展基本问题框架。问题框架方法中提供了4种变体模式对基本问题框架进行扩展：

（1）描述变体：描述变体通过引入描述领域来修改基本问题框架；

（2）操作者变体：操作者变体将操作者引入基本问题框架；

（3）连接变体：连接变体通过在机器和问题领域之间引入连接领域*来拓展基本问题框架；

（4）控制变体：控制变体不引入任何新的领域，而通过改变接口现象的控制特性来改变基本问题框架。

3. 问题框架图与框架关注点

问题框架方法使用问题框架图表示问题模式的结构，使用框架关注点表示一个问题模式的分析思路，利用特定的框架关注点表示在问题类求解时可能面临的困难。

问题框架图进一步扩展了问题图，把问题图中的领域按照领域特征划分成因果领域、可叫牌领域、词法领域。

（1）因果领域：因果领域是一种典型的物理领域，其领域现象之间存在可预测的因果关系。例如，病人监护问题中的护士工作站是一个因果领域，即如果病人体征发生异常，护士工作站的屏幕上将显示体征异常的病人信息。因果领域可以引起、控制因果现象。因果现象表示能够引发或控制其他领域现象的那些现象。在问题框架图中，因果领域使用带有"C"标注的领域表示。

（2）可叫牌领域：可叫牌领域通常由人组成，它是物理领域，但是其领域现象之间没有可预测的因果关系。在大多数情况下，强迫一个人做一件事情是不可能的。例如，病人监护问题中的医生是可叫牌领域，即医生能够自主地输入病人体征指标的监控周期、监控指标信

---

* 连接领域是指插入到机器和问题领域之间的一个领域。例如在病人监护问题中，模拟设备是一个连接领域，它把监护机器和病人关联起来。通常由于领域现象转换、特定问题的需要而引入连接领域。

息。在问题框架图中,可叫牌领域使用标签"B"标识。

（3）词法领域:词法领域是数据的物理表示,即它涉及符号现象。符号现象是指值、真值的符号表示。在问题框架图中,词法领域使用标签"X"标识。

此外,在问题框架图中对领域现象作了划分,区分了因果现象和符号现象。

（1）因果现象是事件、角色或状态的实体关系。因果现象直接由一些领域引发或控制,能够触发其他现象的发生。例如,在病人看护问题中,现象"病人的体温"是一个典型的因果现象,它是病人体征的体现,可以进一步引发现象"模拟设备的脉冲"的变化。事件作为一种典型的因果现象,可以使用符号"E"进行标识。除事件之外的其他因果现象均可以使用标签"C"标识。

（2）符号现象是值、真值、与值相关的状态。符号现象用来符号化其他现象及现象之间的关系。符号现象中与值关联的符号状态可以被外部现象所改变,但符号状态的改变并不引发其他变化。

以需求式行为框架为例,问题框架图(见图3-8)中共享现象被明确地标识出来。例如,共享现象C1是控制机器与受控制的领域之间的共享现象,它是由标识为"CM"的控制机器所控制。匹配需求式行为框架的典型问题是单行线交通灯问题,如图3-9所示。在单行线交通灯问题中,灯组控制器是控制机器,灯组是受控制的领域,灯光控制规则是需求式行为。Rpulse[i]和Gpulse[i]事件为C1,表示控制机器"灯组控制器"向灯组发出的控制脉冲;Stop和Go状态是C3,表示灯组的当前状态,Stop表示灯组处于关闭状态,Go表示灯组处于工作状态。

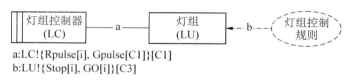

a:LC!{Rpulse[i], Gpulse[C1]}[C1]
b:LU!{Stop[i], GO[i]}[C3]

图 3-9 单行线交通灯控制问题

每一个基本问题框架都有各自的框架关注点。以匹配需求式行为框架的单行线交通灯问题为例,其框架关注点如图3-10所示,其中,按照从左到右的顺序(即"1→2→3")分析单行线交通灯问题,可以确认给定的机器规约是否能够确保需求的满足。另外,如果按照从右到左的顺序(即"3→2→1")分析,则首先澄清了用户需求、问题关联的环境约束,从而为机器规约及问题解决方案的求解提供了启发与指导。

问题框架方法采用特定的关注点来标识在问题求解过程中可能存在的困难。这些特定的关注点具体包括:

（1）溢出关注点:溢出关注点是关于领域在下一个事件出现之前,是否有能力对每个外部所控制的事件做出响应;

（2）初始化关注点:初始化关注点是指如何保证机器和问题领域在执行开始之时处于正确的状态;

（3）可靠性关注点:可靠性关注点涉及机器应如何处理领域失效带来的风险和代价;

（4）身份关注点:身份关注点是关于识别领域中不同的个体;

（5）完整性关注点:要解决完整性关注点就是要保证对问题需求、问题领域和机器的描

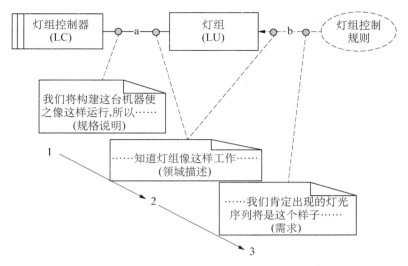

图 3‑10　单行线交通灯问题的框架关注点

述是完整的。

在单行线交通灯问题中,灯组控制器控制的控制脉冲的触发频率与灯组响应能力之间的差异,可能导致灯组无法及时对灯组控制器引发的控制脉冲予以响应,因此存在溢出关注点。

3.3　需求制品

本节将介绍 3 种最常用的软件需求制品,即目标、场景以及面向方案的需求。

3.3.1　目标

近 20 年来,目标的概念被引入需求工程中,用来在需求分析的早期阶段对软件系统的早期需求[11]和非功能性需求[12]进行建模。目标在一定的抽象程度上刻画了涉众对于待开发软件系统的期望和意图。按照所描述的需求内容,目标可以分为功能性目标和非功能性目标。功能性目标描述了涉众期望软件系统所提供的服务(如导航系统应该有定位功能),而非功能性目标描述了涉众对于这些服务的质量要求(如定位应该具有较高的准确性)。以目标为基础,目标模型系统地描述了涉众的需求及其精化和依赖关系,同时捕捉了满足系统目标的多种实现方式以及相应的质量关注。目前比较常见的目标建模方法包括基于 AND/OR 分解的目标建模[1, 12, 13]、基于 i* 框架的目标建模[11, 14, 15]和基于 KAOS 框架的目标建模[16, 17]。

1. 基于 AND/OR 分解的目标建模

基于 AND/OR 分解的目标建模主要关注于目标精化和依赖关系的描述。目标精化也被称作目标分解,是一个把相对抽象的高层目标通过子目标分解得到相对具体的底层目标的过程。目标精化有两种类型:目标的 AND 分解和目标的 OR 分解[12, 13]。

(1) 目标的 AND 分解:如果父目标 G 被 AND 分解为子目标 G1, G2, ..., Gn,那么必须所有的子目标得到满足才能使得父目标得到满足；

（2）目标的 OR 分解：如果父目标 G 被 OR 分解为子目标 G1，G2，...，Gn，那么只要任意一个子目标得到满足就能使得父目标得到满足。

目标依赖描述了目标间的依赖关系，主要有 4 种类型：目标间的需要依赖、目标间的支持依赖、目标间的阻碍依赖和目标间的冲突依赖[1]。

（1）目标间的需要依赖：如果目标 G1 需要依赖于目标 G2，那么目标 G2 得到满足是目标 G1 得到满足的前提；

（2）目标间的支持依赖：如果目标 G1 支持依赖于目标 G2，那么目标 G1 得到（部分）满足能够使得目标 G2 得到（部分）满足；

（3）目标间的阻碍依赖：如果目标 G1 阻碍依赖于目标 G2，那么目标 G1 得到（部分）满足将使得目标 G2（部分）不满足；

（4）目标间的冲突依赖：如果目标 G1 冲突依赖于目标 G2，那么目标 G1 得到满足将使得目标 G2 不满足，并且目标 G2 得到满足将使得目标 G1 不满足。

图 3-11 描述了一个基于 AND/OR 分解的目标模型。目标"准确的汽车导航"被 AND 分解为子目标"设置目的地"、"选择地图"和"准确导航"，这 3 个子目标必须同时满足才能使得目标"准确的汽车导航"得到满足。目标"选择地图"被 OR 分解为子目标"加载离线地图"和"下载在线地图"，这两个子目标只要任意一个得到满足就能使目标"选择地图"得到满足。由此可见，OR 分解刻画了实现某个目标的多种可选方案。目标"准确导航"需要依赖于目标"设置目的地"和"选择地图"，意味着只有目标"设置目的地"和"选择地图"被满足后，目标"准确导航"才能被满足。目标"加载离线地图"和"下载在线地图"分别阻碍和支持依赖于"准确导航"，意味着目标"加载离线地图"的满足会对目标"准确导航"的满足有负面的影响，而目标"下载在线地图"的满足会对目标"准确导航"的满足有正面影响。

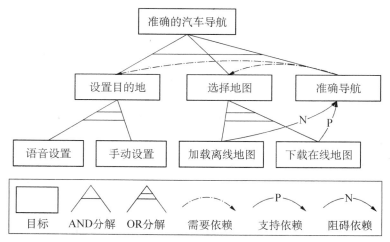

图 3-11　一个基于 AND/OR 分解的目标建模的例子[1]

2. 基于 i* 框架的目标建模

面向主体的建模框架 i* 主要关注于参与者之间的依赖关系以及参与者的内部结构描述。因此，i* 有两种目标模型：策略依赖模型和策略原理模型[11, 14, 15]。策略依赖模型刻画了参与者(依赖者)与其所处的环境中的其他参与者(被依赖者)关于某个依赖对象的协作关系。参与者可以是与待开发软件系统相关的人、组织或者系统。按照依赖对象的不同类型，可以分为4种策略依赖关系：目标依赖、任务依赖、资源依赖和软目标依赖。

（1）目标依赖：一个参与者依赖于另一个参与者来实现特定的(硬)目标。目标表示一个参与者对于待开发软件系统功能性方面的期望或者意图。

（2）任务依赖：一个参与者依赖于另一个参与者来完成特定的任务。任务表示为了实现某个目标而以特定方式执行的活动。

（3）资源依赖：一个参与者依赖于另一个参与者来提供特定的物理或者信息资源。资源表示为了实现某个目标或者完成某个任务所需要的物理或者信息实体。

（4）软目标依赖：一个参与者依赖于另一个参与者来完成某个实现特定软目标的任务。软目标表示一个参与者对于待开发系统非功能性方面的期望或者意图。与(硬)目标不同的是，它没有一个严格的标准来衡量它的满足程度。

此外，依赖者并不关心也不指定被依赖者如何实现特定的目标、完成特定的任务、提供特定的资源或者实现特定的软目标；被依赖者也可以自由地选择适当的方式来实现特定的目标、完成特定的任务、提供特定的资源或者实现特定的软目标。

策略原理模型刻画了参与者的内部原理结构，主要通过目的-手段链接、任务分解链接和贡献链接来详细描述参与者的内部结构。

（1）目的-手段链接：一个目的-手段链接刻画了一个目标和一个实现这一目标的任务之间的关系。一个目标可以与多个任务建立目的-手段链接，这样就描述了实现一个目标的多种可选方案。

（2）任务分解链接：一个任务分解链接刻画了一个任务和完成这一任务的组成部分之间的关系。这些组成部分可以是子目标、子任务、资源或者软目标的任意组合，意味着完成这一任务所需要实现的子目标、需要完成的子任务、需要提供的资源和需要实现的软目标。

（3）贡献链接：一个贡献链接刻画了一个目标、一个任务、一个资源或者一个软目标对实现另一个软目标的影响程度。这个影响程度可以分为正面影响、负面影响和未知影响3类。

图3-12描述了一个使用i*框架进行建模的目标模型，包括描述各个参与者依赖关系的策略依赖图和刻画各个参与者内部结构的策略原理图。"会议组织者"目标依赖于"会议参与者"来实现目标"会议被参与"；"会议调度者"任务依赖于"会议参与者"来完成任务"确定可行的日期"；"会议参与者"资源依赖于"会议调度者"来提供资源"计划的日期"，从而确定该日期是否可行；而"会议调度者"资源依赖于"会议参与者"来提供资源"协议"，从而明确一个日期是否获得了一致的同意。各个参与者的虚线定义了该参与者内部结构的边界。对于参与者"会议组织者"，任务"组织会议"通过任务分解链接精化为软目标"快速"和"省力"以及子目标"会议被调度"；而目标"会议被调度"又通过目的-手段链接精化为任务"组织者调度会议"和"调度者调度会议"，表示这两个任务都能实现调度会议的目标，不同的是对于软目标的贡献程度不一样；任务"调度者调度会议"对软目标"快速"和"省力"的实现都有正面的影响，而"组织者调度会议"对这两个软目标都有负面的影响。

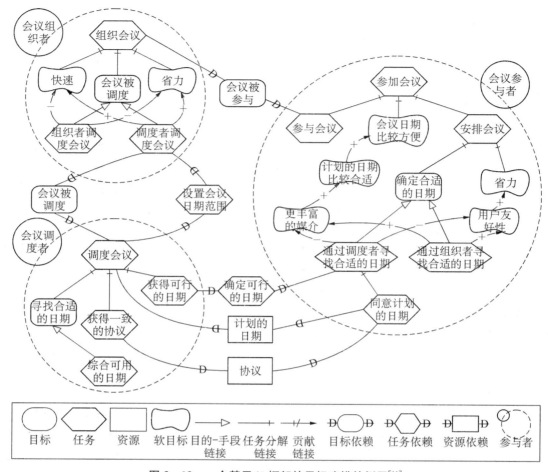

图 3-12　一个基于 i* 框架的目标建模的例子[11]

3. 基于 KAOS 框架的目标建模

KAOS 框架主要关注于通过目标的形式化规约来进行目标模型的半形式化和形式化的推理分析[16,17,18]。因此，KAOS 提供了两种层次的目标建模方法：基于图形的方法和基于一阶时序逻辑的方法。本章主要关注 KAOS 中图形化的目标建模方法。KAOS 中的主要对象元素包括行为目标、软目标、操作和主体。

(1) 行为目标：一个行为目标描述了一组期望的、所允许的系统行为，用来推导系统的操作。行为目标又具体细分为达成目标(要求所定义的性质最终必须成立)、维持目标(要求所定义的性质一直保持成立)和避免目标(要求所定义的性质一直不成立)。

(2) 软目标：一个软目标描述了一个期望系统满足的质量属性，用来比较多个可选的系统行为。

(3) 操作：一个操作描述了系统状态的转变。操作由主体来执行。

(4) 主体：一个主体可以是一个人、一种设备或者是一个系统组件。

KAOS 中的主要关系元素包括 AND 分解、OR 分解、潜在冲突链接、操作化链接和责任分配链接。

（1）AND 分解：如果一个父目标被 AND 分解为多个子目标，那么必须所有的子目标都得到满足才能使得父目标得到满足。

（2）OR 分解：OR 分解是通过将多个 AND 分解关联到同一个父目标来实现的，其中每一个 AND 分解表示满足这个父目标的一个可选方案，只要其中任意一个得到满足就能使得父目标得到满足。

（3）潜在冲突链接：一个目标与另一个目标之间的潜在冲突链接表明满足一个目标在一定条件下会阻碍另一个目标的满足。

（4）操作化链接：一个操作化链接将一个目标和一个操作关联起来，表明为了实现这个目标需要执行这个操作。

（5）责任分配链接：一个责任分配链接将一个目标和一个主体关联起来，表明这个主体有实现这个目标的责任。

图 3-13 描述了一个使用 KAOS 框架进行建模的目标模型。软目标"在电梯中是安全的"被 AND 分解为目标"紧急制动是可用的"和"电梯系统能避免火灾受伤"。目标"紧急制动是可用的"与目标"发生火灾电梯要下行"存在潜在冲突。主体"乘客"有实现目标"停止按钮被使用"的责任，而主体"电梯控制器"有实现目标"电梯停止"、"发生火灾电梯要下行"和"发生火灾电梯到底楼要开门"的责任，而主体"电梯公司"有实现目标"电梯里有停止按钮"、"电梯内有灭火设备"和"电梯能够防火"的责任。

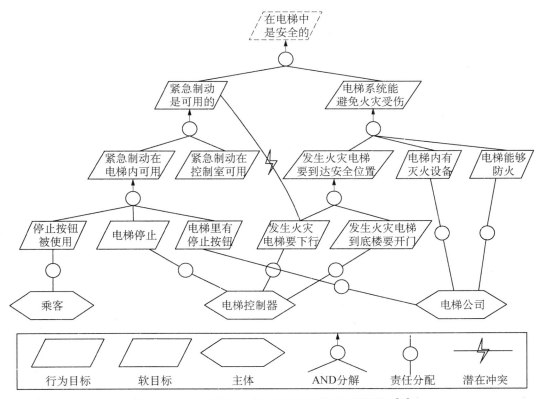

图 3-13 一个基于 KAOS 框架的目标建模的例子[19]

4. 目标推理

目标推理是根据目标模型中的目标分解关系、目标链接关系、目标依赖关系等语义以及一组目标的满足程度,通过标签传递算法得到各个目标的满足程度[20, 21]。根据目标关系语义采用定性还是定量表示方法,目标推理可以分为定性推理和定量推理;根据标签传递的方向不同,目标推理可以分为自顶向下推理和自底向上推理。以 i* 目标模型为例,对于每一个目标 G,定义 4 个谓词 FS(G),PS(G),PD(G) 和 FD(G),它们分别定性地表示目标 G 完全满足、部分满足、部分不满足和完全不满足;对于每一种目标关系的语义,在文献[20]和[21]的基础上可以定义如表 3-1 所示的公理系统。

表 3-1 定性目标推理的公理化系统

目标	不变公理	编号
G	$FS(G) \rightarrow PS(G)$	(1)
	$FD(G) \rightarrow PD(G)$	(2)
目标关系	**关系公理**	
$G3 \xrightarrow{G2} G1$	$FS(G1) \rightarrow FS(G2) \wedge FS(G3)$	(3)
	$PS(G1) \rightarrow PS(G2) \wedge PS(G3)$	(4)
	$FD(G1) \rightarrow FD(G2) \wedge FD(G3)$	(5)
	$PD(G1) \rightarrow PD(G2) \wedge PD(G3)$	(6)
$(G2, G3) \xrightarrow{Task\ Decomposition} G1$	$FS(G2) \wedge FS(G3) \rightarrow FS(G1)$	(7)
	$PS(G2) \wedge PS(G3) \rightarrow PS(G1)$	(8)
	$FD(G2) \rightarrow FD(G1), FD(G3) \rightarrow FD(G1)$	(9)
	$PD(G2) \rightarrow PD(G1), PD(G3) \rightarrow PD(G1)$	(10)
$(G2, G3) \xrightarrow{Means\text{-}Ends} G1$	$FD(G2) \wedge FD(G3) \rightarrow FD(G1)$	(11)
	$PD(G2) \wedge PD(G3) \rightarrow PD(G1)$	(12)
	$FS(G2) \rightarrow FS(G1), FS(G3) \rightarrow FS(G1)$	(13)
	$PS(G2) \rightarrow PS(G1), PS(G3) \rightarrow PS(G1)$	(14)
$G2 \xrightarrow{+S} G1$	$PS(G2) \rightarrow PS(G1)$	(15)
$G2 \xrightarrow{-S} G1$	$PS(G2) \rightarrow PD(G1)$	(16)
$G2 \xrightarrow{++S} G1$	$FS(G2) \rightarrow FS(G1), PS(G2) \rightarrow PS(G1)$	(17)
$G2 \xrightarrow{--S} G1$	$FS(G2) \rightarrow FD(G1), PS(G2) \rightarrow PD(G1)$	(18)
$G2 \xrightarrow{+D} G1$	$PD(G2) \rightarrow PD(G1)$	(19)
$G2 \xrightarrow{-D} G1$	$PD(G2) \rightarrow PS(G1)$	(20)
$G2 \xrightarrow{++D} G1$	$FD(G2) \rightarrow FD(G1), PD(G2) \rightarrow PD(G1)$	(21)
$G2 \xrightarrow{--D} G1$	$FD(G2) \rightarrow FS(G1), PD(G2) \rightarrow PS(G1)$	(22)

公理(1)和(2)表示目标的完全满足或者完全不满足,分别蕴含着目标的部分满足或者

部分不满足;公理(3),(4),(5)和(6)表示依赖关系的被依赖目标的完全满足、部分满足、完全不满足和部分不满足,分别蕴含着依赖目标和依赖物目标的完全满足、部分满足、完全不满足和部分不满足;公理(7)和(8)表示任务分解关系的父目标的完全满足或者部分满足,必须要求全部子目标同时完全满足或者部分满足;公理(9)和(10)表示任务分解关系的子目标只要有一个完全不满足或者部分不满足,就会导致父目标完全不满足或者部分不满足;公理(11)和(12)表示目的-手段关系的子目标全部完全不满足或者部分不满足,才会使得父目标完全不满足或者部分不满足;公理(13)和(14)表示目的-手段关系的子目标中的任何一个完全满足或者部分满足,就能使得父目标完全满足或者部分满足;公理(15)和(16)表示贡献关系+/-S的源目标的部分满足,蕴含着终目标的部分满足/不满足;公理(17)和(18)表示贡献关系++/--S的源目标的完全满足或者部分满足,蕴含着终目标的完全满足/完全不满足或者部分满足/部分不满足;公理(19)和(20)表示贡献关系+/-D的源目标的部分不满足,蕴含着终目标的部分不满足/部分满足;公理(21)和(22)表示贡献关系++/--D的源目标的完全不满足或者部分不满足,蕴含着终目标的完全不满足/完全满足或者部分不满足/部分满足。

在以上公理系统的基础上,将目标模型编码为合取范式命题公式,给定一组目标的满足程度,根据标签传递算法使用命题可满足性(SAT)问题求解器,可以得到各个目标的满足程度。例如,在图3-12所示的会议组织系统中,给定“参加会议”的期望满足程度为完全满足,那么通过自顶向下推理得到“参与会议”、“会议日期比较方便”和“安排会议”的期望满足程度都为完全满足(任务分解关系),再自顶向下推理得到“确定合适的日期”和“省力”的期望满足程度为完全满足(任务分解关系);给定“通过组织者寻找合适的日期”的满足程度为完全满足,那么通过自底向上推理得到“确定合适的日期”、“用户友好性”和“更丰富的媒介”的满足程度为完全满足(目的-手段关系和贡献关系),再自底向上推理得到“计划的日期比较合适”和“安排会议”的满足程度为完全满足(贡献关系和任务分解关系)。由此可见,给定高层目标的期望满足程度,通过自顶向下推理可以得到为了实现高层目标所期望的低层目标的满足程度;给定低层目标的满足程度,通过自底向上推理可以得到在这些低层目标的基础上高层目标所能达到的满足程度。

目标模型建模满足系统高层目标的多种候选实现方案,而不同的实现方案往往对不同的非功能需求有不同的质量关注。因此,不同的候选实现方案对多个非功能性需求的综合贡献度量值(即多个非功能性需求的满足程度的加权和)就成为了设计时或者运行时候选方案权衡选择的衡量标准。例如,在会议组织系统中,会议的安排调度可以由组织者或者调度者来完成。这两种候选实现方案对“快速”、“省力”、“更丰富的媒介”和“用户友好性”等非功能性需求的满足有不同的偏好,组织者安排调度会议有利于“更丰富的媒介”和“用户友好性”的满足,而调度者安排调度会议有利于“快速”和“省力”的满足。因此,根据对非功能性需求的不同偏好就可以选取最合适的候选方案。

3.3.2 场景

与抽象的目标描述不同,场景通过实例化的方式描述了系统在使用和维护等过程中的典型交互序列。场景的主要优势在于有利于涉众间的需求交流。此外,场景自身可以在多个抽象层次上以不同的方式进行描述,因此有利于作为软件需求的中间层抽象。

1. 场景与用况

目标以一种抽象的方式刻画了相关涉众的期望和意图。这种抽象适合于在高层把握系统的总体需求并进行自顶向下的需求精化,但因缺少细节而不利于在涉众间进行需求的交流。与此相比,场景以实例化的方式从外部用户的视角描述了与系统之间的交互过程。场景描述了一个目标(或者一组目标)被满足或者未被满足的一个具体实例,提供了一个或多个目标的具体细节;场景通常定义了一系列为满足目标而执行的交互步骤,并将这些交互步骤与系统上下文联系起来[1]。客户和用户一般更喜欢讨论具体的场景而不是抽象的模型,因此很多时候当开发概念模型(如类模型)遇到困难时往往可以转而通过场景进行需求的分析和描述[22]。

图3-14给出了一个汽车防追尾系统场景的叙述性描述。从图3-14中可以看出,场景描述了参与者(驾驶员)与系统(汽车辅助驾驶系统的防追尾子系统)之间的一系列交互步骤。除了参与者,场景描述还可以将其他相关的上下文实体(如"前车")嵌入在交互步骤描述中,从而将上下文信息与系统的功能和行为等关联起来。

驾驶辅助系统包含一个防追尾(子)系统。这个系统包含①<u>距离传感器</u>,这个传感器②<u>一直检测本车与前车的距离</u>③<u>以避免追尾</u>。④<u>如果系统发现与前车距离低于安全距离但仍然在临界范围之外,就会发出声音警报</u>,⑤<u>或者在汽车驾驶舱中的驾驶员显示器上显示相应的信号或信息</u>。如果驾驶员在2秒内没有做出反应并且与前车距离持续拉近,⑥<u>那么系统会降低车速</u>。⑦<u>如果距离(单位:米)在任何时刻降低到车速(单位:千米每小时)的四分之一</u>,那么系统将启动紧急刹车。

解释:
①静态/结构性方面;②功能性方面;③解释性方面;④行为性方面;⑤探索性方面;⑥可替换场景的步骤;⑦例外场景的条件。

图3-14　一个汽车防追尾场景的叙述性描述[1]

场景以实例的方式描述了系统与用户和其他参与者在上下文环境中的交互过程。一个场景往往会与其他场景密切相关,包括在少数交互步骤上有所差异的可替换场景以及在此过程中可能发生例外情况的例外场景。例如,图3-14所描述的主场景是系统发现追尾危险并进行警告后,驾驶员做出相应的反应(如刹车)使得追尾的危险被消除。然而,在此主场景进行过程中,用户的不同选择或环境因素也可能造成场景的一些步骤会以不同的方式进行。例如,在上述防追尾场景中,如果驾驶员没有在2秒内做出反应并且与前车距离持续拉近,那么系统会自动降低车速,从而产生一个区别于主场景的可替换场景。此外,主场景进行过程中发生的一些例外情况也会导致包含例外处理的例外场景的出现,包括例外条件以及相应的例外处理步骤。例如,在防追尾场景中,如果与前车的距离小于车速的四分之一这一条件被满足,那么一个例外场景会被触发从而进行相应的例外处理,即启动紧急刹车。我们可以使用用况将相关的场景组织在一起。一个用况由一个主场景、若干可替换场景和若干例外场景组成。因此,上述的汽车防追尾主场景以及相应的可替换场景和例外场景可以一起构成一个汽车防追尾用况。

用况和场景的一个突出特点是可以在多种不同的抽象层次上进行描述,具体可包括:非常接近于现实世界的描述方式(如通过录像记录的用户场景);以接近现实世界的方式但去除一些无关细节之后的描述方式(如通过动画描述的用户场景);通过自然语言"讲述"的用户场景(如图3-14中的场景描述);抽象的概念模型描述(如使用UML用况图、顺序图和活动图建立的用况和场景模型）。用况和场景的这种特性使其非常适合被用于需求获取和分析过程中，作为反映现实世界的具体需求信息到抽象的基于概念模型的需求描述的中间层和过渡。例如，可以首先通过录像、动画或自然语言描述与用户交流需求场景，然后在此基础上通过抽象获得场景的概念模型描述，并得到关于目标以及面向方案的需求等其他抽象需求。

场景和目标这两类重要的需求制品在很多时候应该结合起来使用，二者之间存在着密切的关系和互补性[1]：

（1）通过目标发起对场景的定义：从一个或一组目标出发定义相关的场景，描述满足或不能满足这些目标的典型交互序列，通过场景更好地理解目标；

（2）根据目标对场景进行分类：根据与一系列场景共同相关的目标，可以将场景分为满足目标的场景、不满足目标的场景、违反目标的（不当使用）场景；

（3）场景描述了对目标的满足情况：场景通过示范性的交互序列来阐述对目标的满足情况，包括满足目标的示例、未能满足目标的示例、恶意违反目标的示例（即对系统的滥用）；

（4）场景发起对目标的细化：使用场景阐述目标的满足情况往往可以引起对目标的细化，例如，引发目标分解（即识别出新的子目标）、识别出新的独立目标、修改或移除已有目标。

2. 场景的角色

场景在软件需求工程以及设计过程中都扮演着重要的角色。在需求工程过程中，场景可以被用于不同的活动中，包括需求获取、需求分析、文档化和确认。在设计过程中，场景可以用于探索和展望各种不同的设计方案，并作为各种体系结构视图的核心帮助将不同视图联系起来。

在以上各种需求工程和设计活动中，场景扮演着不同的角色，相应的内容、形式和使用方式也各不相同。场景在需求工程和设计过程中的角色以及与需求规格说明和设计制品的关系如图 3-15 所示，其中场景以 3 种不同的视图和角色体现[23]：

（1）作为一种来自于现实世界经历的具体叙述的关于事件的"故事"或"示例"。这种"故事"与人们在日常生活中关于"场景"一词的常识化理解很接近，还可能会包含系统上下文的一些细节作为背景和现场。

（2）关于待开发系统"模样"的设想，包含行为序列以及与上下文相关的描述。此时的场景更加接近于设计模型。

（3）用况模型中的一个执行路径，反映了面向对象分析和设计中对于"场景"一词的使用方式。这种场景一般可以表示为消息序列图或活动图中的事件或动作序列。

场景首先以一种现实世界场景的方式体现，直接反映现实世界中遇到的问题、所涉及的用户行为和系统上下文，然后再通过以下两种方式得到表示

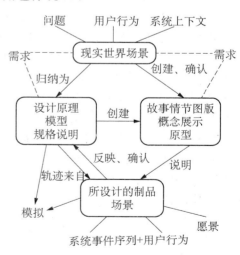

图 3-15　场景的角色以及与需求规格说明和设计制品的关系[23]

设计制品行为的场景:通过分析和设计或者通过原型化的方式[23]。所得到的设计制品场景描述了所设想的系统事件序列和用户行为。

在分析和设计过程中,现实世界场景通过一种抽象化过程与模型建立关联。需求分析过程通过对现实世界场景的抽象和泛化产生需求模型和需求规格说明(如 UML 模型)。然后,这些模型和需求规格说明再被转换为设计并最终被实现。在此过程中,表示设计制品行为的场景可以用来对系统实现进行验证和确认。

在另一种基于原型化的开发方式中,现实世界场景通过一个设计过程与原型系统联系起来。此时,场景将作为原型设计的启发以及测试原型设计的依据。在原型设计基础上,通过不断精化和修正可以逐步得到设计制品场景。

3. 场景分类

需求工程中的场景主要被用于描述用户与系统之间的交互序列,但有时也可以用于描述系统内部场景和上下文场景。此外,除了主场景、可替换场景和例外场景的分类方式外,场景还可以从使用目的、抽象层次、对相关目标的满足情况等多个不同角度进行分类。下面介绍文献[1]中给出的一系列场景分类。

(1) 当前状态场景和期望状态场景。

当前状态场景描述系统及其上下文的当前状态,反映与待开发系统相对应的现实世界中现存系统是如何被使用的。例如,对于选课系统,当前状态场景可以反映相应的学校在目前的状态下学生是如何进行选课的(也许自动化程度、工作效率等并不理想)。

期望状态场景描述系统及其上下文的期望状态,反映待开发系统投入使用后所期望的使用方式。这种期望状态场景中包含了对于现实世界中的一些相关变化和改进的期望。例如,对于选课系统,期望状态场景可以描述基于网络的选课系统投入使用后学生们足不出户利用互联网进行选课和退课的场景。

(2) 正面场景、负面场景和不当使用场景。

正面场景描述了能够使得与该场景相关(如果场景成功执行)的一组目标(即涉众意图)得到满足的期望交互序列。例如,对于选课系统,一个正面场景可以描述一个学生通过课程信息查询、选择和确认后成功选课的过程。

负面场景描述了那些未能实现与该场景相关的一个或一组目标的交互序列。一个系统可能包括一些允许出现的负面场景以及不允许出现的负面场景。对于允许出现的负面场景,系统需要支持其中所描述的交互序列,即使某些目标无法得到满足。例如,选课系统应该支持"因上课时间冲突选课失败"的负面场景。该场景中的学生虽然因为上课时间冲突而无法选上一门希望选的课,但选课系统应该支持此场景的发生。与此相反,禁止出现的负面场景(又被称为失效场景)则被视为一种系统失效,是系统应当采取措施防止其出现的场景。例如,选课系统应当防止"超范围选课"发生,在该场景中学生可以超出某个课程所允许的年级和专业范围浏览该课程信息并选课,从而违反了关于选课的业务规则。

不当使用场景(也被称为不当使用案例)描述了具有恶意的参与者以违背系统意图的方式使用系统的交互序列。这类场景可以理解为对于系统、涉众或系统上下文中其他系统的安全性、保密性、可靠性等关键质量属性的一种威胁。因此,系统应当采取各种手段防止参与者通过不当使用场景获取不当利益或损害他人利益。例如,选课系统的一个不当使用场景是用户通过不断尝试他人账户的登录密码来试图破解其密码。

（3）描述性场景、探索性场景和解释性场景。

描述性场景描述待开发系统相关的运行方式或工作流，辅助读者理解系统的运行过程、所涉及的实体和触发事件等，主要用于支持目标及面向方案的需求的抽取和精化。例如，针对选课系统的一个描述性场景，可以描述选课的基本步骤、涉及的课程、校区、教室、教师等相关实体信息等。

探索性场景描述了实现同一个目标的不同候选方案，其目的是支持对可能的候选方案进行探索和评价，从而辅助相关涉众从候选方案中进行选择。例如，对于选课系统中"院系提交排课表"这一目标，可以开发一个探索性场景，描述院系教务员通过电子表格上传排课表、通过网页逐一录入课程排课信息等不同的候选方案，辅助分析人员分析每个方案的优缺点（如方便性和准确性程度等），从而做出权衡和选择。

解释性场景为特定的交互或交互序列提供背景和原理性解释，其目的是辅助相关涉众对某个目标、候选方案或交互序列的理解，因此往往会从多个不同涉众的视角进行解释。例如，在描述选课过程的场景中，可以提供对于一些交互步骤的原理性解释，如说明"浏览已选课程列表时系统按课程类别提示培养计划要求学分数和该类别已选学分"的原因是"防止学生漏选课程或修读学分不足"。

（4）实例场景、类型化场景和混合场景。

实例场景（也被称为"用户故事"或"具体场景"）描述了具体参与者之间具体的（现有的或想象的）交互序列，其中的输入和输出信息也是在实例层次上描述的。例如，描述选课过程的实例场景会涉及具体的参与者和输入、输出信息，（如"计算机系三年级本科生李磊"、"软件工程课程"、"主校区2101教室"等）。

类型化场景对于特定交互序列中具体的参与者、输入和输出进行了抽象。类型化场景中使用的是参与者类型（如人的角色），其中的输入和输出信息也是在类型层次上描述的。例如，描述选课过程的类型化场景会使用抽象的参与者角色和输入、输出信息类型（如"学生"、"课程"、"教室"等）。

混合场景中既包含实例层次的交互信息，又包含类型层次的交互信息。混合场景在实践中使用较为广泛，其中实例信息和类型化信息的使用方式一般可以遵循下列原则：场景的重要内容应该在实例层次上详细描述；未完全理解的内容在实例层次上描述，避免由于早期抽象时一些未完全理解的方面而导致的错误；冲突或可能发生冲突的内容在实例层次上描述，以支持涉众间的交流和冲突解决。

（5）交互场景、上下文场景和系统内部场景。

交互场景描述了系统边界上的交互，即系统和外部参与者（人或系统）之间的交互。因此，交互场景以一种面向使用的方式描述了系统如何嵌入到上下文之中发挥作用。例如，选课系统中的选课场景是描述用户（学生）与系统之间交互序列的交互场景。

上下文场景描述了系统与系统参与者之间的直接交互，以及与系统使用或系统自身相关的附加上下文信息，例如参与者以及系统的非直接用户之间的交互。上下文场景描述的虽然可能完全是系统边界之外的交互过程，但其中的上下文信息可以为系统的需求定义提供附加的说明。例如，对于选课系统，描述任课教师通过填写打印好的纸质登分表向教务员提交课程成绩的场景属于上下文场景，但该场景有助于相关涉众理解系统为教务员提供的课程成绩录入场景（该场景属于交互场景）中的成绩来源。

系统内部场景或场景片断描述了系统如何通过系统内部交互序列实现一些与系统上下文的交互。系统内部场景只关注系统内部的交互，即发生在系统边界之内的交互。这类场景描述了系统决定对于外部事件(来自上下文的输入)或时间事件的响应(对上下文的输出)的内部处理和决策过程。因此，系统内部场景通常在体系结构设计过程中使用。例如，针对选课系统中选课过程的一个内部场景，可以描述系统内部选课子系统、学费管理子系统、成绩管理子系统等子系统之间的交互过程。

以上3类场景往往可以联系在一起。例如，上下文场景为交互场景提供附加的上下文说明和原理性解释；系统内部场景可以对交互场景中所包含的系统内部处理过程进行精化。

4. 场景描述

需求场景可以使用多种方式进行描述。其中，最常用的场景描述方法包括3种，即叙述性的场景描述、基于结构化模板的场景描述以及基于UML模型的场景描述。

叙述性的场景描述使用自然语言，以叙述性的方式描述场景的发生过程，如图3-14中所描述的汽车防追尾场景。这种叙述性的场景描述容易使用也容易理解，而且可以灵活调整不同部分描述的详细程度，并将不同类型的场景信息结合起来。例如，叙述性场景描述可以将类型化场景片段与实例场景片段结合起来，突出需要用实例场景详细描述的部分；可以将解释性说明信息与交互步骤结合起来，提供背景说明和原理性解释。图3-14中所描述的叙述性场景除了交互步骤描述外，还将多个方面的信息混合在一起，包括[1]：系统的静态结构和组成部分；系统的功能；关于系统功能或行为的解释性说明；系统的行为描述；关于系统功能或行为的一些探索性考虑；主场景中一些可替换场景的步骤；出现例外场景的条件。然而，这种灵活性也导致叙述性场景描述的一些不足，包括描述随意不规范、遗漏重要的场景信息、交互步骤及步骤间关系不明确等。

基于结构化模板的场景描述一般以用况为单位，使用基于模板的自然语言描述场景及相关的其他信息。结构化模板给出了用况和场景描述所要求的各个描述项及其描述方式或要求，在保持自然语言的易读性和易理解性基础上进一步提高了场景描述的规范化和结构化程度。表3-2给出了一个简化的场景(用况)描述结构化模板。

表3-2 场景(用况)描述的结构化模板

描述项	说　　明
用况名称	简短、易理解的用况名称，一般以动词开头
参与者	参与当前用况交互过程的外部参与者
涉众及关注点	与当前用况相关的涉众，以及这些涉众对于该用况不同的关注点和目标
前置条件	当前用况可以执行之前应当满足的条件
后置条件	当前用况成功结束后应当满足的条件
触发事件及条件	触发当前用况执行的事件以及应当满足的条件
发生频率	当前用况发生的频率，此属性对于与该用况相关的性能和可用性等质量设计具有较大的影响
主场景	当前用况的(唯一)主场景，一般可以通过顺序编号的方式描述场景的每一个交互步骤

描述项	说　明
可替换场景	当前用况的(零个或多个)可替换场景;可以以类似于主场景的方式逐一描述每个可替换场景的交互步骤,也可以在主场景基础上描述每个可替换场景的差异性部分(与主场景有区别的那些步骤)
例外场景	当前用况的(零个或多个)例外场景;对于每个例外场景都要描述例外条件和相应的例外处理步骤
质量需求	与当前用况执行过程相关的质量需求及其要求,例如,如果用况中包含与敏感信息传输相关的步骤,那么该用况与保密安全性相关;如果包含可能危及人身安全的步骤,那么该用况与安全性相关
其他问题	关于当前用况所存在的待解决的问题,例如,需要相关涉众进一步澄清或协商的地方

　　基于 UML 模型的用况和场景描述通常会应用 UML 用况图、顺序图及活动图。用况图可以描述一个系统中所涉及的外部参与者、所包含的用况、参与者与用况以及用况之间的关系。而单个用况的交互序列则可以使用顺序图或活动图(或其变体泳道图)描述。其中,UML 顺序图强调的是系统与一系列用户随着时间的交互序列,而活动图则侧重于描述在多个场景(如属于同一用况的场景)之间的控制流[1]。图 3-16 描述了一个图书馆管理系统的用况图。根据该用况图,可以知道该系统提供"开设图书馆账户"、"借书"、"还书"、"预借图书"4 个用况。其中,参与者"读者"参加所有用况,而参与者"工作人员"则参加除"预借图书"之外的所有用况。图 3-17 是使用泳道图描述的"借书"用况,其中涉及"读者"和"工作人员"这两个外部参与者和系统之间的交互过程。该泳道图使用决策分支表示了多个场景之间的控制流。例如,根据当前读者是否有未付的罚款,该用况将决定是否需要读者首先付清罚款然后再执行图书出借步骤。

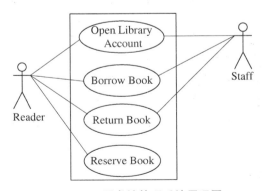

图 3-16　图书馆管理系统用况图

　　在实践中,各种不同的场景描述方法通常会结合起来在不同的需求工程阶段应用。场景描述通常是以一种增量和演化式的方式进行的,具体包括[22]:
　　(1)自顶向下的分解。首先在较为抽象的层面上定义场景,获得对整个系统及其功能的总体概览,然后再对场景进行细化描述。例如,一般可以首先针对相关的业务流程定义抽

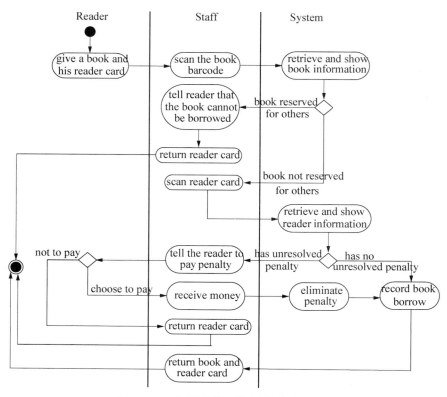

图 3-17 使用泳道图描述的"借书"用况

象的场景,然后根据每个业务流程中需要执行的任务以及任务中所包含的活动对场景进行细化。

(2) 从黑盒到白盒场景。首先用黑盒场景描述系统与环境之间的交互以及环境中相关对象之间的交互。充分理解后,再将这些黑盒场景扩展为包含系统内的子系统间交互的白盒场景。

(3) 从非形式化到形式化的场景定义。首先使用自然语言以叙述性的方式表达场景,然后施加某个场景的模板结构以完善描述并发现不一致性和其他问题。在此基础上,再逐渐将结构化文本转换为更加形式化的描述(如顺序图)。

(4) 增量的场景开发。初始的场景描述中一般都会包含不同细节层次的知识。随着对需求场景的确认或基于其他领域模型进行检查,场景定义的质量可以随着知识的不断扩充和修订进而不断改进。

3.3.3 面向方案的需求

与描述涉众期望的目标和描述参与者与系统间交互的场景不同,面向方案的需求以面向解决方案的方式刻画了待开发系统在数据、功能和行为等方面的属性。因此,需求工程早期的需求制品主要以目标和场景为主,然后随着对于需求问题理解的不断加深逐渐导出面向方案的需求。

面向方案的需求直接刻画了待开发系统的属性和特征,因此也成为软件开发人员设计和实现系统的直接依据。因此,与目标和场景中相对抽象、简略且可能包含一些相互冲突的观点(如为了探索不同的候选方案)不同,面向方案的需求应当描述统一的需求视图,需求定义更为详细且不包含冲突[1]。这意味着确定面向方案的需求之前相关涉众应当针对所有已识别的需求冲突达成共识。

面向方案的需求一般可以综合 3 种不同的需求视图进行描述,即数据视图、功能视图和行为视图。数据视图描述与系统相关的数据和信息实体、实体属性及实体间关系;功能视图描述系统应当提供的功能和处理过程,包括功能和处理过程间的数据输入输出关系以及相互间的精化关系;行为视图描述了系统对于外部和内部激励的响应以及在此过程中的状态转换。3 种视图从不同视角描述了待开发系统的属性和特征,但又密切相关。例如,数据视图中定义的数据和信息实体可以作为输入输出数据出现在功能视图中,而功能视图中定义的功能和处理过程可以在行为视图中作为动作进行引用。

1. 数据视图

数据视图中的需求模型(即数据模型)是一种静态模型。这些模型在类型层次上描述了与待开发系统相关的数据和信息实体、实体属性及实体间关系。其中的实体、属性和关系一般可以通过考虑上下文信息中的主体刻面进行识别[1]。数据模型一般可以使用实体关系模型(ER 模型)或 UML 类模型进行描述。

图 3 - 18 描述了一个关于会议论文管理的数据模型,其中描述了研究者(Researcher)、论文集(Proceeding)、论文(Paper)等实体的属性以及相互之间的关系。通过其中的关系描述,我们可以获得以下需求信息:每本论文集有一个或多个研究者作为编辑,并包含一篇或多篇论文;每篇论文有一个或多个研究者作为论文作者;论文分为长文(Full Paper)、短文(Short Paper)和墙报(Poster)。

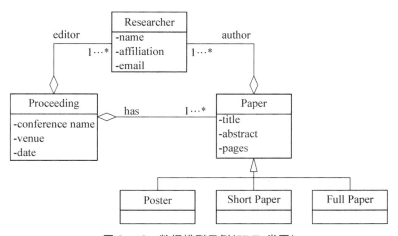

图 3 - 18 数据模型示例(UML 类图)

2. 功能视图

功能视图具体描述了待开发软件系统应当提供的功能和业务处理过程。由于软件的功能一般可以表示为对于信息的加工和处理过程,因此功能视图通常可以使用数据流模型来描述。

数据流模型包含一系列数据流图。如图 3-19 所示，数据流图主要元素包括外部实体、加工、数据存储和数据流。其中，外部实体（方框）表示目标系统上下文中的实体（如用户、第三方软件系统、硬件设备等）；加工（椭圆）表示基本的功能处理单元，能够对输入数据流进行加工处理后产生输出数据流；数据存储（双横线）表示持久化的数据存储（如文件和数据库等）；数据流（带数据标签的箭头）表示业务数据在外部实体、加工以及数据存储之间的传递关系。

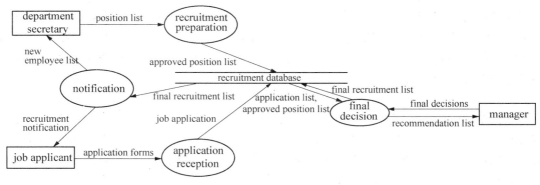

图 3-19 数据流图示例（招聘系统）

一个系统数据流模型的建模首先应当从顶层的数据流图（又称 0 层图）开始。如图 3-20 所示，顶层数据流图将目标系统整体视为一个加工，描述系统与上下文中相关的外部实体之间的数据流，因此顶层数据流图又被称为上下文图。图 3-20 中的顶层数据流图反映了招聘系统与外部实体间的数据流关系，即招聘系统从部门秘书那里获取招聘职位列表，并返回招聘后的新的雇员列表；从职位申请者那里获取申请表，并为其提供招聘结果通知；向经理提供职位人选推荐列表，并获取经理的招聘人选决定。

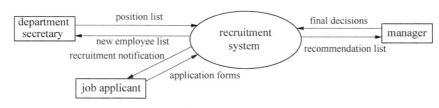

图 3-20 顶层数据流图示例（招聘系统）

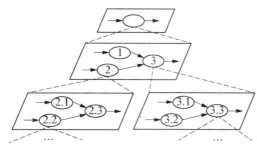

图 3-21 逐层精化的数据流模型

数据流模型以一种逐层精化的方式支持复杂系统功能视图的描述，如图 3-21 所示，从顶层的数据流图开始，以层次化的方式逐步对上层数据流图中的加工进行精化。除顶层图外，其他数据流图都是对上层数据流图中某一个加工的进一步细化，即描述该加工的内部子加工及数据流关系。例如，图 3-19 展示的是对图 3-20 中的招聘系统顶层数据流图精化后的

1 层图。从 1 层图开始,每一个加工可以顺序编号,而它们的子加工则可以通过层次化的编号表明其所属的层次及与高层加工之间的关系,例如,加工 2 的 3 个子加工可以分别编号为 2.1,2.2,2.3。这种精化过程可以一直持续下去,直至最终得到的加工都足够简单(如可以被单个模块实现)而不需要继续精化。另一方面,同一个数据流图中加工逐层精化的层次并不需要相同,例如,图 3-21 中加工 2 和加工 3 都被进一步精化,而加工 1 由于足够简单而不需要再进行精化。

对于数据流模型中被进一步精化的加工而言,其具体的功能描述表现为精化后的数据流子图,例如,图 3-21 中加工 2 的功能描述表现为由加工 2.1,2.2,2.3 构成的数据流子图。而对于不再进一步精化的简单加工而言,其功能还需要进一步通过该加工的规格说明来描述,例如叙述性的文字描述、算法伪码、规则表格、各种图形等。这些加工说明属于数据流模型的数据字典的一部分。数据字典中一般还包含数据流模型中所涉及的数据对象的结构化定义。此外,数据流模型中的数据对象也可以引用自数据模型中定义的数据对象。

3. 行为视图

行为视图中的需求模型(即行为模型)反映了软件系统在外部的事件或激励作用下的反应性行为,具体表现为系统的状态转换以及在此过程中执行的动作等。行为模型可以在两个层次上进行建模,即系统层次以及类层次。系统层次上的行为模型描述系统的整体状态转换及其动作,而类层次上的行为模型则针对特定的分析类描述类及其对象实例的状态转换及其动作。

行为模型一般可以使用有限自动机和状态图等方式来描述。UML2.0 中状态机图为行为模型的描述提供了良好的支持。图 3-22 是一个用 UML 状态机图描述的银行 ATM 机系统的整体行为模型。该模型刻画了 ATM 机系统的 5 个基本状态,即空闲状态(Idle)、输入密码状态(Inputting Password)、验证密码状态(Checking Password)、就绪状态(Ready)和退出状态(Existing)。此外,运行中状态(Operating)是一个包含输入密码状态、验证密码状态和就绪状态 3 个子状态的复合状态。模型中的状态转换由事件触发,包括外部事件和时间性事件(如定时器事件等)。图 3-22 中的状态转换表明 ATM 机在空闲状态下侦测到

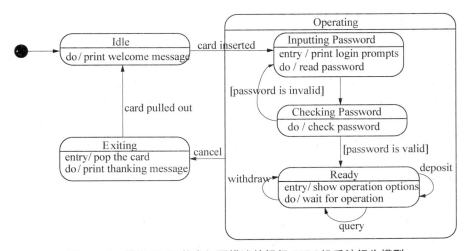

图 3-22　使用 UML 状态机图描述的银行 ATM 机系统行为模型

银行卡插入事件(Card Inserted)后就会进入输入密码状态,而在处于运行中状态时的任何时刻侦测到取消(Cancel)事件后都会进入退出状态。没有标注事件的状态转换,则表示前一状态的任务完成后自动进入下一状态,例如,从输入密码状态到验证密码状态的转换将在输入密码状态的读取密码任务完成后自动发生。模型中的状态转换还可以包含相应的状态转换条件,例如,验证密码状态完成密码验证任务后将根据密码是否正确的条件判断跳转到就绪状态或输入密码状态。

除了描述状态转换之外,状态机图还可以描述系统在状态转换及状态保持期间的动作。例如,图3-22中的一些状态定义了内部动作,其中,entry 和 exit 类型的内部动作分别表示进入和退出当前状态时系统将执行的内部动作,而 do 类型的内部动作则表示系统在维持当前状态期间会一直执行的动作。

图3-23描述了一个电子商务系统中的订单类(对象)的行为模型。通过该行为模型可知,订单创建并初始化后需要进行确认和支付,并在确认收到商品后完成整个订单处理过程。此外,在订单处理期间(即处于已创建、已确认或已支付状态)用户可以随时取消订单。

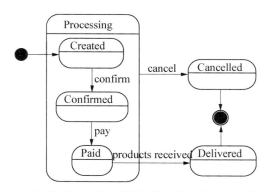

图 3-23 使用 UML 状态机图描述的订单类(对象)行为模型

3.4 需求工程活动

需求工程的目的是通过一种协作式的、不断迭代以及增量的过程实现内容、共识和文档化3个维度上的目标[1]:使得所有相关的需求都在所需要的细节层次上得到清晰的认识和理解(内容);在相关涉众间建立起对于系统需求的充分共识(共识);所有需求都依照相关的格式和规范进行了文档化和规格说明描述(文档化)。以上这3方面的目标是通过一系列的需求工程活动实现的,主要包括需求获取、需求分析、文档化和需求确认。

3.4.1 需求获取

需求获取主要关注于识别相关涉众及其他需求来源,通过各种手段从这些需求来源那里获取各种需求信息,并建立对于待开发软件所要解决问题的初始理解。

软件开发项目一般都开始于一个利用信息技术改变现状的愿景。这种愿景可以是提高业务流程的自动化水平和工作效率,提供生活上的便利,或者实现某种科学研究、军事、政治等方面的发展目标。这种愿景的提出及其实现都是基于一定的上下文环境和条件的,例如待开发系统所处运行环境中的网络和硬件基础设施,以及用户人群、相关领域的技术和市场发展状况、相关的法律法规等。这种建立在特定上下文之中的愿景可以指导需求获取过程确定系统边界,识别相关的需求来源以及获取相关的需求信息。

需求获取首先需要识别待开发系统上下文中的需求来源。一般可以先识别潜在的需求来源,然后对其相关性进行评价并确定是否作为需求获取的来源。识别需求来源应当尽可能做到无遗漏,否则将会造成需求信息的遗漏,并最终导致需求规格说明的不完整。需求获取过程中的需求来源一般包括:

(1) 相关涉众:一般应当包括待开发系统的客户代表、用户、领域专家、市场人员、系统管理员等;

(2) 现有文档:与待开发系统及所属领域相关的法律、法规、标准、指南等文档材料;

(3) 现有系统:与待开发系统相关的遗留系统、存在交互关系的第三方系统、竞争对手的相似产品等。

识别相关需求来源时可以考虑从系统上下文的 4 个刻面出发,全面概括相关的重要需求来源[1]。例如,针对校园一卡通系统一般可以考虑以下 4 个方面的需求来源:与系统消费信息记录方式相关的法规和规范(主体刻面);校园网技术专家和终端设备技术人员(IT 系统刻面);使用一卡通系统的教师、学生和后勤部门工作人员代表(使用刻面);消费终端软件开发工程师和项目监理人员(开发刻面)。

通过所识别的需求来源,需求获取过程采取多种手段获取现有的需求信息。针对不同的需求来源,所采取的需求获取方法也各不相同。针对相关涉众的需求获取方法主要包括访谈、问卷调查、观察和原型系统等。其中,访谈是最传统的需求抽取方法,主要通过需求工程师与涉众之间的交互式问答获取相关涉众的期望和要求,并对存在的问题(如模糊、不一致的陈述等)进行阐明。调查问卷则基于需求工程师对于待开发系统的已有认识,针对少数需要征求意见或阐明的需求问题,通过问卷的方式收集相关涉众的反馈。观察则是指需求工程师深入相关涉众的日常工作环境,通过观察他们如何通过相互协作处理业务流程或完成相关工作任务来获取需求信息。原型系统是指在需求工程师对于待开发系统需求现有的理解基础上,开发界面原型等原型系统,并通过向相关涉众展示原型系统获取需求信息,例如对于现有需求理解的确认、错误理解的纠正或者遗漏需求的补充等。

针对现有文档的需求获取方法主要是需求工程师通过阅读所收集到的文档资料,发现与待开发系统相关的需求信息。这种方法的主要挑战是如何从大量的资料信息中发现相关的需求信息。针对现有系统的需求获取方法主要是通过观察这些系统的使用过程、与系统使用者进行交谈或阅读系统相关文档来获取这些系统中已经实现的需求或可能的功能及质量改进等。

需要注意的是,通过以上方法从相关需求来源那里所获取的信息只能覆盖已有的需求信息,即那些已经被相关涉众较好地理解甚至已在现有系统中实现的需求。如果待开发系统包含创新性的需求或应用模式,那么由于相关需求信息具有高度的创造性和探索性,通过现有需求来源获取需求信息的方式就不那么适用了。对于这类创新性需求信息,一般应当采取头脑风暴等高度启发式和创造性的方法来获取。

3.4.2　需求分析

需求分析活动的目标是确定待开发软件系统的上下文边界及其与环境的交互关系,在此基础上从系统整体需求中导出并细化软件需求,同时发现并解决需求中所存在的冲突和不一致性。

需求获取活动所获得的需求信息并不能直接作为最终的开发需求。这些原始需求信息中可能包含冗余、不一致或模糊的信息,需要进行进一步分析和整理。需求分析活动一般采用结构化或面向对象的分析方法,从已有的需求信息出发,通过概念建模、精化分析等手段,得到满足基本质量要求(如一致性、完整性、无歧义)的软件需求。例如,如果采用面向对象分析方法,那么将会通过用况和场景分析、类分析等手段逐步构建场景模型和类模型等需求模型。在此过程中,如果发现有遗漏、不一致或有歧义的地方,需求工程师还会重复执行需求获取活动来获取所需的附加信息。此外,需求分析过程常与概念建模(如构造场景模型、数据流模型等)一起进行,而概念建模已经是在部分进行文档化活动了。

除了基本的需求精化和概念分析外,需求分析过程通常还需要进行需求分类、需求协商和需求优先级评定等几个方面的活动。

需求分类的任务是按照功能性需求/质量需求、界面需求/业务规则/数据表示等分类方式对需求进行分类。通过分类可以系统性地建立需求文档的分类组织结构,方便对于需求的查询、分类浏览和有针对性的需求确认及验证。

需求协商则针对潜在的需求冲突进行识别和原因分析,在此基础上通过相关涉众之间的协商或者新的解决方案的提出进行解决,从而得到一致的需求。由于与一个待开发系统相关的涉众的利益和价值取向在很多时候并不相同,因此会产生对于同一系统的不同观点、看法和诉求,从而导致需求冲突的产生。未解决的冲突需求往往会造成一些涉众对于待开发系统的不认同甚至反对意见,从而导致他们不再支持系统的开发或对系统验收造成不利影响。常见的需求冲突包括以下5种类型[24]:

(1) 理解冲突:由于缺少信息、错误的信息或者对同一问题的不同理解而引起的冲突;

(2) 利益冲突:由于涉众主观或客观上的不同利益或者目标引起的冲突;

(3) 价值冲突:由于涉众评价同一问题时采用的不同准则和价值观(如文化差异)引起的冲突;

(4) 关系冲突:由于涉众之间消极的人际交往行为(如不尊重、侮辱)引起的冲突;

(5) 结构冲突:由于涉众之间权力的不平衡而引起的冲突。

需求冲突可能在整个需求工程的不同阶段中出现或被发现。发现冲突后,应当分析冲突类型并通过协商、提出创新性的解决方案或者由决策者做出决定等方式进行冲突解决。应当针对不同类型的冲突尝试不同的冲突解决方法。例如,对于由于信息不对称或理解不同造成的理解上的冲突,应当通过协商沟通双方的不同理解方式,从而取得共识;对于利益冲突,往往可以通过协商取得折衷的方案,或者通过提出创新性的解决方案;对于价值冲突,则需要在待开发的软件产品的商业策略(如规划中的市场区域和目标客户群等)基础上,充分考虑各种不同价值观和文化差异,寻找折衷方案或者创新性的解决方案;而对于关系冲突和结构冲突,则需要通过调整相关涉众之间的交往方式、态度和权力结构来解决。此外,需要注意的是,需求冲突并不总是意味着风险。如果能够以创新性的方式解决冲突,那么冲突中同样蕴含着机遇,可以成为创新性需求甚至业务模式的源泉。图 3-24 给出了一个通过创新性的解决方案来解决需求冲突的示例。在这一示例图中,创新性的冲突解决方案不仅解决了需求冲突,而且创造了一种新的业务模式。

<u>待开发系统</u>:面向学校和教育机构开发的基于网络的考试阅卷软件。该软件将考生的考试答卷扫描为电子数据和图片保存,对客观题答案进行自动评分并通过网络化调度将经分割后的主观题答卷分发给评卷教师进行评阅。

<u>需求冲突</u>:一些涉众希望系统能够以较高的分辨率在短时间内完成大量考卷的扫描,而且要保证准确性和清晰度,这一要求需要通过使用专用的高速扫描仪来实现;另一些涉众则关注于系统总体成本,希望用于购置扫描仪等相关设备的开销不要太高。

<u>冲突原因</u>:为阅卷系统购买的扫描仪使用频率较低,仅当每次大规模考试后才需要使用,而且高端扫描仪价格较高;但另一方面扫描仪性能又对阅卷结果的准确性和性能有着关键性影响。

<u>创新性解决方案</u>:软件供应商提供按量计费的考卷扫描业务,即:软件供应商购置高端扫描仪并对外提供考卷扫描服务;客户将考卷扫描业务外包给软件供应商,并按照扫描量按次付费。由于软件供应商拥有众多的阅卷系统客户,因此可以充分利用所购置的扫描仪提供服务,获取利润;另一方面,客户无需购置价格昂贵且使用次数较少的扫描仪,只需按使用量付费即可,大大降低了拥有和使用成本。

图 3-24　通过创新性的解决方案解决需求冲突示例

待开发系统的需求并不都是同等重要的,因此需求分析过程还需要评定各项需求(如目标、场景、功能等)的优先级。需求的优先级一般可以分为"必须实现"、"非常需要"、"需要"、"可选"等不同等级。优先级越高的需求对于实现软件系统整体目标的重要性越高。通过需求优先级评定可以发现重要的需求,从而在设计、实现、测试等后续开发活动中加以特别注意。此外,需求优先级信息对于冲突协商和制定阶段性的发布计划也非常重要。冲突协商过程中常常要依据需求优先级信息确定权衡决策,例如,当无法同时满足多个需求时选择满足一些更高优先级的需求。而在资源和时间有限的情况下,项目组无法一次性完成并交付所有的需求,此时只能以需求优先级和需求依赖关系等为依据制定阶段性的发布计划,例如选择首先实现并交付高优先级的需求。

3.4.3　文档化

文档化活动的主要任务是根据相关的文档和规格说明规范,对各项需求工程活动中所得到的需求信息进行文档化描述和记录。文档化后的需求信息可以支持开发人员及其他相关涉众之间的需求交流与沟通;文档化后的需求信息可以持久保存,并用于后续的软件开发和维护活动;此外,需求文档化过程中所要求遵循的文档和规格说明规范以及其他需求文档质量要求也有利于发现需求中所隐藏的缺陷。

需求工程过程中需要进行文档化的信息范围很广,主要包括以下 4 个方面:

(1)通过需求获取活动收集的各种形式的原始需求信息。这些需求信息一般都以某种原始形式存在(如谈话录音、会议纪要、相关的法律法规条文等),需要经过整理和存档后进行管理。这些信息有助于实现从需求到相关来源(如涉众的主观期望或要求、法律规定等)的前向追踪,从而支持后续开发活动中的需求理解、需求确认和需求变更决策等活动。

(2)需求协商和决策过程记录。这些信息包括需求分析过程中发现的冲突、冲突协商过程以及所达成的共识等;对多种候选方案的探索和探讨过程、最终的决策形成过程和决策依据等。这些信息有助于对需求冲突发现和解决过程的确认,以及后续开发活动中的需求理解和需求变更决策等活动。

（3）需求的评审和演化过程信息。这些信息包括：需求评审和审查过程中发现的质量问题以及后续的处理和改进情况；需求演化过程中的变更请求及其处理和决策过程信息。这些信息有利于与需求相关的问题追踪，可以支持后续开发活动中的需求理解、需求确认等活动。

（4）通过需求分析活动得到的需求制品。典型的需求制品包括目标、场景、面向方案的需求等。这些需求制品一般可以使用自然语言或者概念模型来描述和记录，并遵循相应的文档化规范和指南（如自然语言模板或建模规范）。此外，属于需求规格说明的需求制品还会被评审并通过批准，成为后续设计、实现和测试等开发活动的基础。

需求制品的文档化一般可以采用自然语言描述或者概念建模的方式进行。自然语言文档具有易读、易理解的优势，且表达能力和灵活性很强。但自然语言文档的劣势也很明显，即容易产生歧义。概念模型的优势是一般有着严格的抽象语法规则和规范的语义，可以由建模工具实现可视化建模和一致性检查支持，但表达能力有限而且需要学习特定的建模语言。

需要注意的是，无论采用何种描述方式，文档化的需求制品都应当满足一系列质量属性。这些质量属性具体包括[1]：

（1）完整性：需求制品符合相关的规则与指南的要求，没有遗漏任何与涉众相关的信息；

（2）可追踪性：需求制品的来源、演化及其在后续开发阶段的影响及使用都是可追踪的；

（3）正确性：涉众对需求制品的正确性进行确认，并要求系统必须完整实现所文档化的需求；

（4）无二义：需求制品的文档化描述只允许一种合理的解释；

（5）可理解性：需求的描述是容易理解的；

（6）一致性：需求制品的描述不存在自相矛盾的现象；

（7）可验证性：涉众能对所实现的系统是否满足某项被文档化的需求进行检查（如通过定义测试用例）；

（8）原子性：单个需求制品描述的是单一、内聚的事实。

3.4.4　需求确认

需求确认活动的目标是检查需求文档是否满足相关的需求质量准则，以及是否完整、准确地反映了相关涉众的期望和要求。此外，需求文档和需求制品应当与其他软件开发制品一样，需要遵循相应的软件配置管理和变更管理过程。需求确认是针对需求文档的质量保障活动。通过需求确认发现的需求缺陷有助于在针对相关需求的开发活动开始前发现需求中所存在的问题并加以解决和改进。同时，需求规格说明必须通过需求确认后才能被批准并作为后续开发活动的基础。

需求确认的主要困难在于并不存在评价需求完整性和正确性的"参照物"。形式化语言或模型只能支持需求内部的一致性和完整性检查，而无法为确定需求是否完整、准确地反映了相关涉众的期望和要求提供支持。

需求评审和需求原型是两种常用的需求确认方法。

（1）需求评审：由用户、客户、领域专家、开发者、市场人员等各方面涉众代表组成的评审小组对需求文档（如需求规格说明）进行审查，发现其中可能存在的各种问题，例如错误的需求、遗漏的需求、模糊或有二义的需求、不符合文档化规范的需求等。评审小组成员可以根据评审指南（如针对常见问题的检查表）进行审查，并记录所发现的各种问题。

（2）需求原型：通过动画模拟、界面原型等方式向相关涉众展示软件开发团队当前对于待开发系统软件需求的理解，并获得他们关于需求问题的反馈。用于需求确认的需求原型技术与用于需求获取的需求原型技术存在很大的相似性，但它们的主要目的和关注点不同。需求原型方法的优势是能够充分向涉众传达当前软件开发团队对于软件需求的理解，不足是原型系统开发往往需要较高的工作量。

一个软件项目的开发计划中一般应当安排一次或多次需求评审等需求确认活动。对于在需求确认活动中发现的问题经常还需要再次进行需求确认活动，以确定相关问题的解决。

3.5　需求管理

需求管理主要是指对于需求制品和需求变更的管理。广义的需求管理还包括对于需求工程全过程的管理，包括需求工程活动开展的顺序等。这一部分将主要介绍对于需求制品的追踪关系、优先级管理以及需求变更管理。

3.5.1　需求追踪管理

需求追踪（Requirements Traceability）是指在前向和后向两个方向上（即从需求的来源、开发和规格说明，直到后续的部署和使用，以及在这些阶段中不断精化和迭代的过程中）描述并且跟踪需求的存在形式的能力[25]。例如，通过前向追踪关系，可以建立需求制品（如场景模型、面向方案的需求模型等）到相应的需求来源（如涉众期望、客观上下文条件、法律法规等）的追踪关系；通过后向追踪关系，可以建立需求制品到后续的设计、实现和测试制品（如设计模型、源代码单元、测试用例等）的追踪关系。此外，需求追踪关系还包括不同类型的需求元素之间（如目标、场景与面向方面的需求模型元素之间）、同种类型但不同抽象层次上的需求元素之间（如目标模型中不同层次上的目标）的追踪关系。

需求追踪对于需求工程乃至整个软件开发过程都有着重要的意义，对于需求确认、变更管理、软件复用、项目管理等都十分重要。

（1）辅助理解：通过需求追踪关系理解各项需求是如何被设计并实现的，理解当前的系统设计及代码实现单元是为哪些需求服务的。

（2）需求确认：通过需求追踪关系确认涉众提出的所有需求都反映在需求文档及后续的设计和实现中，或者在需求协商中进行了讨论和适当的处理；另一方面，通过需求追踪关系确保系统设计和实现中没有非必需的部分，即不对应于任何需求的设计和实现（被称为"需求镀金"）。

（3）变更管理：通过需求追踪关系确定与所提出的变更请求相关的需求、设计和实现制品，评估变更影响范围以及相应的成本和时间，支持变更决策以及后续的不同制品间的一致性演化。

（4）软件复用：通过需求追踪关系确定实现一个可复用需求的设计和实现制品，辅助实现相关可复用软件制品的识别、抽取和复用。

（5）项目管理：通过需求追踪关系了解并掌握各项需求所对应的设计和实现制品及其开发进展情况，并在此基础上分析其中所包含的进度和技术风险。

每个软件开发项目都应当根据具体所使用的软件需求及其他开发制品的类型，根据项目开发方法的具体需要建立起需求追踪关系。图3-25描述了一组针对目标模型、场景模型和面向方案的需求模型这3种需求模型以及相关的其他前向和后向软件制品所建立的追踪关系，其中包含了以下6种需求追踪关系[1]：

（1）目标模型中的目标是基于（Based_on）前驱制品中相关文档（如需求访谈的会议纪要）中的相关片段而抽取出来的；

（2）自然语言描述的场景可能与某些现有的目标定义相冲突（Conflicts）；

（3）场景模型（如使用UML活动图或顺序图）对使用自然语言的场景描述进行了形式化（Formalises）；

（4）场景模型对于使用自然语言描述的面向方案的需求进行了分类（Classifies），例如按照与场景模型的相关性进行分类；

（5）面向方案的需求模型（如使用UML状态机图）对于使用自然语言描述的面向方案的需求进行了精化（Refines）；

（6）后续制品系统体系结构中的某些构件可以满足（Satisfies）面向方案的需求模型中的某个片段。

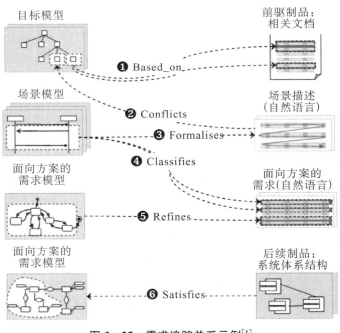

图3-25　需求追踪关系示例[1]

需求追踪关系可以通过多种方式来表示和记录。使用自然语言描述的需求及其他开发文档经常使用引用和超链接的方式来表示追踪关系。例如,需求文档中的某项需求,可以引用某个法律、法规中的条款或者客户访谈会议纪要中的某个片段来说明其需求来源;需求文档中存在追踪关系的各项需求之间,可以通过超链接表明其关系;体系结构设计文档中的设计说明,可以应用需求文档中的需求项来说明产生该项设计的原因。这种追踪关系表示方式虽然简单易用,但追踪关系信息分散在多个相关文档之中,使得开发人员难以获得关于追踪关系的全局视图。另一方面,这些分散的需求追踪关系信息难以维护和管理,很容易造成追踪关系不全、表示方式不规范或不统一以及不一致的演化等。

更加系统化的需求追踪关系管理需要使用追踪关系矩阵、追踪关系图等表示方式。追踪关系矩阵将目标、场景、需求项等需求元素以及体系结构构件、测试用例等其他软件制品项表示为矩阵中的行和列,将元素之间的追踪关系及其类型表示为矩阵中的内容。而追踪关系图则以需求及其他制品元素作为图的结点,以元素间的追踪关系及其类型作为图的边。

为了更加有效地实现需求追踪关系的管理,一些大规模、复杂的软件项目开发一般都会使用基于数据库的需求管理工具(如 IBM Rational RequisitePro)进行需求追踪关系的记录和管理。虽然这些工具提供了系统化的追踪信息录入、查询、修改和统计等功能,但大规模、复杂软件项目的需求追踪关系管理在软件开发实践中仍然是一个难题。这主要是由软件开发及需求管理自身的复杂性带来的。首先,需求及其他开发制品之间追踪关系的数量和种类非常多。其次,需求及其他开发制品之间的追踪关系非常复杂,很多时候难以简单地表示为元素间的对应关系。例如,需求追踪关系可能涉及某个需求模型(如数据模型、体系结构模型)中的局部片段;需求追踪关系可能涉及软件体系结构模型等软件制品中全局性的决策(如体系结构风格、模式等)而非局部的元素。此外,大多数软件项目总是处于不断的演化和维护过程中,在此过程中一致性地维护所有需求及其他软件制品元素之间的追踪关系是非常困难的,并且需要耗费大量的人力和时间。

3.5.2 需求优先级管理

对于一个软件开发项目而言,相关涉众所提出的需求并不都是同等重要的。区分并管理所有需求的优先级对于有效的需求工程、项目管理乃至产品管理都有着重要的意义。首先,在资源和时间有限的情况下,如果不能确保所有需求都能实现,那么一个现实的做法是优先保证一些相对重要的需求的实现。其次,在增量、迭代的开发过程中,需求优先级可以辅助开发人员制定阶段性的迭代开发和产品发布计划,确定每个迭代周期内需要实现的需求列表。此外,明确需求的优先级还有助于需求协商过程中的权衡决策。

根据需求对于支撑目标软件产品正常运行的作用以及对于用户、客户等相关涉众的意义,可以将需求的优先级大致分为如下 3 个等级:

(1)基本需求:支撑目标软件产品实现基本功能及提供基本服务的需求,如果不能实现,则目标软件产品将无法满足用户及客户的基本使用要求,从而不具备进入市场的基本条件。

(2)期望需求:用户、客户及其他相关涉众所提出的不属于基本需求的其他需求,这些需求如果实现的话,一般能够提高用户使用目标软件产品的效率和方便性,因此能够提高用户及客户的满意度。

(3)兴奋型需求:用户、客户及其他相关涉众并未意识到或明确提出的需求,这些需求可能会改进目标软件产品并为用户带来便利,但其对于提高用户及客户满意度的作用还有待评估。

例如,对于一个高校本科生选课及成绩管理系统而言,课程信息浏览、选课、退课、成绩录入、选课情况查询与统计等需求是基本需求,它们支撑了选课及成绩管理系统面向学生、教师和教学管理人员所提供的基本功能和服务;图形化的选课情况统计、学生及成绩信息的电子表格导入/导出等需求是期望需求,教师和教学管理人员希望借助这些功能提高自身的工作效率;成绩发布后面向学生的短信或邮件提醒是一个兴奋性需求,该需求并不在用户及客户所提出的需求之列,但潜在具有吸引用户及提高用户满意度的作用。

除了按照上述 3 个等级对需求的优先级进行等级划分外,还可以进一步明确需求的优先级排序。需求的优先级排序可以针对现有需求确定其两两相对优先关系,也可以针对所有需求进行优先级排序。需求的优先级排序一般可以综合考虑以下 6 个方面的因素[1]。

(1) 重要性:实现一个需求的紧迫性,以及该需求对于系统验收、体系结构设计或者组织的市场定位和市场策略的重要性;

(2) 成本:实现一个需求所需的成本,与需求的复杂程度、实现该需求的复用程度,以及与该需求相关的文档和质量保证活动的程度相关;

(3) 损失:忽视一个需求可能带来的损失,包括由于违约而导致的惩罚、市场占有率或产品声誉上的损失等;

(4) 持续时间:实现一个需求所需花费的时间,相关的影响因素包括需求本身的复杂度以及相关开发活动的可并行程度等;

(5) 风险:与一个需求的实现相关的风险(包括延期的风险、为满足用户及客户要求的风险、系统性能降低的风险以及项目失败的风险等),风险的危害可以综合风险发生的概率以及风险造成的损害来评价;

(6) 不稳定性:一个需求未来发生变化的可能性,不稳定的需求通常会带来较高的维护成本,包括不稳定性带来的软件设计的可扩展性要求,以及处理需求变化所需的额外时间和工作量等。

需要注意的是,需求的优先级排序并不总是一成不变的。随着系统及项目上下文等的变化,原有的需求优先级可能会发生变化。因此,需求的优先级管理还需要根据各方面的变化维护并更新需求的优先级排序。

3.5.3　需求变更管理

在软件开发和演化过程中,软件需求经常会发生变化。产生软件需求变更的原因很多,包括外部市场环境以及业务变化导致的刚性需求变更、由于软件使用过程中的反馈而产生的软件需求改进要求、初期的需求认识不足导致错误或不完整的需求、前期需求中存在的不一致性、客户及开发方对于需求理解的不一致,以及技术约束或多目标权衡带来的需求变更等。

对于大多数软件开发项目而言,需求变更都是不可避免的,而且需求变更还经常蕴含着产品改进和市场拓展的机会。因此,对于需求变更而言,需要考虑的不是如何去避免,而是如何通过有效的需求变更管理保证需求的有序和受控的演化。需求变更管理的目的是在充分分析和评估基础上做出合理的变更决策,保证需求变更被正确地实现和发布,同时保证需求变更实现全过程的可追踪性。需要注意的是,需求变更管理关注的是需求变更分析评估与实现的过程,而非需求变更的具体实现方式。

软件开发项目的需求变更管理一般由项目的变更控制组(Change Control Board)负责。变更控制组由来自多个方面的代表组成,包括产品经理、项目经理、客户代表、需求工程师、架构师、开发人员、质量保障人员、配置管理人员等。变更控制组具体负责变更请求的分析、评估和决策。变更管理的基本过程包括以下这些活动:

(1)分析评估:变更控制组对变更请求进行分类,同时对变更请求所对应的实现及集成的时间和成本进行估计;

(2)变更决策:根据变更请求的重要程度、所能带来的价值以及时间和成本估计,对变更请求做出接受或拒绝的决策,对于被接受的变更请求确定其优先级;

(3)变更实施:安排开发人员实现变更请求并与目标软件产品进行集成,通过测试保证变更请求被正确地实现且未影响其他需求的实现;

(4)变更发布:根据产品发布策略确定实现了变更请求的新的产品版本的发布时间和方式,确保与所实现的需求变更相关的需求、设计和实现文档等都进行了更新。

为了实现系统化的需求变更管理,每一个变更请求及其处理过程都应当进行完整的记录,并保证全过程的可追踪性。每一个变更请求都应当进行唯一编号,并记录变更请求的提出者、提出时间、变更请求说明、分类、实现成本及时间评估、处理决策结果、优先级、实施与集成过程、发布过程等。整个变更处理过程都应当可查询、可跟踪、可掌握(如使用基于 Web 的变更管理系统)。此外,与需求的优先级管理一样,需求变更也应当进行优先级排序,从而合理地安排实施、集成和发布计划。因此,系统化的需求变更管理一般都需要基于变更管理系统(如 IBM Rational ClearQuest)来实现,并与需求管理工具、配置管理系统等集成。

本章参考文献

［1］ Klaus Pohl 著,彭鑫等译. 需求工程:基础、原则与技术. 机械工业出版社,2012.

［2］ 金芝,刘璐,金英编著. 软件需求工程:原理和方法. 科学出版社,2008.

［3］ IEEE-Std-610.12-1990. IEEE Standard Glossary of Software Engineering Terminology.

［4］ The Standish Group. http://standishgroup.com; accessed on 10/09/2009.

［5］ The Standish Group Report:CHAOS. The Standish Group,1995.

［6］ Anthony Finkelstein, John Dowell. "A Comedy of Errors:the London Ambulance Service Case Study". International Workshop on Software Specification and Design(IWSSD'96), 1996,pp. 2 - 4.

［7］ IEEE-Std-1471 - 2000. IEEE Recommended Practice for Architectural Description for Software-Intensive Systems.

［8］ Naoyasu Ubayashi, Yasutaka Kamei, Masayuki Hirayama, Tetsuo Tamai. "A context analysis method for embedded systems-Exploring a requirement boundary between a system and its context". International Requirements Engineering Conference (RE'11), 2011,pp. 143 - 152.

［9］ Michael Jackson 著,金芝等译. 软件开发问题框架:现实世界问题的结构化分析. 机械工业出版社,2005.

［10］ Michael Jackson. The Meaning of Requirements. Annals of Software Engineering, 1997,3:5 - 21.

［11］ Eric Siu-Kwong Yu. "Towards Modeling and Reasoning Support for Early-Phase Requirements Engineering". International Symposium on Requirements Engineering (ISRE'97), 1997,pp. 226 - 235.

［12］ John Mylopoulos, Lawrence Chung, Brian Nixon. Representing and Using Nonfunctional

Requirements: A Process-Oriented Approach. IEEE Transactions on Software Engineering, 1992,18 (6):483 - 497.

[13] Annie I Antón, W Michael McCracken, Colin Potts. "Goal Decomposition and Scenario Analysis in Business Process Reengineering". International Conference on Advanced Information Systems Engineering (CAiSE'94), 1994,pp. 94 - 104.

[14] Eric Siu-Kwong Yu. "Modeling Organizations for Information Systems Requirements Engineering". International Symposium on Requirements Engineering (ISRE'93), 1993,pp. 34 - 41.

[15] Eric Siu-Kwong Yu. "Modelling Strategic Relationships for Process Reengineering": Ph. D. Thesis, Dept. of Computer Science, University of Toronto, 1995.

[16] Anne Dardenne, Axel Van Lamsweerde, Stephen Fickas. Goal-Directed Requirements Acquisition. Science of Computer Programming, 1993,20(1 - 2):3 - 50.

[17] Axel van Lamsweerde. Requirements Engineering: From System Goals to UML Models to Software Specifications. Wiley, 2009.

[18] Axel Lamsweerde. Conceptual Modeling: Foundations and Applications, 2009.

[19] A KAOS Tutorial, http://www. objectiver. com/fileadmin/download/documents/KaosTutorial. pdf, 2007.

[20] Paolo Giorgini, John Mylopoulos, Eleonora Nicchiarelli, Roberto Sebastiani. "Reasoning with Goal Models". International Conference on Conceptual Modeling (ER'02), 2002,pp. 167 - 181.

[21] Roberto Sebastiani, Paolo Giorgini, John Mylopoulos. "Simple and Minimum-cost Satisfiability for Goal Models". International Conference in Advanced Information Systems Engineering (CAiSE'04), 2004,pp. 20 - 35.

[22] Klaus Weidenhaupt, Klaus Pohl, Matthias Jarke, Peter Haumer. Scenarios in System Development: Current Practice. IEEE Software, 1998,15(2):34 - 45.

[23] Alistair Sutcliffe. "Scenario-based Requirements Engineering". International Requirements Engineering Conference (RE'03), 2003,pp. 320 - 329.

[24] Christopher Moore. The Mediation Process: Practical Strategies for Resolving Conflict (3rd ed.). Jossey-Bass, San Francisco, 2003.

[25] Orlena C Z Gotel, Anthony C W Finkelstein. "An Analysis of the Requirements Traceability Problem". International Conference on Requirements Engineering (ICRE'94), 1994,pp. 94 - 101.

第 4 章

软件设计

软件设计是软件开发中的一个重要环节,它承接软件需求工程的工作,通过系统化、工程化的方法寻找合适的解决方案,勾勒软件实现的早期蓝图,从而为后续的软件构造活动铺平道路。良好的软件设计能够提高软件开发效率,保证软件的持续演化能力,降低软件开发的风险。

本章将首先介绍软件设计的目标和基本原则,然后对软件设计方法和相应的表述方案进行介绍,最后介绍风格和模式在软件设计中的作用以及如何有效地进行软件设计评估。由于软件模块级的详细设计往往与软件构造活动(见第 5 章"软件构造")一起进行,因此本章将主要介绍软件体系结构设计方法。本章介绍的软件设计目标和原则同样适用于模块级的详细设计。

4.1 软件设计概述

软件设计虽然是一种创造性的思维活动,但软件设计的方法是有序的。软件设计的本质是构建软件需求和软件构造活动的桥梁,降低软件开发的复杂度和风险。

4.1.1 软件设计的目标

为了有效地进行软件设计,首先需要明确软件设计的目标。作为对比,软件需求活动的目标非常明确,就是获取、分析和确认用户需求;软件构造的目的也很明确,即通过编码等活动,生产并交付符合用户需求的软件系统。在任何场景下,一个软件项目都必然会有需求分析活动和软件构造活动。但是,软件设计活动是必须的吗? 它的具体价值又是什么呢? 为了能清晰地思考和理解这个问题,我们先来查看两种极端的情况。如果一个软件开发团队需要编写一个"Hello World!"这样的程序,是否还需要进行非常正式的软件设计呢? 答案当然是不需要:这个程序只需要一个人就能轻松完成,不需要考虑团队协作;而且,具有一般经验的软件开发人员,能够不假思索地写出正确的实现。对于这种简单的程序,做不做软件设计丝毫不影响软件开发的结果。但是,如果所开发的软件不是"Hello World!",而是一个包含几千万行代码的大规模复杂软件系统,则很难想象整个团队(可能由几百甚至数千名工程师组成)直接开始编码而没有进行任何的设计活动。没有良好的设计作为基础,这种项目可能在实现过程中遇到各种各样的风险,例如,产生质量缺陷或者性能、可靠性、安全性等质量属性无法得到保证。此外,没有良好的工作任务分解以及各部分之间良好的接口定义,团队成员之间的协作也会成为一件棘手的问题。上述两种情形的关键差别是软件规模和开发团队规模带来的复杂性。因此,复杂性问题是软件设计所面临的首要挑战,复杂性的管理和控制也是软件设计的核心价值所在。

首先,随着软件所处理的问题越来越复杂,软件的规模也越来越大。例如,在操作系统领域,Windows 的代码行在 2003 年就达到了 5 千万行以上,而 Linux 的 Debian 系统规模则达到 5 亿行[1]。在其他一些应用领域(如通信系统等领域),很多软件系统的规模都在千万行以上。人脑在处理如此庞大的系统规模以及由此带来的复杂性问题方面显得能力有限,例如,要求单个的开发人员掌握一个大规模软件系统所有部分的细节几乎是不可能的。如果缺乏恰当的设计手段(主要通过分解和抽象)来管理复杂性,也几乎不可能成功地开发出大规模的软件系统。

其次,软件开发团队的规模也越来越大。现代的软件开发团队经常达到几百、几千甚至上万人的规模。在如此大规模的软件开发团队中,有效地实现团队成员之间的大规模协同工作是一个巨大的挑战,这涉及良好的分工、协作、沟通以及一致性问题。在软件开发早期的历史中,很多项目的失败都是由于大规模软件系统的设计问题以及团队成员间的协作问题所导致的。例如,Ian P Sharp 曾经在 1969 年首次召开的软件工程会议上对 IBM 公司著名的 OS/360 项目(一种主机操作系统)做出了如下评价[2]:"虽然 OS/360 在很多局部上的设计和编码是非常优秀的,但最终的整体表现却显得很混乱,其原因就是缺乏良好的整体体系架构设计。"在大规模系统中,良好的软件设计能够带来合理的工作分解、清晰的接口定义、完善的设计和实现规范约定,从而保障软件开发团队成员之间高效、有序的协作。

除了软件的规模和团队的规模所引起的复杂性,软件设计还必须考虑更多的复杂性和不确定性问题,例如软件需求的模糊性和不稳定性、软件开发所依赖的技术环境等因素。软件设计作为跨越需求和实现边界的活动,对软件开发的成功起着关键作用。

4.1.2 软件设计的相关概念

软件设计是一种特定类型的设计,符合设计的一般原则和方法。Herbert Simon 说:"设计理论就是搜索的理论[3]。"这意味着设计过程事实上是一个根据问题的目标和约束,在解空间中寻找最优解决方案的过程。下面将介绍软件设计的几个关键概念。

1. 设计目标

软件设计的目标应该和软件项目及开发团队的目标保持一致。首先,软件设计需要确保系统能满足相关涉众的需求。这种需求既包含涉众在需求分析中明确提出的需求,也包括涉众尚未清楚表达的隐含需求。一般情况下,明确提出的需求比较容易获得关注,但是隐含需求(如易用性需求等)却很容易被忽略。其次,软件设计必须适应软件开发组织的市场策略并支持其长期发展目标。例如,着眼于软件系统长期维护过程中的成本和风险考虑,软件设计应当关注于可维护性、可扩展性等目标;着眼于同一业务领域内定制化开发的需要(如软件产品线开发),软件设计应当关注于可复用性、可定制性等目标。

2. 约束

约束是在软件设计中必须考虑的影响因素。这些约束既包括商业约束,也包括技术约束。例如,软件项目的整体预算、竞争对手的情况、产品的上市时间要求等都是在设计和选择解决方案时需要考虑的商业约束;而当前软件开发团队成员的技能、相关技术的成熟度等,则是软件设计需要考虑的技术因素。在设计中,约束直接影响可选的解决方案范围。然而,如果能够很好地理解并管理约束,那么约束也会呈现有利的一面,即能够有效缩小解决方案的搜索空间。

3. 可选项

"条条大路通罗马"这句话同样适用于软件设计。对于同样的软件需求,不同的软件开发团队和设计人员可能给出完全迥异的解决方案。这是由软件设计的本质所决定的。良好的软件设计过程应该遵循"发散-收敛"的模式,而不是直接构建一个解决方案然后开始动手实现;通过"发散",开发团队可以从不同的候选解决方案中获得启发,为寻找最优方案做好准备;通过"收敛",开发团队可以根据软件设计的目标和约束,对各种候选解决方案按照一定的标准进行取舍,并对合理的设计选项进行聚合,从而获得最合适的解决方案。在"发散-收敛"的过程中,设计人员个人的创造力和经验不可或缺,但是工程化的方法指导能够为设计人员提供结构化的方法,从而改善设计的质量。

4. 设计范例

设计范例(Exemplars)在设计的"发散"阶段扮演着重要的角色。计算机科学巨匠Frederrick Brooks认为:"软件设计中共通的东西占了大多数;即使是创新的设计,也是从前相似问题域中现有设计演化的结果,而且和以往的设计构建在类似的技术之上[4]。"这种具有共通性的软件设计经验被称为设计范例,包括软件体系结构风格、软件体系结构模式、设计模式、框架以及惯用法等。为此,Frederrick Brooks认为好的设计人员应该花费大量的时间来学习范例,因为设计范例可以有效地帮助设计人员复用既有的设计思想、做出新的设计。

5. 效用函数

在设计的"收敛"阶段,设计人员需要根据设计目标对候选解决方案进行评价,从而选取最优设计方案。效用函数可以帮助设计人员衡量候选解决方案对于设计目标的满足程度。效用函数在大多数情况下都不是线性的。例如,虽然缩短网站的响应时间可以改善用户体验,但是在响应时间已经达到某个较高的水平(如小于0.1秒)时继续缩短响应时间就没什么意义了。在这种情况下,进一步缩短响应时间是可能的,但是难度和成本会大幅上升,而对于用户体验的改进则会急剧降低。效用函数的这种非线性特征使得从多个候选解决方案中寻找最优解变得更加容易。

6. 设计制品

软件设计的结果需要通过某种方式来进行呈现和表示。软件设计的制品服务于多个目标:首先清晰描述的制品能够帮助设计人员理清思路,从而更容易进行沟通、讨论和改进。其次,清晰描述的软件设计可以帮助软件开发者、测试工程师和维护人员理解软件制品中的高层设计理念,便于开展相应的工作。当然,设计制品并不见得就是文档。根据过程模型的不同,软件设计可以有特定的制品(如设计模型或者文档),也可以和软件的构造融为一体,也就是通过良好的代码结构来呈现设计的思路("代码即设计")。在这种情况下,具有良好结构的代码就担当了设计制品的角色。

4.1.3 软件设计的设计原则

软件设计的本质问题是复杂性。为了良好地控制和管理软件设计中的复杂性,应该遵循一些通行的设计原则,包括分解和抽象、模块化、高内聚和低耦合、信息隐藏、充分性和完整性、演进式设计等。

1. 分解和抽象

分解和抽象是控制复杂性的基本手段。分解也称为"分而治之"、"逐步求精"，是一种自顶向下逐步简化问题的方法。通过分解，可以把一个复杂的问题分成若干方面、步骤或阶段进行解决，在每一步集中精力解决当前阶段的主要问题，推迟对问题细节的考虑。抽象则通过自底向上的方式理解问题的主要特点和共性，使得人们可以将注意力集中在较高层次的共同特性上，暂时忽略低层次细节。

在分解过程中，每一步都比上一步更精化，更接近问题的最终解。例如，常见的软件体系结构都体现为一个树状结构：一个系统可以被划分成若干小的子系统，每个子系统又可以细分为若干模块，每个模块细分为若干个设计类，每个类细分成多个函数等，然后按照问题的层次逐步推进每个层次的职责模型和交互模型的设计。分解能够使设计人员在思考问题时暂时将注意力集中在局部，不必过分关注其他层次的问题。

抽象过程是从特殊到一般的过程。例如，如果某一系统要同时支持多种底层硬件平台，当没有抽象时，上层的模块就不得不了解不同的底层硬件平台的细节，从而增加设计的复杂度。通过抽象，不同的底层硬件平台被看作一个抽象的硬件，上层可以通过抽象的硬件接口来操纵不同的硬件，而不必知道这些硬件的细节，这也就使得上层软件的设计更加容易，也更方便在未来扩展新的硬件平台。

分解和抽象在构造良好设计模型的建模过程中起到关键作用。几乎在每个设计中都存在分解和抽象的例子。需要注意的是，不同的分解方法对于降低软件复杂度的效果是不同的。如果分解后的两个子问题之间互相干扰，则复杂度不但不能降低，反而有可能上升。所以，在实际操作中，还需要依赖模块化、信息隐藏、接口和实现相分离等更具体的原则，来对分解和抽象的方式进行更具体的约定。

2. 模块化

模块化的主要目标是通过将系统分解为拥有良好定义边界的模块来进行功能的分割，从而降低系统的复杂性，方便软件的开发。在计算机软件领域中，几乎所有的软件结构设计技术都是以模块化为基础的。

模块化把软件按照一定原则划分为一个个较小的、相互独立的但又相互关联的部分。每个模块是一组紧密关联的逻辑、数据等程序对象的集合，它们具有单独的名称，可以通过名字访问。例如，子系统、模块、类、过程或函数等都是一种模块。

除了通过模块化设计来管理复杂度，模块化设计还具有一系列其他优点。首先，由于一个模块可以指定给一个或者一组开发者，通过良好地定义模块间接口，可以更好地支持团队协作。其次，由于每个模块可以进行单独的测试，因此可以很快发现修改设计或修改代码所引起的副作用，这样可减少错误的扩散。最后，模块化设计也使模块复用成为可能。

3. 高内聚和低耦合

在设计中每个模块的功能应该明确、容易理解，模块之间的关联关系要保持简单、独立。也就是说，模块设计需要遵循"高内聚、低耦合"的原则。模块的独立性可以由内聚度与耦合度两项指标来衡量。

内聚度强调模块内部的特性，衡量同一个模块内部的各个元素彼此结合的紧密程度。一个内聚的模块包含单一的或紧密关联的概念，完成一个独立的任务，与程序的其他部分只需要很少的交互。在理想情况下,一个高内聚的模块应当只做一件事情。

耦合度专注于模块交互,衡量模块间彼此依赖的紧密程度。耦合的存在都是必然的:对任何模块而言,它们总是需要和其他模块进行协作来完成一系列的功能,一个和任何其他模块都没有连接的模块是没有价值的。但是,过多的耦合会引起"涟漪效应",即当一个模块的改变或者错误发生时,这种影响会传播到系统的其他部分。因此,软件设计应该尽量想办法降低软件模块之间的耦合。

内聚性和耦合性是一对紧密相关的概念。例如,如果把系统的所有功能全部定义到一个模块中,耦合性当然最低,但同时也极大地破坏了内聚性;把一个系统拆分成很多极小的模块,固然能够提高每个模块的内聚性,但同时也增加了模块之间的耦合性。在实际情况下,需要仔细考虑模块的粒度、合理地分配职责,使得模块在高内聚和低耦合方面获得最好的平衡。

4. 信息隐藏

信息隐藏的原则是:任何与客户正确使用模块无关的细节都应该被隐藏。对使用者来说,最感兴趣的是模块的功能和接口,没有必要关注模块内部的结构和原理。由于信息隐藏对客户隐藏模块的实现细节,降低了其他软件元素需要关心的问题的复杂度,从而能够更好地处理系统的复杂性。同时,信息隐藏使得开发者可以在适当的时机对模块内部的设计进行调整而不影响模块外的软件元素,降低了模块之间的耦合度。一种常见的信息隐藏的手段是"接口和实现相分离"。

5. 充分性和完整性

充分性和完整性用来检验系统分解的正确性。"充分"意味着每个模块的职责对于允许与模块进行有意义的交互是必要的;"完整"意味着模块的职责定义应该包括全部的相关特性。充分性和完整性可以从设计和需求之间的追踪关系获得,它们也是进行软件设计评审的主要目标之一。

6. 演进式设计

演进式设计也称为持续设计或者增量设计。在开发的早期阶段,很多信息并不充分。例如,需求往往在开始阶段是模糊的,开发人员对待开发的系统也不够了解,此时如果基于不充分的信息盲目进行大量的设计工作,必然容易出现错误。演进式设计原则认为设计应该随着需求和系统实现信息的丰富逐步做出设计决策。设计是一个逐步求精的过程。如果说分解和抽象从空间上降低了设计的复杂度,演进式设计则是从时间上降低了设计的复杂度。通过强调设计的可演进特征,允许开发者在信息更充分时对设计进行修改和演进,这样可以更好地提高设计质量。

演进式设计对软件设计的可逆性提出了要求。如果软件设计是不可逆的,就意味着一旦做出决策,未来的更改就很困难,也就无法进行设计演进。增强软件设计的可逆性有多种技术手段。例如,通过"持续集成"可以在模块间的接口被改变或者模块内的设计发生改变时很快发现是否存在"涟漪效应"。在"软件构造"一章中会更详细地介绍支持演进式设计的技术手段,例如持续集成、测试驱动开发、简单设计和重构等。

4.1.4 软件设计的过程模型

在软件工程的早期过程模型(如瀑布模型)中,软件设计活动主要发生在软件设计阶段,并不需要显式地区分软件设计活动和软件设计过程。但随着软件复杂性的上升以及人们对软件开发本质的逐步认识，越来越多的过程模型采取了迭代和增量的方式，例如在第 2 章"软件过程"中所讨论的统一过程、敏捷软件开发方法等。在增量和迭代的方式下，软件设计必须遵循演进式的设计原则。所以，不应该把设计认为是一个具体时间段内的活动，它应该是持续的、不断演化的。

在统一过程[5]中，软件开发被划分为初始、细化、构造、交付这 4 个阶段，每个阶段包含多个迭代，软件设计活动贯穿所有 4 个阶段的各个迭代。各个阶段中软件设计的完成度不同。在初始阶段，软件设计是实验性的，通常只是关注于主要的技术风险，对软件体系结构的大致轮廓有了初步了解。主要的设计活动发生在细化阶段，在细化阶段需要产生系统的关键设计，而一部分不太重要的设计决策可以留到构造阶段完成。在构造阶段，系统的关键设计一般都保持稳定，该阶段主要是完成和软件实现相关的详细设计，并根据软件实现的需要不断修正初始和细化阶段的设计。在移交阶段，虽然大多数设计活动已经完成，但仍然有一些对设计进行修正的可能性。

在敏捷软件开发方法中，灵活性是敏捷软件开发的核心，确保设计的可演化特征是解决需求变更的一个重要方法。正如敏捷宣言原则所阐述的："坚持不懈地追求技术卓越和良好设计，敏捷能力由此增强。"缺乏良好的软件设计无法支持软件演化，从而丧失适应变化的能力。敏捷软件开发中有多个技术实践支持演化式设计，包括简单设计、重构、测试驱动开发、持续集成等。值得注意的是，有些人误以为敏捷软件开发方法没有设计，或者不倡导设计，这是一种对敏捷软件开发方法的典型误解。敏捷软件开发倡导"简洁为本"，并不是说没有设计，而是不应该进行大规模预先设计。由于软件开发的复杂性，试图在设计早期完全清晰地澄清目标并做出足够理智的设计决策非常困难，因此，应该基于刚好够用的原则，始终保证设计的可演化特性，随着对问题和方案理解的深化对设计做出调整。

从设计目标的维度，设计可以分为数据设计、体系结构设计、接口设计和模块级设计这几个方面。数据设计的目标是根据需求分析结果构建出软件系统的数据模型。体系结构设计定义主要的构造元素，以及它们之间的关系和设计约束。接口设计描述了软件和协作系统之间以及软件和使用者之间的通信方式和接口。用户界面作为软件系统的对外接口，也是接口设计的重要组成部分。模块级设计定义了数据结构、算法、接口特征以及每个软件构件的具体实现方式。

数据设计是软件设计的一个重要方面。数据结构描述了数据元素之间的逻辑关系，确定数据的组织、彼此之间的关联、存取方式以及处理方法等。数据模型的输入来自需求分析阶段的结果。首先，开发人员在较高的抽象级别上创建初始的数据模型。然后，将它们逐步求精为特定于实现的表示，从而便于后续的软件设计和构造。良好设计的数据模型应该具有如下两个方面的特征：第一，数据模型能够体现问题的本质。正确的数据模型能够体现系统中的关键概念，使得解决方案域和问题域体现良好的一致性。相反，错误的数据抽象会极大地增加软件设计的复杂度。第二，数据模型要保持完整性和一致性。完整性是指数据模型描述了软件实现所必须的结构，没有遗漏，而一致性确保不同模块之间的定义不存在歧义或者冲突。

体系结构的设计通过深入理解系统的功能性需求和非功能性需求，对每种可选的体系结构风格或模式进行深入分析，获得最能满足客户需求和质量属性的结构。本章 4.4 节将详细讨论体系结构设计的方法和体系结构设计模式。

接口设计在用户和目标系统之间、目标系统和其他系统之间构建了一个有效的交流媒介。特别对于用户界面而言，良好的设计能直接改善用户对软件的感受，具有重要的价值。

模块级设计关注系统的特定组成部分。模块级设计的目标是进行适当程度的设计，保证软件实现的顺利开始。模块级设计和软件的实现过程紧密关联。软件设计的绝大多数工作，是和软件实现并行进行的。在实现阶段，如果发现实现和设计出现背离，可以使用软件设计作为模型来调整实现，但同时也允许对软件设计进行调整，以适应在软件实现过程中发现的新问题。也正因为如此，本章将重点放在体系结构方面，而将在第 5 章对模块级设计的方法和软件构造一起进行介绍。

4.2 模型和视图

模型和视图是软件设计中强有力的用于思考和表达的工具。模型代表了系统在概念上的抽象。视图则是模型在某一个视角的投影，关注于系统在某一个特定方面的描述。通过模型和视图，设计人员可以全面地构造和表达设计意图。

4.2.1 模型

模型是对系统的简化表示。为了能完整地表达设计，模型需要包含多种类型的设计元素。正如为建造大楼而需要考虑结构、外墙、水、电、煤气、网络等方面一样，软件系统也同样包含多个维度的设计元素。例如，从逻辑角度，系统需要被分解为不同的模块和类；从运行时角度，系统可以被分解为不同的进程；从部署角度，系统可以被分解为不同的物理节点以及连接这些物理节点的链路等。软件设计中的建模需要考虑两个基本方面：静态结构和动态行为。静态结构的元素包括模块、类、进程、物理节点等；动态行为则描述了这些结构彼此的交互，例如模块之间的交互、进程之间的交互等。

在设计过程中，开发人员可以通过构造设计模型有意识地突出研究重点，从而对系统进行简化。现实世界中的软件系统，特别是大型系统，设计人员可能由于其高复杂性而无法直接对其进行研究。但是在不损失细节的情况下，通过建模可以将复杂系统抽象到一定的层次，从而帮助设计人员对其进行理解。另外，修改图纸或计算机上的模型，要比修改一个真实的系统容易得多，这样就能够降低系统开发和维护的整体成本。所以，设计人员可以通过建模对多种可能的解决方案同时进行研究，揭示最终设计必须解决的各种问题，并从中发现最优的解决方案。

模型还改善了设计人员之间、设计人员和涉众之间的沟通。通过建模的过程，设计人员能够精确捕获需求和应用领域的信息，从而使得相关涉众能够建立对这些信息的理解并且达成一致。通过在建模过程中进行良好的沟通和对解决方案进行探索，可以降低后续开发阶段犯错的可能性，节省整体的开发成本。

4.2.2 视图

在建筑领域，设计师不会在一张图纸上把结构、外墙、水、电、煤气、网络等全部描述出来。这样的图纸容易出错，而且无法辨识。正确的做法是采取多张图纸，每张图纸仅关注于一个特定的方面。同样,在软件设计领域,设计人员也采用不同的视图来描绘系统的不同方面。

视图是以涉众为中心的。每个视图描述了从一个特定视角观察到的系统元素及其关系,不同的视图用于支持不同的目标和用途。例如,项目经理关心进度、资源分配、迭代的发布计划等,对于具体设计元素的接口规范等则不一定关心。但是,对于开发人员来说,接口规范却是至关重要的设计要素。因此,对不同的涉众,应该提供不同角度的设计视图。

由于视图的价值在于信息传递,不被特定涉众所需要的视图文档就没有价值。另外,由于每个组织、每个项目的涉众往往不同,所以在不同的组织或软件系统中视图的构成可以存在差异。在定制一个软件产品的视图集时,需要考虑有哪些人是该视图的潜在涉众。除此之外,为了使得涉众更迅速地理解或者更新设计,还应当描述视图之间的关联、如何对视图集进行维护等方面的信息。

设计人员应该尽量清晰地表达设计模型,从而有效地支持信息的沟通。在使用软件视图对设计进行描述时,应该遵循如下 3 个策略:

(1) 将信息合理分层、分割。大型软件系统中往往包含成百上千甚至数万个设计元素。在同一视图文档中展示所有信息会带来表达的模糊性,造成理解的混乱。因此,应该根据信息的抽象层次将信息进行分层,根据涉众的不同关注点对信息进行分割,从而提高设计视图的可理解性。

(2) 保证信息的一致性和完整性。不同的视图之间彼此有关联。例如,在面向对象的设计中,一个类的实例同时也是一个顺序图所描述的交互过程的参与者。如果在顺序图中出现的一个实例并没有类与其对应,那么该模型就存在一致性问题。在设计中对一致性和完整性保持关注,有助于发现设计中的潜在问题,从而对设计进行进一步的精化。

(3) 保持视图集的演进。如果发现已经选择的视图集无法满足某些涉众的需要,则应该对视图集进行更新。另外,如果某些视图没有被任何涉众所关心,则应当考虑将该类视图从视图集中去除。

与静态模型和动态模型相对应,软件模型的视图也分为两类:静态视图(也称为结构视图)以及动态视图(也称为行为视图)。静态视图从构成角度刻画了软件系统的组成元素之间的关系,例如系统由哪些模块构成、这些模块有什么联系、每个模块承担什么职责等。动态视图刻画了软件系统的组成元素在运行时的关系,例如模块和模块之间,以及模块和外部环境之间的动态交互。作为模型的投影,视图并不必然是"图"。只要是为了表达设计信息,可以采取各种描述手段,例如通过说明性文字、甚至图片和录音等。无论采取何种方式,视图应该提供如下方面的设计信息:主要的设计元素和它们之间的关系、设计元素的接口和行为规范、设计的上下文信息、设计的基本原理以及设计约束等。

4.2.3　UML 建模语言

尽管视图的表达方式可以多样化,但是统一的建模语言能够更好地表达设计、支持设计人员的沟通。在统一建模语言(Unified Modeling Language,UML)产生之前,存在多种建模语言,例如结构化领域中使用的主要语言是数据流图和结构图。在面向对象设计的早期,也出现了多种面向对象的方法,包括 Booch 方法、OMT 方法和 OOSE 方法等,每种方法都提出了各自的表示法。从 1994 年开始,著名的 UML"三剑客"(Grady Booch, Ivar Jacobson 和 James Rumbaugh)陆续加入 Rational 公司,开始了建模语言的统一和标准化工作。在 1995 年形成了 UML 的第一个版本。随后,UML 语言逐渐成熟和标准化,目前它已经成为被广泛接受的语言标准。

限于篇幅原因,本节仅介绍 UML 的关键概念。希望了解更多 UML 内容的读者可以进一步阅读相关参考资料[6]。UML 语言模型包括 3 个要素:基本构造块、规则和公共机制。基本构造块构成了 UML 的主体,包括类、接口、关联关系、泛化关系等建模元素;规则定义了模型的描述方法,使得模型具备一致性;公共机制定义了如何使用通用的机制来构造和扩展 UML 语言。

1. 基本构造块

UML 的基本构造块包括事物(Thing)、关系(Relationship)和图(Diagram)。表 4-1 列举了 UML 基本构造块的主要内容。

(1)事物。UML 的事物有 4 种类型,分别为结构、行为、分组和注释。其中,结构事物用于描述模型中的静态部分。在 UML 中,用况、类、接口、构件、节点等都是结构事物。行为事物用于描述模型中的动态部分,例如交互和状态。分组事物包括 UML 包及其变体(如子系统),用来组织 UML 模型,而注释事物用来描述、说明和标注 UML 模型的元素。

(2)关系。UML 包括了 4 类关系,分别是依赖(Dependency)、关联(Association)、泛化(Generalization)和实现(Realization)。

(3)图。图是模型中一组元素的图形表示。图中的顶点表示事物,弧表示事物之间的关系。UML 共包括 13 种图,分别为用况图(Use Case Diagram)、类图(Class Diagram)、对象图(Object Diagram)、复合结构图(Composite Structure Diagram)、顺序图(Sequence Diagram)、通信图(Communication Diagram)、状态机图(State Machine Diagram)、活动图(Activity Diagram)、定时图(Timing Diagram)、构件图(Component Diagram)、部署图(Deployment Diagram)、交互概览图(Interactive Overview Diagram)和包图(Package Diagram)。

表 4-1　UML 构造块

类型	图	主要模型元素	说明
结构	用况图	用况、执行者、关联、扩展、包含、泛化	描述用户使用系统的场景
	类图	类、关联、泛化、依赖、实现、接口	描述需求的概念模型和设计的内部结构
	对象图	对象、链接	对象图是类图的特殊情况
	复合结构图	连接器、接口、构件、端口、角色、供给和需求接口	复合结构图和类图没有明显的界限
	构件图	构件、依赖、端口、供给和需求接口、实现、子系统	定义构件的类型、内部结构和依赖
	部署图	节点、构件、通信、依赖	显示物理实体或构件在计算资源(节点)上的物理部署

类型	图	主要模型元素	说明
行为	通信图	协作、消息、角色、序号、守护条件	描述系统中各种类型的对象之间的交互;通信图和顺序图的呈现焦点不同,但二者在语义上等价
	顺序图	交互、消息、信号、生命线、发生说明、执行说明、交互片段、交互操作域	
	定时图	状态、生命线、消息、时间单位	是顺序图的另外一种描述方式,用来刻画实时行为
	状态机图	状态、时间、转换、效果、执行活动、触发	描述具有复杂状态对象的状态变迁行为
	活动图	动作、活动、控制流、控制节点、数据流、分叉、结合、异常、对象节点	描述了一个可执行行为设计单元对某种行为的协同执行过程,用于需求分析和内部实现的建模
	交互概览图	活动图元素和嵌套的序列图	兼具活动图和顺序图的元素,用于将活动图中活动节点的控制流机制和顺序图中的消息序列结合
分组	包图	导入、包、模型	通过分组对模型进行管理

2. 规则

UML规则定义了UML构造块的组合方式。和任何的语言一样,UML规则定义了如何对事物进行命名、定义其有效范围、可见性描述和完整性保证机制。同时,UML也允许模型存在省略、不完整性和不一致性,以支持建模过程中对设计的逐步求精。通过这种方式,UML鼓励设计人员专注于当前最重要的分析、设计和实现问题,随着时间的推移和问题的逐步解决,模型的结构和完整性将逐步得到精化。

3. 公共机制

UML之所以成为一个优秀的建模语言,公共机制起到了非常关键的作用。公共机制保证了UML语言风格的一致性和可扩展性。UML共定义了4种类型的公共机制,分别为详述、修饰、通用划分和扩展机制。

详述是对图的补充。UML并不只是一种图形语言,在每种图形元素的背后都有一个详述。UML的图形表示法能够对被建模的对象进行可视化,而UML的详述机制可以用来刻画系统细节。例如,类的详述包括对类的属性、操作(包括完整的特征标记)和行为的定义与说明。

修饰是一种对UML图形进行扩充的方式。例如,对于抽象类的符号,就是通过类的符号进行修饰获得的。而类的方法和属性的可见性,可以通过"＋"、"－"和"♯"这些符号进行修饰。

通用划分定义了面向对象系统的建模约定。UML的模型元素有型-实例和接口-实现两种划分:型-实例是一个通用描述符与单个元素项之间的对应关系,例如类与对象的划分、用例和用例实例(场景)的划分等;在接口-实现的划分中,接口声明了一个契约,而实现则表示了对该契约的具体实施。

UML作为一种标准建模语言,虽然自身提供了大量的词汇,但仍然支持以一种标准化的方式对语言进行扩展,从而保证在各种情形下各个领域都能使用 UML 进行有效的建模。在 UML 中有 3 种扩展机制,分别是构造型、标记值和约束。构造型使用一对"<< >>"来定义扩展的语义。例如,在"包"这一结构元素上,使用构造型<<subsystem>>进行扩展,就可以使用包来描述子系统。如果需要表示"Exception",则可以在类这一元素上使用构造型<<exception>>进行扩展。标记值是对详述进行扩展的一种方法,可允许在某一类的元素上加入新的详述信息。例如,如果想对某种 UML 制品标记"作者"信息,但是"作者"并不是 UML 的标准概念,这就可以通过引入新的标记值来实现。约束可以在既有的 UML 元素上加入新的规则,或者对既有的规则进行修改。例如,对一个 Queue 的 add 方法,可以添加一个约束{ordered},来说明该 add 操作能确保 Queue 是有序的。当然,尽管 UML 的扩展机制非常灵活,但是也需要注意扩展机制事实上是在创建一种 UML"方言",过多使用扩展机制可能会影响模型的易理解性,因此设计者需要根据实际情况进行取舍。

4.3 质量属性

在软件设计中,非功能性需求往往是决定软件设计决策、特别是重要设计决策的首要因素。这些非功能性需求包括软件系统的可靠性、兼容性、开发成本、易用性、可维护性等。在大多数情况下,软件系统对非功能性属性的满足程度可以通过其相应的质量属性来描述。ISO/IEC 25010 定义了软件设计中质量属性的标准化体系。

4.3.1 质量属性和设计

软件设计的最终目标是满足一系列的软件需求。这些需求不仅包括功能性需求,也包括非功能性需求。在实际的软件设计活动中,缺乏经验的软件设计人员往往会特别关注功能性需求,而不怎么关注非功能性需求。这种软件设计方式存在很高的风险,这是因为:

(1) 与功能性需求相比,非功能性需求的实现往往更加困难,而且在非功能性需求之间常常存在冲突。例如,在没有任何限制的情况下设计一个排序算法(功能性需求)并不困难。但是,如果要设计一个高性能的排序算法就会成为一件困难的工作(因为有非功能性需求的约束)。更进一步来说,如果要求在非常有限的硬件资源下针对大量的数据(如万兆级别的数据)设计一个高性能的排序算法(具备多个彼此冲突的非功能性需求的约束),那么这项工作就具有更大的挑战。深入了解软件的非功能性需求,才能在早期阶段充分关注设计中的难点,从而获得合理的解决方案。否则,一旦在早期设计中忽视了这些难点,在软件开发的后期对设计方案进行调整将会变得非常困难。

(2) 软件开发者希望软件设计能够保持一定的稳定性,即在未来功能发生改变时,软件设计尽量不发生大的变动。在一个系统的生存周期内,软件功能会持续地演化,包括增加新功能、修改既有功能甚至是移除某些功能。如果软件的设计决策总是随着功能性需求的变化而变化,就没有办法保持软件设计的持续稳定。这和我们所追求的易修改、易扩展等设计目标背道而驰。在软件设计中,有经验的设计人员会通过恰当的设计,在软件需求发生变化时仍然保持软件设计的稳定性,为将来的变化、扩展和适应做好准备。

4.3.2　ISO/IEC 25010

ISO/IEC 25010《系统和需求质量模型》[7]是软件质量属性的国际标准。根据软件质量属性的可见情况,ISO 25010 把软件质量属性分为外部质量属性和内部质量属性:外部质量属性描述了从外部可见的质量特征,这些质量属性和客户的需求紧密相关,例如功能性、可理解性、性能等;内部质量属性则描述了从软件组织内部角度可观察的质量特征,这些质量属性并不一定和客户的需求直接相关,而往往和软件组织的发展有着密切的联系,如可修改性、可移植性等。

ISO/IEC 25010 产品质量属性模型共定义了 8 个方面的质量属性特征:功能适合性、性能和效率、兼容性、易用性、可靠性、安全性、可维护性和可移植性。其中每个质量属性特征又包括若干子特征,如图 4-1 所示。

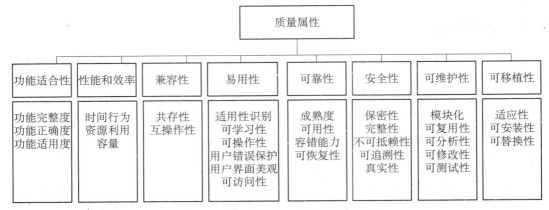

图 4-1　ISO/IEC 25010 质量属性模型

(1) 功能适合性。任何软件产品首先需要满足客户需求。功能适合性描述了软件对明确声明或隐含的需求的满足程度。功能适合性包括如下 3 个方面:功能完整度、功能正确度和功能适用度。功能完整度用于表征该软件产品对用户需求的覆盖度;功能正确度描述了该软件产品对用户需求实现的正确或精准程度;功能适用度则描述了该软件产品在多大程度上支持用户完成其目标或任务,例如,是否该软件的每个步骤都是必须的,没有不相关的操作步骤。

(2) 性能和效率。软件产品总是依赖于特定的计算资源。性能和效率特征描述了软件产品能够多大程度上有效地利用计算资源,从而提供更有价值的服务。性能和效率特征包括 3 个子特征:时间行为、资源利用和容量。时间行为特征是一种非常常见的性能特征,简单地说,就是软件产品对于某个用户需求的处理和响应时间;资源利用特征描述了系统完成某个功能所需的计算资源,计算资源包括硬件、网络以及其他软件系统或设备(如打印机)等多个方面;容量特征描述了系统能够满足的需求的最大数量。以火车票购票系统的查询功能为例,从用户点击查询按钮到显示查询结果的时间,可以通过时间行为这一质量属性进行描述;服务器的 CPU 资源占用率、网络使用率等,可以通过资源利用这一质量属性进行描述;能支持多少人同时进行查询,则反映了该系统的容量特性。

（3）兼容性。软件系统并不是独立存在的，它必然依托于特定的环境，有时还需要和其他系统进行数据和信息交换。兼容性描述了软件系统和环境中的其他软件产品共存及互操作的能力。其中共存性指一个软件系统和共用同一硬件和软件环境的其他系统共存的能力。例如，对于使用共享库（.DLL 或 .so 文件）的应用软件来说，库文件的版本依赖常常会导致某些软件产品依赖于特定库文件的特定版本。如果该软件产品在安装时将系统中既有的库文件替换为该版本时，就可能影响到其他也使用该库文件的软件系统，从而导致共存性的问题。互操作性则描述了一个软件系统和其他具有信息交换的软件系统的接口匹配程度。例如，在移动通信系统中，一次电话呼叫会经过多个电信设备，这些设备可能来自不同的厂商，如果存在互操作性的问题，那么就可能无法成功地建立呼叫。为了实现好的互操作性，软件产品应该遵循特定的接口标准。这些标准约定了软件系统之间进行交互的消息类型、格式以及交互流程。然而，即使两个系统都遵循了同一标准，由于标准也可能存在完整性问题，如果有些场景在标准中并没有定义，仍然可能出现兼容性问题。

（4）易用性。人是软件系统的最终服务对象，易用性描述了人类使用该软件系统过程中获得的用户体验。具体来说，易用性描述了特定用户为了达到指定的目标，在特定环境下使用产品或系统的有效性、效率和满意度。易用性包括多个子特征，即适用性识别、可学习性、可操作性、用户错误保护、用户界面的美观以及可访问性。适用性识别描述了用户能够甄别产品是否适合自己的需求的程度。例如，一个网站的主页应该能帮助用户识别该网站是否是用户希望访问的网站。可学习性描述了用户学习使用系统的难度。例如，现代的操作系统都具有类似的窗口、按钮、滚动条、菜单等界面元素。提供类似的设计能够降低用户的学习门槛，而设计一个完全不同的界面元素则可能会提高这个门槛。可操作性描述了系统易于操作和控制的能力。用户错误保护是一个非常关键、但又常常被忽视的易用性特征。举例而言，系统不应由于用户的一次简单的按键失误而导致不可恢复的重大损失。在早期的操作系统中，如果用户误删除了某个文件，那么该文件就很难恢复。为了避免这种问题，操作系统往往会在用户执行删除操作时予以提醒，以此来降低误操作的可能性。Windows 操作系统还加入了回收站机制，用户删除的文件首先会被放在回收站中，通过这种方式可增强用户错误保护的能力。良好的软件系统还应该能够满足人类审美的需要，我们使用用户界面美观子特征来描述这一需要。例如，设计简洁的界面、运用恰当的色彩、良好的布局等都能够提高用户使用系统的满意程度。可访问性特征描述了软件产品目标人群的范围，例如是否可以被老年人以及残障人士使用。设计中对可访问性的考虑不仅仅提高了目标人群的数量，也是人文关怀的一种体现。

（5）可靠性。可靠性描述了软件系统在系统错误、意外或者错误使用的情况下将特定功能维持在一定服务级别的能力。可靠性问题常常由需求、设计或实现阶段的错误导致，也可能由非预期的环境变化导致。ISO/IEC 25010 定义了 4 个方面的可靠性：成熟度、可用性、容错能力和可恢复性。其中，成熟度特征描述了系统在正常操作状况下能够在多大程度上满足可靠性的需要；可用性描述了系统向用户提供正常服务的能力，该特征可采用系统在一个特定运行时间内有效运行的概率来描述。使用最为广泛的衡量可靠性的参数是平均无故障时间（Mean Time to Failure，MTTF），平均恢复时间（Mean Time to Restoration，MTTR）和平均失效间隔（Mean Time between Failures，MTBF）。可用性和容错能力及可恢复性紧密关联。容错能力描述的是软件系统在错误发生时不受影响的能力。例如，在一个分布式软件系统中,如果在执行一个有连接的事务时失去了一个与远端组件的连接,接下来又恢复了连接,若该错误并未对系统的功能造成影响,那么就称该系统对这种类型的错误具有容错能力。和容错能力不同,可恢复性表征了软件系统在错误发生后从错误中恢复的能力。例如,在上述实例中,如果软件系统在连接修复之后,能够重复执行事务的未完成操作,就称该软件系统在这种错误下具有可恢复性。

(6) 安全性。安全性表征了软件系统将用户或其他系统对本系统的访问限制在相应级别的能力。安全性包括了保密性、完整性、不可抵赖性、可追溯性以及真实性这5个方面的子特征。保密性限制了仅有被授权的访问者才能访问机密信息,保护机密信息不能被窃听,或窃听后无法了解信息的真实含义。完整性主要是对于数据而言的,它要求软件系统保证数据的一致性,防止数据被非法用户篡改。不可抵赖性要求软件系统包含某些有效机制来防止用户事后否认其行为。例如,在电子商务中,不可抵赖性就是一个重要的质量属性。如果用户否认某笔交易,系统能够识别该用户是否存在抵赖行为。可追溯性描述了系统中一个实体的行为能够被追溯至该实体的能力,真实性则描述了系统是否能够证明某主体或资源确实是其所声称实体的能力。安全性是软件设计中非常重要的问题。由于安全性是一个全局性问题,需要考虑系统级安全、程序资源访问控制安全、功能性安全以及数据域安全等多个方面,因此常常需要在软件设计的早期就对其予以充分重视。但是在实际的软件系统开发中,往往由于缺乏充分的安全性意识或相关技能,在设计阶段没有对安全性予以充分重视,这使得最终开发出来的软件产品很容易受到攻击,从而造成不必要的损失。

(7) 可维护性。在 ISO/IEC 25010 中,"维护"是一个非常宽泛的概念,它包括修复错误、添加新功能、将软件应用于新的软硬件环境、安装或升级等各类工作。可维护性描述了在上述维护场景下,开发或维护人员对系统进行修改的效率。可维护性包括模块化程度、可复用性、可分析性、可修改性以及可测试性等子特征。其中,模块化程度反映了修改系统的某个模块时对其他模块的影响。可复用性是软件设计的重要目标。复用能大幅减少开发软件系统的费用和时间,同时还能提高所开发的软件系统的质量。可分析性描述了系统的调试支持能力,在设计阶段应对可分析性进行充分的考虑。例如,可在设计中加入日志记录等方式来有效提高系统的可分析性。可修改性反映了系统长期演化的能力。大型软件系统通常都有较长的寿命,有些甚至达到 10 年以上或者更长。这种系统在初次开发之后还会不断被改进,以增加新需求或者适应新的使用环境。为了降低维护的开销和工作量,针对修改和演化而进行设计是非常重要的。软件设计原则中的模块化、高内聚和低耦合的原则可以提高软件的可修改性。对于软件系统的任何维护任务,都需要通过测试进行质量保证,可测试性体现了对软件系统建立测试环境和运行相应测试的效率和方便程度。

(8) 可移植性。软件在其生存周期中的使用环境可能发生变化。可移植性描述了将软件从一个使用环境迁移到另一个使用环境的容易程度。这种使用环境包括硬件平台、用户界面、操作系统、编程语言或编译器等方面。在设计时可以通过增加抽象层来实现可移植性。例如,对于可能会移植到不同硬件平台上的软件系统,使用硬件抽象层可以确保软件系统的绝大部分功能与硬件无关,从而在移植到新的硬件平台时减少工作量。

4.3.3 质量属性效用树

质量属性对成功的软件设计有着重要影响。但是,不同的产品、不同的软件开发组织、不同的上下文对质量属性的要求是不同的。因此，如何在设计开始之前有效地获取、分析和理解对该软件产品最重要的质量属性就显得非常重要。质量属性效用树是一种结构化的方法，用来分析特定产品的质量属性要求。图 4－2 给出了一个典型质量属性效用树的样例[8]。

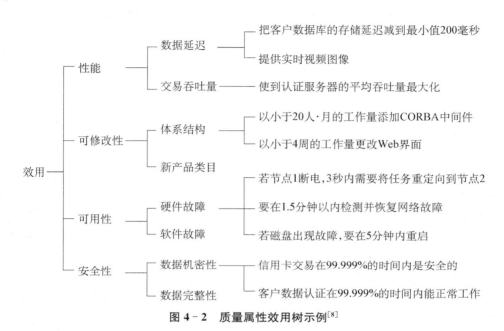

图 4－2　质量属性效用树示例[8]

　　质量属性需求通过效用树中一个具有四级节点的树状结构描述。根节点代表了该软件产品的整体质量目标，被称为"效用"。第二级是概括性的质量属性特征（如 ISO/IEC 25010 中的可靠性、可用性、效率等）。第三级将质量属性特征进一步精化，通过质量属性在该产品中的特化和分解来阐明具体的质量属性需求。例如，和一个特定的网络产品相关的"性能"质量属性特征可以被分解为"数据延迟"以及"吞吐量"。这种方式能够更好地协助客户、分析人员和设计人员深入分析和沟通具体质量属性的意义。质量属性效用树的第四级是质量属性场景。场景是对质量属性的实例化描述，通过这种方式可以消除质量属性表达的模糊性，为检验所设计的软件系统是否符合相应的质量属性需求做好准备。诸如"系统应该容易修改"、"系统应该保持健壮"、"系统应该是安全的"这样的陈述具有一定的模糊性，很难在设计和评审时对其作出判断。相比而言，"在正常操作的情况下，数据库的一次事务完成的时间应该小于 100 毫秒"则是一个清晰的需求。根据应用场景的不同，可使用 3 类场景来具体刻画某个质量属性。这 3 类场景分别是用况场景、变化场景和探索性场景。

　　（1）用况场景。用户期望的该系统的典型使用场景。例如，一个和性能有关的用况场景描述如下：在系统处理的高峰期，用户通过 Web 请求购买商品，应该能够在 5 秒钟内获得响应。另外，只要是和当前期望的系统相关的应用场景，都属于用况场景。例如，描述软件维护升级过程的场景、描述系统故障后恢复的场景等。

　　（2）变更场景。变更场景代表了在可预期的未来对系统的扩充或者更改，例如预期的功能添加和修改、性能和可用性的变化、到其他平台的移植、和其他软件进行集成等。一个

Software Engineering

和可移植性相关的变更场景可以被描述为：把当前系统的操作环境（Windows）迁移到 Linux 环境，系统作出修改所需的工作量应该小于 1 人·年。

（3）探索性场景。探索性场景也是一种变更场景，但是探索性场景发生的概率很低。例如，对一个普通的个人网站而言，"该网站的日访问人数将会达到 100 万人"就是一个探索性场景，这是因为在大多数情况下个人网站的访问量不可能达到如此巨大的规模。探索性场景主要用于探寻当这种场景发生时当前的设计能够在多大程度上适应或者作出调整。因此，软件设计应该必须满足用况场景和变更场景的要求，但是对于探索性场景，更多的是对软件设计进行"压力测试"。

质量属性之间并不是独立的，有时候它们会呈现一种"此消彼长"的关系。例如，为了提高一个产品的可靠性，设计人员可能会采取多模块冗余的设计模式（如 1+1 方式的冗余）。在这种设计模式下，每个系统关键模块都有一个备份模块，当主设备发生故障时，系统会切换到备份模块进行工作，以此降低系统的失效率，改善系统的恢复时间。但是在增加可靠性的同时，多模块冗余也带来了设计复杂度和开发成本、硬件成本的上升。如果恰好该产品也是成本敏感的，那么就造成了质量属性之间的冲突。类似的质量属性冲突非常常见，例如响应时间和内存使用效率、安全性和性能等。

所幸的是，在实际的产品设计中，大多数情况下不需要满足所有的质量属性，或者当二者发生冲突时，可以对质量属性进行取舍。为了描述这种质量属性之间的优先级关系，在质量属性效用树中可以加入优先级信息。由于"场景"是质量属性效用树的叶子节点，一般情况下，对质量属性优先级的排序在第 4 级上予以标记。可以采取数字形式或者低、中、高的形式表达优先级。

4.4 软件体系结构设计

软件体系结构设计反映了对软件整体设计的高层观点。良好的软件体系结构设计能够降低项目开发的复杂度和风险，更好地支持项目的管理、跟踪和风险防范，以及支持系统的演化和复用。

4.4.1 软件体系结构的定义

软件体系结构（Architecture）是一个被经常使用却缺乏精确定义的术语。同"软件工程"试图把软件开发和建筑等领域相比拟一样，体系结构一词也来自对建筑工程领域的借鉴。在 1969 年的软件工程国际会议上，人们参照建筑学的工程概念，首次提出了软件体系结构的概念。关于软件体系结构的概念，存在两个代表性的解释：一种解释认为体系结构的重点在于对系统的分解；另一种解释认为体系结构的重点在于对有风险设计决策的关注。前者以 ISO/IEC 42010—2011《系统和软件工程-体系结构描述》[9] 的定义为代表。该标准将体系结构定义为"系统在某种环境下的一组最基本的概念和属性，包括了元素、关系以及设计和演化的原则"。而后者的定义以 Grady Booch 为代表。Grady Booch 认为[10]："软件体系结构表示了形成一个系统的重要设计决策，重要程度可以由变化的成本度量。"应该说这两个维度的解释都是合理的。体系结构既包括了对系统进行模块化的方式，也包括了对系统演化的原则和项目实施进行风险控制的技术考虑。综合既有定义，我们认为软件体系

结构包括如下 4 个方面的含义:

(1) 软件体系结构描述了系统的分解和抽象。软件体系结构是对软件元素、元素的外部可见属性,以及它们之间关系的描述。元素代表的是结构性的特征,它们可以是构件,也可以是子系统、模块甚至设计类等。通过把大的系统分解为若干小的构件单元,优先关注外部可见属性、忽略内部的细节特征,软件体系结构降低了软件系统开发的复杂性,也可以更容易地对开发任务作出分解,例如根据功能模块来进行工作划分。

(2) 软件体系结构定义了设计和演化的原则。软件体系结构具备横切特征,即在特定产品的各个部分都需要遵循的原则。这些原则包括编写代码使用的语言、编程规范、采用的数据库类型、数据库访问的方法、如何进行出错处理、接口之间应该遵循的通信协议等。如果缺乏一致性的设计原则,就很容易造成不良的后果。例如,在同一系统中如果对类似的问题出现了各种各样的解决方案,就不仅仅降低了系统的可理解性和可维护性,而且由于方案的不一致,很容易导致系统出现严重缺陷。通过定义体系结构的设计和演化原则,能够将已被证实行之有效的最佳设计策略推广到软件设计中,同时确保软件开发组织的成员采取一致的方式工作,这样就能够降低系统缺陷的发生,提高系统的可理解和可维护性。

(3) 软件体系结构是重要的设计决策。"重要"意味着体系结构设计不需要对一切设计决策事无巨细地进行定义。如果一个设计决策在早期做出和在后期做出不会影响到软件开发的成本,这个决策就并不是软件体系结构的考虑因素。"重要"与否是与设计决策的影响面和变化成本相关的。例如,分层体系结构对于大多数系统而言,都是一个重要决策,因为分层体系结构约定了层次间的抽象,减小层次间的耦合,帮助分工协作。但对于某一个较为独立的模块,无论是在项目早期还是在即将开始开发时,对模块职责进行定义带来的风险和价值都是类似的,则这种职责定义在项目开始阶段就不属于最重要的设计决策。

(4) 软件体系结构是和特定的环境相关的,这种环境包括商业环境、技术环境以及软件组织的环境等。任何的软件体系结构决策都不能脱离特定的上下文。例如,虽然某种技术框架可能非常适合于构造一个系统,但是如果该特定组织的人对这种框架缺乏了解,体系结构决策就必须考虑到由此而引入的风险,从而最终决定是否需要引入这种框架。

良好的软件体系结构对软件项目的成功有着至关重要的作用。概括来说,软件体系结构的价值体现在如下 3 个方面:

(1) 降低项目开发的复杂度和风险。软件体系结构通过定义高层的设计结构、隐藏内部细节,降低了复杂系统开发过程中的复杂性。软件体系结构明确了各部分的功能、约束以及相互之间的接口等,支持后续的软件构造过程。通过对软件体系结构进行分析,可以降低项目的风险。

(2) 支持项目的管理、跟踪和风险防范。根据软件体系结构可以更容易地对开发任务作出分解,例如根据功能模块、风险、场景等方式进行工作划分。软件体系结构还有助于对开发进度、成本等做出更加准确的预测和控制。通过采用风险驱动的设计手段,软件体系结构可以促进对系统风险更加清晰的认识。

(3) 支持系统的演化和复用。软件体系结构能够发现对于系统设计的关键假设,作出更好的演化预测。同时,好的软件体系结构通过正交设计、模块化、信息隐藏,保证了系统的可演化性质。软件体系结构可以帮助合理地规划功能边界,促进构件的复用以及体系结构本身的复用。

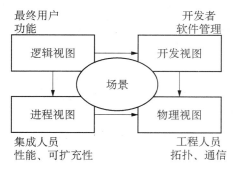

最终用户
功能

开发者
软件管理

逻辑视图 → 开发视图

场景

进程视图 → 物理视图

集成人员
性能、可扩充性

工程人员
拓扑、通信

图 4-3　Kruchten 4＋1 视图

4.4.2　软件体系结构视图

软件体系结构领域有许多视图集标准,其中最著名的是由 Philippe Kruchten 在 1995 年提出的视图集标准[11],该标准经常被称为"Kruchten 4＋1 视图"或被简称为"4＋1 视图"。该视图从涉众的角度出发,定义了 4 种基本的视图类型:逻辑视图、开发视图、进程视图和物理视图。场景视图是一种特殊的视图,使用场景作为纽带,将 4 种视图的信息进行关联。

(1) 逻辑视图。逻辑视图从最终用户的角度描述系统应提供的功能。逻辑视图将功能需求定义为一系列功能抽象以及它们之间的相互关系。逻辑视图侧重于问题域,不涉及软件实现方案的设计。

(2) 开发视图。开发视图也称为实现视图,从开发者角度对系统进行描述。开发视图描述了软件模块的组织和管理结构,是后续软件开发的基础。软件模块的划分不仅仅考虑功能,还需要结合软件系统的内部质量属性要求,例如可复用、整合既有资产、便于工作划分等。在开发视图中一般采用层次结构来描述系统的组成。

(3) 进程视图。进程视图从运行时角度描述软件系统的动态行为,特别是对系统的并发和同步方面的设计。进程视图中需要定义进程、进程间的交互和同步关系,以及如何将设计对象和类分配到进程等要素。进程视图强调系统的并发性、分布性、系统集成性和容错能力、系统启动和关机,以及死锁、响应时间、吞吐量、功能和故障隔离等方面的问题。

(4) 物理视图。物理视图也被称为部署视图,它从系统工程人员的角度来描述系统的硬件部署结构,包括拓扑结构、系统安装以及相互通信等。物理视图也定义了可执行程序或其他运行时构件(如库文件)将如何部署到底层平台或计算节点。

(5) 场景视图。场景视图也被称为用况视图。场景视图是主要系统活动的场景化描述,定义了在特定场景下对象与对象之间、进程与进程之间的交互关系。场景视图位于各体系结构视图的核心,它将不同视图的组成单元联系起来,以场景为基础对各个体系结构视图进行分析。场景视图中应该包括各种关键场景或用况,以覆盖在体系结构方面具有重要意义的静态和动态模型,降低后续开发的技术风险。

除了 Kruchten 4＋1 视图,还有很多其他得到普遍采纳的视图集规范。例如,CMU 的 SEI 定义了 3 种视图类型:模块视图、构件和连接器视图以及分配视图[12]。模块视图类似于 Kruchten 的开发视图,定义了系统的实现单元。构件和连接器视图从构件和构件间的连接关系角度描述系统,分配视图则定义了系统软件和开发与执行环境之间的关系。在历史上较有影响力的视图集规范还包括西门子的 4 种视图(概念视图、模块视图、执行视图和代码视图)、美国国防部的 C4ISR 框架(命令 Command、控制 Control、计算机 Computers、通信 Communication、情报 Intelligence、监视 Surveillance 和侦察 Reconnaissance)等。需要说明的是,不同视图集并没有必然的优劣之分,设计人员应根据特定软件组织的上下文选择不同的视图集来对设计进行建模。

下面使用一个图书自助借阅系统为例,说明如何使用 Kruchten 4＋1 视图来对软件体系结构的设计进行刻画。

  首先,需要理解问题域以便开始体系结构的设计。在使用统一过程或类似的面向对象的方法时,从客户场景出发来理解需求是最为便捷的一种方式。在该系统中,借书和还书的操作由读者自己完成。图书馆员需要做的工作是对图书进行管理(如添加图书)或者对读者的信息进行管理(如设定权限等)。可以使用 UML 用况图对该用况进行建模,用况图如图 4‑4 所示。

图 4‑4　自助图书借阅系统的用况图示例(场景视图)

  在对系统的整体用况有了大致的了解之后,就可以深入到某个用况的实现细节,来对系统功能进行更深入的了解。在该阶段,可以使用 UML 活动图或顺序图来对某个用况的细节进行建模。我们选择使用顺序图来描述一个图书借阅过程。为了能够完成图书借阅,读者首先应该扫描本人的账号,该账号通过读卡器扫描输入。当通过认证,确认该读者具备借阅权限之后,系统会提示读者扫描书的条形码。如果该书符合该读者的借阅条件,就会打印一张凭条给读者,凭条上包含归还日期提醒信息。该顺序图如图 4‑5 所示。

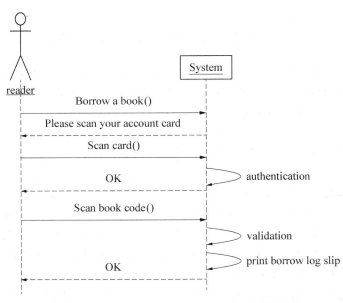

图 4‑5　自助图书借阅的顺序图示例(场景视图)

Software Engineering

以上是使用场景视图（用况图、顺序图）对问题域的分析和沟通结果。在这个过程中开发人员和客户渐渐地建立起对问题领域的理解。通过分析不同的场景，我们建立起一个描述自助图书借阅系统领域概念的类图，如图 4-6 所示。在 Kruchten 4+1 视图中，该类图被称为逻辑视图。它展示了用户对系统的期望，并建立起了一个便于在用户和开发者之间进行沟通的术语表。例如，Book（图书）和 Book Item（具体的一本图书）就是两个不同的概念。对于图书管理系统而言，借阅和规还都是发生在 Book Item 上，但是图书编目却发生在 Book 上。这些领域概念也是对未来进行设计的一个指导。同时，本图也反映了两个主要的系统对外接口，即自助服务终端和图书编目工作台。自助服务终端提供了两个主要的服务接口，分别为图书借阅和图书归还，以及自助服务上下文中需要使用到的输入输出设备等。当然，类图并不是逻辑视图描述的唯一选择。如有必要，也可以使用其他 UML 图来表述逻辑视图中的关键概念。例如，可以使用状态图来描述一本书的借阅状态或者读者账号的状态，也可以使用包图来对概念进行组织。

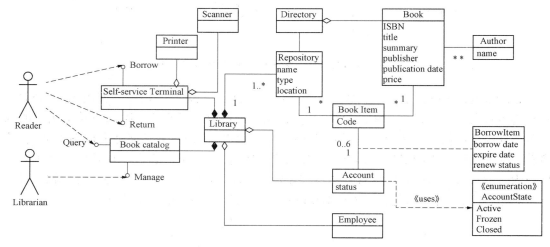

图 4-6　自助图书借阅的领域模型示例（逻辑视图）

在开发视图中，所服务的主要涉众是开发人员。为了能对将要开发的系统进行职责分解，识别系统中的关键风险，或者在开发人员之间进行工作分配，我们可以考虑使用构件图来对系统的关键软件元素进行描述。图 4-7 给出了该系统的部分构件图，可以看到该系统的体系结构设计采取了分层模型，包括用户界面层、服务层、领域层、硬件封装层和持久化层等。作为构成系统的元素，每个构件都定义了相应的职责，同时它们之间互相协作，完成系统对外提供的服务。

开发视图的正确性可以通过场景视图进行验证。我们仍然以图书借阅为例。图 4-8 的场景实现展示了开发视图中的构件元素是如何互相协作来完成图书借阅需求的。该图有几个方面的价值。首先，它体现了开发视图中的设计元素和用户需求的跟踪关系。其次，它可以作为对开发视图中设计元素的校验，来发现是否有遗漏的构件接口服务。此外，这里所定义的构件的动态协作关系也将成为软件实现的蓝图。

图 4-8 的场景从功能上展示了实现图书自助借阅的可行性，但是对于软件开发而言，仍然有一些因素没有被纳入考虑。例如，图 4-8 的第 2 步要求 ICCardReader 读取 IC 卡信

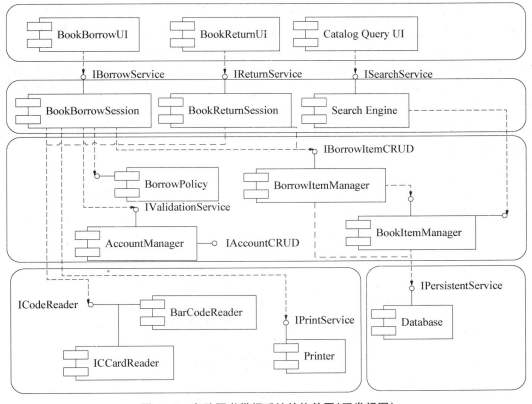

图 4-7 自助图书借阅系统的构件图(开发视图)

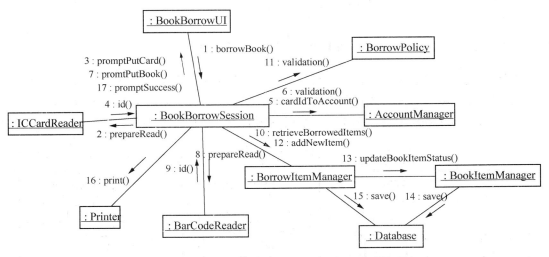

图 4-8 图书自助借阅的场景实现通信图(场景视图)

息。如果读者并没有把 IC 卡放入读卡器,应该如何处理? 如果 IC 读卡器发生通信故障应该如何处理? 再比如,第 16 步的打印请求,应该是采取阻塞式的打印,还是采取后台打印? 这些问题从结果上来看,往往体现为对非功能性质量属性(如性能)的影响。从实现角度来

Software Engineering

看,这些决策是和系统中不同的进程(或线程)之间交互相关的。Kruchten 4+1 视图集规范使用进程视图来描述这些设计决策。进程视图可以采用活动图、通信图等多种 UML 图。

图 4-9 展示了图书借阅示例中 IC 卡读取时的系统内相关进程之间的协作,它使用带泳道的活动图来描述。BookBorrowSession 和 ICCardReader 各自有一个独立的线程,避免由于一个出现问题导致系统的阻塞或崩溃。考虑到读者可能不放入 IC 卡的情况或通信超时的情况,在 BookBorrowSession 向 ICCardReader 发出请求、ICCardReader 向硬件发出请求后,各自启动了一个定时器。如果在定时器超时后仍然没有获得相应的数据,二者将会分别采取相应的处理。

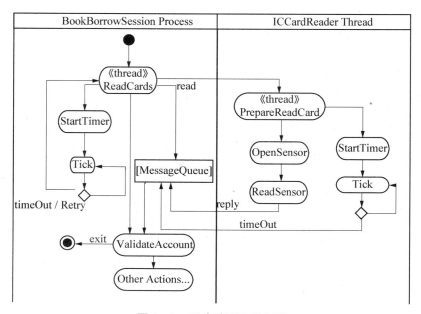

图 4-9 IC 卡读取进程视图

软件开发完成之后需要将相应的软件构件部署到物理节点上。关于部署方式的决策不仅仅能够指导现场安装人员或者部署脚本的制作人员,而且不同的部署方式也可能会对系统的非功能性属性带来影响。图 4-10 给出本例的一个部署模型。

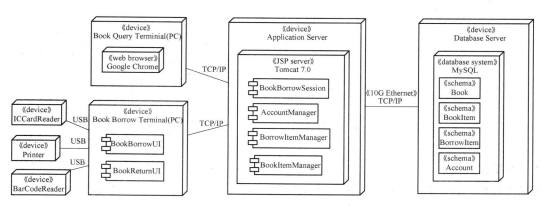

图 4-10 图书自助借阅系统部署视图

4.4.3 风格、模式和框架

软件体系结构风格、模式和框架属于设计范例(见 4.1.2 节),它们是既往设计经验的结晶。熟悉既有的风格、模式和框架并加以灵活运用,是优秀的体系结构设计人员的基本技能。体系结构风格、模式和框架是相关的概念,这几个词语常常在不同的场合被混合使用。为了方便后文表述,在此首先对这 3 个概念产生的背景进行回顾,以澄清它们之间的区别和联系。

"风格"在设计领域是一个普遍使用的词汇,例如,在建筑领域中也常常使用风格来指代具备某种特色的建筑,如常见的"巴洛克"风格或"哥特式"风格建筑。当人们说一个"哥特式"风格的教堂时,对于熟悉教堂建筑风格的人,不需更多信息就能建立起关于这个教堂的大致形象,即高高的尖顶、尖形的拱门、很大的窗户和宽广高大的内部空间。软件体系结构风格也具有类似的能力。和建筑等领域的风格类似,软件体系结构风格定义了软件系统的某种特定结构,其组织方式有着鲜明的特点。当人们设计某个系统时,很容易通过风格来进行构思,而且也能够方便设计人员之间的信息交流。当一个设计师提到某种体系结构风格(如"客户机-服务器"风格)时,其他设计师不需要更多信息,就能够很容易地理解系统的结构。软件体系结构风格在早期被称为"体系结构惯用法",它是由 David Garlan 和 Mary Shaw 在 1991 年首次提出的[13],用来描述一些常见的体系结构的类型,便于其他设计人员参考。David Garlan 和 Shaw 在 1994 年又将惯用法扩展到体系结构风格[14],首次定义了 11 类体系结构风格类型。这些风格包括管道和过滤器、分层、仓库、基于事件的隐式调用、数据抽象和面向对象的组织、表驱动、分布式处理、主程序-子进程、特定领域的体系结构、状态迁移和进程控制。其中的许多风格至今仍然在实践中被普遍采用。

"模式"的概念源自建筑学大师 Christopher Alexander[15]。Christopher Alexander 使用"上下文-问题-解决方案"的结构描述了一系列建筑模式,促进在类似场景下复用既有的建筑设计经验。在软件开发领域,Ward Cunningham 和 Kent Beck 受到 Christopher Alexander 的著作启发,基于 Smalltalk 语言中常见的一些设计做法提出了最早的一批软件设计模式。在 1995 年,由 GoF(Erich Gamma, Richard Helm, Ralph Johnson 和 John Vlissides,称为"Gang of Four")所撰写的经典著作《设计模式》出版,其副标题为"面向对象的可复用设计的基础",列出了在面向对象领域常见的 23 种设计模式,成为模式领域最具深远影响的事件。

根据上述定义和它们的起源可以知道模式和风格的出发点并不一样。体系结构模式的关注点是要解决问题和上下文的共通性,更加关注问题域;软件体系结构风格从解决方案的相似性出发来描绘系统结构,更加关注解决方案域。但是,从最终的设计结构上来看,软件体系结构模式和软件体系结构风格又是类似的,它们都关注设计的共通部分。所以,每种体系结构风格也都可以描述成相应的体系结构模式[16],例如数据流体系结构风格对应管道和过滤器模式,分层体系结构风格和分层体系结构模式相对应。

"框架"也是一种设计复用机制。与模式和风格不同,框架包括了适用于特定领域的软件实现,尽管这种实现并不完整,但它允许使用者通过对框架进行一些扩展来使其完整运行。框架的目的是为了让设计人员能够更多关注于和具体应用相关的设计,而不是处理那些通用的、较低层次的技术细节,从而提高软件开发的效率和稳定性。例如,当一个银行网站的开发团队使用 Web 应用框架来进行网站开发时,他们可专注于和银行业务相关内容的设计,而不需过多关注通用的请求处理和状态管理机制。总体来说,框架既需要包含不变部分,用来实现框架所处理领域的通用问题,也需要包括可扩展部分,用来供用户针对特定功能加以扩展。框架的扩展部分可以通过回调、继承等各种方式实现。

框架不同于风格和模式。模式更多地关注设计自身的复用,例如宏观或微观的体系结构,而框架的重点在于实现上的复用,因此框架往往是基于特定的编程语言实现的。框架中必然包含多种设计模式,可以看作在特定领域对一组设计模式的实现方案。

4.4.4 软件体系结构模式

模式的概念并不局限于体系结构,它也包含分析模式、设计模式和实现模式。其中,软件体系结构模式关注软件系统的最基础结构,在软件设计中具有重要地位。

由于软件体系结构模式的数量非常庞大,本节将选择介绍一些具有代表性的、影响范围较广的体系结构模式。正如 4.4.3 节所讨论的,很多模式也可以表述为一种体系结构风格。例如分层模式对应于分层风格、管道-过滤器模式对应于管道-过滤器风格等。为了能更好地表达软件设计的"问题驱动"特征,本小节的介绍将从模式的视角展开,即首先提出软件设计的问题,随后介绍相应的体系结构模式所带来的解决方案。

1. 分层模式

分层是最基本的体系结构模式,在系统层次体现了"分解与抽象"的设计原则。分层模式的核心思想是把系统分成不同的抽象层次,在各层上分别进行设计,层和层之间依照接口进行协作。

问题

具有一定规模的系统所涉及的问题往往是多个层面的。例如,一个医疗设备的软件既需要从传感器接收输入,也需要对数据进行拟合,还需要和其他医疗信息系统进行数据交换。当系统规模达到一定的复杂度时,软件开发往往会面临一些典型问题,具体包括:

(1)任务分解和沟通协作;

(2)对复杂度进行管理和控制;

(3)提高系统的可修改性——在对系统的一个部分进行修改时,其他部分不会受到过多的影响;

(4)提高系统的可移植性——如果将系统移植到不同的硬件平台、操作系统、图形界面等新环境,可方便地对系统的某一层进行替换。

解决方案

针对以上问题可采用分层模式,其结构如图 4-11 所示。在该模式中仅包括两个基本元素:层和层的抽象接口。在分层模式中,层间依赖应该是单向的,仅允许高层对低层的依赖,而不允许低层依赖于高层。在传统的分层模式中,这种约束更为严格,要求第 N 层仅仅能使用第 N-1 层的服务。但是这种严格的约束会增加设计的复杂性,因此大多数情况下会采取一个约束较松的变体,即第 N 层可以使用第 N-x 层的服务。

正确的层次划分是分层模式在实际应用中的关键要素。设计者应该仔细分析设计概念,然后按照抽象层次定义出层的数量和每层的命名,并将设计概念合理地映射到相应的层。

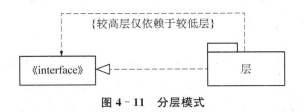

图 4-11　分层模式

分层模式具有一些显著优点。第一,分层模式提供了清晰定义的抽象层,可以降低软件开发任务的耦合。第二,标准化的抽象接口实现了层间模块的可替换性。通过标准化的层间接口,可以将由于硬件、操作系统、网络协议、数据库等因素造成的影响限制在一层以内,这样可提高系统的可移植性,支持变更影响的局部化。第三,由于标准化的层间接口,可以在开发阶段分别对系统中的某一层进行独立测试,有助于在早期以较低的成本发现设计和实现的缺陷。

分层模式的使用非常广泛,例如网络协议栈就是一种非常典型的分层模式的应用。图 4-12 给出了一个企业应用的高层体系结构,从中可以看到非常典型的层次化特征。从大的粒度上看,该应用是一个 4 层的体系结构,分别是用户界面层、服务层、业务逻辑层和数据访问层。和每个领域相关的概念(如用户视图和用户接口控制)被归到特定的层次。层和层之间的依赖是单向的,因此可以在未来很方便地对其中某一层的实现进行替换,例如替换一种类型的数据库,或者将命令行用户界面修改为图形用户界面。

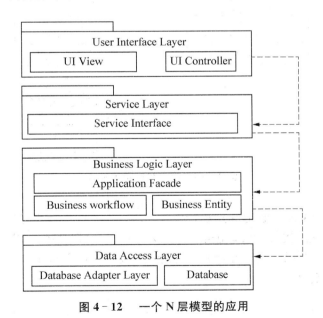

图 4-12　一个 N 层模型的应用

2. 管道和过滤器模式

管道和过滤器体系结构模式是数据流处理系统的常见结构。它是一种经典的体系结构模式,其思想源于 UNIX 系统的设计经验。在管道和过滤器模式中,每个处理步骤被封装成一个组件,称为过滤器。数据在相邻的过滤器之间通过管道进行传输。由于过滤器之间彼此独立,可最大化复用既有组件,产生丰富多样的系统。UNIX 和类 UNIX 系统的极强灵活性和生命力充分体现了管道和过滤器模式的价值。

问题

在以数据流处理为核心的系统中,单向的数据流往往可以被自然地分解成一组连续的处理阶段。在这种环境中,系统的功能可以是多个处理阶段的简单组合。编译器是一个典型的例子。在一个编译器中,需要经历词法分析、句法分析和代码生成等阶段。针对这类系统,设计者希望在未来可以方便地对每个处理阶段进行复用,从而构建出新的系统;或者要求这些阶段的组合方式具备灵活性,以支持系统处理流程的调整。

解决方案

管道和过滤器体系结构模式适用于以上的问题场景。在该模式中,系统任务被分成多个连续的处理步骤,每个步骤之间通过数据流连接,一个步骤的输出是下一个步骤的输入。使用 UML 表示的管道和过滤器模式的结构如图 4 - 13 所示,其核心结构单元是管道和过滤器。过滤器封装了对数据处理的具体步骤,它顺序地处理每个数据,将输入数据转换为经过加工的输出数据。管道表示过滤器之间的连接,它实现了相连的处理步骤之间的数据的流动。此外,系统还存在数据源和数据汇点。数据源是数据流的输入,数据汇点是数据处理的最终输出。与这两种特殊节点连接的管道代表了数据源和第一个过滤器之间的连接,以及最后一个过滤器和数据汇点之间的连接。在 UNIX 系统中,数据源一般是文件。另外,在大多数系统中,数据也可以表现为其他类型(如对象)。

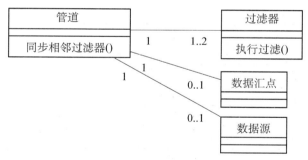

图 4 - 13　管道和过滤器模式

图 4 - 14 是一个遵循了管道和过滤器模式的编译器系统的体系结构。编译器读取源代码作为输入,分别经过词法分析、语法解析、语义分析、二进制代码生成和编译器优化,最终编译为可执行的二进制码。其中每个环节都是一个过滤器,而每个环节的中间制品以字节流的方式在管道中流动。

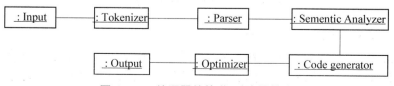

图 4 - 14　编译器的管道-过滤器模式

管道和过滤器模式具有一些显著优点。由于数据格式是管道和过滤器模式中唯一的耦合因素,因此只要当数据格式相同或者不同数据格式间可以相互适配时,就可以复用现存的过滤器来构成新的系统,同时也可以通过替换过滤器的方式来对系统进行升级。此外,管道和过滤器的共享仅限于管道中的数据,因此可以认为管道和过滤器模式是函数式编程在系统级别的一种实现。也就是说,该模式具有函数式编程的一切优点,包括利于大规模并行运算、有助于调试、部署灵活方便等。然而,管道和过滤器模式也存在一些限制,例如不适用于交互式的应用。另外,这种模式中的错误处理也比较困难。

管道和过滤器模式存在一些变体。第一种变体是并发的多个管道,这种变体来自对性能方面的考虑,即通过多个相同的管道可以增加数据的吞吐量。第二种变体来自对可靠性方面的考虑,可以使用多个过滤器同时并行工作(如通过 2 个过滤器进行冗余甚至 3 个过滤器进行冗余)来增强系统的容错能力。

3. 中介模式

现代软件系统绝大多数都是分布式系统。中介模式(Broker)是分布式软件系统中应用最为广泛的一种体系结构模式。

问题

和集中式系统不同,分布式系统具有如下两个关键特征:

(1) 远端组件的部署方式是不确定的,甚至有时可能并不存在。远端的服务组件可能会在客户端组件不知晓的情况下被添加、删除、移动或者替换。如果缺乏恰当的抽象,会急剧加大客户端组件的设计难度。

(2) 分布式系统可能是异构的。远端组件可能使用其他语言进行编写,同时可能运行在不同的操作系统上。

因此,在分布式系统中,远端组件的定位、底层的操作系统和网络协议等都使得设计更加复杂。根据封装和抽象的设计原则,体系结构应该隐藏特定系统和特定实现的细节。在理想情况下,组件间的交互应该以一种通用的、与位置无关的方式进行调用,这样能够降低应用层软件设计的难度。

解决方案

中介模式采用客户端中介和服务端中介将应用与底层的服务(如网络传输、服务定位等)隔离开来,使得分布式应用中的组件在交互时无需考虑与远端相关的问题。中介模式的结构如图 4-15 所示,其中包括 5 种协作角色,分别是客户端、服务端、客户端代理、服务端代理和中介(包括客户端中介和服务端中介)。

图 4-15 中介模式

（1）客户端是需要访问远端服务的组件。为了调用远端服务，客户端经过客户端代理向中介转发请求。在操作执行后，客户端会通过客户端代理接收到来自中介的应答或异常。

（2）客户端代理是介于客户端和中介之间的一个层，其目的在于为客户端提供透明的调用方式，使得调用远端服务看起来就好像是在调用一个本地的服务。

（3）服务端是真正实现了具体服务的远端组件。服务端需要向服务端中介注册自己能提供的服务，从而使得服务端中介可以定位到所提供的服务。

（4）服务端代理是介于服务端和中介之间的一个层，其目的在于依赖反转，使得服务端中介不必知道谁提供了具体的服务。任何实现了服务端代理提供的抽象接口的服务端都能通过向服务端中介注册来提供服务。

（5）中介负责从客户端到服务端的请求传送、从服务端到客户端的返回应答和异常管理。中介部署在两个位置：部署在客户端的中介的职责是接受客户端的代理请求以及发现远端服务及其中介；部署在服务端的中介的职责在于接受服务端的服务注册、调用服务端的具体服务，以及接受服务端的返回结果。当然，图 4-15 中客户端和服务端代表的是角色，在真实系统中同一个组件既可能承担客户端的职责，也可能承担服务端的职责，所以实际上在每个节点上都会部署有客户端中介和服务端中介。

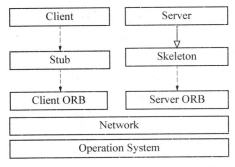

图 4-16　CORBA 通信中间件的中介模式

分布式系统的通信中间件基本上都是中介模式的范例。例如，CORBA（Common Object Request Broker Architecture）是一种处理异构系统上分布式对象间通信的面向对象技术，其典型实现如图 4-16 所示。

在图 4-16 中，Client 和 Server 分别是客户端组件和服务端组件。Stub 和 Skeleton 承担了客户端代理和服务端代理的角色。在服务端，Server 继承了 Skeleton 的接口，并通过向 Server ORB 注册提供所需的信息，而 Server ORB 并不需要了解具体 Server 对象的存在。通过使用中介模式，CORBA 通信中间件可以方便地屏蔽客户和服务端的通信细节，使得客户端和服务端看起来就像部署在本地一样。同时，使用通信中间件也提高了组件部署的灵活性。

对于软件设计而言，中介模式满足了多方面的质量属性因素：

（1）中介模式降低了开发分布式应用程序的复杂性。通过使用中介模式，应用程序组件可以简单地向合适的对象发出消息来调用分布式服务，而无需把精力放在底层通信等无关的细节上。

（2）中介模式提供了定位透明性，客户端并不需要知道服务器的位置；同样，服务端也不需要关心调用它的客户端的位置。这为灵活的部署提供了可能。

（3）中介模式使得服务端可以灵活地进行修改和扩展。当然，为了获得这种灵活性，在实际应用中需要保证服务端接口设计的稳定性。

4. 微核模式

微核模式是从体系结构的层次上把最小的功能核心同扩展功能分隔开来的一种模式，

该模式支持构建一个可伸缩的系统,或者用于增强系统的可扩展性。

问题

某些系统(如操作系统或者具有很强扩展性要求的集成开发环境,如 Eclipse 等)对扩展性具有较高要求。这类系统可能部分或者全部地符合如下 3 个典型特征:

(1) 应用领域广。这类系统的应用领域非常广泛。多种应用领域往往要求提供不同功能的服务,甚至要求很强的可定制性。例如,嵌入式操作系统是一个应用非常广泛的系统,需要提供多种多样的服务或模块。然而嵌入式系统能使用的资源又很有限,只能根据具体的应用对操作系统的模块进行裁剪。当在运行过程中不需要某个模块时,应当将其从最终运行的系统中删除。

(2) 生命周期长。这类系统的生命周期很长,大多数都在 10 年以上。生命期长的产品必须同时考虑到软硬件平台的演进和应用领域的演进。

(3) 开发团队复杂多变。诸如 Linux,Eclipse 这样的系统,开发团队是多元化的,团队的关注点各有不同,团队之间的联系松散。

上述特征会给软件系统的开发带来概念一致性和可扩展性的挑战。为了能更好地应对这些挑战,软件体系结构最好能符合下列两个要求:

(1) 分离软件的核心部分和应用部分;

(2) 支持应用部分的扩展和定制。

解决方案

微核模式能够有助于构建符合以上要求的应用系统,其结构如图 4 - 17 所示。在该模式中,核心服务部分被构造为一个子系统,并提供了一组可扩展的接口。系统的其他服务都构造在这些可扩展接口之上。微核模式包括如下的关键组件:

(1) 微核。微核封装了系统提供的基本服务,它是系统的最小服务子集。微核是最重要的组件,其他的服务均构建在微核之上。客户可以通过一组应用接口来访问微核服务。为了保证这种机制,微核需要提供外部接口、内部实现机制和策略,来方便内部服务和外部服务的构建。微核一般部署在独立进程中,可以独立运行。

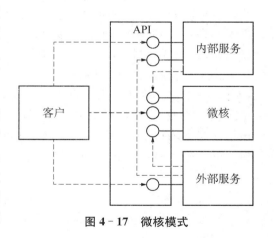

图 4 - 17 微核模式

(2) 内部服务。内部服务是和系统功能紧密相关的可选服务。为了不增加内核的规模和复杂性,在体系结构设计中可以将系统的可分离功能分配到内部服务组件中。内部服务也提供了一组接口供客户和外部服务使用。一般情况下,内部服务和微核都是由系统的核心团队构建的。

(3) 外部服务。外部服务也是一组可选的服务,依照不同功能集合分组,提供不同的服务接口。外部服务使用微核和内部服务来构建自己的服务。由于彼此之间的耦合并不紧密,外部服务可以由不同的团队进行开发。

(4) 应用程序接口(API)。应用程序接口集成了来自微核、内部服务和外部服务组件的接口。如果有必要还可以实现所需的适配器。

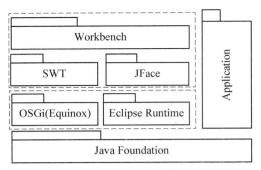

图 4-18　Eclipse 体系结构

（5）客户。客户代表一个应用，它通过应用程序接口使用微核、内部服务和外部服务提供的服务。

实时操作系统、Eclipse 等都是常见的基于微核模式的系统。下面以 Eclipse 为例来分析微核系统的实现方法。Eclipse 的体系结构如图 4-18 所示。

在 Eclipse 中，微核由 Equinox 和 Eclipse Runtime 两部分构成。Equinox 同时也是 OSGi（Open Services Gateway initiative）4.0 的参考实现。OSGi 的设计目标是可在运行时动态地完成模块的装载、运行和替换，从而提高应用的模块化程度，降低模块之间的耦合，提高系统的加载速度，降低资源占用。Equinox 微核和 Eclipse 的其他部分没有依赖。事实上，Equinox 甚至可以独立于 Eclipse 运行。Equinox 自身不提供面向用户的功能，只是提供扩展模块的集成容器和生命周期的管理。在 Equinox 之外，Eclipse 还提供了 Runtime 扩展，包括 ActionSet，Views 和 Editors，以此来提供工具平台的扩展机制。

在 Eclipse 中，每个扩展模块被称为插件（Plugin，在 OSGi 术语中称为"Bundle"）。Eclipse 的插件包括内部插件和外部插件。作为一个工具开发的集成框架，Eclipse 需要提供一些基本服务，这些基本服务均作为 Eclipse 的内部插件。例如，为了支持 RCP（富客户端框架），Eclipse 提供了 SWT（一种 Java 的用户接口框架）、JFace（建立在 SWT 之上的用户接口组件）与 Workbench（Eclipse 中的"工作区"，包括透视图、视图、编辑器等）。此外，第三方为了支持特定应用的需求，可以在 Eclipse 微核和内部服务的基础上开发更多的外部插件。目前已经有不计其数的 Eclipse 插件扩展，这种高度可扩展的框架是 Eclipse 作为一个工具平台得以流行和壮大的基础。同时，由于 OSGi 对于可插拔服务的强大支持，Eclipse 还具有强大的适应性，能够迁移到不同的应用场景下。例如，Eclipse 已经从最初单一的开发工具平台扩展到应用服务的基础平台领域。这体现了微核系统的灵活性和强大生命力。

5. 黑板模式

黑板模式是一种历史悠久的、以数据为中心的软件体系结构模式。

问题

黑板模式来自人工智能领域。人工智能、模式识别等领域的一些问题及其求解方法会面临如下困难：

（1）问题的解空间很大，因此在有限时间内很难进行解空间的完全搜索；

（2）领域尚不成熟，开发者仅有关于如何求解的零碎知识；

（3）存在多个不同的求解方法，每种方法都有其优势和缺陷；

（4）求解的某些步骤中存在不确定性，求解过程很难顺序化，也可能会基于其他步骤的求解结果继续求解；

（5）设计者希望降低算法耦合，从而可以在后续开发中更新或添加算法模块。

解决方案

在上述问题中,知识(数据)是模块间交互的最重要的元素。由于求解过程无法顺序化,知识需要在模块间共享。这类问题的一个隐喻是:很多人类专家坐在黑板前面,每个专家根据黑板上的既有数据独立思考,然后将新创建的知识写在黑板上,其他专家再根据更新过的知识去创建新的知识,直到获得满意的求解结果或者是活动终止为止。黑板模式的结构如图4-19所示。

图 4 - 19 黑板模式

黑板模式包含如下3个组件:

(1)知识源。知识源是问题求解模块,关注于解决问题的某些特定方面。知识源是彼此独立的,仅通过黑板进行协作,没有其他依赖关系。

(2)黑板。黑板是一个数据仓库,存储了协作问题求解的知识和控制数据。黑板需要提供一个接口,使得知识源可以从黑板读取以及向黑板写入知识。

(3)控制器。控制器负责监视黑板上的知识变化情况,根据知识应用策略协调知识源进行求解。控制器也负责裁决是继续求解还是终止求解。终止求解的情形包括找到了合适的解决方案,或者时间、空间资源耗尽等情况。

黑板模式是适用于不成熟领域的一种体系结构模式。由于知识源之间彼此没有耦合,黑板模式天然具备非常好的可修改性、可维护性、容错性和健壮性。在实现阶段,可以尝试使用多种不同算法,采取多次迭代来求解问题。但是,黑板模型也有如下显著缺点:

(1)测试困难。由于黑板模式下的执行路径是不确定的,对系统进行完备的测试是一个有挑战的任务;

(2)性能问题。由于可能需要反复尝试多种算法,存在多余的计算开销;

(3)不确定性。无法确保总是能够正确地解决任务。

基于黑板模式的优缺点,采用该模式的常见做法是:在早期使用黑板模式,逐渐获得更高效的求解方法;随着领域的成熟,可以逐步放弃黑板模式,将新获得的求解方法实现为新的系统,提高系统的易测性、性能和确定性。

4.5 设计评审

4.5.1 设计评审目标

软件设计(特别是软件体系结构设计)构成后续软件开发活动的基础,设计的质量直接影响软件开发的成败。设计评审是软件设计质量保证的重要手段。设计评审的价值主要体现在3个方面:通过尽早发现问题降低开发成本,通过评审过程改善沟通,改善设计质量以及改善项目计划。

从开发成本的角度来看,在设计的早期阶段对错误进行修正的成本要远远低于在测试阶段发现设计错误并对其进行修正的成本。因此,如果能在早期发现设计问题,能够大幅降低返工的概率,并降低项目的整体开发成本。当一个团队缺乏良好的设计评审习惯时,该团队经常会在项目的中后期遇到难以克服的困难,这会影响项目的成功。例如,缺乏经验的软件团队有时候会在项目接近完成时突然发现严重的性能问题。若在项目早期就使用高性能的消息中间件，或者避免过于频繁的远端模块交互，这些问题本可更早地被避免。相反，如果在项目后期才发现这些问题，对这些问题采取补救措施可能会变得非常困难。

从团队沟通的角度来看，设计评审是团队沟通的极佳机会。通过广泛听取涉众的意见诉求，不仅仅能在设计的开始阶段就充分发掘潜在的问题和改善机会，也能够使得不同角色的涉众，如需求分析人员、设计人员、实现人员和测试人员以及项目经理等都能够深入地了解设计的背景、原则和结果，从而避免在项目后续阶段的理解偏差，并更好地将设计思想转化为软件实现。

从项目管理的角度来看，软件设计（特别是软件体系结构设计）会在很大程度上决定项目的配置管理、测试、文档的组织等工作。此外，有些软件组织会依照软件设计的复杂度决定项目计划和人员分配。如果设计质量不足以支持这类活动，那么项目管理就容易出现问题。

4.5.2 设计评审原则

虽然很多软件团队都有软件评审活动，但是这些活动未必都能取得预期的效果。如果缺乏恰当的方法，软件设计评审很容易成为一个"走过场"的过程。在软件设计活动中常见的困难包括：

（1）人的因素。设计评审中一个常见的问题是评审者缺乏技能或兴趣，导致评审活动变成一个照本宣科的过程甚至是"培训"过程。例如，被邀请的评审人员对被评审的设计或需要解决的设计问题缺乏了解，所以没法给出相应的意见；或者评审人员不是该项目利益攸关的涉众，往往不关注该项目的价值和风险；或者评审人员同时还在其他项目中承担更重要的角色，因此没法积极投入评审过程等。

（2）目标问题。有些设计评审往往以"通过评审"作为目标。但是，软件设计的过程是知识发现的过程。早期设计的本质是一种猜想，良好的软件设计是逐渐涌现的，不应寄希望于在早期就可以获得完整的设计。设计评审的目标在于发现哪些地方存在不足，然后进一步改善设计。所以，设计评审不是为了判断"是"或"非"、"对"或"错"，而是应该以探索、发现和改善为目的。

（3）方法问题。软件评审不仅仅要考虑技术因素，还需要考虑社会学的因素。缺乏经验的评审组织者可能只会以简单的方式征求意见，例如，"该设计能满足性能需求吗？"，或者"是否所有的数据类型都已经定义？"。由于这类问题缺乏足够的启发性，评审者一般只需回答"是"或者"否"，因而不能发掘到足够的信息。甚至有时由于评审人员没有把握或者缺乏足够的责任感，评审往往会陷入沉默状态。有效的评审方法应该具备足够的启发性，能够有效地对问题展开讨论，并有效地发散和收敛。针对这类问题，本书的4.5.3节将会介绍一些提供了较为有效解决方案的设计评审方法。

除了上述方面的问题，评审计划的随意性、时间选择不合理、资源不充分等也是常见的阻碍因素。为了克服这些困难并达成良好的设计评审效果，应该在设计评审活动的组织中遵循一些已经被证明行之有效的原则。

（1）在评审准备阶段，首要的是根据项目的上下文情况选择合适的评审人员。人员选择既要广泛反映涉众诉求，也需要考虑沟通效果。属于项目角度的涉众包括项目发起人、投资者、客户、项目经理、系统分析人员、软件开发人员、测试人员等。此外,来自相同设计领域的技术专家具有类似的专业背景,他们能够从技术上评估设计方案的合理性。

（2）根据不同的设计阶段和不同的涉及内容,在评审准备阶段中对设计方案的呈现可能并不一样。例如,正式的全面评审可能需要有比较完备的设计文档,但是中间过程的评审可能只要求有部分的方案构思。但是,不管如何呈现设计方案,不管文档是否充分,都不能仅靠最终的设计输出来支撑评审过程。为了帮助评审者深入理解设计目标、限制,以及是否考虑了多种实现方案,需要将业务目标、业务限制、技术限制、曾经考虑的多种设计选项、设计方案的评价标准等都作为评审过程输入。有经验的设计人员还可能会在评审准备阶段就如何呈现设计方案进行预演,以达到良好的沟通效果。

（3）应该尽量在软件设计评审阶段充分调动参与者的积极性,并采取恰当的方法激励他们给出有效的意见,例如采用 ADR（Active Design Review）方法[17] 及其变体形式。ADR方法的核心是通过恰当的问题来使得评审人员能够投入到设计评审活动中,并产生有建设性的意见。例如,传统评审方法可能会询问"该程序已经定义了所有的例外场景吗?",ADR方法则会建议将评审要求转换为"请写下该程序的例外情形"。通过这种方法能够使评审人员更好地投入到评审过程中,并进行更加积极的思考。

（4）在设计过程中持续进行评审。由于软件设计的本质是持续发现,因此设计评审不是设计完成之后的一次性活动。应该在早期就开始评审,并有计划地持续进行评审。根据软件评审在软件开发生命周期中的不同阶段,早期的评审和后期的评审在目标上有细微的差别。早期评审以发现问题为目的,通过积极探索发现实现有困难的需求,列出其优先级,在早期对设计思路进行验证。这一阶段需要更多地依赖设计团队和专家。设计后期的评审是设计确认和沟通的过程,应该包括更广泛的涉众。通过这类设计评审,能够帮助涉众理解软件系统的设计原因、思路和方法,进而为软件实现铺平道路。

4.5.3 体系结构评估方法

本节将介绍 3 种软件体系结构评估方法,它们都来自卡耐基-梅隆大学软件工程研究所。其中 SAAM[18]（Software Architecture Analysis Method）是基于场景的软件评估方法,ATAM[19]（Architecture Tradeoff Analysis Method）是在 SAAM 基础上的演进,更加强调质量属性在软件体系结构评估中的作用。上述两种方法的评审对象都是完整的软件体系结构。在演化式设计中,体系结构设计存在许多中间阶段。ARID[20]（Active Reviews for Intermediate Design）和 ATAM 在方法上类似,但是其目标是针对设计中间阶段的评审。

1. SAAM

SAAM 是一种基于场景的软件体系结构评估方法,其实施步骤如图 4 - 20 所示。SAAM 包括 6 个顺序执行的步骤,依次为发现场景、陈述体系结构、对场景进行分类并定义优先级、评估间接场景、评估场景的相互作用以及形成总体评价。

（1）发现场景。一个成功的软件体系结构设计应该能够充分考虑到各种涉众的利益。场景能够以具体化、形象化的方式阐述涉众利益。SAAM 的评估需要多方涉众的参与,包括最终用户、客户、开发人员、维护人员、销售人员、客户支持人员等。虽然在需求分析阶段,系统分析和软件设计人员已经就质量属性和场景进行了分析,但是在软件设计的评审阶段,仍然有必要邀请多方涉众通过头脑风暴等方式来共同发现场景。其原因在于两个方面。首

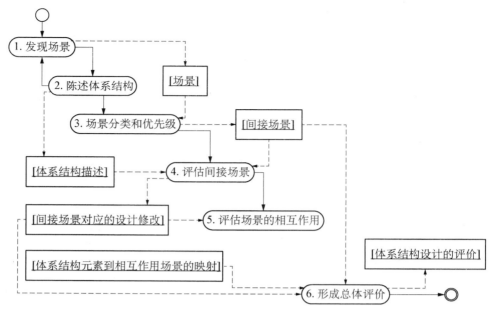

图 4-20　SAAM 方法的实施步骤

先,随着时间的推移和设计的深入,相关涉众对问题的认知可能有了新的理解。一些在开始阶段不曾考虑的重要场景可能会被发掘出来。其次,头脑风暴活动可以增强集体互动,更好地就影响体系结构设计的场景进行沟通,甚至通过思想碰撞产生新的观点。

（2）陈述体系结构。对体系结构设计评估的前提是参与的各方充分理解备选设计方案。体系结构的呈现和陈述可以采取正式或非正式的描述方式,但核心是建立评审者对设计的正确理解。在体系结构的呈现、陈述过程中,有可能会导致参与者发现新的评估场景。同时,新发现的评估场景也可能促使新设计的产生。因此,场景发现和体系结构陈述经常体现为迭代的过程。经过若干次迭代,最终可以获得满意的评估场景集合和体系结构描述。

（3）场景的分类和优先级。场景是 SAAM 方法中最重要的评价指标。SAAM 将评估中的质量属性场景区分为直接场景和间接场景。如果一个场景在被评估的软件体系结构中可被直接实现,这种场景就被称为直接场景;如果一个场景在被评估的软件体系结构中没有被考虑到,若要使得软件体系结构支持该场景,就需要对软件体系结构进行更改,这种会导致体系结构修改的场景被称为"间接场景"。对于直接场景来说,SAAM 方法的任务无需进一步分析体系结构的设计影响,但是需要通过演示体系结构如何支持该设计场景的方式来帮助涉众增强对软件体系结构的理解,同时也能够帮助他们进行后续的评估过程;对于间接场景而言,SAAM 方法要求对这些场景依次进行评估。间接场景的数量可能是庞大的,但是评估的时间往往比较有限。为了能够在有限的时间内产生有效的结果,需要按照重要程度对场景排序。在实际评估中的操作建议是:为了充分考虑不同涉众的利益诉求,可以通过投票的方式排序。SAAM 建议每个涉众都持有场景数量 1/3 的选票,他们可以将所有的选票投给同一个场景,也可以分别投给多个场景,最终按照每个场景获得的选票数对场景进行排序。

（4）评估间接场景。设计人员要在该步骤中对间接场景进行分析，并修改软件体系结构使其可以支持该场景，例如增加新的组件、为既有的组件建立新的关联、为既有组件添加新的接口等。SAAM 推荐对每个场景列出两方面的内容，一是为了支持该场景所需的对软件体系结构的修改，二是该修改所需的工作量。最终结果将记录在一张表格中。

（5）评估场景的相互作用。SAAM 把需要更改同一个组件的两个或更多的间接场景称为相互作用场景。相互作用场景之间可能存在冲突，因此需要在评估中被特别关注。该步骤中根据上一步的评估结果，建立场景到体系结构元素的映射关系，然后据此分析获得相互作用场景。根据上一步骤的表格中列出的相互作用场景对特定组件的修改要求，可以获得针对软件体系结构设计的最终修改意见和建议，这一步骤也能够反映软件体系结构设计的不当之处。例如，如果相互作用的场景非常多，或者一个组件内部包括了多个场景的职责，那么这往往是软件体系结构设计中关注点分离不足的一个信号，此时就需要对软件体系结构进行更深入的考虑。

（6）形成总体评价。在评估过程中如果存在多个体系结构选项，SAAM 就需要为每种选项给予一个评价，从而使得评审者能够对候选体系结构方案进行比较。具体的做法是：首先为每个场景定义一个权重，权重的定义根据重要程度给出，然后依次考察每个体系结构方案对该场景的满足程度，最后通过加权方式获得方案排名。

2. ATAM

ATAM 是 SAAM 方法的扩展，也同样是基于场景的评估方法。ATAM 方法将质量属性之间的互相影响作为首要考虑因素，并以结构化的方式来分析体系结构中的风险和折衷。

ATAM 方法是一个反复迭代、逐步求精的过程。每个迭代都包含场景和需求收集、体系结构视图描述和场景实现、模型构建和分析以及折衷分析这 4 个阶段。图 4-21 展示了 ATAM 的概念模型。其中，第一阶段的核心目标是需求分析，包括业务驱动因素的分析、技术和业务限制、相关的上下文分析等。该阶段通过对质量属性的分析和场景发现，建立对于需求分析的清晰理解。第二阶段的核心是体系结构的方案设计。设计者根据需求（特别是质量属性方面的需求）提出体系结构方案，并通过视图对方案进行描述。第三阶段是构建体系结构模型，并从单一的质量属性维度对模型进行分析。第四阶段的目标是分析风险点和折衷点。通过第三阶段的模型构建过程，设计和评估人员能够发现不同的质量属性需求可

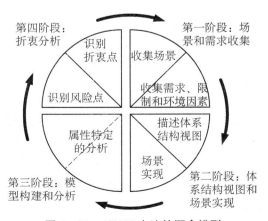

图 4-21 ATAM 方法的概念模型

能会影响到相同的体系结构设计元素,随后对其中的折衷点和风险点进行分析。基于这些分析,可以进一步优化模型并对其重新评估。

ATAM 定义了 4 类重要的设计决策,分别为风险、非风险、敏感点和折衷点。

(1) 风险关注体系结构设计中尚未作出决策的重要决定(如数据库类型),或者是虽然设计团队已经作出决定,但是并没有对该决定的后果具有完全理解的情况(如已经决定建立操作系统封装层,但是对其中的技术难点和应包含的接口尚未理解清楚)。

(2) 非风险描述了一种已经做出的正确设计决策,但是该决策依赖于某些隐含的假设。对非风险予以强调,可提示设计人员注意设计决策和未经确认的假设之间的关联。如果在未来这些假设不能成立,则此设计决策就应该予以重新评估。例如,如果采取轮询方式进行模块间的消息传递,轮询频率为 2 次/秒,而假设消息的到达速率是 1 个/秒,那么该设计决策就是一个无风险决策。这一决策依赖于消息到达频率这一假设。如果未来该假设不成立,那么上述设计决策就需要被重新评估。

(3) 敏感点描述了体系结构设计和某个质量属性之间的相关性。例如,安全性对加密算法的位数是敏感的,消息处理的延迟对于涉及该消息的最低优先级进程是敏感的,可用性对于帮助系统的质量是敏感的。敏感点提示了在设计中应该予以关注的设计决策。

(4) 折衷点提示了多个质量属性之间的耦合性。例如,通过允许系统在运行时动态载入插件可以提高可用性,但同时也提高了设计复杂度。提高轮询算法的轮询频率可以降低延时,但是同时也提高了系统的资源占用。

ATAM 方法在实际情况下并不是顺序执行的,它按照时间顺序划分为"启动-分析-测试-总结"这 4 个阶段,共包括如图 4-22 所示的 9 个步骤。

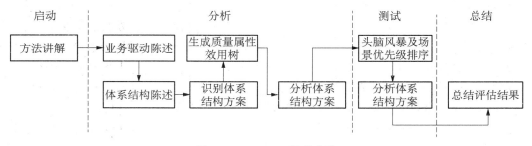

图 4-22　ATAM 评估步骤

(1) 启动阶段。该阶段的目标是为后续的体系结构评估进行方法学上的准备。为了能够保证后续活动的有效性,评估团队、待评估的设计团队及其他涉众需要建立对方法的理解以及明确各自的责任和权利,这是保证有效评估的重要前提。该步骤中,需要方法学专家(一般是有比较丰富的基于 ATAM 评估经历的人员)系统地讲解 ATAM 方法,明确各个阶段的目标、要求和实施方法,使得涉众对 ATAM 方法建立一致的理解和期望。

(2) 分析阶段。该阶段以软件体系结构为中心,通过分析体系结构,建立体系结构的基本方案并对其进行精化。该阶段主要涉及体系结构设计师和评估专家的工作,并不需要所有的涉众参与。该阶段共包括 5 个步骤的活动,依次为业务驱动陈述、软件体系结构陈述、识别体系结构方案、生成质量属性效用树以及分析体系结构方案。

业务驱动是软件开发的目标。软件体系结构评估的有效性首先需要建立在对业务目标的清晰理解之上。在本步骤中，一般由项目经理或者客户对该项目的商业驱动因素进行介绍。这些介绍需要包括如下方面的内容：重要的功能需求、技术与管理等方面的限制、与该项目相关的业务目标和上下文信息、该项目的涉众、对该项目而言最重要的质量属性等。

软件体系结构的讲解也同样是为评估进行的准备活动。为了使评估团队清楚地了解软件体系结构，软件体系结构设计团队需要向他们介绍设计的思路，并从多个不同的视图对体系结构进行阐释。如果在设计中已经了解到一些关键风险，该步骤是对这些风险予以着重介绍的最佳时机。一些和设计紧密相关的技术因素，例如操作系统、硬件平台、中间件、与该系统交互的其他系统等，也应予以重点讲解。另外，该步骤应包括提问环节，从而保证评估团队对信息建立充分的了解。

软件体系结构方案识别的目标是对该体系结构设计中使用的体系结构风格或模式进行分析。体系结构风格和模式的运用是达成质量属性的关键方法。例如，高可靠性系统常常选择同质冗余体系结构模式或心跳模式，而强调可移植性的系统则会在体系结构中纳入适配层。

质量属性效用树在 ATAM 中扮演了核心角色。如果缺乏质量属性效用树，就无法统一评估标准，这会使得评审者很容易在后续评估过程中各持己见而无法达成一致，甚至在细枝末节的问题上纠缠不休。质量属性效用树可以帮助评估团队快速地将精力集中到系统的重要目标上。在质量属性效用树生成这一步骤中，评估团队和项目涉众（如设计师团队、项目经理、客户）代表共同确定对系统而言最重要的质量属性目标。质量属性目标应明确该系统的最重要的质量属性（如性能和效率、可用性、安全性、可修改性、可用性等），并将每个质量属性具体化为场景，并定义其优先级。

后一个步骤是对软件体系结构方案从质量属性和场景的角度进行分析。首先对每个场景分别列出与其相关的体系结构风格、组件、配置以及限制等内容，随后对该设计中可能存在的风险、非风险、敏感点和折衷点进行讨论。团队最终可以建立起对体系结构设计以及背后原因的理解。一旦发现了新的设计问题，在该步骤中可以对设计进行精化。

（3）测试阶段。该阶段以涉众为中心，通过更多的质量属性场景对体系结构进行测试。该阶段的参与人数较多，因此时间不宜过长，但是需要充分调动参与者的积极性。这一阶段主要包括两个步骤：头脑风暴和场景优先级排序，以及再次分析软件体系结构方案。

头脑风暴的目标是深入挖掘可能的质量属性场景。这些场景被分为 3 类，分别是用况场景、变更场景和探索性场景（参见 4.3.3 节）。用况场景代表了当前的用户需求，变更场景代表了该软件系统未来可能会发生的变更，探索性场景则侧重于对体系结构进行"压力"测试来发掘当某种场景发生时，该体系结构是否能良好地应对。头脑风暴的常规做法是集体讨论。通过集体讨论，可以使参与者互相启发，促进互相交流以及构建涉众对系统期望的一致理解。最后要对场景列表进行排序，一般可采取投票的方式。

测试阶段包括了一轮新的软件体系结构方案分析过程。头脑风暴和场景优先级排序中发现的质量属性效用树与第 5 步中的结果可能完全相同，但更多的时候会有所区别。如果大多数质量场景是一致的，说明多数涉众和设计师的思路是一样的。如果发现了新的重要场景，说明存在一些原来设计时并未充分考虑的涉众诉求，这就需要更深入地考察原有设计。该步骤和前一阶段的操作方法完全相同。同样地，在该步骤中体系结构设计也可能会继续调整，以及对风险、非风险、敏感点和折衷点进行更新。

（4）总结阶段。该阶段的主要工作是对评估结果进行总结，列出评估活动中所发现的质量属性效用树、体系结构设计的分析和改进，以及风险、非风险、敏感点和折衷点的列表，以支持后续的开发活动和作为体系结构改进活动的参考。

3. ARID

SAAM 和 ATAM 都是针对已经完成的设计所进行的评审。在设计的早期阶段，设计并没有充分完成，也可能没有完备的设计文档，但是在设计早期进行评审仍然非常有必要。从技术角度看，早期设计评审能够提供关于设计正确与否的早期反馈，对潜在的问题予以纠正，从而提高设计质量。从沟通角度看，从早期就和项目涉众充分地交流设计方案能够获得更有效的反馈、更好的交流，便于后续开发活动的开展。ARID 是 ADR 方法和 ATAM 的结合，它提供了一个轻量级的方法，帮助设计过程中对中间结果的评审。

ARID 过程包括两个阶段：

（1）第一阶段——会议前的准备。该阶段包括定义哪些人应当参与评审、设计讲解的准备、准备种子场景和会议准备活动等。ARID 和 ATAM 的关键区别在于评审人员的选择和具体的评审方法。由于 ARID 针对的是中间设计，因此更希望发掘设计中的问题以及建立良好的沟通，在评审人员的选择上以即将参与后续设计和开发的工程师为主。

（2）第二阶段——评审会议。评审会议的整体组织结构和 ATAM 类似。在评审会议上，首先也将介绍 ARID 方法，然后对设计进行陈述，发现质量属性场景并对它们进行排序，最后对设计进行评审和总结。为了贯彻积极设计评审的原则，在整个评审过程中对质量属性场景的体系结构验证是通过实现或者模拟实现的方式来进行的。在评审阶段，参加者会依次选择较高优先级的质量属性场景，按照设计方案将其进行实现，从而检验该设计方案是否能够满足质量属性场景的要求。

在 ARID 评审中，如果设计人员认为该次评审活动已经达成预期效果，或者所有质量属性场景都已经评审完毕，那么就可以结束这次评审活动。此外需要注意，与各种评审活动一样，ARID 的评审活动也应该严格遵循时间限制。如果设计评审预定的时间段已经用完，则应该及时结束评审。如果存在未完成的活动，那么可以开始一次新的 ARID。

本章参考文献

［1］ Source Lines of Code. http://en. wikipedia. org/wiki/Source_lines_of_code.

［2］ Philippe Kruchten, Henk Obbink, Judith Stafford. The Past, Present, and Future of Software Architecture. IEEE Software，2006，23(2)：22 - 30.

［3］ Herbert Simon. The Sciences of the Artificial. MIT Press，1969.

［4］ Frederick Brooks 著，王海鹏等译. 设计原本. 机械工业出版社，2011.

［5］ Ivar Jacobon, Grady Booch, James Rumbaugh 著，周伯生等译. 统一软件开发过程. 机械工业出版社，2002.

［6］ James Rumbaugh, Ivar Jacobson, Grady Booch 著. UML China 译. UML 参考手册. 机械工业出版社，2005.

［7］ ISO/IEC 25010—2010. Systems and Software Engineering：Systems and Software Quality Requirements and Evaluation (SQuaRE) — System and Software Quality Models.

［8］ Paul Clements, Rick Kazman, Mark Klein. Evaluating Software Architectures. Addison-Wesley，2002.

［9］ ISO/IEC 42010—2011. Systems and Software Engineering：Architecture Description.

［10］ Grady Booch. Handbook of software architecture. http://www.booch.com/architecture/. 2005.

［11］ Philippe Kruchten. Architectural Blueprints — The '4＋1' View Model of Software Architecture. IEEE Software，1995,12(6):42－50.

［12］ Paul Clements，Felix Bachmann，Len Bass，David Garlan，James Ivers，Reed Little，Robert Nord，Judith Stafford. Documenting Software Architecture:Views and Beyond. Addison-Wesley，2002.

［13］ Mary Shaw. "Heterogeneous design idioms for software architecture". Proceedings of the Sixth International Workshop on Software Specification and Design，1991,pp.158－165.

［14］ David Garlan，Mary Shaw. An introduction to software architecture. Advances in Software Engineering and Knowledge Engineering，1993,1(1):1－40.

［15］ Christopher Alexander. The timeless way of building. OxFord University Press，1979.

［16］ Frank Buschmann，Regine Meunier，Hans Rohnert，Peter Sommerlad，Michael Stal 著,贾可荣,郭福亮译.面向模式的软件体系结构(卷1):模式系统.机械工业出版社,2003.

［17］ David L Parnas，David M Weiss. Active design reviews:principles and practices. Journal of Systems and Software，1987,7(4):259－265.

［18］ Rick Kazman，Gregy Abowd，Len Bass，Paul Clements. Scenario-Based Analysis of Software Architecture. IEEE Software，1996,13(6):47－55.

［19］ Rick Kazman，Mark Klein，Mario Barbacci,Tom Longstaff，Howard Lipson，Jeromy Carriere. "The architecture tradeoff analysis method". In the proceedings of the Fourth IEEE International Conference on Engineering of Complex Computer Systems，1998,pp.68－78.

［20］ Paul Clements. Active Reviews for Intermediate Designs. CMU/SEI－2000－TN－009. Carnegie-Mellon University，2000.

第 5 章

软件构造

软件构造的核心工作是编码,除此之外,它也涵盖了与编码活动紧密相关的详细设计、调试、单元测试以及集成等一系列相关活动。本章将首先介绍软件构造的目标、范畴和原则,然后分别从接口设计、编码和调试、单元测试以及集成等几个方面,介绍软件构造中的关键概念和技术。

5.1 软件构造的概述

与"设计"的概念类似,"构造"一词同样源于传统工程(如建筑工程)领域。在建筑领域,无论房屋的设计如何卓越和精巧,最终仍需要通过建造来交付房屋的价值。同样地,软件开发活动也是以最终交付满足用户需求的软件制品为目的,这个目标需要通过软件构造来完成。由于构造过程中的大多数活动都围绕着源代码进行,因此软件构造有时也被通俗地称为"编码"。除此之外,由于代码生成、可执行的软件模型建模等活动也具备和手工编写源代码类似的作用,因此它们也被认为是软件构造活动的组成部分。

软件构造是软件开发中必不可少的活动。尽管需求分析、体系结构设计、测试等活动对成功的软件开发也同样不可或缺,但是只有产生满足客户需求的软件产品才能为客户带来真正的价值。如果没有成功的软件构造,无论前期的需求分析、体系结构设计做得多么卓越,都不能最终让客户满意。所以,软件构造体现了软件开发的最终价值。从这个角度来看,无论是运作规范的项目,还是"手工作坊"式的项目,尽管它们在其他软件开发活动(如需求分析、测试等)存在差异,但软件构造都是其中必需的活动。

软件构造活动以产生正确的代码为核心,代码是软件开发活动的最终载体。需求分析、体系结构设计都是为了支持开发者能够正确、有效地编写代码,而系统测试等活动的目的则是验证代码行为是否符合客户和开发组织的期望。与其他活动所产生的制品相比,作为最终载体的代码能够更加精确地反映出针对用户需求的实现结果,从而更容易获得客户和最终用户的直接反馈。

但是,软件构造活动并不仅仅是编写代码,更不是对软件设计的机械翻译。在这一点上,软件构造和建筑等传统领域的构造活动具有明显差异。其原因在于软件开发本质上是一种信息密集的活动,其复杂程度要远远超过一般性建筑的建造活动。在软件构造阶段经常会遇到原有的软件设计没有考虑到或者考虑不完备的问题。所以,编码活动往往和软件设计活动,特别是在局部的详细设计紧密交织。在一些敏捷软件开发方法中,软件构造活动和软件设计活动甚至是完全重叠的。同样,软件构造活动和代码评审、调试、集成和测试(特别是单元测试)等活动也有较多的交叠。活动交叠的目的在于加速反馈。例如,编码活动进行得越及时,就越容易发现设计中的问题;测试活动越及时,就能够对代码质量和设计质量带来更快的反馈。因此,除了编码外,详细设计、调试、集成和单元测试等相关活动也都是软件构造活动的重要组成部分。

软件代码作为软件开发活动的最终载体,其质量不仅直接决定了所发布的软件产品的正确性、性能、可靠性等内部质量属性,而且在很大程度上还影响了软件的持续扩展能力和长期维护成本。软件代码的质量可以从正确性、性能、可靠性、可理解性、可复用性和可扩展性等多个方面进行衡量。其中,除正确性、性能、可靠性等外部质量之外,软件构造活动还应该非常关注可理解性、可扩展性和可复用性等质量要求。

(1)可理解性。一般而言,软件开发并不是一次性的活动。在大多数项目中,初始阶段的编码活动中所编写的代码只占很小的一部分。在软件产品的整个生存周期中,开发人员会经常需要修改已有代码或增加新的代码(如修复缺陷、增加新功能、改进性能),或者在其他项目或产品中复用已有的代码。此时,开发人员首先要阅读并能够理解这些已有的代码。研究结果表明,开发人员在开发软件过程中阅读代码的时间和频度,要远远大于编写代码的时间和频度。"程序写出来是给人看的,只是顺便用作机器执行"[1],这句话形象地说明了代码可理解性的重要性。结构混乱、晦涩难懂的代码是后续开发人员的沉重负担,受其影响的既可能是其他人,也可能是代码的原作者本人。这样的代码往往需要花费很大力气才能理解,甚至引起误解,继而影响软件开发效率。更糟糕的是,如果原有代码不容易理解,那么在此基础上修改代码的开发人员也很难写出清晰、易于理解的代码,代码的混乱程度就会进一步加剧,导致软件开发效率越来越低,并最终成为开发人员的噩梦。编写结构清晰、易于理解的代码是软件构造活动中一个重要的质量准则。

(2)可扩展性。易理解的代码并不见得容易扩展。为了能适应软件生存周期中产品需求和项目上下文的变化,开发人员经常需要在已有代码的基础上扩展新的产品特性。因此,在软件构造活动中需要采取适当的技术,保证软件代码的灵活性(如后文将讨论的开放-封闭原则等),从而可以在发生变化时方便地对软件进行扩展。

(3)可复用性。降低软件开发成本的一个最有效的方式就是复用,这也是人类在其他领域(如机械、建筑和硬件设计领域)常见的工作方式。为了增加软件开发中的复用机会,软件构造活动应当从两个方面进行努力:第一,开发可复用性高的代码,例如总是尽量将通用的功能封装为易定制和集成的构件;第二,开发新项目时优先考虑复用已有的代码,例如查询企业构件库和开源社区、考虑购买第三方商用成品构件等。

5.2 构造阶段的设计

第4章已经讨论了软件设计的原则、方法以及软件体系结构模式等概念。但是,无论试图做出多么详尽的前期设计,对于软件项目而言,在编码之前就确定解决方案的一切细节几乎是不可能的。高层的软件体系结构设计确定了系统级的高层设计决策,包括例如子系统或模块的分解和协作模型、需要在各软件模块之间保持一致的技术策略以及高风险的系统级决策,但是更多的设计工作是在构造阶段进行的。

构造阶段的设计往往对应于详细设计层面，例如如何将子系统分解为类或子程序，以及如何确定类和子程序之间的协作关系等。构造阶段的设计也同样遵循第 4 章中关于设计的一般原则，例如模块化、高内聚、低耦合等。本节将从抽象数据类型、类和接口、依赖管理及契约式设计几个方面，介绍如何在构造阶段的设计中贯彻上述原则。

5.2.1 抽象数据类型

抽象数据类型（Abstract Data Type，ADT）是数据以及和该组数据紧密相关的操作的集合。在面向对象编程语言中，ADT 通常可以等同于"类"的概念。但是，抽象数据类型同样存在于非面向对象编程语言中，因此本节将首先在抽象层次上讨论 ADT 的概念。

"数据"是一个宽泛的概念，它可以是现实世界的实体或属性，也可以是信息或者某种逻辑概念。文件、银行账户、用户界面等都可以看作数据。如果不对纷繁芜杂的数据进行整合，就难以理解它们之间的关系，也无法在软件中对这些数据进行清晰的记录和表达。通过将相关的数据封装在一起，可以隐藏细节并提升概念的粒度。同时，对于概念上具有相似性的内容，还可以通过"抽象"来总结共通的特性，从而进一步简化实体模型、提高抽象层次。接下来将通过一个具体例子来说明 ADT 如何简化了现实世界的概念。

在文件系统中，每个文件被一个 File 指针所描述。为了读取文件内容，需要一个游标指针来指示当前的读取位置。所以，为了读取一个文本文件中的一行，所应该做的操作步骤如下：

(1) 创建一个空字符串 s；

(2) 打开文件；

(3) 将游标指针指向文件的开头；

(4) 读取一个字符，将游标指向下一个字符；

(5) 判断该字符是否是行尾标识符，在 Unix 系统下，该字符是 0x0A；

(6) 如果不是，将该字符附加到 s 尾部，回到第(4)步；

(7) 如果遇到行尾标识符，返回 s 作为结果。

显然没有必要在每一次读取文件行时，都把上述逻辑重新思考一遍。我们的主要精力应该放在开发程序的核心功能上，对于如何读取文件的细节则不必关心。仔细研究上面例子中的陈述，就会发现这些操作都是围绕着读取文本行（包括移动游标）进行的，因此可以考虑将相关数据和操作封装为抽象数据类型。这一抽象数据类型及其操作如果写成代码，可以表达为

$$aLine = aFile.\,readLine();$$

在需要读取文件的一行时，仅需创建或获得一个文件对象 aFile，然后调用它的 readLine() 操作。这样即使开发人员不了解读取文件操作的实现细节，他们也能够理解和编写文件行读取的代码。ADT 的定义强调封装和抽象，合理运用 ADT 可以带来如下益处：

(1) 统一了现实世界（问题空间）和软件世界（解空间）的术语。开发人员可以像操纵现

实世界一样操纵代码。例如,如果需要为一辆车设定车速,就可以声明为"aCar. setSpeed()";若要打开一盏灯,就可以是"aLamp. turnOn()"。通过突出问题空间的概念而不是具体的实现方法,可以使得代码更加易读、临时变量更少,从而也更容易避免错误。

(2) 隔离了变化。在文件行读取的示例中,如果在未来要处理 Windows 下的文件,且仍然使用未经封装的代码的话,那么需要将所有读取并判断行尾标识符 0x0A 的语句改为读取两个字符"0x0D0A",这无疑带来很大的工作量。相反,如果使用的是封装后的抽象操作 readLine()时,那么在发生变化时只需要修改 readLine() 的内部实现就可以了。此外,变化也不仅仅和需求相关。如果发现原来设计的一个缺陷或者为了提高性能而需要对实现方式进行修改,那么通过封装可以将修改局限在少数几个地方,而缺乏封装的代码则可能需要修改代码中的很多地方。

5.2.2 类和接口

类和对象在面向对象设计中扮演着核心角色。类通常是一组数据和操作构成的集合,这些数据和操作共同拥有一组内聚的、明确定义的职责。有时即使没有共用数据,如果一组操作提供的服务是内聚的,也可以被抽象为一个类。类在运行期的实例被称为对象,从这个角度看,类就是对象的一种"模板"。

为了发现类和对象,首先需要研究所要解决的问题领域,识别重要的领域对象以及和该领域对象紧密相关的属性。例如,一个在线课程注册系统的领域概念包括教师、学生、课程、班级、课程注册等。其中,和教师相关的属性包括工号、姓名、课程等,和学生相关的属性包括学号、姓名等,而与班级相关的属性则包括教室、上课时间等。随后需要分析各个领域对象所允许的操作。例如,课程注册对象可以包括注册、取消这一组操作。

在识别了对象及其属性之后,需要识别各领域对象之间的关系。常见的关系包括继承关系和关联关系。在上述示例中,教师和学生具有某些公共的属性,我们可以将其进一步抽象。另外,教师和课程之间存在着多对多的关系(一位教师可以担任多门课程,而每门课程也可以由多位教师承担),而课程和班级之间存在一对多的关系(每门课程可以有一到多个班级)。此外,开发者还需要识别对象的哪些部分对其他对象是可见的,以及一个对象应该提供什么样的职责。类和对象的职责一般通过类的接口进行描述。

在有些情况下,在开始设计时不见得就能发现正确的对象。因此,上述各个步骤之间并不是顺序的关系。正如第 2 章关于演化式设计所指出的,良好的设计需要经历多次迭代才能逐渐浮现出来。所以对类和接口的识别过程也是一个迭代的过程。

面向对象设计在大多数情况下通过面向对象的语言来实现。封装、继承和多态是面向对象语言的最常见特征。下面将分别介绍这 3 个特征,与此同时还将介绍与这些特征紧密相关的单一职责原则和面向对象程序设计原则(Liskov 替换原则)。

1. 封装

封装是面向对象语言的最基本特征之一,它体现了类设计中的内聚性和信息隐藏的原则。内聚性使得一个类的代码集中于一个中心目标,开发人员就能够更加容易理解这个类所表示的概念。而信息隐藏对外部调用者屏蔽了无关细节,减小了外部调用者的负担,提高了实现者在未来对内部结构进行调整的灵活性。

虽然内聚性从字面上很容易理解,但是在实际操作中并不容易把握。考虑下面的类声明,这个类的设计足够内聚吗?

```
class Rectangle {
    public void draw();
    public double area();
}
```

为了说明这一问题,先来假设 Rectangle 类的两种调用情形:一种情况是 Rectangle 类出现在一个需要进行屏幕绘制的应用中,该应用需要调用 Rectangle 的 draw()方法;另一种应用是关于几何计算的一个应用,不必涉及 draw()方法。这两种情形下相应的应用会受到何种影响呢? 从几何计算的应用角度来看,由于 draw()方法仅仅与图像绘制有关,因此负责实现几何计算功能的开发者原本不必关心这个概念。但是,由于这两种方法混杂在一起,该应用就能够了解到这个本不相关的概念。此外,从实现角度来说,这种类的声明可能还不得不引入对于绘图库的依赖。更糟糕的是,这些不相关的概念如果在未来发生变化,那么该应用还可能会受到影响,而这种影响本可以避免。例如,如果原来的 draw()方法是基于控制台字符的,而后来被改为基于 GUI 接口,或者从一种图形界面转换到另一种图形界面,此时原来用于几何计算的客户端尽管事实上和图形界面根本无关,但也可能会不得不被重新编译。所以,即使看起来"紧密相关"的概念,也仍然需要对其进行审慎的考虑,判断它们之间是否存在应该分离的职责。

最简单的衡量内聚性的标准就是"单一职责"原则[2]。注意,这里的"职责"是根据变化的方向进行衡量的,即对于一个类而言,应当仅有一个变化的原因。根据这一原则,上述 Rectangle 类的两个方法的变化原因是不一样的,所以它们不应该属于同一个类。

分离变化的不同方向在设计中具有很多好处。好的程序设计所面临的最重要挑战之一就是适应变化。这些变化既可能源自业务规则,也可能来自软件所依赖的环境、其他软件或者硬件环境。

(1) 业务规则。业务规则提供了问题领域的抽象。业务规则最接近问题的本质,但也容易随着新问题的提出而发生演化。例如,一个图形绘制程序可支持各种各样的图形,也可对一组图形进行排列。这种排列的方式可能在未来发生变化,例如,按照图形的类型进行排列、按照图形的面积进行排列、按照图形的创建顺序进行排列等。从设计角度来看,支持的图形类型和图形的排列方式是两种不同的变化方向,在设计上就应该把排列算法、图形绘制、图形类型等放在不同的类中,因此来提高软件设计的适应性。

(2) 硬件或环境。硬件或环境常常和软件的可移植性相关。在类的设计中将不同种类的硬件或环境的操作同通用部分隔离开来,可以有助于在未来环境发生变化时更容易地进行适应。这种隔离还会带来一些附加的好处,例如,如果能有效隔离硬件依赖,就可以在真实硬件尚不可用时采用模拟硬件的方式进行测试。

封装通过隔离设计中的不稳定区域和稳定区域,将变化所带来的影响限制在一个类的内部。因此,当发生变化时,只需要修改相关的类即可。演化式设计也是一个帮助发现变化区域的方法。在演化式设计中,首先实现对用户有用的最小子集。该子集构成了系统的核心,一般不容易发生改变。然后逐渐扩充系统,如果新的功能更好地揭示了问题的本质,就可以改进原有的设计,将原有设计中非本质的部分分离出来。而如果新功能代表了一个潜在的变化,就可以考虑将该变化方向用一个新的类来实现。

和封装相关的另一个设计原则是信息隐藏。凡是被暴露出来的接口,都成为一个类对外部的承诺,因此对接口的修改可能会带来更多的影响。在类的设计中,信息隐藏通过可见性来实现,例如,在 Java 和 C++中使用 public,private 等修饰符来定义可见性。类的私有数据、仅用于内部计算的操作、临时变量等都应该被隐藏。此外,要注意的是不合理的软件设计可能会导致一些虚假的隐藏,例如,虽然将内部变量设置为私有数据,但是提供了公有的 getter() 和 setter() 操作,这在事实上仍然间接地暴露了内部的私有数据。

2. 继承

不同的对象之间可能存在一些相同的行为。例如,在一个文件系统中,FAT32 格式和 NTFS 格式文件系统的实现方式是不同的,但是都提供了"文件系统"的通用行为(如分区、格式化、建立文件、删除文件、读写文件等)。在一个与绘图相关的系统中,虽然三角形和正方形是不同的,但是都能够计算周长和面积。通过提取不同对象中相同和相异的行为,不仅可以简化设计复杂度,而且能够改善设计质量。这一概念,在面向对象的语言中被称为继承。继承关系表明了不同的对象之间共享的行为,它是在较高的层次上对程序的抽象。

继承是一种"Is-A"的关系,即子类应该"是父类"。在存在继承关系的情形下,派生类应该能够完全继承基类的行为。这一原则也被称为 Liskov 替换原则[3]:

若针对每个类型 S 的对象 o_1,都存在一个类型 T 的对象 o_2,使得在所有针对 T 编写的程序 P 中,用 o_1 替换 o_2 后,程序 P 的行为功能保持不变,则 S 是 T 的派生类型。

例如,在上述文件系统的示例中,如果 FileSystem 作为基类(或接口)有一个 createFile() 和 deleteFile() 方法,作为派生类的 FAT32FileSystem 和 NTFSFileSystem 都应该具有 createFile() 和 deleteFile() 方法,并且它们应表现出完全一致的行为。

需要注意的是,尽管继承是一个非常有效的抽象方式,但是在实际操作中非常容易被滥用。考虑如下的问题:

```
class Rectangle{
    public void setWidth(double width);
    public void setHeight(double height);
    public double getArea();
    ...
};
```

此时如果设计一个正方形类 Square,请问 Square 是否可以如图 5-1 所示从 Rectangle 继承?

这个问题的答案是"不可以"。虽然在现实世界的分类体系中,一个正方形确实是一个长方形,但是它是一个"特殊的"长方形,即在长方形的定义上加入了限制。试想一个使用者持有一个对 Rectangle 对象的引用并调用其操作,而该对象事实上是一个正

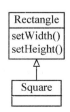

图 5-1 示例:Square 继承自 Rectangle

方形：

```
Square square = new Square();
Rectangle rect = square;
rect.setWidth(3.0);
rect.setHeight(5.0);
```

从语法上看,这段代码完全合法,但是对这段代码的执行却会导致不期望的行为。调用操作 setWidth() 和 setHeight() 之后,Square 对象的长和宽是否相等? 当 Square 没有对这两个方法重载的情况下,二者必然不等,这就和我们期望的正方形的边长应该相等产生矛盾。

如果试图在正方形内对这个问题进行补救,通过重载 setWidth() 和 setHeight(),使其一条边被改变时自动更改另外一条边的长度,问题会变得更加严重。例如,如果先调用 setWidth(3.0),再调用 setHeight(5.0),然后调用 getArea(),这时会得到数值 25;而如果先调用了 setHeight (5.0),再调用 setWidth (3.0),然后调用 getArea(),这时就会得到数值 9。

这个问题的关键点在于:数学概念上的"是"和 Liskov 替换原则并不总是等同。Liskov 替换原则表明,任何派生类都应该能够完全替换基类,即实现基类所定义的行为。由于基类 Rectangle 定义了 setWidth() 和 setHeight() 两个方法,但是作为派生类的 Square 不能实现语义完全相同的这两个方法,所以不能从 Rectangle 继承。换句话说,继承是关于行为的继承,而不是基于分类法的继承。5.2.4 节中将要讨论的契约式设计对这个问题进行了更为清楚的表述。

3. 多态

多态是面向对象设计的一个重要特性。可以说,只有具备了多态特性,才能实现真正的高层抽象,屏蔽低层细节,简化复杂性。

字面意义的多态描述了同一事物的不同形式。例如,基类(或接口)定义的一个操作在派生类中可以有不同的实现方式。依赖于基类对象的代码并不需要了解派生类的具体实现,也不需要了解派生类的存在。在运行时,通过指向基类的指针来调用实现派生类中的方法,派生类的实例就可以根据其定义来执行不同的操作。仍然以绘图系统形状的 C++ 代码为例：

```
class Shape{
    public double getArea();
    ...
};
class Rectangle: public Shape{
    public Rectangle(double width, double height){...}
    public double getArea(){ return _width * _height;}
};
```

```
class Circle：public Shape{
    public Circle (double radius){...}
    public double getArea(){ return PI * _radius * _radius;}
};
```

基类 Shape 定义了一个计算面积的操作 getArea()。长方形 Rectangle 和圆形 Circle 计算面积的方法有所不同,但是如果某个客户希望计算面积,它可以通过所持有的 Shape 引用直接调用 getArea() 的相应实现。对于客户程序而言,它不需要知道该形状是 Rectangle 还是 Circle,也不需要知道 Rectangle 和 Circle 计算面积的方式。面向对象语言的编译系统会生成恰当的运行时代码,在运行时根据对象的类型采取恰当的操作。

5.2.3 依赖

软件系统一般会包含很多模块或者类。单一职责原则表明每个类或模块的关注点应该比较集中,但是最终这些类或者模块必然要通过与其他类或者模块的协作来完成系统的功能。协作关系是一种典型的依赖关系。不存在依赖关系的系统无法通过协作完成期望的功能,所以这种系统是没有价值的。然而,依赖关系对设计而言却是一种挑战。这是因为依赖关系造成了类或者模块之间的耦合,从而增加了设计的复杂度。因此,如何在设计中控制依赖是一个重要的设计问题。本节将介绍在面向对象设计中和依赖紧密关联的两个设计原则——接口隔离和依赖倒置[2],然后讨论依赖注入的概念。在讨论过程中还将介绍面向对象设计的另一个原则——开放-封闭原则。

1. 接口隔离

接口隔离的意义是不应该强迫客户端依赖它不需要的接口,而应使得类间依赖建立在最小的接口上。如果一个接口内包含太多彼此无关的方法,那么在调用这个接口的客户端之间就会形成耦合。事实上,接口隔离原则和设计的内聚性原则是相互呼应的。从 5.2.2 节的 Rectangle 示例中可以看到,内聚性不佳的设计会带来不必要的耦合。在该示例中,Rectangle 对外提供了两种服务:计算形状的面积(getArea())以及绘制图形(draw())。为了保持通用性,我们使用接口 Shape 来定义 Rectangle 对外提供的操作,如图 5-2 所示。现在如果有两个应用 GraphicsApplication 和 GeometryApplication,它们分别需要使用 Shape 接口的 draw() 和 getArea() 服务,那么就会出现一个不期望的结果:由 GraphicsApplication 的需求变化而导致的变更,有可能会引起 GeometryApplication 的修改。具体而言,如果 GraphicsApplication 中要加入带有色彩的绘制,那么需要在 Shape 接口的 draw() 方法中加入一个色彩参数,或者直接在接口中创建一个新的 drawWithColor() 方法。由于 GeometryApplication 也依赖于 Shape 接口,因此该应用也会感知到这个变化,这个变化所带来的影响至少会导致 GeometryApplication 被迫重新编译和测试。如果实现 Shape 接口的 Rectangle 类中的改动还会影响 getArea() 的实现,那么这甚至会导致程序出现意料之外的错误。针对这些情况,采用接口隔离的原则能够避免应用之间不必要的依赖,从而提高设计的内聚性,降低其耦合性。从内聚性设计的角度来看,如果该原则被应用到接口定义中,那么该原则就是接口隔离原则。它说明一个接口应该仅仅服务于一组内聚的目的,这种内聚应从客户端的角度予以衡量。

当遵循接口隔离原则之后,针对图 5-2 更合理的设计应如图 5-3 所示。其中,GraphicsApplication 甚至不需要关心一个对象到底是不是 Shape 类型,只要该对象实现了 Drawable 接口,就知道该对象可以具有绘制能力。另一方面,GeometryApplication 和绘制功能彻底地隔离,从而降低了耦合。这种设计也直接改善了代码的可复用能力。若在未来需要把 Shape 移植到一个新的系统时,这个移植过程能够把对应用的影响降低到最小程度。

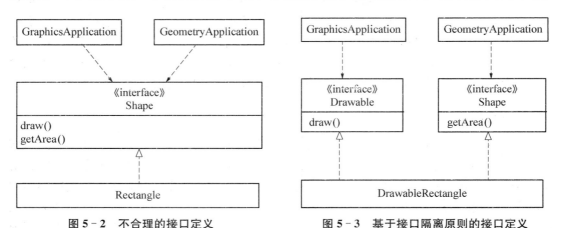

图 5-2　不合理的接口定义　　　　图 5-3　基于接口隔离原则的接口定义

2. 依赖倒置

在软件设计时,很多开发人员会认为高层模块依赖于低层模块、客户端依赖于服务端是理所当然的。例如,图 5-4 是一个经过简化的台灯控制系统的实例。

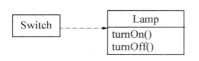

图 5-4　客户端到服务端的依赖

在本例中,仅有开关 Switch 和台灯 Lamp 两个类参与了协作。我们通过 Switch 来控制 Lamp:当开关接收到"开启"请求时,调用 Lamp 的 TurnOn()操作;当开关接收到"关闭"请求时,调用 Lamp 的 TurnOff()操作。如果仅仅从可理解性的角度来看,图 5-4 似乎没有什么不妥。但是如果考虑复用问题,例如考虑在未来 Switch 也可能需要控制风扇,那么 Switch 的设计和代码是否能被很容易地复用呢? 仔细研究图 5-4,就会发现这种设计存在问题。在这个示例中,由于存在 Switch 到 Lamp 的依赖关系,Switch 必然持有一个 Lamp 对象的引用。为了让 Switch 也能控制风扇,就不得不更改 Switch,让 Switch 也可以接收 Fan 对象的引用,这就导致了一个不良后果:复用一个类的设计,需要以更改这个类为前提。如果一个类的设计被更改,那么它的质量是否还像更改前那么可靠? 依赖于它的其他类是否会存在风险? 这一问题正如软件设计的"开放-封闭"原则[9] 所描述的:

　　模块对于扩展是开放的,可以在需要时扩充其功能。但是,模块对于修改应该是封闭的,在对模块进行扩展时,不应该去改动既有的代码。

基于开放-封闭原则设计的代码体现了良好的可扩展性和可维护性。由于代码并没有被改动,因此就可以消除由于代码更改导致的风险和连锁反应。但是,如何能够做到在不更改代码的前提下添加功能呢？图5-4中列出的结构显然无法做到。

图 5-5 是另外一种设计。正如接口 Switchable 的名字所暗示的那样，接口是从 Switch 角度出发定义的，而不是从 Lamp 出发定义的。在图 5-5 的结构中，Switchable 和 Switch 从属于同一模块，它们都仅仅有"开关"这一概念，Lamp 通过实现 Switchable 接口来接受 Switch 的控制。对于开关 Switch 对象来说，无论是台灯还是风扇，都是一个"可以开关的对象"。所以，如果需要让 Switch 控制风扇，仅仅需要定义一个新类 Fan，让 Fan 实现 Switchable 接口即可。

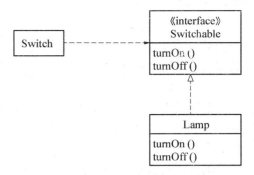

图 5-5　服务端实现客户端的请求接口

图 5-5 的例子也形象地解释了"依赖倒置"这一名称的由来。"高层模块依赖于低层模块、客户端依赖于服务端"的设计思路，在复用高层模块或者客户端模块时会遇到问题。为了解决这一问题，应该根据高层模块或客户端模块的需要定义接口，然后让服务端实现这一接口。这样，依赖关系就发生了反转。

3. 依赖注入

图 5-5 的设计确实是一个更容易被复用的结构，但是该设计也带来了一个新的问题：虽然 Switch 不能依赖于 Lamp，但是在运行时 Switch 必须和 Lamp 关联起来才能让 Lamp 接受 Switch 的控制。为了达到这个目的，最容易的办法就是直接在 Switch 中定义 Lamp 或 Fan 的对象，但这样就会再次形成 Switch 和 Lamp 之间的依赖。为了解决这一问题，下面介绍一个更合理的方式：依赖注入。

依赖注入是一种设计模式。通过依赖注入，允许在编译或运行时修改对象间的依赖关系，避免在类之间建立不必要的固定依赖。针对该示例，为了让 Switch 控制 Lamp，可以使用如图 5-6 所示的结构。

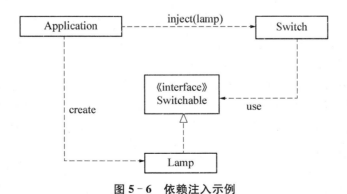

图 5-6　依赖注入示例

在图 5-6 中，外部应用 Application 首先创建一个 Lamp 对象。然后，Application 将该 Lamp 对象传给 Switch。对象传递的方式可以放在 Switch 对象的构造函数中，也可以由 Switch 对象提供一个 Setter 接口来设置该依赖。采用这种方式可形成一个松耦合的设计，从而完全消除 Switch 和 Lamp 之间的依赖。

5.2.4 契约式设计

契约式设计（Design by Contract，DBC）是一种规范化的、精确的面向接口的设计实践。契约精确地定义了依赖，并能够在运行时检查契约，从而更好地管理模块间的依赖关系，显著降低软件设计中的潜在问题，提高软件的正确性和可靠性。

1. 概念

契约式设计的概念最早由 Bertrand Meyer 在其发明 Eiffel 语言的过程中提出[4]。"契约"是一种隐喻，把软件系统元素间的协作关系类比为商业活动中"客户"与"供应商"的合作关系，以此来精确描述软件元素的"责任"与"义务"。在商业契约关系中，契约双方的责任和权力是对等的。契约双方都享有相应的权利，也都必须尽到相应的义务。例如，在一个买卖契约中，供应商必须提供某种产品（义务），并有权要求客户支付费用（权利）；客户必须支付费用（义务），并有权获得产品（权利）。同时，契约双方都需共同尊重法律和法规的约定。通过契约关系，可明确合作双方的权利和义务，避免因为义务和权利不清而导致的纠纷以及合作失败。

软件系统中的元素（如子系统、模块、方法等）之间也存在协作关系。在早期的设计观念中，人们倾向于对可能发生的软件错误采取防御或修复的策略。例如，在一个 client-server 结构的系统中，server 部分往往需要设计得非常复杂，以处理各种各样来自 client 的错误请求。但是，这种努力的效果并不好。从 server 的角度来看，过多的错误处理极大地增加了设计的复杂度，反而提高了出错概率；从 client 的角度来看，由于假定错误都可以由 server 处理，client 的设计往往具有较大的随意性，反而降低了 client 的设计质量，也进一步加大了 server 端处理的复杂度。如果用人类社会的契约关系来类比，就好比是 client 享有了非常多的权利，却尽了较少的义务；而 server 尽了非常多的义务，却享有极少的权利。这种由权利和义务不对等所导致的结果就是 client 和 server 双方都没有关注自己应该关注的职责，导致设计复杂性和不可控因素的大幅增加，也进一步导致了设计和实现工作量以及风险的增长。

契约式设计试图模拟现实世界的商业契约关系。在上述例子中，互相协作的软件元素之间应该存在对等的权利和义务，即 server 作为提供服务的软件元素，也有权要求 client 的服务请求满足一定的前提条件。这样，server 就可以把更多的精力放在关键业务的实现上，而不是无条件处理各种本可由 client 处理的错误。这种方式更好地平衡了软件元素之间的职责，降低了每个软件元素实现的复杂度。

契约不仅仅可以用来约束服务的前提条件（权利），也可以用来约束服务的后置条件（义务）。通过对后置条件的约束，契约式设计能够限制软件设计和实现过程中的"副作用"，这对于复杂的软件设计非常有价值。例如，软件系统中的大多数操作常常调用其他操作，而这些操作又常常会进一步调用另外的操作。深度嵌套的调用链是非常难以理解和维护的。如果开发人员对某一个操作进行了修改，尽管可以较容易地理解所做修改对于第一层调用代码的影响，但如果第二层或者第三层调用代码中的一些操作具有未显式说明的行为，那么开发人员就很难注意到这些未显式说明的行为带来的潜在影响。这些影响有可能造成预期行为之外的副作用，并带来潜在的风险。通过对后置条件进行约束，可以明确声明每个调用的结果，从而避免预期之外行为的发生。

在契约式设计中，软件元素的接口定义应该是正式的、精确的和可验证的。具体地说，就是应明确规定一个代码元素在调用某个操作前后应当属于何种状态，这称为"契约"。契约式设计的"契约"通过断言实现。断言包括以下 3 种类型：

（1）先验条件：规定了调用一个软件元素（如类）的方法（或消息）之前必须为真的条件；

（2）后验条件：规定了一个软件元素的方法（或消息）执行完毕之后必须为真的条件；

（3）不变式：规定了一个软件元素（如类的实例）在调用任何方法前后都必须为真的条件。

从契约的观点来看，先验条件是软件元素对调用者的一种要求，而后验条件是软件元素对调用者的一种保证。不变式定义了软件元素能够一直保持的特征。通过定义不变式，还可以对软件元素的完整性和一致性进行严格定义。在契约式设计中，软件元素的正确性条件定义如下：

（1）当调用软件元素的方法时，客户端应保证不违反提供服务端要求的先验条件；

（2）如果在调用软件元素的方法之前不变式和先验条件为真，那么在调用后不变式和后验条件也应当为真。

2. 实现

为了让契约真正有效，不仅仅需要订立清晰的契约，还应当及时检查契约的执行情况。在契约式设计中，先验条件、后验条件和不变式都应该通过代码的方式转换为实际可验证的约束，确保契约双方尊重该约定。

从语言对契约式设计的支持上，有些语言具有内建的语言特性，而有些语言则需要依赖于外部扩展。作为契约式设计的提出者，Bertrand Meyer 在其本人设计的 Eiffel 语言中对契约式设计提供了内建的支持。除了 Eiffel，Cobra，D，Clojure 等语言也都在语言内建特性中支持契约式设计。下面是使用 Eiffel 语言表达的一个契约：

```
class interface
    SIMPLE_STACK[G]
    count：INTEGER— 栈中的元素数量
    invariant
    count_is_never_negative：count >=0

    is_empty：BOOLEAN— 栈是否为空
    ensure
    consistent_with_count：Result =（count = 0）；

    top：INTEGER— 查询栈顶的元素
    require
    stack_not_empty：count>0

    push(g：G)— 将 g 压入栈顶
    ensure
    count_increased：count = old count + 1；
    g_on_top：item_at(count) = g

    pop— 移除栈顶元素
    require
    stack_not_empty：count > 0
    ensure
    count_decreased：count = old count-1；
end
```

图 5 - 7　Eiffel 语言表达的契约示例[5]

图 5-7 描述了一个栈接口的设计契约。在 Eiffel 语言中,require 关键字用于描述先验条件,ensure 关键字描述后验条件,invariant 关键字则描述不变性。在本例中,pop 方法的先验条件是仅仅在栈不为空的情况下才可以调用 pop。而对于 push 方法,其后验条件是 push 之后栈元素的计数加 1,栈顶是最后压入的元素 g。count 给出了一个不变式的例子,即对于一个 Stack 来说,count 属性应该永远为非负值。

有些语言并没有内建的契约式设计支持,但是却提供了旨在支持契约式设计的扩展。以 Java 语言为例,它可使用 Contracts for Java,iContract2,Contract4J 等多种扩展。

除了内建支持和第三方扩展,有些简单契约也可以通过断言来实现。断言是一个可执行谓词,程序在运行时将对断言描述的表达式进行检查。正确使用断言可以提高实现的可靠性。例如,可以使用表 5-1 所示的断言来描述前述示例中的先验条件、后验条件和不变式:

表 5-1　使用断言描述先验条件、后验条件和不变式的示例

先验条件	后验条件	不变式

void pop(){
　assert(! is_empty());
　//...
}
	void push(T obj){
	　int old_value= count ();
	　//...
	　assert(old_value+1==count());
	　assert(top()==obj);
	}
		intis_valid(){
		　assert(count()>=0);}
		
		void remove(){
		　//...
		　is_valid();
		}

在该示例中,先验条件的断言检查放在方法执行的开始,后验条件的断言检查放在方法执行的最后。不变式由于需要确保所有的方法都能遵循,因此常见的做法是定义一个 is_valid()方法,然后在所有方法结束前都调用此方法进行检查。需要注意的是,断言无法模拟所有的契约式设计特性。例如,在使用继承的环境中,断言无法被派生类继承。除了通过契约关键字、断言来实现契约式设计,另一个可选的实现契约式设计的方式是通过单元测试。在这种方式下,每个设计契约都对应于单元测试中的一个测试项。当然,使用单元测试作为契约检查的工具就要求测试必须被经常执行,否则无法达到像内建契约式设计支持的语言所能达到的作用。

在实践中,使用断言可能导致的一个困惑是 assert 会导致程序终止,或者在某些极端情形下,assert 可能带来额外的运算开销。在多数情况下这并不是一个问题。如果需要,可通过一些方式将断言设置为仅在调试代码中生效,而在发布版本中不产生实质性的影响。

3. 原则

为了充分获得契约式设计带来的益处,应该在设计接口和编写断言时遵循一些基本原则。契约式设计的 6 条设计原则如下[5]:

(1) 区分命令和查询。命令能够改变对象状态,但是不返回结果。查询操作会返回一个结果,但是不改变对象的外部可见性质。在图 5-7 的示例中,count,is_empty 和 top 都是查询,它们不会改变栈的状态;push 和 pop 都是命令,它们都仅仅改变栈的状态,但是不返回结果。遵循这一原则的设计,可以安全地使用查询来编写契约,避免副作用。相反,如果查询会改变对象的状态,就可能在执行契约检查的同时对象状态也发生变化,这就很难保

证系统的正确性。如果在某些情况下确实需要综合命令和查询,也应该先定义一组更基本的命令和查询,然后使用这些基本的命令和查询来定义混合特性。

(2)区分基本查询和派生查询。例如,在图 5-7 的示例中,count,is_empty 这两个查询是存在关联的;如果 count 是 0,则 is_empty 必然为真;如果 count 不是 0,则 is_empty 就必然为假。因此,可以使用 count 来定义 is_empty。类似于 count 这种不能被其他查询定义的查询被称为基本查询;类似于 is_empty 这种可以被其他查询定义的查询被称为派生查询。

(3)针对每个派生查询,设定一个后验条件,使用基本查询的结果来定义该条件。例如,在上例中,is_empty 的后验条件就可以使用 count 进行定义。

(4)为每个命令撰写一个后验条件,规定每个基本查询的值。一个类的所有基本查询定义了一个类的状态。通过为每个命令撰写包括所有基本查询的后验条件,保证了每个命令都有一个完备的契约定义。

(5)为每个查询和命令撰写合适的先验条件。先验条件定义了客户使用命令和查询的时机。

(6)通过撰写不变式定义对象的恒定特性。对象恒定特性是在整个生存周期中都不会改变的特性。例如,在图 5-6 的示例中,无论 count 的数值怎样改变,其数值总是应该大于0。通过定义不变式,可以帮助客户正确理解概念模型。

通过在软件构造过程中使用契约式设计,可以带来显著的收益,包括获得更好的设计、提高代码可靠性、获得更出色的文档、更容易支持调试和复用等。在实际编码实现中,根据语言不同,可选择恰当的实现方式,如内建的语言特性、第三方插件、断言或者是单元测试。契约式设计的 6 条原则对如何定义契约给出了具体的指导方案。

5.3 编码

编码是软件构造中最重要的活动。当然,构造的方式并不只是编码,也可以通过配置、脚本、图形化等方式来构造软件。本节仍然以编码活动为重点,讨论编程语言、编程规范、错误处理等技术要素。

5.3.1 语言

1. 影响语言选择的因素

编程语言是编码活动中最基础的工具。在实际项目中,对编程语言的选择是一个重要的软件构造决策。这一决策受到多种因素的制约,包括语言的自身特性、普及程度、既有系统所使用的语言以及本组织的开发人员对语言的熟悉程度等。

从语言特性上看,选择合适的编程语言能够有效地改进实现效率。不同编程语言的抽象层次是不同的。例如,汇编语言更接近机器代码,而高级语言或者领域特定语言(Domain Specific Language,DSL)则更接近人类对于解决方案或者问题的理解。相对于低级语言,高级语言能够回避更多的实现细节,提高抽象能力和表达能力。表 5-2 列出了不同类型的高级语言和 C 语言的等效代码行数之比[7]。

表 5 - 2　高级语言语句与等效的 C 代码语句行数之比

语言	等效的 C 语言行数
C	1
C++	2.5
Fortran 95	2
Java	2.5
Perl	6
Python	6
Smalltalk	6

在编程语言和开发人员效率关系的问题上,有一个著名的布鲁克斯假说:开发人员一天写出的代码行数是一个常量,与他所用的语言无关。考虑到更高抽象层次的语言表达力更强,所以如果不考虑其他因素的影响,采用效率更高的编程语言就意味着更高效的软件开发。

但是,影响软件开发语言的因素是非常多的,语言自身的效率往往处于次要地位。在现实世界中,语言的选择受到语言流行度、现存系统所使用语言、团队成员对某种语言的熟悉程度等多方面的影响。

(1) 编程语言的选择需要考虑语言的普及程度。虽然"追逐时尚"在严谨的技术领域可能并不是一个褒义词,但是在选择开发语言时更青睐流行的语言却是一种理性行为。在软件开发中,普及度更高的语言意味着该语言有更多的用户群,可以更容易获得技术资料、方便技术支持和培训,以及更容易招募熟悉该语言的开发人员等。例如,在当前的技术环境下,招聘一名 Java 开发人员比招聘一名 Ada 开发人员要容易得多,关于 Java 的技术资料也更容易获得,Java 语言也拥有更丰富的第三方类库。使用一种非常过时的编程语言不仅难以招聘到开发人员,在软件开发过程中如果遇到问题时也往往容易陷入孤立无援的境地。

(2) 编程语言的选择受到当前系统所使用的编程语言的影响。事实上,很多软件开发团队和开发人员从来没考虑过编程语言的选择问题,这并不是因为没有做出关于语言的决策,而是他们已做出了一个默认决策:继承当前系统使用的编程语言。这一选择在绝大多数情况下都是合理的。继承当前系统使用的编程语言意味着最少的学习成本和最少的集成成本。虽然在大多数情况下这种决策是合理的,但这并不意味着不需要对这种选择背后的风险保持警惕:如果技术环境已经大幅演进,继承过去的编程语言可能意味着落后于当前的技术环境,有可能对组织的技术竞争力带来负面影响。尽管切换到新的语言可能会影响到学习成本和继承成本,但是在有些情况下也不完全是坏事:对于当前组织的开发人员而言,学习一门新的语言固然需要成本,但是对于新招聘的开发人员,学习一个不再被广泛使用的语言需要更高的成本。而且,随着构件化等技术的成熟,语言对集成成本的影响已经显著降低,这也使得对编程语言的选择有了更大的自由度。

(3) 当前团队成员对语言的熟悉程度有可能影响到对语言的选择。Cocomo 估计模型的数据表明,当开发人员使用 3 年以上的语言编写代码时,他们的效率要比具有类似经验但使用新语言的开发人员的效率高 30％,对编程语言有相当丰富经验的开发人员比几乎没有经验的开发人员的编码效率要高 3 倍[7]。

　　2. 语言和编程范式

　　编程语言在一定程度上会影响开发人员思考问题的方式。Sapir-Whorf 假说[6]认为:人类思考的能力取决于是否知道能够表达该思想的词汇。这个问题对于编程语言也是类似的。例如,采用过程式语言的开发人员往往更喜欢从数据建模开始设计,然后编写算法来操纵数据,但是采用面向对象语言的开发人员则往往会首先设计系统中的对象和对象之间的协作关系。不同范式的编程语言意味着不同的思考词汇,也会在不同程度上影响设计结果。

　　从人类和计算机交互的方式上来看,编程范式包括命令式编程(Imperative Programming)和声明式编程(Declarative Programming)。简单来说,命令式编程就是告诉计算机如何去做,而声明式编程告诉计算机需要什么,如何去做则由计算机决定。显然,早期的机器语言和汇编语言都必然是命令式编程,这一传统也影响了后续的高级语言。在命令式编程语言中,软件设计的主要词汇是指令语句以及顺序、分支和循环控制结构,这也构成了过程式语言和面向对象语言的主要结构。声明式编程采用了不同的思路,它仅仅让开发人员表述所需要的是什么,然后让底层软件以及计算机来决定如何实现这些需求,SQL语言就是声明式编程的典型例子。

　　从逻辑组织的方式上来看,主要的编程范式包括结构化编程、面向对象编程、函数式编程、逻辑编程等。

　　(1) 结构化编程将程序分割为多个由子程序(或者称为子例程、函数)构成的结构单元,然后通过组织这些结构单元来实现所需的功能。通过对将复杂的程序分割成一个个小的子程序,结构化编程有效地管理了复杂度,提高了代码的可理解性和可维护性。

　　(2) 面向对象编程中的主要结构单元是对象,软件系统被看作相互作用的对象集合。对象外部的其他对象仅应当通过对象对外暴露的方法完成请求。面向对象语言的主要特性是封装、继承和多态。通过封装,每个对象都隐藏了不必对外暴露的信息,保持了对象之间变化的独立性,降低了程序单元之间的耦合度。通过继承关系,把多个具有类似特性的对象进行抽象,提取对象之间的公共特性,提高了设计的抽象层级,降低了概念的复杂度。多态意味着运行时的动态绑定,即不同的对象可以执行相同的动作,但在运行时执行的是特定对象的实现代码。通过多态,把抽象的概念和具体的实现相分离,同样有效降低了设计和实现的复杂度。

　　(3) 函数式编程将计算问题定义为数学上的函数计算。在函数式编程中,函数求解的结果唯一取决于函数的输入参数,因此函数式编程没有状态的概念和可变数据,从而简化了设计和实现的逻辑复杂度。函数编程语言最重要的基础是 λ 演算(Lambda Calculus),λ 演算的函数可以接受函数作为输入和输出。函数式编程为开发人员提供了一个天然的框架,用来开发更小、更简单和更一般化的模块,以此改进软件的模块化程度。

　　(4) 逻辑编程是典型的声明式编程范式,其基础是形式化逻辑。在逻辑编程中,程序被定义为一组可执行的规约。逻辑编程在专家系统、自动化定理证明等领域具有很强的优势。

　　选择何种编程范式取决于需要解决的问题类型。例如,虽然传统上结构化编程和面向对象编程具有绝对地位,但是在具有大量并发运算的系统中,函数式编程由于没有状态,就能够发挥很大的作用,而在人工智能领域逻辑编程则有很大的优势。需要了解的是,编程语言和编程范式并不完全等同。虽然多数编程语言是以一种编程范式为主,但也有不少语言支持多种范式。例如,C++就是一种典型的多范式语言,同时支持结构化编程、面向对象编程和泛型编程 3 种范式。

根据语言类型系统对类型检查的严格程度,编程语言可以分为强类型语言(如 Java)和弱类型语言(如 C)。弱类型语言的类型检查比较宽松,例如可以允许变量类型的隐式转换、允许强制类型转换等。强类型语言的优势在于通过严格的类型检查,能够降低开发人员出错的可能性,而弱类型语言则更加强调使用的灵活性,把出错检查这些问题更多地交给开发人员的自我保证。

根据数据类型的定义时机,编程语言可以分为静态类型语言(如 Java)以及动态类型语言(如 Ruby)。对于静态类型语言,其变量类型在编译时就已经确定,而动态类型语言则可以在运行时随时改变其变量的数据类型。因此,静态语言一般要求在定义变量时带有类型声明,而动态语言则不需要这种类型声明。这两种语言的类型各有优势。由于没有类型声明,因此动态语言在需要进行扩展时更为灵活,程序规模也更小。但是,由于是在运行时进行类型检查,动态语言的运行速度相对更慢一些。同时,由于代码中的错误很大程度上依赖于运行时检查,这对开发人员提出了更高的要求,也要求更充分的测试。

5.3.2 编程规范

软件代码是软件组织的重要资产。除了极少数产品是由个人完成以外,大多数软件产品都需要多人协同开发,如果没有一定的规范,编写的代码就很难有一致的风格。编码规范定义了软件开发组织或团队在编码过程中需要遵循的普遍准则。通过定义编程规范,可以使得不同的开发人员编写的代码具有一致的风格,从而使得所有的代码作为一个整体变得易于理解和易于维护。此外,编程规范便于有效地推广,已被证明是行之有效的最佳实践。最后,从组织改进的角度来看,编程规范作为一种显式定义的规则,为日后的改进提供了明确的基线。

编程规范的具体形式往往与软件组织、软件项目、上下文相关,并没有一个适用于所有组织或项目的编程规范。从分类上来说,编程规范一般包括编程风格约定和最佳实践两个部分。

编程风格从代码样式的角度进行了约定。下面给出一些常见的对编程风格进行约定的示例:

(1) 代码缩进。代码缩进可以体现代码的层次结构并提高可读性,因此大多数组织都会通过编程规范约定代码缩进的样式和方法。这种约定可以包括缩进的宽度、使用制表符还是空格、花括号的位置等。由于代码缩进的应用是如此普遍和重要,在某些现代的语言(如 Python)中,代码缩进甚至被直接作为体现代码层次结构的语法元素。

(2) 命名。良好的命名可以提高代码的可理解性。一个名字为"allocator"的变量显然比名为"a1"的变量更容易被理解。很多编程规范都会对类名、方法名、参数或者变量的名称进行约定,例如在命名中应该采用有意义的名字,注意简洁性和表达力的平衡,建议所使用的词汇的词性(如类名和参数名应该采用名词,而方法名应该采取动宾形式)等。命名规范往往还约定了是否允许使用缩写,以及如何定义前缀和后缀等。

(3) 注释。注释和代码的区别在于注释仅仅供开发人员阅读,而代码同时被开发人员阅读并被机器编译执行。注释是编程规范中颇有争议的一个问题。反对注释的观点认为，注释意味着重复，所以写得好的代码可能并不需要注释。而支持注释的观点认为，好的注释可以大大增加代码的可读性。但是无论持哪种观点，在编程规范中应该对注释策略予以清晰一致的指导。

除了上述几个例子，其他的一些约定，例如在何处插入空格和空行、输入参数还是输出参数在前、首先定义 public 还是 private 方法等，也常常作为编程风格出现。值得注意的是，编程风格往往没有绝对的优劣之分，它事实上反映了某种偏好。以代码缩进为例，有些团队会禁止使用制表符进行缩进，理由是因为在不同的编辑器中制表符设定可能不同，如果使用不当，可能会导致在一些编辑器上看起来结构良好的代码在另外一些编辑器上看起来结构混乱；但是，有些团队则会采取不同的解决方案，例如禁止使用空格而仅允许使用制表符，这样做的理由是即使编辑器上对制表符代表的空格数量不同，也仍然能清晰地反映层次结构；甚至还有些团队会选择具备空格和制表符转换功能的编辑器，这种编辑器在保存源文件时总是自动地把制表符转换为空格，这样就避免了在编程规范中对此进行约定。上述 3 种选择都有自己的道理，很难定义绝对的优劣，而在这种问题上陷入争议是没有必要的。一致性是编程风格选择中最重要的准则，它表示编程规范应该在同一产品或团队内部得到普遍的认同和一致的执行。

编程规范的另一个方面是最佳实践。在软件构造过程中，存在许多有益的实践经验。如果把这些经验进行总结，然后以编程规范的形式进行传承，就可以帮助软件开发团队更高效地开发软件。下面给出编程规范中最佳实践的两个示例：

（1）在高警告级别进行干净利落的编译，不允许出现警告。编译器是编码过程中一个重要的工具，警告是编译器的一个重要功能。如果代码在编译过程中出现警告，可能提示一些潜在的危险或者代码优化的可能。因此，许多编程规范中都建议将编译器的警告级别调至最高，并且不允许在编译过程中出现警告。

（2）减少全局变量和共享数据的使用。软件的设计和实现应该遵循高内聚、低耦合的原则，而全局或共享的数据则会增加耦合性，从而降低软件的可维护性。除此之外，在多线程编程中，这类变量还会导致冲突，增加设计的复杂性。在实时嵌入式系统这类对性能非常关注的系统中，全局变量可能会涉及内存分页问题，若其设计不当还可能影响性能。此外，互相依赖的全局变量的初始化顺序也可能会带来问题。因此，许多编程规范建议尽量减少对全局变量的使用。

上述两个例子一般来说都适用于大多数语言。同样，对于具体的软件语言，或者具体的软件系统上下文，也同样存在许许多多的最佳实践。虽然在此很难一一列举，但是编程规范所起的作用是一致的，即通过总结最佳实践来形成组织的编程规范是提高软件组织生产率的有效方式之一。

5.3.3　错误处理

软件开发人员在设计和实现软件系统时总希望保证软件的正确性和健壮性。但是，实际的软件系统总会由于设计失误、环境变化、硬件故障等原因，导致软件开发中出现未曾预料的问题或错误。如果未能很好地处理这些问题，软件就有可能出错甚至崩溃。如果这些错误发生在一些安全攸关的系统上，例如交通信号系统、医疗系统、航空航天系统等，这些错误的结果就可能十分严重，甚至会危及人的生命。

需要注意的是，正确性和健壮性代表了两种不同的含义，有些种类的软件系统可能更期望正确性，而另外一些可能更看重健壮性。以地铁交通信号系统为例，如果软件系统发生不可预知的错误就会导致巨大的风险，例如发生列车相撞事故。因此，如果系统已经发生不可修复的错误，即使将系统停机、改为人工指挥，也不应该继续维持一个不安全的系统运行。一般而言，生命攸关的系统要求很高的正确性，即永远不应该返回不准确的结果（即便是停止服务时）。在另外一些情况下，应用往往更看重健壮性。健壮性意味着返回大致可以接受的结果要优于停止服务。例如，一个在线购物网站如果出现某些内部错误而导致不能提供正常服务，那么选择提供降级服务显然要比系统宕机要好得多。

为了能够应对软件中可能出现的错误，在软件设计和构造过程中需要定义有效的错误防范和处理策略，包括尽快发现软件代码中的错误、对错误进行隔离、对错误进行处理或修复等，以此提高代码的正确性和健壮性。错误处理的方法有很多，包括防御式编程、使用断言、错误码返回、异常机制等。在不同的上下文中，应该结合问题的性质使用不同的错误处理方式。

防御式编程适用于那些在现实中可能发生的错误，例如错误的用户输入、实时数据采集故障等。这种错误一般都发生在系统的边界上，所以防御式编程也可以看作系统的"隔栏"，用于屏蔽系统的外部错误。隔栏类似于大型建筑中的防火墙，在发生火灾时阻止火势蔓延。隔栏在系统内部造就了一个干净的环境，简化了内部系统的逻辑复杂度。

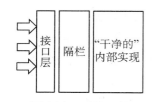

图 5-8　系统隔栏

隔栏的职责由处于边界第一层的模块来完成，如图 5-8 所示。隔栏往往和接口适配器集成在一起，负责处理各种可能的外部错误输入，例如来自外部图形用户界面或命令行的输入错误、实时数据采集的遗漏或误差、外部文件损坏或缺失等。通过在边界上对这些数据进行验证，隔栏可以避免错误数据不进入系统内部，保证内部的"干净"实现。

根据所在领域和出错的问题不同，系统隔栏处理错误的方式也有所不同。例如，如果使用温度传感器进行连续数据采集，当某个数据没有收到或严重超出合法值时，正确的处理方式很可能是采用和上一次相同的数据。这是因为诸如温度这类的数据是连续量，不会出现突然的跳跃。数据不能采集到或者超出合法值的原因很可能是来自外部环境或传输系统的问题，在下一时刻能够自动恢复的情况下，采取连续量带来的风险极小。但是，如果错误是由用户输入造成的，由于在边界上可以很方便地和用户交互，最合理的方式就是给出错误信息，要求用户重新输入。其他处理方式包括返回中间值、换用下一个正确数据、换用最接近的合法值、记录警告信息等。但是，如前所述，对于正确性要求高于健壮性要求的系统（如医疗系统），在采取容错策略时应该特别小心，因为错误的数据可能会造成严重的后果。在这种情况下，即使选择停机，也不能试图对数据进行猜测。

断言也是错误处理的一个非常常见的机制。与前述的防御式编程试图从错误中恢复不同，断言是一旦问题发生立即中止程序运行的一种方式。这种策略也被称为"早崩溃"。由于断言在发生错误时会立即终止程序，看起来会影响系统的健壮性，很多开发人员并不乐意使用断言。这种认识是错误的。合理地使用断言，能够带来很大的好处。

首先，断言能够在距离错误最近的地方报错，可以给调试带来极大的便利。如果一个错误在实际发生错误后很久才能暴露出来，或者是在一个看起来毫不相干的功能上表现出来，这就会给错误的定位和修复带来很大的麻烦。通过使用断言，可以在错误发生的位置上及时对意料之外的错误发出警告，从而帮助开发人员更快地排查问题。

其次，由于断言导致的程序终止会强迫开发人员进行调试，可以避免错误累积。在一个测试完备的系统中，经常使用断言能够保证绝大多数错误都在测试过程中被发现并得以修复，从而可以大幅度地提高系统的稳定性。

当然，为了避免断言影响系统发布时的健壮性，可以考虑在系统发布时将断言结果转换为一种不会直接导致系统崩溃的方式。需要注意，这种方式仅仅是一种折衷方案，在测试完备的情况下并不是必需的。如果采取这种方式，仍然要保留清晰的系统日志，记录错误发生时的上下文信息，从而可以方便地进行问题的定位和修复。

断言可以用于多种场景。首先，如果模块已经直接定义了清晰的接口，断言可以用来检查互相协作的模块双方是否遵循了接口所定义的契约。其次，断言也可以用于对模块内部状态的检查，例如指针不应该为空、不应该向数据容器放入超过容量的数据、某个操作的结果应该处于特定状态等。值得注意的是，断言的使用应该限于那些"不应该发生"的错误。如果一个错误是可能发生的，例如当用户输入的数据是非法值时，应该对用户予以提醒而不是使用断言。

在使用断言时，需要注意编写的语句不能有副作用。下面给出一个错误使用断言的例子：

```
while (iteration. hasMoreElements()){
    ASSERT(iter. nextElements()!=null);
    Object obj = iter. nextElements();
    //...
}
```

在如上所示的代码片段中，ASSERT 语句中的 iter. nextElements() 调用改变了系统的行为，从而导致代码并未真正遍历所有的对象。

错误码返回和异常是另外两种常见的错误处理机制。错误码返回和异常都是把错误或异常事件传递给客户端的一种特殊手段，它们看起来非常容易使用，也却非常容易被滥用。这两种错误处理机制的关键问题在于：由于客户端需要了解被调用代码中可能抛出的异常或者返回的错误码，这些机制在一定程度上削弱了软件代码的封装性。此外，如果把本来可以在局部被处理的错误返回给上层的调用程序，就会增加代码的复杂度，影响健壮性。对于错误码返回机制和异常机制，应确保是真正的"错误"和"异常"时才可以使用。

5.4 单元测试

单元测试是在代码单元粒度上进行的测试。代码单元可以是一个类、一个子程序或者是其他形式但具有清晰边界的一段代码。单元粒度指的是在单元测试中应该将代码单元从完整系统中隔离出来进行。

5.4.1 基本概念

单元测试以快速发现软件代码中的质量问题为目标。相对于系统测试,单元测试有两方面的优势。首先,根据缺陷成本递增规律,发现缺陷的时间越晚,修复成本就越高。单元测试比系统测试更靠近开发阶段,能够更快发现软件中存在的错误,从而避免在后续阶段的浪费。其次,单元测试隔离了代码单元和其他部分的依赖,在测试执行上所用的时间和所需的信息更少,对错误定位的速度也更快。所以,单元测试在发现缺陷方面更具成本效益。

单元测试应该由开发人员进行,而不是由专门的测试团队来进行。由于单元测试通常和编写代码同时进行,一般情况下认为单元测试是软件构造的一部分。单元测试针对的是类、方法和函数等较小粒度的代码单元。开发人员作为这些单元的设计和实现者,能更容易地理解测试的目标,从而更快地编写测试用例和执行测试。同时,由于代码和单元测试都是由开发人员完成的,因此当发现问题时开发人员也能够更快地对其修复。在这个意义上,开发人员进行的单元测试不仅仅是一种测试活动,它也常常伴随着对设计和实现的优化。当然,开发人员进行单元测试也存在一些争议,典型的争议在于:如果开发人员对于设计目标存在观点性错误,那么这些错误很难由开发人员通过测试来发现。这种问题确实是存在的,但是,相对于非开发人员进行单元测试带来的反馈速度下降和协调的增多,由开发人员进行测试仍然是更合理的选择。针对前面所说的问题,可以采取测试评审、后续阶段的集成测试或系统测试等方式进行弥补。

单元测试应尽可能采取自动化的方式。在软件开发过程中,为了获得及时反馈,单元测试应该和代码的修改同步、频繁执行。以手工方式进行单元测试的成本是高昂的。采用自动化的方式,有助于降低单元测试的总体运行成本,提高开发人员运行单元测试的频率。虽然编写自动化测试本身也是一种成本,但是相对于反复频繁地执行人工测试带来的浪费和测试结果的不可靠,这种成本是可以抵销的。而且,通过良好的技术实践方法(如使用自动化测试框架、测试先行策略),能够将自动化测试的编写成本降至较低水平。

单元测试应隔离依赖。除了少数代码单元仅仅依赖于操作系统之外,绝大多数代码单元都不得不依赖于其他代码单元。如果缺乏有效的依赖管理策略,会对测试正确性、稳定性甚至是效率带来很大的影响。例如,如果被依赖的部分发生变化,很可能导致被测代码出现错误的行为。如果被依赖的部分运行缓慢,也会把整个测试拖慢。因此,在单元测试中应尽可能将代码单元和不需要测试软件的其他部分进行隔离,避免由于依赖不可控而导致的上下文敏感问题。

5.4.2 自动化单元测试框架

使用自动化单元测试框架可以提高编写和运行单元测试的效率。典型的自动化单元测试框架是 xUnit 家族,包括 JUnit,NUnit,cppUTest 等。自动化单元测试框架一般都提供了如下 3 个方面的能力:

(1) 方便地编写测试用例,并清晰地声明期望的测试结果;

(2) 运行测试用例,检查测试用例的运行结果并产生报告;

(3) 对测试用例按照一定的规则进行组织。

下面是使用 JUnit 编写的一组测试。该组测试以字符串比较功能作为测试目标,分别测试了字符串相等、和较小的字符串比较、和较大的字符串比较等几种场景。

```java
import static org. junit. Assert. * ;
import org. junit. Test;
public class TestString {
    @Test
    public void test_compare_to_same_string_should_be_zero() {
        String s_1 = "abc";
        String s_2 = "abc";
        assertEquals(0, s_1. compareTo(s_2));
    }
    @Test
    public void test_compare_to_larger_string_should_be_negative() {
        String s_1 = "abc";
        String s_2 = "abk";
        assertTrue(s_1. compareTo(s_2) < 0);
    }
    @Test
    public void test_compare_to_smaller_string_should_be_positive() {
        String s_1 = "abc";
        String s_2 = "ab0";
        assertTrue(s_1. compareTo(s_2) > 0);
    }
}
```

当使用 JUnit 单元测试框架编写测试时，只要遵循框架定义的规范，JUnit 框架就能够自动发现并执行这些测试用例。本例中的 3 个测试用例被组织在一个名为"TestString"的测试类中，测试用例使用"@Test"标记。在运行时 JUnit 框架发现并运行这些测试，然后报告测试执行的结果。从测试结果报告中可以很清晰地了解每个测试的执行结果是否正确、每个测试运行了多少时间等各项情况。尽管不用自动化单元测试框架也能完成上述这些功能，但是实现起来会比较繁琐。使用测试框架不仅仅提高了测试开发的效率，也使得所有人编写的测试都具有良好的一致性。

为了方便开发人员在编写测试时声明期望的测试结果，JUnit 测试框架提供了断言关键字，例如 assertEquals, assertTrue 等。在运行时 JUnit 会对每个断言进行检查，如果违反了测试断言，该测试用例就会被判定为失败。

在编写自动化测试脚本时，组织良好的测试代码具备更好的可理解性和可维护性。每个测试的编写都应该遵循建立——执行——验证——拆卸的步骤。这个步骤也被称为"四阶段测试模式"。在建立阶段，测试代码建立被测代码的前置条件，使得被测单元为测试做好准备；在执行阶段，测试代码调用被测单元的接口；在验证阶段，测试代码通过断言确定是否获得预期的结果,从而判断被测代码的正确性;在拆卸阶段,测试代码,将被测目标及环境恢复到测试前的初始状态,以避免影响后续的测试。

为了有效管理测试,还应该对测试用例进行良好的组织。测试类有两种典型的组织方法:

(1) 根据测试用例的类别进行组织,将概念上具有密切联系的测试用例放到同一个测试类中。例如,每个被测单元或者每种功能特性使用一个测试类。这种组织方式的优点是测试代码的逻辑结构清晰,与被测单元及功能特性的对应关系清晰。

(2) 将所有具有同样前置条件的测试用例放到一个测试类中。测试的前置条件也被称为测试夹具(Test Fixture)。测试夹具是来自于制造行业的一个术语。在制造领域,使用测试夹具固定被测物体,可以反复对其加以测试。这种组织方式的优点是一个测试类中的所有测试用例都共享相同的测试夹具,便于测试用例的编写和维护。

5.4.3　依赖和测试替身

单元测试应当隔离被测单元所依赖的其他代码单元。在单元测试中,可以使用测试替身来代替被测代码所依赖的代码单元。测试替身能够模仿被依赖代码(包括操作、数据、模块或者库等)的行为。对被测代码而言,测试替身和真实的被依赖代码的行为是相同的,但是从单元测试的构造角度来说,使用测试替身要远远优于使用真实的被依赖代码。其原因在于以下 3 点:

(1) 消除被依赖代码的质量对测试的影响。如果被依赖的是真实代码,这些代码也存在出错的可能性。如果被依赖的代码出错,就会影响单元测试的结果。测试替身的实现相对简单,不容易出错,或者即使出错,也能够很容易通过调查迅速发现问题。

(2) 便于测试编写。真实的被依赖代码的配置可能是复杂的,但是测试替身的行为非常便于控制,可以方便地模拟被测代码所需的上下文。有时如果被测代码依赖于某些难以人为控制的因素(如特定的时间点),那么也不可能仅仅在一天中的特定时间对该代码进行测试,此时使用测试替身就有非常大的优势。

(3) 节约关键资源。例如,在被测代码依赖于数量有限或成本昂贵的硬件时,测试替身能够在一些情况下模拟这些关键资源的行为,把关键资源留给必须的地方。

测试替身有许多不同的类型,包括测试哑元(Test Dummy)、测试桩(Test Stub)、测试间谍(Test Spy)、仿制对象(Mock Object)、仿冒对象(Foke Object)和引爆仿冒(Exploding Fake)等[8]。

(1) 测试哑元。测试哑元是一种最简单的测试替身。测试哑元在单元测试中从来不会被真正调用,其存在的目的是让被测代码完成链接。

(2) 测试桩。测试桩比测试哑元要复杂一些。它能够在测试用例的指示下,按照要求在特定时刻返回特定的值,从而使得被测代码能够跳转到相应的路径,或者执行特定的行为。

(3) 测试间谍。测试间谍除了能够像测试桩一样返回特定的值,还能够捕获由被测代码传出的参数,以便测试可以校验被测代码所调用的服务或者传出的参数是否正确。

(4) 仿制对象。仿制对象比测试间谍更为智能。除了能像测试间谍一样返回特定的值或者捕获被测代码传出的参数,仿制对象还可以校验操作是否被调用、调用顺序是否正确以

软件工程∷方法与实践

及参数值是否正确等。

（5）仿冒对象。仿冒对象比较简单，仅仅是为被依赖的组件提供一个部分的实现。

（6）引爆仿冒。引爆仿冒用来模拟"不应当被调用"的场景。当被测代码调用到该仿冒对象所仿冒的服务时，仿冒对象将立即触发测试失败。

和测试用例的编写类似，测试替身也可以手工编写，但是这种方式效率不高。为了解决该问题，测试替身框架应运而生。例如，在 Java 中可用的测试替身框架有 EasyMock，jMock 等。下面的例子使用 EasyMock 构造测试桩，将对货币换算功能进行测试。

```java
public interface ExchangeRate {
    double getRate(String inputCurrency, String outputCurrency);
}
public class TestCurrency {
    @Test
    public void testToEuros() {
            Currency one_hundred_yuan = new Currency(100, "CNY");
            Currency ten_euro = new Currency(10, "EUR");

            ExchangeRate mock = EasyMock. createMock(ExchangeRate. class );
            EasyMock. expect(mock. getRate("CNY", "EUR")). andReturn(0. 1);
            EasyMock. replay(mock);
            Currency exchange_result = one_hundred_yuan. toEuros(mock);
            assertEquals(ten_euro, exchange_result);

    }
}
```

在本例中，Currency 类的实现依赖于外部接口 ExchangeRate。为了避免在测试中和实际 ExchangeRate 的实现解耦，我们使用 EasyMock 框架来实现一个测试桩。这样，就可以根据需要设定汇率的数值来编写测试。

5.4.4 测试先行

在传统观念中，测试活动通常是在软件开发完成之后进行的。相反，测试先行倡导在设计和编码开始之前就编写测试。它是来自极限编程[9]的一种测试策略。虽然测试先行的策略乍看起来违反直觉，其有效性却已经在实践中得到广泛证实。这是因为：

（1）测试先行是可行的。单元测试的目标是发现代码单元设计和实现的缺陷，其核心目标是保证该单元对外接口的行为正确性。由于在软件开发中，实现和接口是分离的，无论实现存在与否，都不会影响开发人员编写针对接口的测试。

（2）测试先行保证了代码的可测试性。在测试后置的情况下，由于在软件设计和代码编写时往往对可测试性考虑不足，单元测试并非易事。但是，由于测试先行是在实现之前编写测试，如果接口设计不合理，就会立即触发接口的调整。这要比已经写了很多实现之后再来调整接口要容易得多。从这个意义上说,编写测试的过程同时也是对被测代码的接口进行设计的过程。

(3) 测试先行使得开发人员更加关注于代码的对外行为,而不是内部的实现方式。由于测试都是从系统外部进行的,这就给重构带来了很大的灵活性。相反,如果测试大量涉及内部逻辑,在重构时就会受到制约,或者不得不在调整实现代码的同时调整测试代码。这时,如果重构过程发生错误,由于测试代码也被同步调整,就难以对错误进行判别和定位。

(4) 测试先行能够提高开发效率。根据缺陷成本递增规律,测试活动和编程活动距离越近,修复缺陷的成本就越低。先写测试将这一距离减至最低,即每新编写一行代码,都可以立即进行测试。一旦发现新的缺陷,那么可以肯定缺陷必然和刚刚编写的代码相关,这种缺陷定位方式要比一次性地从上千行代码中查找错误容易得多。

(5) 测试先行能够方便进度度量,也能够增强开发人员的信心。例如,在测试先行的开发方法中,如果总共需要通过 10 个测试,那么每通过一个新的测试,就意味着进度完成了10%。最终当所有的测试都通过了,那么就可以肯定代码的编写已经完成,而且所作的实现是正确的。

5.4.5　测试驱动开发

从严格意义上说,测试驱动开发并不是一种测试活动,而是一种软件设计活动。测试驱动开发比测试先行更进一步,它不仅仅要求编写任何代码之前首先编写测试,而且要求编写的产品代码都应该以通过测试或者对代码结构进行改进为目标,即产品代码是由测试代码"驱动"产生的。在测试驱动开发中,软件代码的编写是一种快速迭代的过程。每个迭代都由 3 个快速循环的步骤构成:

(1) 编写一个测试,该测试试图证明代码中有一处功能没有实现,或者代码中存在一个需要修复的问题。

(2) 编写产品代码,使这个测试得以通过。在测试驱动开发中,编写产品代码的唯一目标是通过测试,所以不必花费太多精力去做复杂的设计,而是应采取最直接的、尽可能快的方式来编码。

(3) 对代码进行重构。重构的目的是改善代码的设计和结构,改进可理解性、可扩展性等。在对代码进行重构的过程中不应该实现新功能。

需要注意,测试驱动开发对单元测试的有效性和反馈速度有很高的要求。由于单元测试是在整个开发过程中不断运行的,测试必须保持高效。为了达到这个目标,需要构造良好的测试环境以及使用一些技术手段(如使用测试替身技术)。另外,如何恰当地划分测试以使得每个演进步骤既不过大也不过小,也同样需要开发人员具有比较好的经验。

测试驱动开发并不要求在编码之前就进行周密的设计,而是采用在实现过程中不断演进的方式。这就要求每进行一次循环,都要立即对代码进行重构,改善代码质量。这种方式将代码改善活动内建到编码活动中,可以很好地阻止软件设计质量的下降。

测试驱动开发也改善了关于测试的观点。从某种意义上说,测试驱动开发过程中对单元测试缺陷数量的统计已经没有意义,这是因为每个测试都是为了证明代码存在缺陷而编写,而每个缺陷都在编写完代码时立即获得了修复。这也避免了开发人员往往不愿意编写测试的问题。在测试驱动开发模式下,产品代码完成的同时就已经获得了一份可自动化执行的测试代码,而且代码覆盖率必然是百分之百,这也为代码重构带来了质量保证。

5.5 集成

集成的目标是将单独构造的子程序、类、构件和子系统组合到一起,从而提供完整的系统功能。软件集成是一项富有挑战的工作,需要有效而清晰的集成策略。例如,对持续集成必需的软件模块和硬件设施进行良好的规划;计划、编写和执行能保证产品质量的测试;规划合理的集成顺序等。

5.5.1 "大爆炸"集成和增量集成

在软件工程早期,由于人们对软件集成可能出现的问题缺乏足够的认知,自动化测试等基础设施也还没有得到普及,当时普遍采用的方式是"大爆炸"式的集成。"大爆炸"集成是一种在产品发行阶段一次性进行集成的方式。但是,这种集成方式存在工作量大、耗时长、时间弹性弱、反馈困难等缺点。"大爆炸"集成有两个方面的主要风险:

(1)接口问题。如果模块间对接口设计的理解不一致,可能导致开发团队会基于错误的假设进行长时间的开发,直到数月之后开始集成时才发现错误。由于错误发现太晚,返工就会非常困难,可能会严重地影响项目进度和已完成模块的质量。

(2)模块内部质量问题。从概念上来看,集成应该仅需解决模块间的协作问题,而不应该关注模块内部的错误。但是,在很多情况下,集成前的测试往往并不充分。如果在集成时发现了大量模块内部错误,会严重影响集成进度。而且,由于集成阶段涉及的模块数量较多,会进一步加大问题解决的难度。

考虑到上述问题和风险,在实践中更为普遍的集成方式是增量集成。增量集成改变了"大爆炸"集成的无序现象。增量式集成能够及早发现设计中的接口问题,较好地避免问题的互相缠绕,从而使集成过程更加顺利。在增量集成模式下,软件集成并非一次性完成,而是通过多个增量,按照一定顺序逐步集成为最终的系统。自底向上是增量集成的常见方式。例如,在一个较大规模的嵌入式系统中,开发人员可以首先集成操作系统、硬件平台和硬件适配层,然后增加通信层、应用层的各个模块,最后集成各个应用所对应的操作界面等。增量集成具有一些显著的优点。首先,它有利于快速、准确地定位错误,一旦集成中有错误发生,其最新集成的代码单元将成为重点怀疑对象。其次,增量的集成并不需要等到整个系统的每个模块都开发完成,所以可以更及时地展示项目的进展状况、更迅速地了解系统中潜在的实现问题和设计问题,甚至发现需求方面的问题。当然,与"大爆炸"方式相比,由于在增量集成中对每个增量都需要进行测试,这样就需要更多的测试投入。因此,增量集成往往应该在自动化测试的支持下完成。

5.5.2 持续集成

持续集成是来自极限编程(Extreme Programming, XP)的一种实践。它的特点在于集成的持续性:每当开发人员完成一部分功能之后,就立即将新的修改集成到系统中,并通过各种测试来保证集成质量。当通过测试之后,才能进行后续的开发与集成。持续集成的目标是始终保持一个可以工作的系统。持续集成要求每次只引入细小变化、缓慢但是稳健地保持系统增长。通过这种方式,持续集成把增量集成的优势发挥到极致。Martin Fowler 将持续集成定义如下[10]:

> 持续集成是一种软件开发实践,在这种方式下,团队成员经常集成他们的工作。通常,每个人至少每天都会有一次集成,从而每天都会有多个集成。每个集成都通过自动构建(包括测试)来验证,以尽快地检测集成错误。

持续集成本质上是一个反馈系统,以最快的速度发现新编写的代码问题,避免错误累积。保证持续集成有效反馈的方式就是始终保持一个正确的系统基线。这样在任何时刻,只要发现了新的错误,就可以仅仅调查最近才提交的代码。

持续集成的本质是一种团队开发实践。软件开发团队需要定义自己的持续集成策略并完善相关的环境及工具,包括完成准备工作(如将所有的内容置于版本控制之下)、定义持续集成策略(分支策略、代码提交策略、构建策略等)、选择持续集成工具和搭建持续集成环境、改善构建速度等。

1. 使用版本控制系统

实施持续集成的一个前提是将所有和项目相关的内容都交由版本控制系统管理。这些内容不仅仅是产品源代码,还包括测试代码、数据库脚本、构建、部署脚本、测试数据以及开发中所使用的工具集等。

2. 定义分支和代码提交策略

在传统的软件开发中,分支是一种常见的配置管理策略,其最初目的是为了支持较大规模软件团队的并行开发。但是分支独立演化的周期往往很长,所以多个分支在合并时很可能已经有了很大的差异,这些分支在合并时会遇到较大的困难。

在持续集成的系统中,为了避免开发人员之间彼此的信息隔阂以及加快反馈速度,一般要求所有的开发人员都工作在相同的分支上。这样,任何开发人员在任意时刻所做的修改都能够很快被其他开发人员看到,这样也就更容易发现代码中的冲突,从而降低合并的工作量。也就是说,持续集成的最佳分支策略是在整个组织中共享同一主分支。

开发人员的提交频度也会显著影响持续集成的效果。只有频繁提交代码,才能带来所期望的持续集成的好处。持续集成的最低要求是每个开发人员每天都应该提交一次,事实上最好是每当有一个新的、有意义的修改完成时都进行代码提交。通过每天多次集成,可以加快反馈速度,便于开发人员之间进行同步。频繁提交的另一个好处是能够减少构建失败的概率,加快错误定位的效率。如果新的修改存在错误,可以仅从和最近一次提交相关的代码中查找错误原因,或者如果错误不易修复,可以立即回退到前一个版本。

3. 定义构建策略

构建不仅仅指编译,它还包括软件开发组织为了保证软件质量定义而进行的所有相关活动,例如单元测试、系统测试、代码质量检查等。构建必须能够提供真实的、高质量的反馈,这样才能带来好的效果。对不同的组织和项目,能够达到的自动化质量检查程度存在差异,这就需要每个团队结合自身的情况和特点,清晰定义持续集成每个阶段需要完成的任务,例如,如何进行编译、是否采用增量编译的方式、对哪些测试项进行测试、是否进行代码静态检查、是否进行内存泄漏检测、如何进行部署等。

由于持续集成需要每天运行很多次构建，构建必须是自动化的。为了能够做到自动化，就需要一套完备的自动化脚本。例如，在编译阶段应该有合适的编译工具和配置文件，在测试阶段使用恰当的单元测试和系统测试工具，在部署阶段使用脚本进行应用程序的配置、数据的初始化、对操作系统进行升级等。

在持续集成环境中，始终保持一个可以工作的系统是一个最高优先级的活动。如果系统的构建状态不再是成功状态，就不能进行后续的开发。否则，就会造成错误累积，破坏持续集成的目标。此时最高优先级的活动就是将构建恢复至成功状态。为了避免经常破坏集成环境的构建状态，开发人员应该在提交到持续集成环境之前，在本地首先进行构建，避免由于错误导致主线的构建状态失败。一般建议开发人员遵循如下的步骤：

（1）在开始工作前检查集成服务器上的构建状态。如果当前构建状态是成功的，可以基于库中的版本进行新的开发；如果构建是失败的（属于例外情形），首先修复构建状态。

（2）完成一部分开发任务。

（3）在本地执行和持续集成服务器上相同的构建过程。这一步是为了在提交代码前发现问题，尽量避免造成持续集成服务器的构建失败。

（4）如果构建失败，回到第（2）步；如果本地构建成功，检查主线上是否还有其他人已经做了更改。如果其他人有更改，转到第（5）步；否则，转到第（6）步。

（5）合并其他人的更改，重新运行本地构建。如果失败，回到第（2）步。

（6）将代码提交到代码库。持续集成服务器发现新的代码提交，开始执行构建过程。

（7）开发人员等待持续集成服务器发布构建状态。如果状态失败，应该及时修复构建；如果不能快速修复，回滚本次代码提交。

4．使用持续集成工具

有许多自动化的工具可以支持持续集成，例如 Jenkins，CruiseControl 等。虽然不同工具提供的具体功能有所不同，但是这些持续集成系统都具有一些类似的基本功能。持续集成工具最重要的功能是轮询版本管理系统，查看是否有新的提交。如果有新的提交，则签出（checkout）最新的软件版本，允许构建脚本来编译应用程序，然后运行测试，最终将运行结果通知用户。图5-9给出了一个典型的持续集成环境。其中，持续集成工具部署在持续集成服务器上。一般配置持续集成工具以固定的时间周期（如1分钟）对代码库进行轮询。如有新的提交，就会依次运行编译、测试等步骤（可以直接通过持续集成工具进行配置，或者编

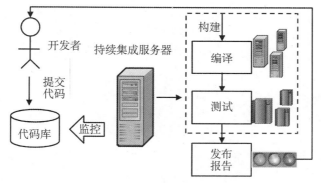

图 5-9　持续集成环境示例

写脚本），最终将持续集成的结果及时通知开发团队。大多数持续集成系统都带有 web 界面。优秀的人机交互界面能够提高持续集成对于组织行为的正面影响。甚至有些团队还会基于持续集成服务器进行通知机制的扩展，以达到更好的人机交互效果，例如使用语音、交通信号灯或者大屏幕等方式。

5. 持续优化

持续集成系统促使软件开发组织始终在一个具有交付质量的代码主线上工作，又要求足够快的构建速度和高质量的反馈。为了让持续集成系统充分发挥其反馈价值，就需要始终保持持续集成系统的有效和高效，例如提高持续集成的运行和反馈速度、保证测试的有效性、改进人机交互的方便程度等。在优化过程中，这些改进活动能够帮助软件开发组织发现更多的问题，从而带来软件开发环境和软件开发组织的持续优化。例如，在持续集成中，由于开发人员每天都会多次提交代码，持续集成的运行非常频繁，从而对构建速度有很高的要求。如果项目的构建速度不能达到这些要求，就需要使用诸如添加硬件、并行化、升级工具、调整测试用例，以及进行增量编译、增量测试等手段。这些改进不仅仅是持续集成所需要的，它们同时也提高了软件开发组织的工程实践能力。

5.6 软件构造工具

俗话说，工欲善其事，必先利其器。使用合适的开发工具，不仅能大幅度提高软件开发的生产率，也能将一些单调乏味和琐碎的工作交给计算机去做，让开发人员致力于创造性的活动。与软件构造相关的工具几乎涵盖了软件构造过程中的每个活动，无论是设计、编码、重构、测试，还是集成。同时，每种活动都有许多不同的工具提供支持。本节将以软件构造活动为中心，在保证普遍性的情况下，对相关工具进行简单介绍。

5.6.1 版本管理系统

版本管理系统是软件开发的基础工具。在软件开发中，出于增加新功能或者修复缺陷的目的，软件代码会经常被增加、删除或修改。对代码的修改会使得代码形成多个版本。版本管理系统的目的是对代码的多个版本进行跟踪和变更控制。为此，已经有多种版本管理系统被开发出来，比较著名的有 Clearcase，Perforce，CVS，SVN，Git 等。

版本管理系统最基本的功能是版本回溯和并行开发。例如，在软件开发过程中，往往需要返回到过去的某个版本，包括对特定版本的代码进行评审、针对特定版本的缺陷修复等。所以，版本管理系统的回溯功能是必须的。除了基本的版本管理，版本管理系统还应该能够支持基线功能，这可以通过标签等方式来实现。有了基线功能，就可以比较容易地在一些重要的版本上进行标记，从而在未来更有效地进行代码的回溯。

在大规模的软件开发中，多人并行开发、多个项目并行开发都是常见的情形。版本管理系统应该具备分支、冲突检测、合并等功能，从而对并行开发提供支持。某些版本库还实现了版本的锁定功能，避免多人对代码进行有冲突的修改。

版本管理系统应支持原子化操作。原子化操作意味着代码库系统应该始终处于一个稳定状态，每次代码提交要么是全部成功，要么是全部失败，不存在部分成功的情况。否则，互相依赖的代码就会出现不一致。值得注意的是，原子化操作在早期的版本管理系统（如

Clearcase Native，CVS)中还没有得到支持，使用时应当采取一定的措施对其进行弥补。

早期的版本管理系统都是集中式的管理方式，即采取客户端和服务器模式。在服务器端保留关于软件版本的一切信息，而在客户端仅保留工作副本。这种管理模式非常简单，但是也存在一定的缺陷，例如，在大规模的组织中服务器很容易成为瓶颈。分布式版本管理系统采取了另外一种思路，它不再区分客户端和服务器，每个副本都是对等的，这给版本管理系统带来了更大的灵活性。在常用的工具中，Clearcase，CVS，SVN 等都属于集中式版本管理系统，而 Git，Mercurial 等则是分布式管理系统。

5.6.2　编译和调试工具

根据使用的语言不同，软件代码有两种可能的执行方式：解释执行或者是编译执行。例如，Python 通常是解释执行，而 C++则是编译执行。无论采取哪种执行方式，开发人员都需要工具的辅助。对于解释执行的代码，需要解释器；对于编译执行的代码，需要借助于编译器、链接器等，将源代码转化为可执行代码。

对于稍大规模的项目而言，仅仅有解释器或编译器是不够的。如果项目的文件数量众多，每次针对逐个文件进行单独编译、链接相当麻烦而且容易出错。此外，每次修改可能仅仅会改动其中的某些文件，如果全部重新编译所有代码，就会造成时间和资源的浪费。例如，如果总文件数量是 100 个，而某次仅仅修改了文件 A，而涉及文件 A 的文件仅仅有 5 个，那么就应重新编译这 5 个文件，而不应重新编译剩余的 95 个文件。那么如何识别哪些文件需要重新编译，哪些不需要呢？这些问题都是构建工具的支持范畴。例如，著名的 Make，Maven 等都是很好的构建工具。当执行构建时，Make 工具会根据 Makefile(在 Maven 中是 pom. xml)描述的依赖关系来检查哪些文件本身或者被这些文件依赖的文件改变了，编译时就仅仅编译这些改变的或者受影响的文件。这能够大幅度地提高编译速度，而且避免了手工编译时可能发生的种种错误。

良好的编译和构建过程还应该支持开发人员进行代码的调试，以发现代码错误。因此，编译器往往需要给出警告信息、向编译出的目标码中插入调试信息，以及采取 GDB 这类调试工具来设置断点、跟踪调用栈等。

性能是软件开发中一个比较有挑战的问题。虽然在前期通过良好的设计能够避免常见的性能问题，但对于性能敏感的应用，往往在开发完成之后还需要进行调优。和一般的调试过程不同，性能调优更多地倾向于统计意义上的问题发现，即通过多次执行的结果发现系统的瓶颈所在。剖析工具(如 oprofile，gprofile 等)可以跟踪代码的调用情况，发现每条语句、每个操作或者每个模块的调用次数和执行时间，从而更好地支持性能调优工作。

5.6.3　集成开发环境

现在大多数软件开发人员都采用集成开发环境来进行编码工作。在集成开发环境中，开发者可以不跳出编辑的界面就能够进行代码编译、错误检测、向代码库中提交代码、运行测试等工作。Visual Studio，Eclipse 等都是优秀的集成开发环境。下面以 Eclipse 为例，概要介绍集成开发环境中的常见功能：

(1) 代码自动完成。Eclipse 会自动检测代码的语法结构，然后在输入代码时自动跳出相应的提示，以及在输入括号等定界符时进行自动匹配，减轻开发人员的记忆负担，避免出错。

（2）格式重排。Eclipse 能根据代码的抽象语法树信息，根据开发人员希望的格式规范，对代码的格式进行排版，保证代码的整齐。

（3）代码交叉引用查找和跳转功能。该项功能可以方便地发现代码之间的相互调用关系，迅速地跳转到代码的定义或者使用的位置。

（4）代码比较。该功能用于对代码多个版本进行比较，或者对不同的文件进行比较，发现其中的差异。

（5）重构功能。Eclipse 能够自动提取方法、进行重命名等。这项功能降低了手工重构的风险，提高了重构的质量和效率。

（6）质量分析功能。这项功能能够提供对于代码质量的分析报告，提示开发人员注意代码中可能存在潜在问题的部分。

（7）支持版本管理、构建、测试、运行、调试等功能。

除此之外，集成开发环境通常还包括大量的附加功能。优秀的集成开发环境应该能有效支持开发人员的每日工作场景，降低单调乏味的细节性工作，减少工作环境切换等带来的浪费。

本章参考文献

［1］ Harold Abelson, Gerald Jay Sussman, Julie Sussman 著，裘宗燕译. 计算机程序的构造和解释. 机械工业出版社, 2004.

［2］ Robert C Martin. Agile Software Development: Principles, Patterns, and Practices. Prentice Hall, 2003.

［3］ Barbara Liskov. Data Abstraction and Hierarchy. ACM Sigplan Notices, 1987, 23(5):17-34.

［4］ Bertrand Meyer. Applying "design by contract". Computer, 1992, 25(10):40-51.

［5］ Richard Mitchell, Jim Mckim 著，孟岩译. Design by Contract 原则与实践. 人民邮电出版社, 2003.

［6］ Benjamin Whorf. Language, Thought and Reality. MIT Press, 1956.

［7］ Steve McConnell 著，金戈等译. 代码大全（第 2 版）. 电子工业出版社, 2006.

［8］ Gerard Meszaros. xUnit Patterns. Addison-Wesley, 2007.

［9］ Kent Beck, Cynthia Andres 著，雷剑文等译. 解析极限编程：拥抱变化（第 2 版）. 机械工业出版社, 2011.

［10］ Martin Fowler. Continuous Integration. http://martinfowler.com/articles/continuousIntegration.html.

第 6 章

软件测试

任何软件系统都不可避免地存在缺陷。这些缺陷可能会给使用软件的用户的生活、学习和工作带来不便。一些严重的软件缺陷还会导致严重的经济损失、社会秩序的混乱甚至危及个人的健康和生命安全。软件测试作为一种重要的软件质量保障手段,已经成为软件开发过程中必不可少的一个环节。有效的软件测试能够在软件产品发布前尽可能多地发现其中所隐藏的缺陷,特别是可能导致重大影响和损失的严重缺陷。

本章将从多个方面介绍软件测试的相关理论、方法与工具。针对软件代码的动态测试,介绍包括黑盒测试、白盒测试等方法,在测试类型上则覆盖了单元测试、集成测试、系统测试、验收测试与回归测试。针对软件文档、代码的静态测试,涵盖评审的方法以及一组可用工具。此外,本章还介绍了针对面向对象程序的软件测试方法。

6.1 软件测试概述

6.1.1 软件测试的价值

软件无处不在。小至个人使用的手机、大至航空航天飞机,软件都是维持系统正常运行以及提供创新性系统特性的核心部分,它为我们的生活带来了许多便利。然而,软件系统内部的缺陷也经常会给我们的社会、经济、生活等各个方面带来不便和损失,甚至引起灾难性的后果。例如,2008 年北京奥运会官方网站第二阶段网上售票开通后吸引了大量用户登录,从而引发系统性能问题,并最终造成系统瘫痪;另一个例子是美国宇航局 1999 年的火星探测飞船在试图登陆火星地面时突然坠毁失踪,其原因在于飞船登陆控制系统中的一个微小错误,这最终导致数千万美元的损失[1]。因此,软件开发者应当充分保障软件产品的质量,在软件发布前通过软件测试等手段发现软件中所隐藏的缺陷,尽可能在发布前消除以避免运行时对系统带来危害。

另一方面,有效的软件测试也是降低企业软件开发和维护成本的重要手段。Barry Boehm 在"Software Engineering Economic"一书中提到[2]:平均而言,如果在需求阶段修正一个缺陷的代价是 1,那么在设计阶段就是它的 3～6 倍,在编码阶段是它的 10 倍,在内部测试阶段是它的 20～40 倍,在外部测试阶段是它的 30～70 倍,而到了产品发布后这个数字就是 40～1 000 倍。在软件生存周期中不同阶段发现并修复缺陷的成本几乎呈指数级增长,因此通过软件测试等手段尽早地发现并消除缺陷,能够有效降低软件的开发和维护成本、缩短软件产品的上市时间。

6.1.2 软件测试的概念

在软件开发的早期年代，测试主要依靠错误猜测和经验推断，并未形成完整的测试方法与过程。1972 年，Bill Hetzel 博士在美国的北卡来罗纳大学组织了历史上第一次正式的关于软件测试的会议。此后，人们对于软件测试的认识也随着软件测试技术和实践的发展而不断加深。

软件测试具有两个维度的概念。从正向的维度来看，"软件测试就是以评价一个程序或系统的质量或能力为目的的一项活动。"这是 Bill Hetzel 博士（其代表论著为"The Complete Guide to Software Testing"）对软件测试的定义，它强调软件测试的目的是验证软件系统的正确性。从反向的维度来看，Glenford J Myers（其代表论著为"The Art of Software Testing"）给出软件测试的另一种定义："软件测试是以发现错误为目的而执行一个程序或系统的过程。"它强调测试的目的是为了证明程序是有错误的，因此测试人员需要以"破坏性"的手段来找到系统中不符合要求的地方。

以上两个维度的定义反映了软件测试的不同侧重点。正向维度的软件测试从质量保证的角度来指导测试工作，这对于安全攸关的软件系统（如火箭发射系统、医疗系统等）而言是必要的。其原因在于这些系统无法承受任何的软件失效，因此必须保证极高的软件质量。反向维度的软件测试则考虑测试工作的目标与效率，这种测试用于一般的软件系统。对于这些系统而言，软件质量只需维持在一个用户可以接受的水平即可，而不用过分追求与安全攸关系统相同的质量水准。因此，测试人员的工作主要是以最小的工作量发现系统中存在的缺陷，这样也能够控制软件开发的成本以及交付的时间。

IEEE 729—1983 为软件测试给出了一个标准的、可操作的定义[3]："使用人工或自动的手段来运行或测量软件系统的过程，目的是检验软件系统是否满足规定的要求，并找出与预期结果之间的差异。"这个定义结合了正向与反向两个维度的测试概念。

以上这组软件测试的概念都依赖于测试人员运行待测软件来验证系统的功能正确性或发现程序缺陷。在 IEEE 软件工程知识体系[4]中，软件测试就被定义为一个动态的过程，它基于一组有限的测试用例执行待测程序，从而验证一个程序是否提供了预期的行为。这类测试的测试对象局限在软件代码之上，它归属于狭义的软件测试概念的范畴。

由于狭义的软件测试并不保证编码之前的需求分析、设计阶段所生成的制品的质量，因此在完成编码之后才去发现这些制品中的缺陷就可能会造成大量的返工。针对这一问题，更多的测试人员认为测试已不再是程序编码之后的一个环节，而应是贯穿于整个软件生存周期之中的一系列活动。软件测试需要向前延伸至软件文档（如需求文档、设计文档等）、模型等一系列软件开发过程的中间制品。这种具有更大覆盖面的软件测试形成了测试的广义概念。

在不运行代码的情况下使用一系列静态检测技术能够发现软件文档、模型、代码中的缺陷。这类静态技术虽然在 IEEE 软件工程知识体系中被归属于软件质量（Software Quality）知识领域，然而它们也时常被认为是广义的软件测试方法中的组成部分。

从软件测试的实施角度来看，验证与确认是软件测试中两类密切相关但侧重点各不相同的活动，它们同时也是 CMMI 三级中的两个关键过程域。

（1）验证（Verification）的目的在于确保已实现的软件符合其产品规格说明书所定义的系统功能和特性。在软件生存周期的各个阶段，可以用下一个阶段的制品来检查产品或中间产品是否满足上一个阶段的规格定义，即确保开发者正在正确地开发产品（Build The Product Right）。

（2）确认（Validation）的目的是证明软件或构件在用户环境下能够实现用户的真实需求，即确保已开发出的软件能够符合用户的真正意图。与验证相比，确认是确保开发者正在开发正确的产品（Build The Right Product）。

验证和确认是互补的两类活动，这是因为仅仅经过验证的软件可能并不满足用户的真正要求，而仅仅经过确认的软件则不一定能发现软件开发过程中引入的缺陷。因此，在测试过程中测试人员要综合考虑这两个方面。

6.1.3　典型的软件测试级别

在整个软件开发过程中，软件测试可被划分为不同的级别。尤其在动态测试活动中，归属于不同级别的 5 个测试活动针对不同的测试对象，且具有各自的侧重点。以下对典型的 5 个测试级别进行概述。

（1）单元测试（Unit Testing）是针对软件中独立的代码单元进行正确性检验的测试工作。代码单元是程序中最小的可测试对象，其粒度小至函数或过程，大至软件构件。单元测试一般由代码单元的开发人员负责实施。

（2）集成测试（Integration Testing）在单元测试的基础上开展，它是对系统的接口进行正确性检验的测试工作，主要检查程序单元的接口间是否存在连接方面的问题。集成测试按照特定的策略开展，包括一次性的集成和增量式的集成。

（3）系统测试（System Testing）是将待测软件放置于整个基于计算机的系统中，与计算机硬件、第三方软件、数据和人员等其他系统元素及环境结合在一起进行的测试工作。系统测试在充分运行系统的基础上验证系统能够满足规格说明书的要求。另外，针对不同的测试目标，系统测试具有多种不同的测试类型，包括功能测试、性能测试等。

（4）验收测试（Acceptance Testing）是用户根据实际需求决定是否接受软件系统的测试，它是发布、部署软件系统之前的一个环节。验收测试的目的是从用户的角度确保软件已经准备就绪，并且能够提供正确的、用户期望的软件功能和服务。

（5）回归测试（Regression Testing）是在软件进行修改后用于确认修改未引入新的错误或导致其他代码产生错误的一种有效的测试方法。回归测试要求在每次软件变更后要重新执行测试用例，这会增加测试的成本。因此，回归测试涉及一系列用于降低测试成本、提高测试效率的测试用例精简、筛选与优先级排序的技术。

6.1.4　软件测试的原则

软件开发项目中的测试活动应当符合基本的工程化原则，例如强调成本效益、价值导向、全生存周期的质量保障等。因此，测试人员进行软件测试工作时，应理解并遵循以下 5 个原则，从而更加高效、有针对性地开展测试活动[5]：

（1）"足够好"（Good Enough）原则。测试是在有限的资源、人力情况下开展的，不能期望组织提供无限的资源以发现所有的缺陷。当测试人员增多时，还可能因为沟通、培训等问题导致测试效率降低。因此,要在测试的投入与目标之间进行适当权衡,在尽可能保证产品质量的情况下节约测试资源、控制测试成本。

(2) Pareto 原则。软件测试中的 Pareto 原则是指 80%的缺陷集中在 20%的程序模块中,即大多数的缺陷往往只存在于被测软件的一小部分中。因此,要对这部分的功能进行完全、充分的测试;而对于剩下 80%的功能,可以适当降低其测试目标。

(3) 测试贯穿于软件生存周期。软件生存周期的各个阶段都会发生缺陷,缺陷不仅仅出现在代码中,也会存在于文档和模型中。因此,测试不应成为在软件开发完成后的独立活动,而应贯穿于整个软件生存周期中。测试人员除了针对代码开展测试工作之外,也应在前期参与文档、模型等制品的评审。

(4) 尽早测试。正如 Boehm 所说明的那样,越晚发现软件中的缺陷,其修正成本就越高,而且该成本往往呈指数级增长。这是由缺陷的早期引入(早期引入的缺陷数量占总数的 50%至 60%)以及缺陷的放大性(需求规约中的一个缺陷会导致多个实现上的缺陷)所造成的。因此,应当在软件项目开始阶段就引入软件测试并执行测试。

(5) 避免同化效应。同样的测试用例被反复执行往往会降低发现缺陷的概率,这是由于测试人员对测试用例及测试对象过于熟悉而产生定向思维所导致。因此,要克服这种同化效应,可采取经常评审和修改测试用例、时常增加新的测试用例、测试人员轮换等方式。

6.2 软件测试过程

6.2.1 软件测试过程模型

测试团队或测试人员可遵循特定的测试过程开展测试工作。随着人们对测试的认识不断深入,测试过程也不断发展,产生了 V 模型、W 模型与 H 模型等不同的软件测试过程模型。

如图 6-1 所示的 V 模型将测试活动划分为不同的阶段,同时这些测试的执行都是在编码活动完成之后才进行的,这一点类似于软件开发过程中的瀑布模型。另外,V 模型的测试主要针对软件代码,因此该模型的测试属于狭义的软件测试概念范畴。在 V 模型中,单元测试检测代码是否符合详细设计的要求;集成测试检测此前测试过的各组成部分是否能完好

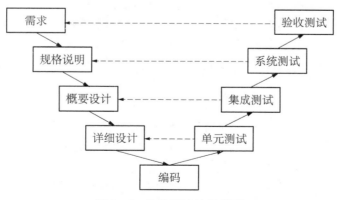

图 6-1 软件测试的 V 模型

地组合到一起；系统测试检测已集成在一起的产品是否符合系统规格说明书的要求；验收测试检测产品是否符合最终用户的需求。另外，在理想情况下软件开发过程中的每一个阶段都为对应的测试预先设计了相应的测试用例，例如，详细设计阶段设计单元测试所需的测试用例，概要设计阶段设计集成测试的用例。

V 模型指明开发过程活动与测试活动之间的对应关系，也向测试人员指明应按何种顺序来执行这一组分阶段的测试工作。然而，V 模型具有很大的局限性。它将测试作为在需求分析、概要设计、详细设计及编码之后才被执行的活动，这会使得早期需求、设计阶段产生的缺陷只有在后期的测试活动中才能被发现，从而导致部分需求与设计的返工，增加软件开发的成本。

如图 6-2 所示的 W 模型是 V 模型的扩展，用于解决 V 模型的局限性。它强调测试是伴随着整个软件的开发周期而进行的，并且测试的对象不仅仅是程序，也包括需求、设计等制品。W 模型的测试属于广义的软件测试概念范畴。在 W 模型的指导下，测试人员在编码活动开始之前就可以对特定阶段生产的中间制品开展测试活动，例如在需求分析完成后就可以对需求规格说明书进行评审。W 模型有利于尽早发现软件开发过程中的缺陷，降低软件维护成本。然而，与 V 模型类似，W 模型中的测试仍旧保持严格的顺序关系，只有当前一阶段完成后才能进入下一阶段。这种测试的顺序无法实现测试活动的迭代，即无法对之前的制品进行修改。

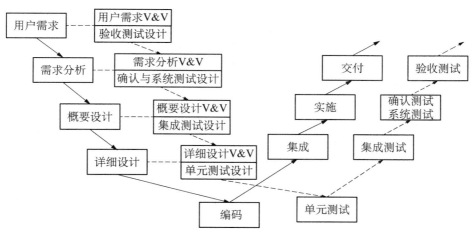

图 6-2　软件测试的 W 模型

如图 6-3 所示的 H 模型解决了 V 模型与 W 模型的共同缺陷。它将测试活动完全独立出来，形成一个完全独立的流程，并且清晰地划分了测试准备活动和测试执行活动。H 模型并没有限定测试活动的先后顺序，因此整个软件的测试可以按照阶段顺序进行，也可以迭代地执行。另外，H 模型向测试者指明只要测试条件成熟且测试准备活动完成时，就可执行测试活动。

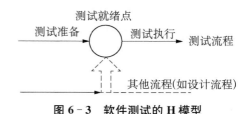

图 6-3　软件测试的 H 模型

6.2.2 软件测试标准

软件测试在经过多年的实践积淀后,形成了一系列具有广泛影响力的标准。此外,软件企业甚至一些软件项目也会按照自身的需要以及在相关方面的技术和经验积累制定自己的软件测试标准。按照标准的制定机构与适用范围进行划分,可以将软件测试标准分为国际标准、国家标准、行业标准、企业标准及项目标准。

ISO/IEC 90003:2004(Software Engineering — Guidelines for the Application of ISO 9001:2000 to Computer Software)是由 ISO 提出的与软件测试相关的国际标准之一,它替代了已经被 ISO 撤销的 ISO 9000—3 标准。与 ISO/IEC 90003:2004 相对应的国家标准是《软件工程 GB/T 19003—2008 应用于计算机软件的指南》,它指导软件企业对软件的开发、应用、获取、操作和维护等所有方面进行质量保证。其中,在"设计和开发"章节,该标准包括"设计和开发评审"、"设计和开发验证"与"设计和开发确认"这 3 个与测试相关的活动,标准中给出了这些活动的内容以及执行这些活动所应遵循的原则。特别在"设计和开发确认"活动中,该标准进一步指明了测试的不同级别(单元测试、集成测试等),以及执行不同测试技术的准则。

另外一个专门针对软件测试的国际标准是 ISO/IEC/IEEE 29119 标准系列[6]。该标准系列包括 5 个子标准:定义与术语(ISO/IEC 29119—1:Concepts & Definitions)、测试过程(ISO/IEC 29119—2:Test Processes)、测试文档(ISO/IEC 29119—3:Test Documentation)、测试技术(ISO/IEC 29119—4:Test Techniques)与关键字驱动的测试(ISO/IEC 29119—5:Keyword Driven Testing)。前 3 个子标准已于 2013 年 9 月发布。其中,测试过程标准定义了 3 层的通用测试过程框架,该框架包含组织测试过程、测试管理过程(测试计划、测试监控、测试完成)以及动态测试过程(测试设计与实现、测试环境搭建与维护、测试执行、测试报告)。针对各个过程,该标准以状态图的方式详细描述了实现该过程的各项活动。另一方面,测试技术标准归纳了一组通用的动态测试技术,分为基于规格说明的测试技术与基于结构的测试技术两大类,涵盖例如组合测试、场景测试、随机测试、分支测试、数据流测试等特定的技术。

《GB/T 15532—2008 计算机软件测试规范》是中国国家标准化管理委员会制订的测试规范。它规定了计算机软件生存周期内各类软件产品的基本测试方法、过程和准则。更进一步地说,该规范对软件测试过程中的测试对象和目的、测试的组合和管理、技术要求、测试内容、测试环境、测试方法、准入条件、准出条件、测试过程和输入文档等条目都做出了要求。在其附录中还介绍了软件测试方法、软件可靠性推荐模型、软件测试部分模板、软件测试内容的对应关系等。

6.3 软件测试技术

本节介绍常用的动态软件测试技术,包括黑盒测试、白盒测试、组合测试和变异测试。另外,还介绍针对软件文档与代码的静态测试技术。

6.3.1 黑盒测试

黑盒测试也称为功能测试或数据驱动的测试。它将程序模拟为封闭的盒子,测试人员无法查看,同时也无需了解其中的代码与程序结构,他们只是依据程序规格说明,根据程序的输入、输出来验证程序功能的正确性。黑盒测试中常用的方法包括等价类划分法、边界值分析法、判定表、因果图、错误推断法等。

1. 等价类划分法

等价类划分法的基本思想是将程序的输入划分为一组等价类,对等价类中一个输入数据的测试结果能够等同于针对该等价类中其他输入数据的测试。也就是说,如果使用等价类中的某一个数据作为输入并检测到程序错误,则使用该类中其他数据进行测试也将检测到相同的错误;反之亦然。使用等价类能够减少测试用例数目,提高测试的效率。

等价类划分法主要分为两个步骤:划分等价类和编写测试用例。

步骤一:划分等价类

等价类被进一步细分为有效等价类以及无效等价类。

有效等价类是对程序而言合法的输入数据集合,无效等价类则是非法的输入数据集合。对有效等价类中的输入数据进行测试,能够验证程序是否能够实现预定义的功能和性能;而对无效等价类中的输入数据进行测试,能够检验程序是否能够对异常数据进行判断和处理,从而测试其容错性。

确定有效等价类可以使用以下 6 条原则:

(1) 若一个输入条件规定了输入数据的取值范围或者个数,那么可以确定一个有效等价类和两个无效等价类。例如,某一个程序将输入参数 X 的取值范围规定为 10~50,则有效等价类为 10<=X<=50,两个无效等价类为 X<10 和 X>50。

(2) 若一个输入条件规定了数据值的集合,或者是规定了“必须如何”的条件,那么可以确定一个有效等价类和一个无效等价类。例如,若程序输入的条件是 X=5,那么有效等价类为 X=5,无效等价类为 X≠5。

(3) 若一个输入条件是一个布尔值,那么可以确定一个有效等价类和一个无效等价类。例如,若程序输入条件为 X=true,那么有效等价类为 X=true,无效等价类为 X=false。

(4) 若程序规定了输入数据的一组值(假定有 n 个值),并且程序对每一个输入值进行不同处理,那么可以确定 n 个有效等价类和一个无效等价类。例如,若程序的输入 X 来自一个集合{1, 2, 3},那么有效等价类是 X = 1, X = 2, X = 3;无效等价类是 X ∉ {1, 2, 3},例如 X = 4。

(5) 若程序规定了某个输入数据必须遵守的规则,那么可确定一个有效等价类(符合规则)和若干个无效等价类(从不同角度违反规则)。例如,一个网站的合法用户名必须以字母或数字组成且不包含特殊字符,同时必须由字母开头,那么针对该用户名的一个有效等价类是“符合规则的用户名”,无效等价类包括“包含特殊字符的用户名”、“不以字母开头的用户名”等。

(6) 在确定已知等价类中各元素在程序处理方式不同的情况下,应该再将该等价类进行划分,成为更小的等价类。

步骤二:编写测试用例

在等价类被确定后,可以建立等价类表,如表 6-1 所示。表 6-1 为程序的每一个输入条件(如某个程序参数)分别列举其有效等价类和无效等价类。

表 6-1   等价类表的模式

输入条件	有效等价类	无效等价类
……	……	……

设计测试用例时,应考虑其覆盖等价类的程度。具体而言,可以遵循以下两条步骤:首先,一个测试用例应尽可能多地覆盖尚未被覆盖的有效等价类,重复该步骤,直至所有的有效等价类都被覆盖为止;其次,一个测试用例应只覆盖一个尚未被覆盖的无效等价类,重复该步骤,直至所有的无效等价类都被覆盖为止。

示例

一个对输入三角形进行分类的程序功能是:读入代表三角形边长的 3 个整数,即 a,b,c,3 条边的长度都在 1 至 100 之间(包括 1 和 100),判定它们能否组成三角形。若不能,显示"输入错误";若三边相等,显示"等边三角形";若只有两边相等,显示"等腰三角形";若三边各不相等,则显示"一般三角形"。

根据以上需求描述创建等价类表,如表 6-2 所示。

表 6-2   三角形分类程序的输入等价类表

输入条件	有效等价类	无效等价类	
3 条边的赋值	(1) $0 < a < 101$ (2) $0 < b < 101$ (3) $0 < c < 101$	(4) $a <= 0$ (6) $b <= 0$ (8) $c <= 0$	(5) $a >= 101$ (7) $b >= 101$ (9) $c >= 101$
构成一般三角形	(10) $a < b+c$ (11) $b < a+c$ (12) $c < a+b$	(13) $a >= b+c$ (14) $b >= a+c$ (15) $c >= a+b$	
构成等边三角形	(16) $a = b = c$		
构成等腰三角形	(17) $a = b, a != c$ (18) $b = c, b != a$ (19) $a = c, a != b$		

根据以上等价类表,可以生成如表 6-3 所示的测试用例。

表 6-3   三角形分类程序的测试用例

编号	输入数据	预期输出	覆盖等价类
1	$a = 50, b = 60, c = 70$	一般三角形	(1)(2)(3)(10)(11)(12)
2	$a = 50, b = 50, c = 50$	等边三角形	(16)
3	$a = 50, b = 50, c = 10$	等腰三角形	(17)
4	$a = 10, b = 50, c = 50$	等腰三角形	(18)
5	$a = 50, b = 10, c = 50$	等腰三角形	(19)
6	$a = 0, b = 50, c = 60$	输入错误	(4)

编号	输入数据	预期输出	覆盖等价类
7	a = 102, b = 50, c = 60	输入错误	(5)
8	a = 50, b = 0, c = 60	输入错误	(6)
9	a = 50, b = 102, c = 60	输入错误	(7)
10	a = 60, b = 50, c = 0	输入错误	(8)
11	a = 60, b = 50, c = 102	输入错误	(9)
12	a = 80, b = 30, c = 40	输入错误	(13)
13	a = 30, b = 80, c = 40	输入错误	(14)
14	a = 40, b = 30, c = 80	输入错误	(15)

2. 边界值分析法

许多错误发生在输入数据的边界之上,因此,边界值分析可作为等价类划分法的一种补充。边界值分析法是采用将某个变量输入范围边界上的值作为输入条件,从而验证系统功能是否正确的测试方法。边界值分析法所选择的测试数据一般位于输入的边界条件或临界值,以及这些边界条件、临界值附近的值,具体可参照以下 3 个技巧:

(1) 若输入条件规定了值的范围,那么选择刚刚达到这个范围的边界值,以及刚刚超过这个范围边界的值。

(2) 若输入条件规定了值的个数,那么选择最大个数、最小个数、比最大个数多 1 个、比最小个数少 1 个的数作为测试数据。

(3) 若输入范围是一个有序的集合,例如有序表、顺序文件等,那么应选取集合的第一个和最后一个元素作为测试数据。

边界值分析法对于多变量函数的测试很有效,缺点是对布尔值或逻辑变量无效,也不能很好地测试不同的输入组合。

针对三角形判定示例,可以为其增加如表 6-4 所示的边界值测试用例。

表 6-4 三角形分类程序的边界值测试用例(部分)

编号	输入数据	预期输出
15	a = 1, b = 1, c = 1	等边三角形
16	a = 100, b = 100, c = 100	等边三角形
17	a = 100, b = 50, c = 50	输入错误

3. 判定表与因果图

将输入数据作为程序的参数,那么参数之间的影响,即参数的组合可能成为主要的错误来源。组合分析就是一种基于参数组合的测试技术,用于发现将参数不同取值作为输入条件时程序的潜在错误。

判定表方法是使用组合分析的一种技术。一个判定表由"条件和活动"两个部分组成,

测试活动需要考虑判定表列出的所有可能的条件组合。判定表包含以下 5 个重要概念:

(1) 条件桩:列出问题的所有条件;

(2) 动作桩:列出可能针对问题所采取的操作;

(3) 条件项:针对所列条件的具体赋值,即每个条件可以取真值和假值;

(4) 动作项:列出在条件项(各种取值)组合情况下应该采取的动作;

(5) 规则:任何一个条件组合的特定取值及其相应要执行的操作,在判定表中贯穿条件项和动作项的一列就是一条规则。

判定表的制作可遵循以下 4 个步骤:

(1) 列出所有的条件桩和动作桩,作为判定表的行;

(2) 填入条件项,即确定条件桩的可能取值;

(3) 填入动作项,即确定在每列条件桩取值情况下的动作;

(4) 在初始判定表的基础上简化、合并相似规则或者相同动作。

因果图法是另一种使用组合分析的技术,该方法借助图形着重分析输入条件的各种组合,每种组合条件就是"因",它必然有一个输出的结果,即为"果"。因果图是一种形式化的图形语言,由自然语言写成的规范转换而成,这种形式的语言实际上是一种使用简化记号表示的逻辑图(使用"∧"表示"与"、"∨"表示"或"、"∽"表示"非")。因果图不仅能发现输入、输出中的错误,还能指出程序规范中的不完全性和二义性。因果图法需要与判定表结合使用,它从软件规格说明书中分析输入与输出数据,关联这些数据,并转换为判定表。

以下以一个示例展示因果图与判定表的具体应用。某软件对用户输入的编码有如下规定:编码的第一个字符必须是"A"或"B",第二个字符必须是一位数字,此情况下给出信息"编码正确";如果第一个字符不是"A"或"B",则给出信息"编码错误";如果第二个字符不是数字,则给出信息"修改编码"。

根据以上描述,首先得到该问题的"因"与"果",如表 6-5 所示。使用逻辑方式组织这些因果,得到如图 6-4 所示的因果图。

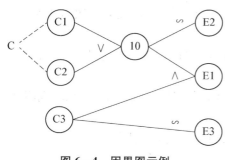

图 6-4　因果图示例

表 6-5　示例的"因"与"果"

编号	原因	编号	结果
C1	第一个字符是 A	E1	编码正确
C2	第一个字符是 B	E2	编码错误
C3	第二个字符是数字	E3	修改编码
10	中间原因		

将因果图转换为判定表,可以得到表 6-6 列出的经过优化的判定表。

软件工程··方法与实践

表 6 - 6　判定表示例

序号		1	2	3	4/5/6
原因	C1	1	0	0	—
	C2	0	1	0	—
	C3	1	1	1	0
结果	E1	1	1	0	0
	E2	0	0	1	0
	E3	0	0	0	1
测试用例		第一个字符是"A"，第二个字符是数字，给出信息"编码正确"	第一个字符是"B"，第二个字符是数字，给出信息"编码正确"	第一个字符非"A"和"B"，第二个字符是数字，给出信息"编码错误"	第一个字符未定，第二个字符不是数字，给出信息"修改编码"

4. 错误推测法

错误推测法又称探索性测试方法，是测试者根据经验、知识和直觉来推测程序中可能存在的各种错误，从而开展有针对性测试的一种方法。错误推测法是一种验证程序功能的黑盒方法，与上述其他黑盒方法不同的是，错误推测法并不包含系统化的测试技术，即没有执行步骤可循。错误推测法要依赖测试人员的直觉和经验。通常，测试人员会认为在发现缺陷的程序位置可能隐藏着更多的缺陷，因此需要列出所有可能出现错误和容易发生错误的地方，然后依据经验进行选择。

错误推测法的优点是测试者能够快速且容易地切入，并能够体会程序的易用与否，缺点是难以知道测试的覆盖率，可能会遗漏大量未知的软件部分，并且这种测试行为带有主观性且难以复制。因此，该方法一般作为辅助手段，即首先采用之前所述的系统化的测试方法，在没有其他方法可用的情况下，再使用错误推测法补充一些额外的测试用例。

6.3.2　白盒测试

白盒测试也被称为结构测试或逻辑驱动的测试，它将软件系统看作一个透明的、开放的盒子，测试人员能够看到程序内部的代码与结构。白盒测试的目标是设计出一组测试用例，按照指定的标准覆盖程序中的路径，在运行被测程序时检查程序在顺序、分支与循环流程控制下的运行结果是否符合设计规约的要求。

程序内部的结构特性与逻辑路径可以由程序流程图进行模拟，因此程序的一次执行过程即对应该流程图内的一条有效路径。白盒测试技术的测试用例可基于程序流程图、以覆盖程序路径作为目标进行设计，它包含逻辑覆盖、循环覆盖与基本路径覆盖这几个主要方法。

理想情况下，测试应对系统中所有可能的执行路径进行全面的检查。然而，系统所有可能的执行路径的数目随着系统复杂性的增加不断增长，甚至可能达到无止境的程度。例如，一个具有 n 个判定条件的程序理论上可具有 2^n 条执行路径，若该段程序代码被循环执行 m 次，则执行路径的数目还将乘以 m。在 m 等于 30、n 等于 100，且每条执行路径需要执行 1 秒的假设情况下，完成所有路径的测试至少需要花费 3 千年的时间，这是无法想象的。由于软件企业执行测试的资源与时间有限，因此实现一个复杂系统的百分之百的路径覆盖往往并不现实。此时，应针对具体情况采用不同级别的覆盖标准，即语句覆盖、分支覆盖、条件覆盖、判定-条件覆盖、条件组合覆盖等，来达到提高测试效率的目的。

下面我们使用一个简单的示例作为测试对象。

商场促销的积分规则：

若购物满 200 元且用户出示 VIP 卡，则获取本单 10% 的积分；

若购物满 400 元或者购物品种大于 10 件，则另外获赠 5 个积分。

在开发结算处理程序时，该示例的积分计算功能可以被编写成如图 6-5 所示的 Java 方法。为了简略，方法中的参数使用简单的字母表示。

```
    //a:本单金额;b:VIP 卡标志,0 代表普通卡,1 代表 VIP 卡;c:购物品种数量
1.  public   int getIntegral(double a, int b, int c) {
2.    int integral = 0;
3.    if (a>=200 && b==1) {
4.      integral = (int) (a * 0.1);
5.    }
6.    if (a>=400 || c>10) {
7.      integral += 5;
8.    }
9.    return integral;
10. }
```

图 6-5　Java 方法实现

该方法被转换为如图 6-6 所示的程序流程图。

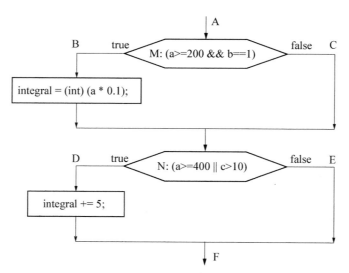

图 6-6　Java 方法的程序流程图

由图 6-6 可知，该方法总共具有 4 条执行路径，其中 M，N 为判定：

(1) P1：(ABDF)，当 M==true 且 N==true 时；

(2) P2:(ABEF),当 M==true 且 N==false 时;

(3) P3:(ACDF),当 M==false 且 N==true 时;

(4) P4:(ACEF),当 M==false 且 N==false 时。

1. 语句覆盖

语句覆盖指设计若干测试用例,运行被测程序,使得被测程序中的每条可执行语句至少被执行一次。

在示例中,P1 路径能够经过所有执行语句,因此可以设计一个测试用例:

表 6-7　测试用例 1

测试输入	预期输出	判定结果	通过路径
a=350, b=1, c=12	40	M=true, N=true	P1

若代码中第 3 行的"&&"条件被误写为"‖"条件,则同样能够覆盖所有语句,并且得到正确的预期结果。这是由于语句覆盖是最弱的覆盖标准,它对判定条件中的逻辑错误不进行验证。

2. 分支覆盖

分支覆盖也称判定覆盖,指设计若干测试用例,运行被测程序,使得被测程序中每个判定的取真分支与取假分支至少被经历一次。

可以设计如下测试用例,其通过的路径 P1 与 P4 能够经过判定 M 与 N 的取真分支与取假分支:

表 6-8　测试用例 2

测试输入	预期输出	判定结果	通过路径
a=350, b=1, c=12	40	M=true, N=true	P1
a=150, b=0, c=7	0	M=false, N=false	P4

判定覆盖仍存在不足。例如,若代码中第 6 行的"c>10"条件被误写为"c>8"条件,同样能够得到正确的测试结果。

3. 条件覆盖

条件覆盖指设计若干测试用例,运行被测程序,使得被测程序内每个判定中每个条件的可能取值至少被满足一次。

示例的两个判定 M 与 N 中共有 4 个条件。可以设计如下测试用例来覆盖这 4 个条件的真值与假值:

表 6-9　测试用例 3

测试输入	预期输出	条件结果	判定结果	通过路径
a=450, b=0, c=7	5	a>=200, b<>1, a>=400, c<=10	M=false, N=true	P3
a=150, b=1, c=12	5	a<200, b==1, a<400, c>10	M=false, N=true	P3

这两个测试用例的输入与输出不同,但是它们得到相同的覆盖路径,因此不满足分支覆盖标准,这说明了条件测试本身的不足之处。

4. 分支/条件覆盖

分支/条件覆盖指设计若干测试用例,运行被测程序,使得被测程序内每个判定的真值和假值都至少被经历一次,同时要使得每个判定中每个条件的可能取值至少被满足一次。显而易见,分支/条件覆盖是分支覆盖与条件覆盖的结合体。

使用分支/条件覆盖作为标准时,需要考虑两个判定 M 与 N 的真、假取值,以及其所涵盖的 4 个条件的真、假取值。可以设计如下测试用例:

表 6 - 10 测试用例 4

测试输入	预期输出	条件结果	判定结果	通过路径
a=450, b=1, c=12	50	a>=200, b==1, a>=400, c>10	M=true, N=true	P1
a=150, b=0, c=7	0	a<200, b<>1, a<400, c<=10	M=false, N=false	P4

若将代码中第 6 行的"‖"条件误写为"&&"条件,也能够获得相同的测试结果,这说明分支/条件覆盖仍有不足的地方。这是由条件表达式中存在的多个"与"、"或"条件所导致的。

5. 条件组合覆盖

条件组合覆盖指设计若干测试用例,运行被测程序,使得被测程序中每个判定的所有条件组合至少出现一次,且每个判定本身的结果也要至少出现一次。

针对示例中的 4 个条件,共有 8 种组合方式:

① a>=200, b==1 ⑤ a>=400, c>10
② a>=200, b<>1 ⑥ a>=400, c<=10
③ a<200, b==1 ⑦ a<400, c>10
④ a<200, b<>1 ⑧ a<400, c<=10

其中,第①至第④个组合是第一个判定语句的条件组合,第⑤至第⑧个组合则是第二个判定语句的条件组合。

设计以下 4 个测试用例就可以覆盖以上 8 种组合:

表 6 - 11 测试用例 5

测试输入	预期输出	条件组合结果	判定结果	通过路径
a=450, b=1, c=12	50	① ⑤	M=true, N=true	P1
a=450, b=0, c=7	5	② ⑥	M=false, N=true	P3
a=150, b=1, c=12	5	③ ⑦	M=false, N=true	P3
a=150, b=0, c=7	0	④ ⑧	M=false, N=false	P4

条件组合覆盖也有缺陷。从上面的测试用例来看,并不能保证所有的程序路径都被执行,即 P2 没有经历过。

6. 路径覆盖

路径覆盖指设计足够的测试用例，用以覆盖程序中所有可能的执行路径。

只需要将条件组合覆盖测试用例中的第 2 个用例稍作修改，就能够覆盖 P1 至 P4：

表 6-12　测试用例 6

测试输入	预期输出	条件组合结果	判定结果	通过路径
a＝450，b＝1，c＝12	50	①⑤	M＝true，N＝true	P1
a＝300，b＝1，c＝7	30	①⑧	M＝true，N＝false	P2
a＝150，b＝1，c＝12	5	③⑦	M＝false，N＝true	P3
a＝150，b＝0，c＝7	0	④⑧	M＝false，N＝false	P4

虽然覆盖了所有的路径，但是却无法覆盖所有的条件组合。因此，在实际使用时，可以将多种白盒测试方法综合运用，从而对全部的路径、条件组合、分支都进行覆盖。针对该示例，可以在路径覆盖用例的基础上加上一条来自条件组合覆盖的用例：

表 6-13　测试用例 7

测试输入	预期输出	条件组合结果	判定结果	通过路径
a＝450，b＝1，c＝12	50	①⑤	M＝true，N＝true	P1
a＝300，b＝1，c＝7	30	①⑧	M＝true，N＝false	P2
a＝150，b＝1，c＝12	5	③⑦	M＝false，N＝true	P3
a＝150，b＝0，c＝7	0	④⑧	M＝false，N＝false	P4
a＝450，b＝0，c＝7	5	②⑥	M＝false，N＝true	P3

7. 基本路径测试法

对于结构更为复杂（包括循环等）的程序而言，达到路径覆盖的标准往往需要设计数量众多的测试用例。基本路径测试法能够用来简化这项工作，该方法在程序控制流图的基础上，通过分析控制结构的环路复杂性，导出基本可执行路径集合，从而设计测试用例，这些测试用例能够保证程序中的每条语句至少被执行一次[1]。

使用基本路径测试法设计测试用例一般包括以下 4 个步骤：

（1）绘制程序控制流图。程序控制流图能够表示程序中的各种结构，包括顺序、分支、循环等，如图 6-7 所示。其中，每一个圆代表一条或多条语句，称为节点；流图中的箭头表示控制流，称为边。

如果判定中包含多个条件，为了提升覆盖的标准，可以将该判定中的复合条件分解为一组只具有单个条件的判定集合。对应于图 6-5 代码的程序控制流图如图 6-8 所示，其中节点上的数字表示代码的行数，另外，小数点后的数字表示判定中的第几个条件。图 6-9 对该程序控制流图进行了区域划分。区域是由边和节点限定的范围，计算区域时应包括图外部的范围。

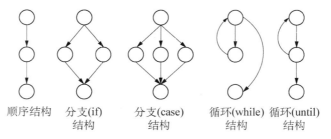

顺序结构　分支(if)　分支(case)　循环(while)　循环(until)
　　　　　结构　　结构　　　结构　　　结构

图 6 - 7　程序控制流图的基本图元

（2）计算圈复杂度。圈复杂度是一种针对程度逻辑复杂性的定量度量，可用于计算程序的基本独立路径数目。一个程序控制流图 G 的圈复杂度被定义为 V(G)。计算 V(G) 有以下 3 种方式：

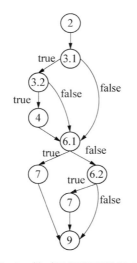

图 6 - 8　针对示例代码的程序控制流图

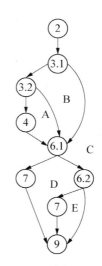

图 6 - 9　程序控制流图的区域划分

方式 1：V(G)＝区域数目。程序控制流图中所有封闭区域的数量加上一个外部区域即为圈复杂度。在图 6 - 9 中，V(G)＝5。

方式 2：V(G)＝E－N＋2。E 是图中边的数量，N 是图中节点的数量。在图 6 - 9 中，V(G)＝12－9＋2＝5。

方式 3：V(G)＝P＋1，P 是 G 中分支节点的数量。图 6 - 9 中共有 4 个分支节点，即 3.1，3.2，6.1 和 6.2，则 V(G)＝4＋1＝5。

（3）确定基本路径。由圈复杂度可知，该代码最多有 5 条独立的基本路径，即只要最多5 个测试用例就可以达到基本路径覆盖。这组基本路径如下：

路径 1：2—3.1—6.1—6.2—9；

路径 2：2—3.1—3.2—6.1—6.2—9；

路径 3：2—3.1—3.2—4—6.1—6.2—9；

路径 4：2—3.1—6.1—6.2—7—9；

路径 5:2—3.1—3.2—4—6.1—7—9。

（4）设计测试用例。根据分析得出的基本路径，设计出以下测试用例：

表 6-14　测试用例 8

输入	预期输出	路径
a＝150，b＝1，c＝8	0	1
a＝250，b＝0，c＝8	0	2
a＝250，b＝1，c＝8	25	3
a＝150，b＝1，c＝12	5	4
a＝450，b＝1，c＝10	50	5

6.3.3　组合测试

在一个具有多参数的软件系统中，输入参数不同取值的组合往往会引起软件的错误。然而根据观察，很多应用软件的错误仅是由该软件的少数几个参数相互作用导致的。例如，从 Mozilla 浏览器的错误报告记录中可以发现，超过 70% 的错误是由浏览器中某两个参数的相互作用触发的，而超过 90% 的错误是由 3 个以内的参数互相作用而引起的[7]。这一事实使得软件测试人员无需完整地测试一个系统的所有参数取值的组合，而仅需对部分参数的所有取值组合进行验证，就能够发现软件的缺陷。

采用这种测试思路的技术是组合测试技术，它是一种生成测试用例的技术，并且能够有效减少测试用例的数目。使用组合测试的前提是将被测软件抽象为一个受到多个因素影响的系统，其中每个因素就是一个系统的输入参数，并且该因素的取值应该是离散且有限的。使用组合测试技术得到的每一个测试用例是通过选取每一个因素的其中一个取值构成的。

组合测试的组合维度 m 是指设计出的测试用例要覆盖任意 m 个因素的所有取值组合。二维的组合测试（也称两因素组合测试）生成的测试用例集就是要覆盖任意两个因素的所有取值组合，在理论上可以暴露所有由两个因素共同作用而引发的缺陷。组合测试的组合维度越低，所需的测试用例的数目也就越少。例如，假设一个系统具有 5 个输入参数且每个参数均具有 5 个不同的取值，该系统所有的因素取值组合（强度为 5）是 $5^5＝3\,125$ 个，若采用三维组合测试技术，生成的测试用例数目是 186 个；若采用二维组合测试技术，生成的测试用例数目只需 36 个。系统的因素数目与因素取值数目越多，测试用例缩减的幅度也会越大。例如，针对一个具有 10 个参数且每个参数都具有 26 个取值的系统，因素的全部组合数目会超过百万亿，而使用二维组合技术，所需的测试用例仅约 1 千个。在执行软件测试的时间与资源都非常有限的情况下，组合测试所带来的缩减测试用例数量的优势，能够帮助测试团队在降低测试成本的同时提高缺陷的发现率。

组合测试的技术有组合设计方法、启发式算法和元启发式搜索方法这 3 类。

组合设计方法表示直接或递归地使用某些代数结构来构造规模较小甚至是最小的 N 维组合测试用例集[8]。其中，正交表是一种常用的构造组合测试用例集的方法。采用该方式时，首先要根据被测软件的规格说明书确定影响某个相对独立的功能实现的操作对象和外部因素,并确定该软件有哪些因素,每个因素有哪些取值。随后,要根据因素数、最大水平数(一个因素中取值的数目)和最小水平数,选择一个测试次数最少的、最适合的正交表。最后,通过将因素的具体取值代入正交表,从而利用正交表构造测试数据集。然而,这种方法也有局限性,它要求所有因素的取值数量均相等,因此影响了该方法的通用性。

启发式算法是一种生成近似最优解的方法。该方法是逐条生成测试用例的过程。使用该方法时,首先要根据测试目标构造一个需要被覆盖的因素取值组合的集合 T,随后每次生产的一条测试用例能够覆盖 T 中的部分组合,并从 T 中将这些已被覆盖的组合剔除。反复执行这一步骤,直至 T 中不再包含任何组合为止。当前,已有很多遵循该测试用例生成策略的算法与工具,例如 AETG,TGG,DDA 与 PICT 工具等[8]。

元启发式搜索算法是启发式算法的改进。常见的元启发式搜索算法分为个体搜索算法与群体搜索算法。个体搜索算法有爬山算法、模拟退火算法、洪水算法、禁忌搜索等;群体搜索算法有遗传算法、蚁群算法等。使用元启发式算法生成组合测试用例有两种策略[8]:一种策略是直接搜索,即以不断迭代的方式得到能够满足组合覆盖条件的测试用例集;另一种策略是结合使用启发式算法中的逐条生成测试用例的方式,此时以单条的测试用例作为可行解来演化推导出其他的可行解。

6.3.4 变异测试

软件开发者在编码时可能会引入一些不明显的语法错误(如将"&&"误写为"‖"),变异测试(Mutation Testing)的目标就是对测试用例集的质量进行评估,并提高测试用例集对这些错误的发现能力。为了评价测试用例集的质量,首先要将开发者经常犯的编码错误作为一系列的故障,故意地植入原始系统中,得到一组程序的变异体(Mutants)。随后对每一个变异体执行测试用例集,若针对一个变异体的测试结果与针对原始程序的测试结果出现不同,那么这个被变异体植入的错误就被检测出来。执行变异测试后得到的结果之一是针对测试用例集的一个度量指标——变异分析充分度(Mutation Adequacy Score)。该指标是被测试用例集检测出的故障与所植入的所有故障数量的比值,它体现了该测试用例集发现缺陷的有效程度。根据该度量指标,变异测试的目标可以被理解为提高一个测试用例集的变异分析充分度的数值。1 为其最高值,表示该测试用例集能够检测出隐含在变异体内部的所有缺陷。

变异测试的基本过程如图 6-10 所示。该过程所包含的活动如下[9]。

(1) 基于一个原始程序 P,通过在 P 上实施一组变异操作来得到一组已植入故障的变异体集合(其中的每一个变异体是 P')。典型的变异操作可以是简单的语法变化,例如通过替换、增加、删除操作符来修改一条语句(如将"&&"变为"‖"、将">"变为">="等),或者是直接修改语句中的变量。

(2) 提供一个测试用例集用来对程序进行测试。在进行变异分析前,原始程序 P 需要成功地通过这组测试用例集。一旦发现原始程序未能通过其中的某些测试用例,那么就需要修正 P,直至 P 通过所有测试用例。

(3) 使用测试用例集 T 测试每一个变异体 P'。如果 P'执行测试用例的结果与原始程序 P 执行测试用例的结果不同,那么该变异体 P'就称为被"杀死"(Killed)的变异体。否则,该变异体 P'仍旧是"存活"(Survived)的。

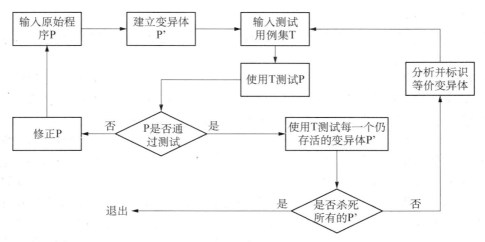

图 6 - 10　变异测试的基本过程[9]

（4）当完成针对所有变异体的测试后，可能仍然存在一部分"存活"的变异体。为了提高测试用例集 T 的质量，测试用例的编写者需要提供更多的测试用例，用来杀死这些存活的变异体。然而，有些变异体始终无法被杀死，这类变异体被称为等价变异体（Equivalent Mutant）。出现等价变异体的原因是由于该变异体尽管在语法上与原始程序不同，但它们在功能上是一致的。一般来说，等价变异体是在变异测试基本完成之后通过人工的方式进行识别的。

6.3.5　静态测试

静态测试是与动态测试相对应的测试技术，它的测试对象是软件系统的文档与代码。软件系统的文档包括需求文档、设计文档等各种文档制品，这些文档本身是不可执行的，因此需要通过评审的方式对文档内容的正确性、一致性进行验证与确认。为了实施一次文档评审的过程，一般要组织相关的软件分析、设计与开发人员召开专门的会议，对文档进行阅读，并对有疑问的部分进行讨论。一旦发现文档中存在缺陷，应该尽早对文档的内容进行纠正，并同时修改与该文档相关的其他文档或代码。

针对代码的静态测试（也称代码评审）不依赖于代码的执行，其目的是通过阅读代码从而检查代码和设计的一致性、代码对标准以及编程规范的符合性、代码的清晰性和可读性、代码的逻辑与结构的正确性、代码的安全性等方面的内容。有 3 种最常用的代码评审方式，分别是桌面检查（Desk-check）、走查（Walkthrough）和审查（Inspection），这 3 种方式在评审的开展过程中有所区别。

桌面检查是一种传统的代码评审方法，它强调由程序员检查自己编写的程序。程序员在程序通过编译之后，对源程序代码进行分析、检验，并补充相关的文档，目的是发现程序中的错误[10]。桌面检查对于测试而言能够节省很多的工作时间。然而，桌面检查可能会受到程序员主观片面性的影响，使得无法有效找出程序中的缺陷。

走查或代码走查是一种相对比较正式的代码评审过程。在该过程中，首先要成立走查小组，包含本程序的编码人员以及其他编程人员和技术专家等。程序编写人员预先将与代码相关的材料分发给走查小组内每个成员，让他们认真研究程序，然后再开会。另外，测试人员还需为待测程序准备一批具有代表性的测试用例,提交给走查小组。在会议过程中,会议组织者会让与会者充当"计算机"的角色,用他们的头脑来执行测试用例,在纸上或黑板上随时记录程序状态与执行路径。

审查或代码审查是一种正式的检查和评估方法。审查过程是由审查小组通过阅读、讨论与争议,对程序进行静态分析的过程。审查小组的人员包括独立的仲裁人(即小组负责人)、程序编写小组成员、其他组程序员以及测试小组成员。代码审查的过程与走查类似,首先由小组负责人把设计规格说明书、程序流程图、程序文档、规范等相关材料提前分发给审查小组成员,作为审查依据。小组成员在充分阅读这些材料后,可参加代码审查会。缺陷检查表(Checklist)是审查过程中的重要文档。检查表将程序中可能发生的各种错误进行分类,对每一类列举出尽可能多的典型错误,随后将这些信息组织成表格,供审查时使用。在审查会议上,首先由程序员逐句讲解程序的逻辑。在此过程中,程序员或其他小组成员可以提出问题,展开讨论,根据缺陷检查表审查错误是否存在。程序员在讲解过程中可能发现许多原来自己没有发现的错误,而讨论和争议则促进了问题的暴露。审查过程中发现的问题应被快速记录,并在会后再被具体解决。

6.4 软件测试类型

本节介绍的软件测试类型包括单元测试、集成测试、系统测试、验收测试与回归测试。

6.4.1 单元测试

单元是软件系统的最小组成部分,它具有不同的粒度。小粒度的单元可以是一个函数,或者是面向对象程序中的一个方法;稍大一点的单元可以是一个文件,或者是面向对象程序中的一个类;更大的单元可以是一个模块或者一个构件。软件系统是由这些单元组合而成的,因此,要保证软件系统的质量,首先要保证构成系统的单元的质量。

单元测试针对一个程序单元,验证其各方面的软件特性。这些软件特性可划分为以下5个部分,针对这些部分的验证构成了单元测试的主要内容[1]。

1. 单元模块的接口测试

只有当程序单元能够接收正确的输入数据、返回正确的输出数据时,才能说明程序模块的功能正确性,因此对程序单元接口的检查和确认是单元测试的基础。测试接口正确与否应该考虑以下6个因素:

(1) 调用本单元时的实际参数与形式参数在个数、类型等方面是否匹配、一致;

(2) 本单元调用其他单元时,在实际参数与形式参数在个数、类型等方面是否匹配、一致;

(3) 调用预定义函数或库函数时,在使用的参数个数、属性和次序方面是否正确;

(4) 是否修改了输入型(只读)参数的值;

(5) 全局变量的定义在各个单元中是否一致;

(6) 是否把某些约束作为参数传递。

如果被测单元通过外部设备进行输入/输出操作时,还应该考虑以下7个因素:

(1) 文件属性是否正确;

(2) OPEN 语句与 CLOSE 语句是否正确;

（3）规定的 I/O 格式说明与 I/O 语句是否匹配；

（4）缓冲区大小与记录长度是否匹配；

（5）在文件被使用前是否已经打开了文件；

（6）在结束文件处理时是否已经关闭了文件；

（7）是否处理了输入输出或者文字性的错误。

2．局部数据结构的测试

检查单元的局部数据结构是为了保证临时存储在单元内的数据在程序执行过程中的完整性与正确性。局部数据结构往往会带来错误，单元测试力求发现以下类型的数据结构方面的缺陷：

（1）不正确或不一致的类型说明；

（2）使用尚未被初始化赋值的变量；

（3）错误的初始值或错误的默认值；

（4）变量名拼写错误；

（5）变量的数值上溢、下溢或者地址错误。

3．单元执行路径的测试

应对单元中每一条独立执行的路径进行测试，因此单元测试也旨在保证单元中每条语句至少能够被执行一次。此时，可采用基本路径测试方法开展白盒单元测试，目的是发现因错误计算、不正确的比较和不适当的控制流所造成的软件缺陷。程序单元中常见的计算错误包括：

（1）不正确的或误用的运算优先级次序；

（2）运算的对象在类型上不兼容；

（3）变量的初值错误；

（4）运算精度不够；

（5）表达式的符号错误。

控制流错误往往与比较判定密切相关，这方面的错误包括：

（1）不同数据类型对象之间进行比较；

（2）不正确的逻辑运算符或优先级；

（3）因浮点数运算精度问题而造成的两值比较不相等；

（4）关系表达式中不正确的变量和比较符；

（5）循环未按照预期的次数，多一次或少一次循环；

（6）错误的或不可能的循环终止条件；

（7）迭代发散时不能退出；

（8）错误地修改了循环变量。

4．错误处理的测试

设计良好的程序单元应该考虑各种出错情况，并预设各种出错处理的通道。单元测试应重点检查以下错误处理方面的问题：

（1）单元输出的出错信息难以理解；

（2）显示的错误与实际的错误不相符；

（3）对错误条件的处理不正确；

（4）在程序自定义的出错处理部分运行之前，系统已进行干预；

（5）错误陈述不足以对错误进行定位。

5. 单元边界条件的测试

软件经常在边界上出现错误，这里所说的边界包括输入数据范围的边界，以及程序执行控制流的边界（如最后一次循环）等。此时，可采用边界值分析方法对边界值及其附近值设计测试用例。

当前，单元测试更多地被认为是一种开发活动而不是测试活动，单元测试一般由软件单元的开发人员负责完成。与单元测试相关的技术，例如驱动程序与桩程序的搭建、xUnit 单元测试框架的使用、Mock 的创建等技术，都在第 5 章被介绍。

6.4.2 集成测试

单元测试保证了单个软件单元或模块的质量。然而，将这些单元直接组合在一起并不能完全保证软件系统的正确性。例如，将一个已经经过单元测试的销售模块与另一个经过测试的发货模块进行组合，此时发货模块可能无法解析销售模块提供的地址格式，从而无法正确执行发货业务，这种错误是由于软件模块对数据格式的不一致定义所引起的。因此，在分阶段的测试策略中，当完成单元测试工作之后，需要进行集成测试。

集成测试也被称为组装测试或联合测试，是将已分别通过测试的单元按照设计要求组合起来再次进行的测试，其主要目的在于检查这些程序单元之间的接口是否存在问题。也就是说，模块集成带来的故障主要是由不完整的规格说明或对接口、资源、规定属性的错误实现造成的。这些导致错误的因素包括以下 5 个方面[11]：

（1）不同模块对参数或值存在不一致的解释。这种因素不会破坏模块间的通信，但会导致模块执行错误的功能。

（2）模块交互后进行计算的误差累计达到不能接受的程度，或者模块的接口参数取值超出值域或者容量。

（3）全局数据结构出现错误，使得模块之间无法按照统一的标准进行计算。

（4）当模块使用那些未在接口中明确提到的资源时，参数或资源所造成的边界效应。

（5）当规格说明不完整且描述不准确时，对功能可能造成遗漏或理解错误，使得几个模块组合后无法完成预期的功能。

在单元测试活动中，一个单元模块可能需要与相关的桩模块集成在一起才能进行完整的单元测试，这种方式带有集成的影子。然而，桩模块集成与真正的软件集成测试具有本质的区别。桩模块是由单元测试人员实现的，因此桩模块必须符合软件单元的接口要求，并且提供模拟出来的完整正确的功能服务，这样才能使得单元测试的重点集中在被测单元模块的功能上。而在集成测试中，软件单元可能是分开实现的，请求服务的单元无法确保提供服务的单元能够提供并实现所预期的功能，因此集成测试能够发现这两个单元组合在一起时可能出现的错误。

在 V 模型中，集成测试的测试用例在系统的概要设计阶段就被开发出来。概要设计描述了软件系统的模块组成，提示测试人员哪些模块需要被组合并且如何组合在一起。因此在集成测试阶段，测试人员应该按照设计要求检查软件模块间的交互情况。

集成测试的关注点不在于测试技术，而在于其测试策略。由于集成测试的对象不仅仅局限于两个单元模块的组合,而是需要检查所有模块之间的结合情况,因此按照何种顺序、何种方式对模块进行组合并实施测试是一个需要着重考虑的问题。以下将详细介绍5种较为常用的集成测试策略。

1. 大爆炸式集成测试策略

大爆炸式集成测试策略是将所有通过单元测试的模块一次性地按照设计要求集成到一起进行测试,因此它是一种一次性组装或整体拼装的过程。这种策略的示意图如图6-11所示,其中的各个模块都已经执行过单元测试,现在将它们作为整体组合在一起进行集成测试。

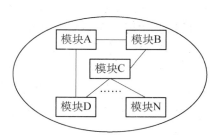

图6-11 大爆炸式集成测试策略

大爆炸式集成测试策略简单、易行,能够尽可能缩短测试时间,并可使用最少的测试用例验证系统。然而,其缺点是显而易见的。这种策略不能对各个模块之间的接口进行充分测试,也不能很好地对全局数据结构进行测试。更为严重的是,在发现错误时难以定位和纠正,并且在改正一个错误的同时又引入新错误的时候,会使得测试人员更难断定出错的原因和位置。因此,这种集成策略只适用于功能少、模块数量不多且程序逻辑简单的小型项目,在大型项目中一般不会采用。

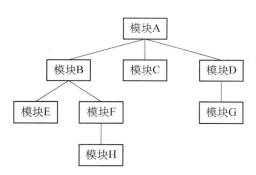

图6-12 软件系统的模块层次结构图

2. 自顶向下集成测试策略

自顶向下的集成测试策略按照系统概要设计所包含的层次结构图,以主程序模块为中心,自上而下按照深度优先或者广度优先策略,对各个模块一边组装一边进行测试。这种策略是渐增式的集成策略,能够逐个检查模块之间的接口交互情况。假设软件系统的模块层次结构如图6-12所示,那么可以通过以下步骤执行集成测试:

(1)把主控模块作为测试的待测模块以及驱动模块,即模块A,并将所有与主控模块直接相连的模块作为桩模块,即图6-12中的模块B,C与D。

(2)根据集成方式,即使用深度优先或者广度优先,逐渐使用实际模块替换相应的下层桩模块,再用新的桩模块代替它们的直接下属模块,与已通过测试的模块或子系统组装成新的子系统。若采用深度优先,集成的顺序可以是B—E—F—H—C—D—G;若采用广度优先,集成顺序可以是B—C—D—E—F—G—H。

(3)每次集成一个模块后,立即实施测试。此时可进行回归测试,即重新执行以前做过的全部或部分测试,以确定集成新模块后没有引入新的错误。

(4)从上述过程中的第二步开始重复执行,直到所有模块都已经集成到系统中为止。

自顶向下的集成测试策略能够始终提供一个看似完整的软件系统,因此能够较早地验证软件系统的功能可行性,给开发者和用户带来成功的信心。另外,只有在个别情况下,才需要开发驱动程序(最多不超过一个),从而减少了测试驱动程序开发和维护的费用。这种测试策略能够便于测试人员进行故障隔离和错误定位。然而,使用这种策略也会带来一些困难和缺陷。首先,在测试时需要为每个模块的下层模块提供桩模块,因此会带来较大的桩模块开发和维护费用。其次,这种策略要求控制模块易于测试,间接增加了开发控制模块的难度。再次,这种策略可能会导致底层模块特别是被重用的模块测试不够充分。

3. 自底向上集成测试策略

与自顶向下相反,自底向上集成测试策略是从系统概要设计所包含层次结构图的最底层模块开始进行组装和集成的方式。它也是一种渐增式的集成策略,但过程与自顶向下不同,主要包括以下 5 个步骤:

(1) 从最底层的模块开始组装,组合成一个能够完成指定软件子功能的复合模块或模块簇。例如,在图 6-12 中首先将模块 F 和模块 H 组合形成簇。

(2) 针对该模块簇,根据测试用例的输入与输出,为其编制驱动模块。

(3) 执行测试用例,测试集成后的模块簇。

(4) 使用实际模块代替驱动程序,按程序结构向上组装形成新的模块簇。例如,使用模块 B 代替驱动模块,并且形成新的由模块 B,E,F,H 组成的模块簇。

(5) 重复第(2)步,直到系统的最顶层模块被加入到系统中为止。

使用自底向上集成测试策略可以尽早地验证底层模块的行为,提高测试效率。另外,这种策略减少了开发桩模块的工作量。从其效果而言,便于测试人员对错误进行定位。这种策略的缺点首先在于直到最后一个模块加进去之后才能看到整个系统的框架,其次是只有在测试过程的后期才能发现与时序和资源竞争相关的问题。另外,开发驱动模块的工作量大大增加,同时也不能及时发现高层模块设计上的错误。

4. 三明治集成测试策略

三明治集成测试策略是一种混合渐增式的测试策略,它综合了自顶向下和自底向上两种集成方法的优点。其步骤如下:

(1) 在模块层次结构图中确定以哪一层为界来使用三明治集成策略。

(2) 对该层下面的各层使用自底向上的集成策略。

(3) 对该层上面的层次使用自顶向下的集成策略。

(4) 把处于该层的各模块同相应的下层集成。

(5) 对系统进行整体测试。

三明治集成测试策略继承了自顶向下和自底向上两种策略的优点,可以较早地测试高层模块,也可以将低层模块组合成具有特定功能的模块簇并加以测试。若运用一定的技巧,能够较大程度地减少桩模块和驱动模块的开发成本。然而,使用该集成测试策略,在被集成之前,中间层不能尽早得到充分的测试。

为了解决这一缺点,可对三明治策略进行优化。优化体现为以下两个步骤,执行这两个步骤直至测试涵盖了整个软件系统。

(1) 并行测试目标层、目标层上面一层和目标层下面一层。

(2) 并行测试目标层与目标层上面一层的集成,以及目标层与目标层下面一层的集成。

当然,使用了优化的测试,需要合理选择中间层次。若中间层选择不适当,会增加驱动模块和桩模块的设计与开发工作量。

5. 其他集成测试策略

除了以上几种集成测试策略之外,还有其他类型的策略。

（1）基于调用图的集成。该策略适合于软件系统提供功能调用图的场景，分为成对集成与相邻集成。成对集成的思想就是免除桩模块与驱动模块的开发工作，使用实际代码来代替这两个模块。成对集成的方法就是对应调用图的每一边建立并执行一个集成测试会话。相邻集成是将一个节点的所有邻居集成在一起，包括所有直接前驱节点和直接后继节点。相邻集成可大大降低集成测试的会话数量，也可避免桩模块和驱动模块的开发。

（2）基于功能的集成。这种策略从功能实现的角度出发，按照模块的功能重要程度组织模块的集成顺序。使用该策略，需要首先确定功能的优先级别，然后分析优先级最高的功能路径，把该路径上的所有模块集成到一起，必要时需要开发驱动模块和桩模块。

（3）基于风险的集成。这种策略旨在尽早地验证风险最高的模块间的集成，因为这些模块间的集成往往是错误集中的地方，对其进行测试有助于系统的稳定，从而增强对系统的信心。

（4）基于事件的集成。这种策略又称基于消息的集成，是从验证消息路径的正确性出发，渐增式地把系统集成到一起，从而验证系统的稳定性。验证消息路径的正确性对于嵌入式系统和面向对象系统具有比较重要的作用。

6.4.3　系统测试

在分阶段测试策略中，当完成系统的集成测试后，可以继续执行系统测试。系统测试是将整个软件系统看作一个整体进行测试，包括对功能、质量（如性能、安全性等），以及软件所运行的软硬件环境等各方面进行整体的测试。

目前，系统测试主要由黑盒测试工程师在整个系统集成完毕以后进行测试，前期主要测试系统的功能是否满足需求，即进行所谓的功能测试；后期主要测试系统运行过程中的质量属性是否满足用户期望的要求，即执行所谓的非功能性测试，非功能性测试包括性能测试、压力测试等更加具有针对性的测试。同时，在系统测试中还需要测试系统在不同的软硬件环境中的兼容性等。在系统测试阶段，测试人员主要依赖于软件系统的需求规格说明书展开测试工作。

1. 功能测试

功能测试用来检查实际软件的功能是否符合用户的需求，具体而言，即根据产品的需求规格说明书和测试需求列表，验证产品的功能实现是否符合产品的需求规格。功能测试是系统测试中最基本的测试，主要使用黑盒测试技术。

从广义的角度而言，软件的单元测试、集成测试等都属于功能测试，但系统级别的功能测试需要将软件系统置于一个实际的应用环境中，模拟用户的操作实现从头到尾的测试，以确保软件系统能够正确提供服务。

针对不同的应用系统，功能测试的内容差异很大，但主要的测试目标涵盖界面、数据、操作、逻辑、接口等几个方面[1]。这些方面的使用要求具体包括：

（1）程序安装、启动正常，有相应的提示框、适当的错误提示等；

（2）每项功能符合实际要求；

（3）系统的界面清晰、美观，菜单、按钮操作正常、灵活，能处理一些异常操作；

（4）能接受正确的数据输入，对异常数据的输入可以进行提示、容错处理等；

（5）数据的输出结果准确、格式清晰，可以保存和读取；

（6）功能逻辑清楚,符合使用者习惯;

（7）系统的各种状态按照业务流程而变化,并保持稳定;

（8）支持各种应用的环境,能配合多种硬件周边设备,与外部应用系统的接口有效;

（9）软件升级后,能继续支持旧版本的数据。

2. 非功能性测试

与功能测试不同,非功能性测试主要关注软件系统在运行中所体现出的质量属性,检查软件系统是否能够满足在需求说明书中所规定的质量。这些质量属性包括性能、安全性、可靠性、容错性等。值得注意的是,有些测试团队直接将非功能性测试作为系统测试,而将功能测试作为与系统测试同等级别的测试活动。

由于质量属性具有不同的维度,因此非功能性测试也包含多种具有针对性的测试活动,包括较为常见的性能测试、压力测试、容量测试、安全性测试、可靠性测试与容错性测试等。其中性能测试、压力测试与容量测试的目的虽然有所不同,但它们的实现手段与技术在一定程度上较为相似,均采用负载测试技术,并且在运行时监控、获取系统的性能指标。

软件系统的性能指标表明软件系统或构件对于其及时性、可用性等方面要求的符合程度。我们一般所说的软件性能表现在响应时间、并发用户数量、吞吐量、系统资源这 4 个方面:

（1）响应时间。应用系统从请求发出开始到客户端接收到最后一个字节数据所消耗的时间。响应时间是用户能够直接感受到的软件性能。

（2）并发用户数。使用系统且同时在线的用户人数。

（3）吞吐量。单位时间内系统处理的客户请求的数量,它表示了软件系统的性能承载能力。

（4）系统占用资源。系统运行时的服务器 CPU 使用率、内存使用率、硬盘的 I/O 数据、数据库服务器的缓存命中率、网络带宽数据等。

因此,负载测试技术可以通过不断加载系统负载,例如逐渐增加模拟用户的数量或其他加载方式,来观察不同负载下系统的响应时间、数据吞吐量、系统占用的资源(如 CPU、内存)的变化情况。

与功能测试不同,性能测试、压力测试和容量测试主要依赖大量的用户并发才能获得软件性能指标方面的数据。例如,需要在一段时间访问一个网站的用户达到 3 000 个以上,在网站被发布前,找到 3 000 个人并要求他们在同一时间访问网站系统是大部分软件组织无法做到的。针对这种问题,系统测试工程师转而使用免费或商业的性能测试工具,或者自行设计、开发性能测试工具。

一般而言,性能测试工具首先有助于模拟用户的并发行为,上述示例中的 3 000 个并发访问用户即可通过工具简单生成。工具可使用两种策略自动生成并发用户访问,即提供两种不同的负载类型:第一种负载类型称为 Flat,即一次性地加载所有的用户,然后在预定的时间段内保持这些用户的持续运行;第二种负载类型称为 Ramp-up,表示用户是交错上升的,即工具每隔几秒增加一些新的用户。

其次,性能测试工具需要依赖测试人员所编制的测试脚本才能完成其任务,也就是说,模拟出的并发用户都需要按照脚本对软件系统进行访问或使用。这些脚本是对用户实际使用软件产品的操作流程的记录。以 Web 系统为例,用户的操作包括打开特定页面、提交请求、后台处理请求、服务器将响应返回、响应结果展现在客户浏览器端。脚本可以被参数化，在工具执行脚本期间可以使用预定义的数据替代其中的参数，从而使得模拟出的用户执行不同的操作。另外，在测试执行过程中，工具会记录相关的性能指标，例如，工具会记录请求提交的时间（客户浏览器为了与网站进行连接并传输用户提供的数据所需的时间）、处理请求的时间（请求被一台或多台服务器处理以执行用户所需功能的时间）、响应的时间（处理请求后将页面或者数据返回给用户，传输这些页面或者数据所需要的时间）。

接下来将介绍几种典型的非功能性测试技术。

测试一：性能测试

性能测试是通过测试以确定软件系统运行时性能表现的一种测试方式，性能测试对于实时性系统或嵌入式系统尤其关键。针对响应时间、并发用户数与吞吐量指标，性能测试就是要在一定约束条件下测试系统在这些方面的表现，通常基于负载测试技术进行实现。例如，可以测试并统计一个 Web 系统在 200 个、300 个或 500 个用户同时访问的情况下，该系统的平均响应时间与吞吐量等数值。这种统计结果有助于改进软件系统，指示软件开发人员为系统增加计算资源。当增加了计算资源后，在特定的负载条件下，就可以获得可接受的或可改进的响应时间、稳定性和数据吞吐量。

概括而言，性能测试的目的可以概括为在真实环境下检测系统性能，评估系统性能以及服务等级的满足情况，同时分析系统瓶颈、优化系统[12]。另外，性能测试通常是在功能测试已经基本完成，并且软件已经变得很稳定（越来越少的改动或修正）的情况下才开始实施。软件在功能上的缺陷可能在性能测试阶段被发现，但这并不是性能测试的主要目标。另一方面，在执行性能测试时，应当尽量使得测试环境与产品运行环境保持一致，同时应单独运行系统，尽量避免与其他软件同时使用。

性能测试主要包括基准性能测试、性能规划测试、渗入测试与峰谷测试这 4 种类型。

（1）基准性能测试是指通过设计科学的测试方法、测试工具和测试系统，实现对一类测试对象的某项性能指标进行定量和可对比的测试。基准测试的 3 个要素是可测量、可重现与可对比：可测量表示系统的测试可以接受测试输入，并且能够真正运行起来；可重现表示系统的性能测试不受时间、地点与执行者的影响，测试的结果基本一致；可对比表示测试结果具有线性关系，结果的大小直接决定性能的高低。基准测试一般使用 Flat 负载类型。

（2）性能规划测试的目标是找出在特定的环境下，给定应用程序的性能可以达到何种程度。例如，可以统计出在具有 5 台服务器的场景下，以 5 秒或更少的响应时间能够支持的并发用户数量。如果用户负载状态是在一段时间内逐步达到的，可以选择 ramp-up 负载类型，工具会每隔几秒增加若干个用户；若所有用户是在一个非常短的时间内同时与系统通信，就应该使用 flat 类型，将所有的用户同时加载到应用系统。

（3）渗入测试所需的时间较长，它使用固定数目并发用户测试系统的总体健壮性。这些测试将会反映内存泄漏、增加的垃圾收集或系统的其他问题，显示因长时间运行而出现的任何性能降低。因此，渗入测试是对系统的一种疲劳性测试。

（4）峰谷测试兼有 ramp-up 类型性能规划和渗入测试的特征，其目标是确定从高负载（如系统高峰时间的负载）恢复、转为几乎空闲、然后再攀升到高负载、再降低时系统的性能。

测试二：压力测试

压力测试是模拟实际应用的软硬件环境及用户使用过程的系统负荷，长时间或超大负荷地运行测试软件,来测试被测系统的性能、可靠性、稳定性等质量属性[1]。压力测试也基于负载测试技术。

压力测试与性能测试采用相同或类似的技术与工具,然而这两种测试之间存在本质区别。性能测试的主要关注点是模拟多种正常、峰值以及异常负载条件来对系统的各项性能指标进行测试,而压力测试则是通过确定一个系统的瓶颈或者不能接收的性能点,来获得系统能提供的最大服务级别的测试。也就是说,压力测试是对程序进行破坏的过程,试图发掘出系统在负载临界条件下的功能隐患。压力测试的一种可行方案是在为系统加载反常数量(如长时间的峰值)、频率或资源负载的情况下,执行可重复的负载测试,以检查程序对异常情况的抵抗能力,找出性能瓶颈。

压力测试可分为并发性能测试、疲劳强度测试与大数据量测试这 3 种。

(1)并发性能测试旨在逐步增加并发虚拟用户数,直到系统的瓶颈或者不能接收的性能点,通过综合分析性能指标、资源监控指标等来确定系统并发性能的过程。并发性能测试的负载类型可采用 Ramp-up 类型。

(2)疲劳强度测试是采用系统稳定运行情况下能够支持的最大并发用户数或日常运行用户数,持续执行一段时间的业务,通过综合分析性能指标和资源监控指标来确定系统能够处理的最大工作量。疲劳强度测试的负载类型可采用 Flat 类型。

(3)大数据量测试是检查系统能否处理针对系统存储、传输、统计、查询等业务而设计的大规模数据量的测试方式。

测试三:容量测试

容量测试的目的是通过测试预先分析出反映软件系统应用特征的某项指标的极限值[1],例如系统能接受的最大并发用户数、数据库记录数等,在这些极限值下系统仍能保持主要功能的正常运行。容量测试还将确定测试对象在给定时间内能够持续处理的最大负载或工作量。容量测试也是基于负载测试技术开展的。软件系统的容量,即指标的极限值有时也可作为压力测试活动的附属产品。另外,若通过测试确定了系统的容量之后,当该容量不满足用户要求时,就需要寻找解决方案以扩大容量,否则就要在产品说明书上明确标识该容量的限制。

测试四:安全性测试

安全性测试是检查系统对非法侵入的防范能力[1]。其测试对象主要包括物理环境的安全(物理层安全)、操作系统的安全性(系统层安全)、网络的安全性(网络层安全)、应用的安全性(应用层安全)以及管理的安全性(管理层安全)。

测试五:可靠性测试

可靠性是产品在规定的条件下和规定的时间内完成规定功能的能力,它的概率度量称为可靠度。软件可靠性与软件缺陷有关,也与系统输入和系统使用有关[1]。可靠性测试是通过测试来度量软件可靠度的过程,它可以通过错误发现率(Defect Detection Percentage,DDP)来展现,DDP 等于测试发现的错误数量除以已知的全部错误数量。在测试中查找出来的错误越多,实际应用中出错的机会就越小,软件也就越成熟,其可靠程度也就越高。

测试六:容错性测试

容错性测试是检查软件在异常条件下是否具有防护性的措施或者某种灾难性恢复的手段[1]。例如,当系统出错时,能否在指定时间间隔内修正错误并重新启动系统。容错性测试可通过两种方式进行,首先是对系统输入异常数据或进行异常操作,以检验系统是否具有自保护性,即是否能够自我处理错误;其次是通过各种手段,让软件强制性地发生故障,然后验证系统已保存的用户数据是否丢失、系统和数据是否能尽快恢复。

测试七:可用性测试

可用性测试指让一群有代表性的用户对产品进行典型操作,同时测试人员或开发人员在一旁观察、记录[12]。值得注意的是,测试人员和程序员通常不宜执行可用性测试,因为他们具有正常使用系统的隐含知识,这会影响其发现软件使用方面错误的几率。可用性测试中最重要的就是用户界面测试,即 UI 测试,该测试着重于验证用户与计算机进行交互时的正确性与合理性。

测试八:兼容性测试

兼容性测试旨在验证软件系统与其所处的上下文环境的兼容情况,主要针对硬件兼容性、浏览器兼容性、数据库兼容性、操作系统兼容性等方面展开测试工作[13]。

测试九:安装与卸载测试

软件产品在安装阶段也可能发生错误,例如对环境变量的检测和解释、文件复制时的错误、系统和环境配置出错、软件和硬件不兼容、后台噪声(如病毒检查程序,它运行于后台,可能以多种途径对安装进行干扰)等,因此安装测试的目标是找到这些方面所引发的问题。卸载测试的目的是验证能够成功卸载软件产品的能力[13]。在卸载程序过程中通常会包含以下活动:删除目录,删除应用程序的 EXE 文件和专用 DLL 文件,检查特定文件是否被其他已安装的应用程序使用,如果没有其他应用程序使用则删除共享文件,删除注册表项,恢复原有注册表项,通过添加/删除程序执行卸载。

测试十:恢复测试

恢复测试用来证实在克服硬件故障(包括掉电、硬件或网络出错等)后,系统能否正常地继续工作,并不对系统造成任何损害。为此,可采用各种人工干预的手段,模拟硬件故障,故意造成软件出错,并对此进行检查。

测试十一:标准/协议测试

对于标准/协议测试,测试依据是国际、国家或行业内已经发布的信息技术产品强制性标准、推荐性标准等相关标准。尽管不同行业依据的标准本身可能千差万变,但从内容来分,主要分为数据内容标准测试、通信协议标准测试与字符集和代码页测试[13]。数据内容标准主要描述数据交换与互操作的数据格式或内容规范。通信协议标准主要描述数据传输的帧格式、数据编码及传输规则。

测试十二:本地化测试

软件本地化测试的主要目的是保证本地化的软件与源语言软件具有相同的功能和性能,保证本地化的软件在语言、文化、传统观念等方面符合当地用户的习惯,并尽可能多地发现软件中由于本地化而引起的 Bug[13]。

6.4.4　验收测试

在系统测试完成之后,需要进行验收测试以检查软件系统是否已完成用户所提出的需求。与前几个阶段测试不同的是,验收测试站在用户的角度对软件进行检查,因此一切的判别标准是由用户最终决定的。

通常,验收测试阶段会执行 α 测试与 β 测试。

α 测试是指软件开发公司组织用户或内部人员模拟各类用户对即将面市的软件产品（称为 α 版本）进行测试,试图发现错误并对其进行修正。这个测试活动需要在公司内部搭建的与实际应用相类似的软件运行环境中执行。α 测试是软件组织在内部控制软件质量的最后一道门槛,通过 α 测试或经过修改后的软件产品被称为 β 版本。

β 测试是基于 β 版本开展的测试活动,它是指软件开发公司组织各方面的典型用户在日常工作中实际使用 β 版本,并要求用户报告异常情况、提出批评意见。基于这些反馈,软件开发公司再对 β 版本进行修正与完善。通常,一些互联网企业会将软件产品的 β 版本发布于网络,用户可以下载并进行试用,此时所有的用户均可作为该软件产品的测试人员为其提供反馈意见。当 β 测试完成后,软件产品即可被正式发布。

6.4.5　回归测试

当软件系统发生变更后,就应当执行回归测试。回归测试的目的是确保新引入的变更不会影响已有软件系统的行为,尤其是那些未发生变化软件部分的行为。

一般而言,每当软件发生变化后,重复执行测试用例集中的所有测试用例是一种较为安全的方法,它不会遗漏由任何测试用例可能检测出的回归错误。显而易见,当测试用例的数目越来越多时,每次回归地执行所有的测试用例会带来很高的测试成本。因此,可采用测试用例的精简（Minimisation）、筛选（Selection）和优先级排序（Prioritisation）技术来提高回归测试的有效性,并且降低回归测试的成本[14]。

测试用例的精简是从原有测试用例集中识别并移除废弃或冗余的测试用例的过程。废弃的测试用例是指已不再适用于验证系统特性的测试用例。一般由于变更的发生,这些测试用例的测试目标不复存在,因此也就失去了测试的意义。例如,一个原有的基于边界值的测试用例,由于其所针对的变量的取值范围发生了变化,该测试用例也就失去了测试的价值。冗余的测试用例是指在不断累积测试资产的过程中所出现的多个具有相同的输入和输出的测试用例。这些测试用例减低了回归测试的效率。测试用例的精简技术旨在从原始的测试用例集中找出能够符合系统所有测试需求的一个测试用例子集。在保留子集中测试用例的情况下,移除不属于该子集的其他测试用例,并且这种缩减是永久性的。另外,精简技术还期望找到一个测试用例数目最小的子集。针对这方面的要求,可采用启发式的算法来达到缩减测试用例的目标。

测试用例的筛选也是用于缩减测试用例集规模的一种技术。与测试用例的精简不同,筛选是与具体的变更密切相关的,即在执行一次回归测试时,选择那些与程序被修改部分相关的测试用例来对变更后的程序再次进行测试。另外,测试用例的筛选是一个临时过程,它所选择的测试用例子集仅对特定的回归测试有效,在其他的回归测试中可能会筛选出不同的子集。一般而言,要识别出哪些测试用例是与变更相关的,就需要理解程序的代码,即通过不同的算法或技术对程序进行白盒方式的静态分析。

测试用例的优先级排序是找出测试用例集中测试用例最理想化的排列顺序,当在回归测试过程中按照顺序执行这些测试用例时,能够最大化测试的效益,例如更早地发现程序的缺陷。测试用例的优先级排序并未涉及用例集的精简与筛选,因此整个测试集中测试用例的数目仍旧保持不变。在顺序执行这些测试用例的过程中,测试人员可在任意时刻终止测试活动,虽然剩余的测试用例并未执行,但是具有更高优先级的且已被率先执行的测试用例已能够达到尽早发现程序缺陷的目的。测试用例的优先级排序技术都基于一个排序准则,该准则指如何对测试用例的特性进行评估,从而根据该特性进行排序。例如,基于覆盖率的排序准则将按照测试用例对代码的覆盖能力进行排序,具有高覆盖率的测试用例将会被提前执行。

6.5 软件测试工具

本节主要介绍用于代码评审的静态代码分析工具,以及用于不同系统测试目标的功能测试与负载测试工具。

6.5.1 静态代码分析工具

静态代码分析工具能够在代码构建过程中帮助开发人员快速、有效地定位代码缺陷并及时纠正这些问题,从而极大地提高软件可靠性并节省软件开发和测试的成本。

静态代码分析基于坚实的理论基础,使用到缺陷模式匹配、类型推断、模型检查、数据流分析等自动化技术手段,对代码进行完整的扫描,检查被测程序的语法、结构、过程、接口等来验证程序的正确性,并找出代码隐藏的错误和缺陷,例如参数不匹配、有歧义的嵌套语句、错误的递归、非法计算、可能出现的空指针引用等问题。

当前,静态代码分析工具种类繁多且各有特色。以下将介绍 4 种较为常见的针对 Java 语言的静态代码分析工具:Checkstyle,FindBugs,PMD 与 Jtest。

1. Checkstyle

Checkstyle 是 SourceForge 的开源项目[15],该工具对代码编码格式、命名约定、Javadoc、类设计等方面进行代码规范和风格的检查,从而有效约束开发人员更好地遵循代码编写规范。

Checkstyle 具有 Eclipse 的插件版本,因此能够与 Eclipse 集成。其使用界面图如图 6 - 13 所示。Checkstyle 对代码进行编码风格检查,并将检查结果显示在 Problems 视图中。另外,代码编辑器中每个放大镜图标表示一个 Checkstyle 找到的代码缺陷。开发人员可通过在 Problems 视图中查看错误或警告来获取缺陷的详细信息。此外,Checkstyle 支持用户根据需求自定义代码检查规范。在配置面板中,用户可以在已有检查规范(如命名约定、Javadoc、块、类设计等)的基础上添加或删除自定义的检查规范。

2. FindBugs

FindBugs 是由马里兰大学提供的一款开源 Java 静态代码分析工具[16]。FindBugs 通过检查类文件或 Jar 文件,将字节码与一组缺陷模式进行对比来发现代码缺陷。FindBugs 也有 Eclipse 的插件版本。安装 FindBugs 插件后,FindBugs 会为 Eclipse 增加 FindBugs 透视图,用户可以对指定 Java 类或 Jar 文件进行静态分析,并将代码分析结果显示在 FindBugs 视图的 Bugs Explorer 视图中,如图 6 - 14 所示。Bug Explorer 中的灰色图标表示 Bug 类型,每种分类下红色图标表示 Bug 较为严重,黄色的图标表示 Bug 为警告程度。Properties 列出了 Bug 的描述信息及修改方案。此外,FindBugs 还为用户提供定制 Bug 模式的功能,用户可以根据需求自定义 FindBugs 的代码检查条件。

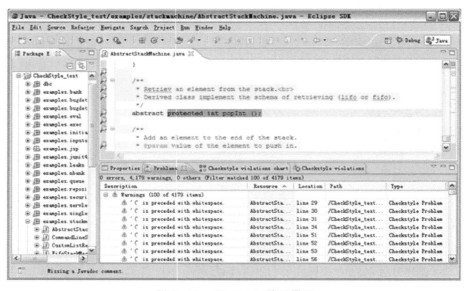

图 6‑13　Checkstyle 使用界面

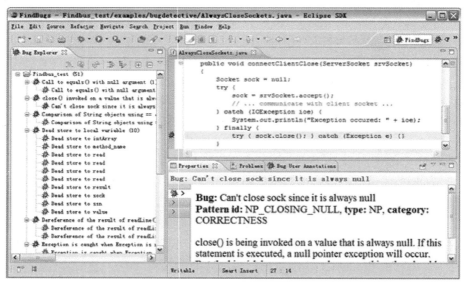

图 6‑14　FindBugs 使用界面

3. PMD

PMD 是由 DARPA 在 SourceForge 上发布的开源 Java 代码静态分析工具[17]。PMD 通过其内置的编码规则对 Java 代码进行静态检查,主要包括对潜在的 Bug、未使用的代码、重复的代码、循环体、创建新对象等问题的检验。PMD 提供 Eclipse 插件,其集成后的使用界面如图 6‑15 所示。在 Violations Overview 视图中,按照代码缺陷严重性集中显示了 PMD 静态代码分析的结果。PMD 同样也支持开发人员对代码检查规范进行自定义配置,开发人员可以在配置面板中添加、删除、导入、导出代码检查规范。

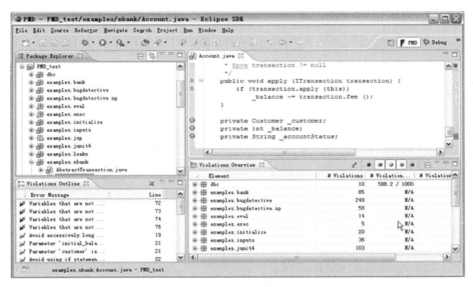

图 6 - 15 PMD 使用界面

4. Jtest

Jtest 是 Parasoft 公司推出的一款针对 Java 语言的自动化代码优化和测试工具[18]。Jtest 的静态代码分析功能可以按照其内置的超过 800 条的 Java 编码规范自动检查并纠正这些隐蔽的且难以修复的编码错误。同时,Jtest 还支持用户自定义编码规则,帮助用户预防一些特殊的用法错误。Jtest 提供了基于 Eclipse 的插件,集成后在 Jtask 视图中集中显示检查结果,如图 6 - 16 所示。同时,Jtest 还提供了对用户定制代码检查配置和自定义编码规则的支持。

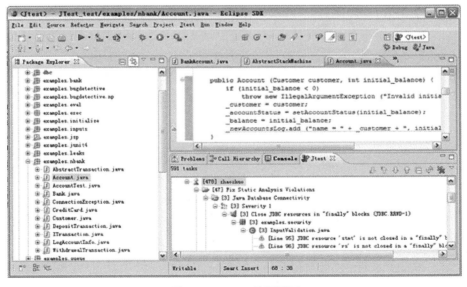

图 6 - 16 Jtest 使用界面

6.5.2　系统测试工具

下面将介绍 4 种较为知名的系统测试工具。

1. Selenium：用于 Web 功能测试的开源工具

Selenium 是一个开源的基于 Web 的测试工具[19]，采用 JavaScript 来管理整个测试过程，包括读入测试套件、执行测试和记录测试结果。它采用 JavaScript 单元测试工具 JSUnit 为核心，模拟真实的用户操作，包括浏览页面、点击链接、输入文字、提交表单等，并且能够对结果页面进行验证。Selenium 的实现原理较为简单，其核心使用 JavaScript 编写，因此能够和浏览器进行通信，把测试用例的数据发送给浏览器执行，从而达到自动测试的目的。

Selenium 包括以下 3 个不同的产品：

（1）Selenium Core 是 Selenium 的核心，是由 JavaScript 代码和 html 文件组成的。它的作用是把测试用例的数据发送给浏览器，根据返回结果判断功能是否正确实现。

（2）Selenium IDE 提供一个浏览器的插件（FireFox 的浏览器插件），在浏览器使用该插件的模式下，可以定义测试用例并执行测试。当使用 Selenium IDE 时，不需要对 Web 应用程序做任何改动，测试用例是在浏览器的 UI 界面下定义和录制的。

（3）Selenium RC 允许用程序语言编写测试用例（如 Java，Ruby 等）。这种方式可以把 Selenium 与其他测试框架（如 JUnit）集成起来。

2. QTP：商用的功能测试工具

QTP（Quick Test Professional）是 HP 公司研制的、目前主流的自动化测试工具，它支持广泛的平台和开发语言，包括 Web，VB，.NET，Java 等。使用 QTP 的目的是用它来执行重复的手工测试，降低测试的成本，因此 QTP 可以被迭代地用于回归测试和测试同一个软件的新版本。

基于 QTP 的测试过程主要分为以下几个步骤：录制测试脚本、编辑测试脚本（加入检查点）、调试测试脚本、运行测试脚本与分析测试结果。QTP 的基本理念为根据用户需求预先准备需要测试的用例，将其作为检查点添加在测试脚本中，随后在运行时动态测试这些检查点，根据实际情况判断检查点的成功与否，即判断该系统是否能够满足用户的需求。

首先，使用 QTP 内嵌的工具录制用户对系统的一次正常使用场景，将该场景记录为测试脚本，该脚本是使用 VBScript 语言进行编写的。对于新录制的脚本，需要对其进一步修改，即在脚本中加入检查点、将测试数据参数化或输出相关测试信息到测试报告中，这些工作可以在工具的关键字视图或专家视图中进行。

检查点是将指定属性的当前值与该属性的期望值进行比较的一种验证机制。当修改脚本增加检查点时，QTP 会将检查点添加到关键字视图中的当前行，并在专家视图中添加一条语句；当调试或运行脚本时，QTP 会将检查点的期望结果与当前结果进行比较，如果结果不匹配，检查点就会失败，在测试结果窗口中就能够看到该检查点的出错信息。检查点不仅要验证一个系统应该完成哪些功能，还要验证一个系统在获得错误输入时是否进行了正确的异常处理。另外，参数化是一种增加测试脚本真实性、灵活性的手段，它将录制脚本时用户输入或选择的数据替换为从一个表格或文件中选取，因此能够针对多种输入数据进行测试，提高测试的有效性。

测试的调试、执行与分析可以基于 QTP 自动完成，工具在这些方面节省了大量的重复手工工作量。

3. JMeter:用于负载测试的开源工具

Apache JMeter 是 Apache 组织开发的基于 Java 的负载测试工具[20],能够应用于性能测试与压力测试。它最初被设计用于 Web 应用测试,但后来扩展到其他测试领域,例如 CGI 脚本、Java 对象、数据库、FTP 服务器等。JMeter 的主要功能是模拟对服务器、网络或对象的大量负载,即在同一时刻或一段时间内自动生成大量的并发用户或线程,请求系统的服务,从而在不同的负载压力下测试系统的强度,验证和分析系统的整体性能。JMeter 的下载地址为 http://jmeter.apache.org/download_jmeter.cgi,其界面示意图如图 6 - 17 所示。

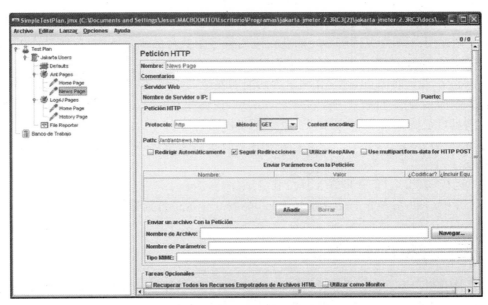

图 6 - 17　JMeter 工具界面

JMeter 自动生成的并发线程需要按照脚本对系统发出请求,但 JMeter 本身不提供录制测试脚本的功能(可以一条条地加入用户请求的步骤,但这种创建脚本的过程较为复杂、容易出错)。因此,JMeter 可以配合使用脚本录制工具 Badboy 为其生成测试脚本。Badboy 提供浏览器窗口允许用户使用系统,用户使用过程中对系统发出的请求将被记录,随后 Badboy 将这些请求序列转换为 JMeter 能够识别的脚本格式。JMeter 能够导入这些脚本,用户也可以在 JMeter 工具内对脚本进行修改或适配,例如,设置脚本执行的循环次数、对输入数据进行参数化等。另外,JMeter 也允许用户创建带有断言的语句(可以用正则表达式描述)验证系统在某一时刻是否返回了期望的结果。

4. LoadRunner:商用的负载测试工具

LoadRunner 是一种预测系统行为和性能的工业标准级负载测试工具,它能够适用于各种体系结构的自动负载,预测系统行为并优化系统性能。与 QTP 一样,LoadRunner 也能够支持广泛的协议和技术,包括 Application Deployment Solution,Client/Server,Distributed Components(DCOM,. NET,EJB),ERP/CRM,Java 对象和 Middleware 等。

与 JMeter 等开源负载测试工具类似，LoadRunner 的核心思想也是通过模拟多用户实施并发负载验证系统的整体性能与容量。另外，该工具还可以使用实时性能监测的方式来确认和查找运行时系统的问题。

LoadRunner 用 3 个最主要的功能模块来覆盖性能测试的基本流程，这 3 个模块是 Virtual User Generator，Controller 与 Analysis。Virtual User Generator 是在创建测试脚本时被使用的，它作为 LoadRunner 内嵌的脚本录制工具能够记录用户使用系统的场景。Controller 用在定义场景阶段和运行场景阶段，它允许用户对记录下的测试脚本进行修改与配置。Analysis 则用在分析结果阶段，能够通过种类多样、丰富的图表方式展示系统的运行时数据。

一般而言，使用 LoadRunner 进行负载测试的过程步骤如下：

（1）计划负载测试（性能测试或压力测试）。

（2）创建用户脚本（VU 脚本）：捕获在应用程序中执行的用户操作，这些操作可以组织成一个完整的事务，或者在设计场景步骤中将操作组合成事务。

（3）定义、设计场景：通过定义测试会话期间发生的事件，设置负载测试场景。其中，可以对脚本添加集合点，即设置一个并发访问的点，使得并发的用户线程能够同时向系统发出请求以满足特定的测试场景（如需要 1 000 个线程同时访问，因此先前到达该集合点的线程需要等待）。另外，LoadRunner 也允许将输入数据进行参数化，以及在脚本中插入验证功能的检查点。

（4）运行场景：运行、管理并监视负载测试。

（5）分析结果：分析负载测试期间 LoadRunner 生成的性能数据。

6.6　面向对象软件的测试

与结构化（即面向过程）的软件不同，面向对象的软件不再以函数或过程为基本组织单位，而是以类和类之间的交互实现业务功能。面向对象软件的特殊性为传统的针对面向过程软件的测试方法与技术带来本质性的影响，因此传统的软件测试技术在某些方面不再适用于针对面向对象软件的验证。为了适应这种变更，单元测试、集成测试、系统测试等在面向对象软件中也需要体现出不同之处。

6.6.1　面向对象软件测试的难点

一个面向对象的软件以类为基本组成单元，类抽象出一组共享通用结构和行为的对象，其定义包括一组通用的属性，以及这些对象所提供的通用服务。面向对象的软件主要包括 3 方面的特征：封装、继承与多态。这 3 个特性为针对面向对象软件的测试带来以下 5 个难点：

1. 封装为测试带来的难点

虽然封装有助于信息隐藏与关注点分离，但如果类未提供足够的存取函数来表明对象的实现方式和内部状态，那么测试也就难以验证运行时的对象实例所执行的功能是否正确。另外，封装也极大影响了传统的单元测试的定义。传统的单元测试面向结构化软件，将子程序作为测试对象。然而在面向对象软件中，子程序不再是单独的实体，它与一个对象及其行为相关。此时，一个类封装了对象的状态和相关操作（方法、函数），因此单元测试的粒度应该提高为类级别或对象级别。

2. 继承为测试带来的难点

由于继承的作用,一个类内部隐含地包含了它所继承的父类的属性或方法,或者对继承方法稍作修改进行覆盖。虽然这些方法可能在父类的测试中被验证过,但在子类的新语境下,继承或覆盖的方法也需要再次进行测试。另外,继承使得程序中的一个基类能够被一个派生类所替换,因此面向对象的测试策略要考虑到这种特殊的场景。另一方面,继承是复用的体现,就是说父类的测试用例也能够被一定程度地复用于子类的测试,因此面向对象测试也应考虑到这一点。

3. 多态为测试带来的难点

多态机制中的动态绑定可能产生未预想的场景,即某些绑定能正确工作但并不能保证所有的绑定都能正确运行。多态绑定的对象可能很容易将消息发送给错误的类,执行错误的功能,还可能导致一些与消息序列和状态相关的错误,这些错误是传统的软件测试难以发现的。

4. 对象状态转换为测试带来的难点

面向对象软件中的每个对象都有自己的生存期以及相应的状态。消息是对象之间相互协作的途径,是外界使用对象方法及获取对象状态的唯一方式。因此,在软件测试过程中,不能仅仅检查一个方法在特定输入数据情况下产生的输出结果是否与预期相吻合,还要考虑对象的状态变化,这一点是传统软件测试技术所未涉及的部分。

5. 对象消息交互为集成测试带来的难点

一个面向对象程序的完整功能实际上是由一组消息连接起来的方法序列,方法可以位于不同的类中,因此为了实现特定的软件功能,需要激活或调用属于不同类或对象的多个成员方法,从而将方法集成起来形成一个调用链。在这种情况下,传统集成测试的自顶向下或自底向上的集成策略将不适用于面向对象软件的测试。

6.6.2 面向对象软件的测试方法

面向对象软件的开发一般分为面向对象分析(Object-Oriented Analysis, OOA)、面向对象设计(Object-Oriented Design, OOD)与面向对象编程(Object-Oriented Programming, OOP)这3个阶段。与传统的静态软件测试与分阶段的动态软件测试方法相结合,面向对象软件测试需要在以上3个阶段展开,其过程模型如图6-18所示。针对面向对象分析与面

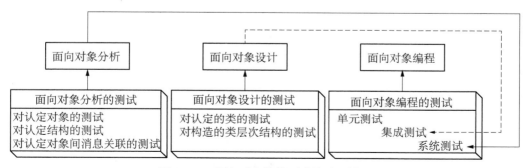

图6-18 面向对象软件测试的过程模型

向对象设计进行的测试是对需求分析与软件架构设计方案的验证,属于静态测试的范畴;而针对面向对象编程的测试一般是动态的测试,按照阶段划分也可以分为面向对象软件的单元测试、面向对象软件的集成测试与面向对象软件的系统测试。其中,可参照传统的软件测试 V 模型,单元测试是在编程时同步进行的,集成测试依据面向对象的设计架构展开,系统测试则是根据面向对象的分析结果而进行的。

1. 面向对象分析的测试

面向对象分析直接映射问题空间,将问题世界中的实例抽象为对象,用属性和操作表示对象实例的特性与行为,并用对象间的关系与结构反映实际需求的复杂性。面向对象分析的结果为后阶段类的选定和实现、类层次结构的组织和实现提供依据。因此,面向对象分析的测试需要验证对象识别与组织方面的正确性,因而可以通过对认定对象的测试、对认定结构的测试,以及对认定对象间消息关联的测试这 3 个方面展开[1]。

(1) 对认定对象的测试:认定的对象是对问题空间中的结构、其他系统、设备、被记忆的事件、系统涉及的人员等实际实例的抽象,对认定对象的测试是识别对象正确性的一种验证手段。测试的目标主要在于验证所认定的对象是否全面、对象的属性是否描述正确、对象的操作是否全面、同一对象的实例是否具有与其他实例不同的共同属性等。

(2) 对认定结构的测试:认定的结构是指多种对象的组织方式,用以反映问题空间中的复杂实例和关系。认定结构分为分类结构(is-a 关系或特化关系)与组装结构(is-a-part-of 关系或分解关系),对认定结构的测试是验证系统中对象继承层次或分解层次是否正确的一种手段。针对分类结构的测试关注于高层对象是否能够派生出下一层对象、同一低层对象是否能够抽象出更一般的上层对象、高层对象的特性是否完全体现下层对象的共性、低层对象是否具有高层对象特性基础上的特殊性等。针对组装结构的测试主要关注于整体对象和部件对象的组装关系是否符合现实的关系、整体对象中是否遗漏了反映在问题空间中的有用部件对象、部件对象是否能够在空间中组装新的有现实意义的整体对象等。

(3) 对认定对象间消息关联的测试:认定对象间的消息关联指为了满足某一个需求而产生的对象之间的相互协作,这种协作是通过某一对象向其他对象发送消息而实现的。因此,针对对象间消息关联的测试是验证对象之间是否存在合理、可行的消息交互的手段,它主要关注于消息的可达性、消息应是同步还是异步、消息发送对象的多态性等方面。

2. 面向对象设计的测试

面向对象设计是从面向对象分析的结果中归纳出类,进而建立类结构和类库的过程。面向对象设计活动所确定的类和类结构不仅满足当前需求分析的要求,更重要的是通过重新组合或加以适当的补充,能方便实现功能的复用和扩展以不断适应用户的要求。因此,对面向对象设计的测试,可以从对认定的类的测试和对构造的类层次结构的测试这两个方面展开[23]。

(1) 对认定的类的测试:认定的类是从认定的对象基础上归纳得到的。因此,对认定类的测试需要验证系统的设计类是否包含了与其关联对象的所有公共属性与操作,并且这些设计类之间是否具有显而易见的区别。

(2) 对构造的类层次结构的测试:设计过程构造出的类层次结构着重体现父类和子类间的一般性和特殊性,并能在解空间构造出实现系统全部功能的结构框架。对类层次结构的测试主要关注于类层次接口是否能够涵盖所有定义的类、是否能够体现面向对象分析中所定义的实例关联与消息关联、子类是否具有父类不包括的新特性、子类间的共同特性是否完全在父类中得以体现等。

3. 面向对象编程的测试

面向对象的编程是根据面向对象的设计结果而进行的。面向对象编程的测试主要针对类功能的实现和相应的面向对象程序风格等方面,即验证数据成员是否满足数据封装的要求、类是否实现了预期的功能等。针对编码及其结果的测试可以按阶段进行,即与传统的测试过程类似,可包括单元测试、集成测试与系统测试。

(1) 面向对象的单元测试:面向对象软件的单元测试需要对一个类或对象展开,方法是类中的组成部分,对类的测试意味着需要验证类中所有操作的正确性,以及类在实例化之后在实际运行环境中状态变化的正确性。

传统的软件测试方法包括白盒测试方法与黑盒测试方法,都可以应用于面向对象软件的类成员方法之上,并且一般由编程人员完成。此时,一个类成员方法即等同于结构化软件中的一个函数,可以刻画出它的程序流程图,使用诸如逻辑覆盖、路径分析等方法测试其功能,也可以根据方法的规格说明使用等价类划分、边界值、因果图等方法创建其黑盒测试的用例并执行这些用例。这些方法可参见 6.3 节。值得注意的是,在执行面向对象软件的单元测试前,应至少准备好针对一个类的所有有意义方法的测试用例,有意义的方法一般是类中实现特定功能或事务的公有(Public)或受保护(Protected)方法,其他方法要么过于简单而不需要测试(如直接返回成员变量的方法,可作为验证对象状态的依据),要么作为私有(Private)方法而在测试公有方法时被间接调用。另外,在搭建测试环境时需要考虑类之间的依赖关系,因此在必要时要为类内部的成员方法创建驱动模块与桩模块,该过程可使用Mocking 技术,参见 5.4.3 节。

对面向对象软件中方法的测试又不完全等同于传统的函数或过程测试,这是由于需要考虑继承与多态带给单元测试的影响。

由于继承特性,在父类中已经测试过的成员方法需要视情况决定是否在子类中进行重新测试。一般而言,如果子类重写了父类的方法,或者子类所继承的成员方法调用了改动过的成员方法,那么就需要重新进行测试。例如,父类 base 具有 inherited() 与 redefined() 两个方法,若子类 child 改动了 redefined(),则有必要测试 child. redefined()。若子类继承了inherited()方法,并且 inherited()方法调用了 redefined(),那么在子类的单元测试中也需要对 inherited()方法进行测试。另一方面,继承特性体现了复用的思想,因此应用于父类的测试用例也可以在一定程度上复用于子类的测试。在以上例子中,若父类与子类的 redefined()方法相似,则只需要在 base. redefined()测试用例基础上为 child. redefined()增加新的测试用例。另外,对多态的测试可参见上述对父类成员方法继承和重写的论述。

除了在单元测试中针对方法进行的测试,也可以在类级别上针对类的状态进行测试,以验证在实际运行中类的行为正确性。类测试主要考察封装在一个类中的方法与数据之间的相互作用,类测试时要把对象与状态结合起来,进行对象状态行为的测试。这种测试可以使用基于状态的测试与基于响应状态的测试:

① 基于状态的测试旨在检查类的实例在不同状态间的迁移是否达到预期。该方法的优势是可以充分借鉴成熟的有限状态自动机理论,但状态机的执行与推导较为困难。一是由于状态空间可能太大,二是很难建立一些类的状态模型,没有一种好的规则来识别对象状

态及其状态转换,三是可能缺乏对被测对象的控制和观察机制。

② 基于响应状态的测试针对外界向对象发送的特定的消息序列来检查对象是否能够生成正确的响应。在这一类测试中,基于规约的测试可以根据规约自动或半自动地生成测试用例,但这些测试用例可能无法提供足够的代码覆盖率。

(2) 面向对象的集成测试:面向对象软件不具有结构化软件的层次控制结构,因此传统的自顶向下与自底向上的集成策略就失去了意义。此外,增量式地集成,即每一次集成一个方法到一个类中也难以执行,这是由于方法之间具有更多直接和间接的交互关系。

面向对象的集成测试具有其特殊之处,一般可以采用两种集成策略[21]。

① 基于线程的集成:即根据一个线程从头至尾的执行过程,集成所涉及的一组类,这组类之间的方法调用能够满足该线程提供正确的功能。线程的描述来源于系统的设计方案,因此可以基于线程的描述设计测试用例,并对一组类的组合体执行测试用例,必要时需要模拟出不属于该线程但被这组类所依赖的其他类。对整个系统而言,应对每一个线程都进行集成测试,以保证系统主要交互流程的正确性。

② 基于使用的测试:这种策略类似于传统的自底向上的集成策略。首先测试那些几乎不依赖于其他类的类,这些类被称为独立类。在独立类被测试完成后,集成那些使用独立类的类,这些类被称为依靠类。按照依赖的层次序列不断进行集成,直至构造出完整的系统。

(3) 面向对象的系统测试:面向对象软件的系统测试用于验证系统在实际运行时能够满足用户需求,在测试时应尽量搭建与用户实际使用相同的测试环境。系统测试的依据是面向对象软件的分析结果,对应 OOA 所描述的对象、属性和各种操作,检查软件是否能够"重现"问题空间。因此,系统测试不仅是检测软件的整体行为表现,从另一个侧面看,也是对软件需求分析与开发设计的再确认。

面向对象的系统测试可采用传统的系统测试方法,分为功能测试和非功能性测试两大部分:

① 功能测试:功能测试以软件的需求规格说明书为依据,测试软件系统是否满足用户需求、是否满足开发要求、是否能够提供设计所描述的功能。功能测试可使用自动化工具进行,例如 QTP 或其他开源的测试工具。

② 非功能性测试:非功能性测试主要用于测试与评估系统的质量特性。针对一个面向对象软件,可实施性能测试、压力测试、容量测试用以展现不同系统负载情况下的系统能力。另外,还可以按照测试需求对系统执行安全测试、可靠性测试、恢复测试等其他种类的测试。

本章参考文献

[1] 朱少民著. 软件测试方法和技术(第 2 版). 清华大学出版社,2010.

[2] Barry W Boehm 著. Software Engineering Economics. Prentice Hall,1981.

[3] IEEE Standard 729 - 1983. IEEE Standard Glossary of Software Engineering Terminology.

[4] Pierre Bourque, Richard E Fairley. Guide to the Software Engineering Body of Knowledge, Version 3.0. IEEE Computer Society,2014.

[5] 陈技能著. 软件测试技术大全:测试基础　流行工具　项目实战(第 2 版). 人民邮电出版社,2008.

[6] ISO/IEC/IEEE 29119. The International Standard for Software Testing.

[7] D Richard Kuhn, Michael J Reilly. "An investigation of the applicability of design of experiments to software testing". In the Proceedings of the 27th NASA/IEEE Annual Software Engineering

Workshop，2002,pp. 91 – 95.

［8］ 王子元,徐宝文,聂长海. 组合测试用例生成技术. 计算机科学与探索,2008,2(6):571 – 588.

［9］ A Jefferson Offutt，Roland H Untch. "Mutation 2000：Uniting the orthogonal". Mutation testing for the new century，2001,pp. 34 – 44.

［10］ 柳纯录著. 软件评测师教程. 清华大学出版社,2012.

［11］ Roger S Pressman 著. Software Engineering：A Practitioner's Approach.（Sixth Edition）. McGraw-Hill，2005.

［12］ 杜庆峰著. 高级软件测试技术. 清华大学出版社,2011.

［13］ 张大方著. 软件测试技术与管理. 湖南大学出版社,2007.

［14］ Shin Yoo，Mark Harman. Regression testing minimization，selection and prioritization：a survey. *Software Testing*，*Verification and Reliability*，2012,22(2):67 – 120.

［15］ Checkstyle. http：//checkstyle. sourceforge. net/.

［16］ Findbugs. http：//findbugs. sourceforge. net/.

［17］ PMD. http：//pmd. sourceforge. net/.

［18］ Jtest. http：//www. parasoft. com/jsp/products/jtest. jsp.

［19］ Selenium. http：//seleniumhq. org/.

［20］ JMeter. http：//jmeter. apache. org/.

［21］ 钱乐秋等著. 软件工程(第 2 版). 清华大学出版社,2013.

第 7 章

软件维护

大多数软件产品在初次交付给客户和用户后都会进入长期的软件演化和维护过程。在此过程中，由于各种纠正性、适应性、完善性和预防性的目的，软件产品需要不断地进行修改和演化，从而持续满足客户、用户及其他相关涉众的期望。在敏捷开发等增量、迭代的软件开发过程中，软件演化更是与软件开发过程本身进一步融合在一起。软件维护过程通过一系列方法、技术和工具支持软件维护人员以一种高质量、高效率以及经济的方式实现软件的演化目标。

7.1 软件维护概述

7.1.1 软件维护类型

软件系统开发完成后，如果能够得到客户或市场认可，就将进入运行和维护阶段。整个运行和维护阶段可能持续很长时间，例如几年、十几年甚至几十年。在此期间，软件中隐藏的错误和缺陷可能陆续被发现，新的用户需求可能不断被提出，而且新的开发技术会不断涌现，系统的软硬件运行环境也可能不断发生变化，新的市场机会要求基于已有产品开发变体产品……所有这些都会导致对于软件产品的变更和修改要求。为了保证软件产品持续满足需求，软件开发和维护人员需要不断对软件进行维护和更新。

根据不同的软件维护活动的目的，可以将软件维护分为以下 4 种类型[1]：

（1）纠正性维护（Corrective Maintenance）：针对软件交付后所发现的问题（如软件错误），为纠正和解决问题使其符合软件需求而对软件进行的修改；

（2）预防性维护（Preventive Maintenance）：为改进软件的可维护性和可靠性、避免今后可能出现的各种问题而对软件进行的修改；

（3）适应性维护（Adaptive Maintenance）：为使得软件能够适应发生变化的运行环境（如操作系统、网络环境等）而对软件进行的修改；

（4）完善性维护（Perfective Maintenance）：为完善、改进和增强软件的功能以及性能、可靠性等质量属性而对软件进行的修改。

其中，预防性维护也可以认为是一种前摄（Proactive）和主动的纠正性维护；而适应性维护和完善性维护都可以视为是一种提高和改进性的软件维护[1]。许多调查研究都表明软件维护已经占到整个软件开发成本的 $60\%\sim70\%$（甚至更多）。而一些研究表明，在这其中纠正性维护(含预防性维护)所占的成本只有 20％ 左右[2]，其他大多数都是用于非纠正性维护（即适应性维护、完善性维护及其他）。

7.1.2　软件的可维护性

　　软件开发和维护人员完成软件维护任务的质量以及所需的成本、时间在很大程度上取决于软件自身的可维护性(Maintainability)，即一个软件系统能够在多大程度上被容易地修改以满足各种软件维护和演化目的。

　　很多软件产品的开发和维护工作是由不同的人员完成的，而且软件开发和维护人员经常会发生变动，因此软件的可维护性就显得更为重要。软件的可维护性与软件的可理解性、可测试性、可修改性、可扩展性、可复用性等质量属性相关。例如，对于一个可维护性好的软件，维护人员可以很容易理解其设计结构，快速定位到与维护任务相关的模块或程序单元上，并将修改的影响范围限制在较小的范围内。

　　软件的可维护性与软件开发过程以及各个开发活动(包括体系结构设计、组件级设计、编码及编程语言、测试等)都有关系[1]。例如，良好的需求与源代码的追踪关系管理能够极大地提升软件的可理解性；体系结构设计和组件级设计中模块化设计原则的实现程度在很大程度上决定了软件的可修改性和可扩展性；编码过程中代码注释的完整性和质量对于代码的可理解性有很大影响，而代码的复杂性对于可理解性、可测试性、可修改性、可扩展性等都有影响；软件测试活动中测试用例的数量、质量及其自动化程度对于软件维护过程中的回归测试有着重要的影响。以上这些都在很大程度上决定了一个软件系统在维护过程中的难度和所需的工作量及成本。因此，应当在整个软件开发过程中从一开始就重视软件的可维护性问题，并通过各种手段(如可扩展性的设计、阶段性的设计和代码重构等)获得或保持一个软件系统所需的高可维护性。

7.1.3　软件维护过程

　　软件维护不仅与产品交付后的软件修改和更新等活动相关，而且与交付前的开发活动相关。例如，产品交付后的软件维护和更新计划往往是在交付前做出的。ISO/IEC/IEEE 14764—2996 标准(软件工程—软件生存周期过程—维护)[1]定义了软件维护的基本过程，如图 7-1 所示。在该过程中，维护人员应当首先制定软件维护的规划和规程。在软件产品

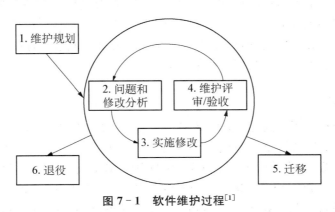

图 7-1　软件维护过程[1]

交付后,维护人员根据修改要求或问题报告对代码及相关文档进行修改。整个过程从软件产品的初始阶段一直持续到其最终退役,中间还可能穿插着面向不同运行环境的迁移。

软件维护过程包括维护规划、问题和修改分析、实施修改、维护评审/验收、迁移、退役这6个基本活动[1]。

1. 维护规划

软件维护人员建立软件维护过程中所要执行的规划和规程。软件维护规划应当与开发计划一起考虑和制定。同时,软件维护人员应当建立起维护所需的组织接口,例如与配置管理过程之间的接口。

2. 问题和修改分析

该活动以及后续几个活动在软件初次交付后启动,并且根据每一次的修改要求迭代进行。在此活动中,维护人员对修改要求和问题报告进行分析,对问题进行重现或验证,并确定相应的修改方案。

3. 实施修改

维护人员对软件产品进行修改。修改过程中可能会经历一系列软件开发活动,例如分析、设计、编码、测试等。

4. 维护评审/验收

该活动的目的是确保对于系统的修改是正确的,并且修改过程使用了正确的方法、符合相关标准。

5. 迁移

迁移是指为了让软件产品在不同的环境(如不同的操作系统)下运行而进行的修改。为此,维护人员需要确定迁移方案,根据方案进行开发和部署,并为用户提供相关的培训。迁移过程中所产生的所有制品都应当处于配置管理的控制之下。

6. 退役

一个软件产品可能会由于失去作用或者被其他产品代替而到达其生存周期的终点。确定是否让一个软件产品退役的分析和决定主要基于经济上的考虑,即以下这些选择能否以一种经济有效的方式实现:①继续使用过时的技术;②通过开发一个新产品来实现对新技术的应用;③开发一个新产品以获得更好的模块化程度以及可维护性;④开发一个新产品以实现标准化;⑤开发一个新产品以实现与供应商无关的目标。在软件退役活动中,维护人员需要考虑软件产品的退役需求(如对于系统替换、过渡过程以及遗留数据处理等方面的需求),确定软件产品退役的影响以及未来可能的后续支持的责任。软件退役时经常需要对遗留系统的数据进行相应的处理,例如转换为新系统的格式或进行存档。退役过程中所产生的所有制品都应当处于配置管理的控制之下。

7.1.4 软件再工程

软件的长期维护过程可能导致系统结构不断恶化,潜在的问题和风险越来越多,最终导致常规的维护工作难以继续维持系统的正常运转。对于这样的遗产系统,完全推倒重来无疑会带来极大的浪费,因为其中很多软件资产(如构件、代码等)仍然具有利用价值。软件再工程(Software Reengineering)为这类问题的解决提供了新的技术手段。软件再工程是一个工程过程,它将逆向工程(Reverse Engineering)、结构重组(Restructuring)和正向工程

(Forward Engineering)组合起来,将现存系统重新构造为新的形式[3]。通过软件再工程可以改善系统的结构、消除潜在的缺陷、延长系统的生命周期,同时又能充分利用遗产系统,节约时间和成本。

由于时间和成本上的限制,维护工作往往无法像最初的系统开发时那样经过仔细的分析和设计,常见的情况是为了满足紧迫的修改要求而随意破坏原来设计良好的系统结构。此外,新的需求不断涌现,新的问题不断发现,设计人员由于无法对未来的需求和问题的发展做出充分预计,其系统设计也会越来越不适应实际需要。而系统的重要开发文档(分析、设计、测试文档等)常常要么从来就没有,要么没有随着长期的维护过程不断更新从而失去参考价值。更糟糕的是,系统的开发和维护人员在长期的维护过程中可能不断发生变动,不同的设计和编程风格混杂在一起。虽然完成这些工作的人们具有最好的愿望,但是时间和成本等方面的压力经常使他们将好的软件工程习惯抛到一边,因此每次修改后都会产生无法预料、严重的副作用[4]。这种问题长期累积的后果是系统虽然仍可维持运行,但系统的内部结构已经使得进一步的维护越来越困难。这种现象被称为软件维护的"冰山"[4]:我们希望那些一眼可见的就是所有实际存在的,但是我们知道在表面之下存在大量潜在的问题和成本。

在这种情况下,继续通过常规维护手段维持软件系统的正常运行将越来越困难,成本也越来越高。许多开发者都有这样一种体会,勉强维护一个结构混乱的遗留系统是一件十分痛苦的事情,让人感觉不如推倒重来。但是重新开发又需要大量的人力和成本投入,系统的稳定性还可能受到损害。此外,完全抛弃原有系统还是一种巨大的浪费,因为遗留系统毕竟还能基本保持正常运行,这意味着系统的许多部分(甚至是绝大部分)都还是有价值的。

软件再工程的出现使得这一问题有了新的解决途径,即通过一系列方法和工具的支持获取遗产系统的高层理解,同时通过资产挖掘获取各种有复用价值的软件资产(包括设计模型、构件、代码模块等),通过重构和包装应用到正向开发阶段,与一些重新开发的部分相结合获得改造后的新系统。软件复用的思想以及构件技术的发展,使得软件再工程更加富有意义。通过挖掘、整理和适当的封装得到的构件,能够更好地在新系统中得到复用。

从最接近用户世界的需求,到完全体现计算机世界的系统实现,以及介于二者之间的设计,软件开发生存周期的不同阶段都是对于目标软件系统的一种抽象表示。一般的软件开发过程(最典型的如瀑布模型)都是从需求、设计到实现的过程。而软件再工程的起点则是已经开发好甚至投入运行的软件系统,因此首先包含一个与正向软件开发过程相反的逆向工程过程,然后再通过重构和正向工程实现系统的重新构造。

软件再工程的一般过程如图 7-2 所示,包括逆向工程、重构和正向工程[3]。逆向工程分析已有的系统,识别组成系统的各个组件、抽象表示以及相互之间的关系,并且创建相应的表示。逆向工程包括再文档(Redocumentation)和设计(需求)恢复两种形式:再文档是指在同一抽象层次上创建并修正系统的表示,例如使用控制流图反映函数之间的调用情况;设计(需求)恢复则会在已有系统信息基础上利用外部信息(如领域知识)来获得更高抽象层次上有意义的系统表示,例如在源代码分析基础上恢复系统的体系结构模型。重构是指在保持系统外部行为不变的情况下,在同一抽象层次上进行系统的转换,例如在保持外部功能不变的情况下对某个类内部的代码结构进行优化。从图 7-2 中可以看出,通过逆向工程可以获得系统更高抽象层次上的设计或需求模型,同时辅助开发者进行系统理解。通过重构可以在某个抽象层次上实现进一步优化。而正向工程则在此基础上，通过与一般软件开发相同的顺序获得改造后的新系统。

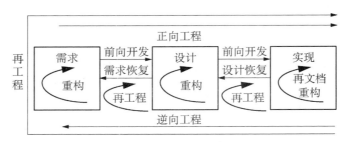

图 7-2　软件再工程过程模型[3]

7.1.5　软件维护技术

　　与软件维护相关的技术内容如图 7-3 所示。对于常规维护而言，维护人员首先需要理解软件维护任务及待修改的程序，例如相关功能实现的设计结构、需要进行修改的位置等。

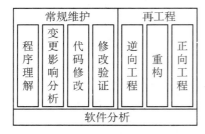

图 7-3　软件维护技术内容

在明确需要修改的位置和修改方案后，维护人员需要对本次修改的影响范围进行分析，根据分析结果完善修改方案并识别后续修改验证（如采用回归测试和评审）的范围和重点。在此基础上，维护人员进行代码修改，并通过测试、评审等手段对修改进行验证。软件再工程可以视为一种特殊形式的软件维护，主要包括逆向工程、重构和正向工程 3 个部分。而软件分析技术则是很多软件维护技术的基础，为程序理解、变更影响分析、逆向工程、重构等提供关于程序和文档等方面的基础信息。

　　软件维护技术内容中的代码修改、修改验证和正向工程这 3 个部分的内容主要是应用一般的软件开发技术。因此，本章的后续部分将主要介绍软件分析、程序理解、变更影响分析、逆向工程和重构这几个方面的技术。

7.2　软件分析

　　软件分析是对软件进行人工或者自动分析，以验证、确认或发现软件性质（或者规约、约束）的过程或活动[4]。软件分析的对象包括源代码、目标代码、文档、模型、开发历史等。根据分析过程是否需要运行软件，可以将软件分析分为静态分析和动态分析。静态分析的分析对象主要是源代码、目标代码和开发文档等，分析过程中不需要系统进行运行。动态分析的目标是获取系统的动态运行信息，一般通过程序插装向代码中植入与动态信息收集相关的额外代码（如输出函数调用的时间轨迹），然后通过测试用例驱动的方式运行系统获得动态信息。开发历史分析是近些年来逐渐受到重视的一种新的分析手段，其主要思想是对各种软件开发信息库（如版本库、缺陷库、问题追踪系统、邮件列表等）中反映的开发历史进行分析和挖掘，从而实现程序理解、演化分析、缺陷预测等多个方面的分析目标。

7.2.1 静态分析

静态分析是最常用的分析方法。主要的静态分析技术包括以下 4 类[4]：

（1）基本分析：包含一些常见的基础性分析技术，例如语法分析、类型分析、控制流分析、数据流分析等，大多数编译器本身都包含这些分析过程；

（2）基于形式化方法的分析：采用一些数学上比较成熟的形式化方法，通过分析获得关于代码的一些更精确或者更广泛的性质，包括定理证明、模型检测、抽象解释、约束求解等；

（3）指向分析：这类分析多数与指针密切相关，包括别名分析、指针分析、形态分析、逃逸分析等，其目的是确定指针及内存引用等的指向，从而提高基本分析（如数据流分析）的精度；

（4）其他辅助分析：包含其他一些辅助性的分析技术，可以为前面几类分析提供辅助性的支持，包括符号执行、切片分析、结构分析、克隆分析等。

下面对几种常用的静态分析技术进行介绍，包括语法分析、控制流和数据流分析、程序切片和克隆分析。此外，近年来一些软件分析方法也逐渐将信息检索技术应用进来，通过对源代码中的文本进行分析获得关于程序的关注点（Concern）和主题（Topic）等方面的信息。

1. 语法分析

编译器对于程序代码的处理过程是首先通过词法分析将代码解析为一系列单词，然后通过语法分析获得程序的语法结构并进行进一步的处理。程序分析中的基础代码分析部分一般采取类似的词法和语法分析技术获得程序的语法结构，在此基础上再进行进一步的分析。

程序的语法结构一般可以用抽象语法树（Abstract Syntax Tree，简称 AST）表示。有许多基础分析工具包可以帮助我们自动获取程序的 AST 表示，例如作为 Eclipse JDT（Java Development Tool）一部分的 AST 视图插件（AST View Plug-in）就提供了 Java 代码的 AST 树状结构视图，同时也提供相应的编程接口，使得其他逆向工程工具可以在此基础上进行二次开发。

例如，图 7-4 中所示的 Java 类抽象语法树如图 7-5 所示。其中的抽象语法树以树状结构展示了这段代码的语法结构，包括 Package，Import 信息、类信息（类名、访问控制符等）、类变量和方法信息等。从该语法树可以看出，这个类声明了两个方法，每个方法的方法名、访问控制信息、返回类型、参数信息等都包含在语法树中。展开方法体（见图 7-5 中 BODY 结点在右侧的展开信息）后可以获得方法内的代码语法结构。可以看到 factorial 方法依次包含一个 if 语句、一个变量声明、一个 for 语句以及一个 return 语句，而 if 语句的 then 分支下又包含了一个 return 语句等。

```
package edu. fudan. se. reengineering. test;
//Java 实例程序
public class ASTTest
{
  //求阶乘 k! 的函数
  public static int factorial (int k)
  {
   if(k<=0)
     return 0;
   int n=1;
   for (int i=1;i<=k;i++)
    n=n*i;
   return n;
  }
  public static void main (String args [ ])
  {
   int n=factorial (10);
   System. out. println (n);
  }
}
```

图 7-4　一段 Java 示例代码

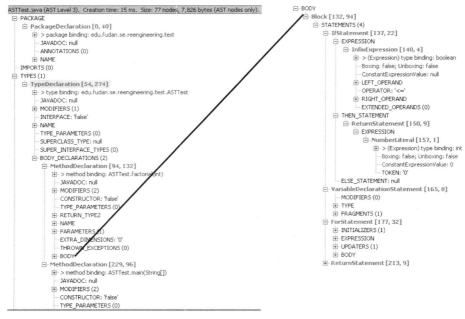

ASTTest.java (AST Level 3).   Creation time: 15 ms.   Size: 77 nodes, 7,826 bytes (AST nodes only).

图 7-5   抽象语法树

抽象语法树详尽地描述了代码的语法结构和语法信息,可以为进一步的程序分析和逆向工程打下基础。例如,对于面向对象程序而言,类结构以及类与类之间的关系(关联、依赖、泛化、聚集、实现等)是一种非常有意义的程序信息,这种信息就可以在抽象语法树的基础上进行抽取。其中,泛化关系可以通过语法树中类的父类声明信息获得,聚集关系可以通过类属性的类型信息获得,而依赖关系可以通过方法调用、属性访问等信息获得。当然,也有一些复杂的类关系很难通过语法分析直接获得。例如,Java 中如果用链表(如 ArrayList 等)实现对其他类对象的一对多聚集,那么聚集对象的类型就无法从类属性中获得,只能通过其他一些更加复杂的代码分析方法获得(如考察所有对此链表进行元素增加的语句)。通过类以及类成员(属性和方法)之间的关系分析还可以进一步得到程序度量信息(如类的内聚度和耦合度),并进行程序聚类、子系统和模块划分等逆向工程处理。

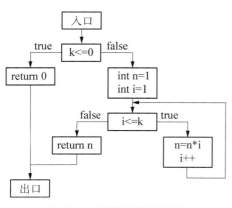

图 7-6   程序的控制流图

2. 控制流和数据流分析

对于传统的结构化程序以及面向对象程序中方法而言,很重要的一类信息是程序的控制流和数据流。控制流描述程序的控制结构,基本的控制结构包括顺序、分支和循环。控制流图中一般将单入口单出口的代码块作为基本单元,然后在各个代码块之间用箭头标注控制结构的流向。例如,图 7-6 展示了对应于图 7-4 中 factorial 函数的控制流图。图 7-6 中无标注的箭头代表顺序关系,带有"true"和"false"的箭头表示判断语句后的分支,而环形的控制结构则代表循环。控制流图同样可以在抽象语法树的基础上通过某种分析算法得到。一般可以首先根据抽象语法树获得所有语句块的嵌套结构，然后进行基本控制块和控制关系的识别。例如，if 语句后将会产生两个控制分支，break 语句将会跳出最内一层的循环结构，而 return 语句将导致整个方法或过程的结束等。

数据流图描述语句或代码块之间的数据（体现为变量）依赖关系。一个单入口单出口的基本代码块中如果包含了对某个变量 X 的赋值语句 d_m，那么 d_m 称为 X 的一个定值点。如果在某个程序执行路径上 d_m 后面的语句 d_n 重新对 X 进行了定值，那么 d_n 注销了 d_m 的定值。从数据流的角度看，每个基本代码块除了自身的变量定值以及注销语句外，还会有一些传入的变量定值（在前面进行过定值）和传出的变量定值（综合考虑传入、定值以及注销的情况）。数据流分析就是根据每个基本代码块内的变量定值、注销情况以及定值传入、传出关系式列出数据流方程，求解每个代码块中所用变量的数据依赖关系（即所引用的变量的值依赖于前面哪些程序语句）。通过数据流分析可以通过变量的定义和加工处理过程理解程序的计算过程，同时还可以对程序中的数据流异常进行检查。常见的数据流异常包括[5]：变量无定值使用、变量重复定值、变量定值无使用。

基于控制流和数据流分析可以进一步构造程序依赖图（Program Dependence Graph，简称 PDG），从而为进一步的程序分析（如功能定位、克隆分析等）打下基础。

3. 程序切片

程序切片（Program Slicing）是在控制流和数据流分析基础上发展起来的一种程序分析技术，是许多逆向工程方法的基础。计算机程序在程序理解和调试等方面的复杂性在很大程度上是由于多种处理和计算逻辑混杂在一起。程序切片可以将程序中与指定的变量或数据结构相关的部分抽取出来，从而将目标关注范围局限到较小的范围内，帮助程序理解和程序调试等。

对于程序 P 中某个感兴趣的程序点（一般是某一程序行）n 上的计算中所用到的变量 V，P 中那些可能影响该处计算中 V 的取值的那些程序语句构成了一个程序片（Program Slice），其中（n，V）称为切片标准[5]。图 7-7 给出了一个程序切片的简单示例，通过切片可以看出影响源程序中第 9 行输出变量 y 值的语句仅仅包含 1，2，3，5，6 这几句。程序切片技术在软件调试、测试和逆向工程中都有着广泛的应用。对于调试而言，程序切片可以帮助开发者快速找到造成问题的程序语句；对于测试而言，程序切片使得开发者可以将测试范围从整个程序局限到与特定逻辑相关的切片上；对于逆向工程而言，程序切片为程序理解以及进一步的程序分析打下了基础。

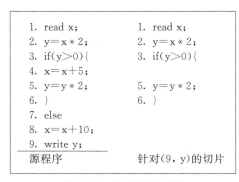

```
1. read x;          1. read x;
2. y=x*2;           2. y=x*2;
3. if(y>0){         3. if(y>0){
4. x=x+5;
5. y=y*2;           5. y=y*2;
6. }                6. }
7. else
8. x=x+10;
9. write y;
   源程序            针对(9,y)的切片
```

图 7-7　程序切片示例

自从 Weiser 在 1979 年提出程序切片的概念后,许多程序切片方法不断涌现出来。根据切片的性质,可以对这些方法进行多种分类[5]:根据从所得到的切片是否可以执行,分为可执行切片和不可执行切片;根据切片的方向,可分为前向切片(那些影响切片标准的语句,如图 7-7 中的示例)和后向切片(那些受切片标准影响的后续语句);根据切片的范围,分为过程内切片(只考虑一个过程内部的语句)和过程间切片(考虑过程间的调用关系和参数传递等);根据切片分析时间,分为针对代码的静态切片和根据程序运行信息的动态切片。

过程内的静态切片一般通过对程序代码的控制流和数据流等静态信息的分析得到。首先,通过控制流和数据流信息可以获得程序中的控制依赖关系和数据依赖关系。其中,结构化程序中典型的控制依赖来源于 if 和循环语句中判断条件对于条件分支和循环体中语句的控制关系。而数据依赖则与两个语句间对同一变量的定义/赋值与应用相关:如果语句 p 引用了另一语句 q 中定义/赋值的某个变量 V,且 p 和 q 之间的某条路径中不存在 V 的其他定义/赋值语句,那么 p 在 V 上数据依赖于 q。从直观上看(如图 7-7 的示例),过程内切片可以从切片标准开始,通过前向(针对前向切片)或后向(针对后向切片)的依赖关系(包括控制依赖和数据依赖)传递分析获得。例如,对于前向切片而言,所有切片标准所直接或间接依赖的那些过程内语句构成了它的切片。

单个过程的规模往往较小,而过程间的调用关系才是造成程序复杂性的主要因素,因此过程间程序切片更具有实际意义。过程间切片的难点主要在于过程调用与上下文密切相关,包括调用语句的位置(可能存在对于同一过程的多次调用)和变量传递等。为了在语句依赖关系基础上计算过程间切片,需要增加与过程间调用相关的过程间依赖关系,具体可以参见文献[5]。

静态切片独立于程序输入信息,需要考虑所有可能的执行路径,因此很多时候切片会比较大,不利于程序分析和理解。而动态切片则针对特定测试用例中的输入信息,找到程序中影响目标变量值的那些语句。因此,动态切片往往用于程序调试。此外,一般切片的切片标准中只规定了语句位置和变量,而条件切片则进一步在切片标准中加入了对于输入变量的条件判断。这样得到的条件切片就是那些在指定的输入变量条件下,可能影响到目标语句上特定变量取值的语句集合(对于前向切片)。条件切片为切片增加了前提条件,缩小了切片范围,同时也更有针对性。除了传统的结构化程序,针对面向对象以及面向方面程序(AOP)的一些新的切片方法也不断出现。这些方法考虑面向对象和面向方面程序中的继承、方面编织等新的语言特性对程序切片所带来的影响,为这些新型程序的分析、理解和调试等提供了有力的支持。

4. 克隆分析

代码克隆是指源代码文件中多个相同或相似的代码片断[6,7]。在软件开发和维护过程中,开发者经常会由于复制/粘贴式的代码复用或者设计思想以及编码习惯上的相似性等原因引入克隆。因此,代码克隆大量存在于大型软件系统以及若干相似的软件系统中。例如,有学者[6]对 JDK 1.3.0 中所有的源代码文件进行了克隆侦测(Clone Detection)实验,发现有超过 40% 的代码文件和超出 20% 的代码行中存在不同程度的代码克隆。代码克隆可以由多种原因造成,包括有意识的克隆和偶然的克隆[7]。有意识的代码克隆往往是由所采用的开发和维护策略或者语言及开发技术上的局限性造成的,例如通过代码复制粘贴实现复用、生成式编程、相似系统的合并、为避免风险或更好的性能而进行的代码复制等。偶然的代码克隆则往往与模式化的编程风格相关,例如,调用相同的程序库和API时的相似编程模式、不同程序员实现相似功能时的相似代码等。

代码克隆在大多数情况下是有害的,它增加了软件系统代码的长度,从而带来软件理解和软件维护的负担。如果许多克隆的代码分散在软件系统中的不同地方,那么修改一处代码经常要求其他克隆的代码也要被修改,而如果文档得不到及时的更新,那么想要保持源代码的一致性就十分困难[6]。修改了一部分克隆代码而忽略了其他的克隆代码,这样引入的错误很可能在运行时才会得以显现。由此可见,代码克隆是对程序结构的一种破坏,减少代码克隆就能在一定程度上降低软件系统维护的负担,降低错误出现的概率。

针对代码克隆现象的克隆侦测技术可以通过程序分析发现克隆代码片断,从而为代码质量评价和重构提供线索。例如,通过发现的克隆片断可以对代码拷贝(甚至是抄袭)的情况进行评价,或者考虑将克隆片断进行合并以消除克隆现象。目前主要的克隆侦测方法主要包括以下 5 类:

(1)基于文本(Text)的方法,如 Simian[8]。该类方法将代码看作文本,以代码文本上的相似性作为判断代码相似性的依据。为了提升效率,一些方法会将代码的每一行做哈希,然后只比较具有相同哈希值的代码行,最后再将连续的代码行连接起来,以此来完成克隆检测。相比于其他方法,该类方法的优点是速度较快、不受编程语言限制,缺点是准确率较低。

(2)基于标号(Token)的方法,如 CCFinder[6]。该方法首先使用词法分析器对源代码进行分析,按照编程语言的词法规则将每行代码都转换为标号,并将所有文件中的标号连接为一个标号序列。然后,该方法对标号序列进行转换操作,包括去掉包前缀、访问控制符、模板参数等元素,以及将类型、变量和常量标识符都替换为同一个特殊符号。接着,该方法把所有的标号构造成一棵后缀树,使用后缀树算法找到所有相同的 token 序列,并在匹配结果基础上通过聚合形成候选的克隆类(由多个克隆代码块组成的等价类)。这类方法的优点是速度较快、查全率较高,缺点是查准率较低。

(3)基于抽象语法树的方法,如文献[9]。这类方法首先通过语法分析获得代码的抽象语法树,然后在语法树基础上通过子树相似度计算来发现克隆片断。例如,可以通过两棵语法树子树之间相同结点的比例来衡量二者之间的相似度[9]。这类方法的优点是查准率较高,缺点是查全率较低、速度较慢。

(4)基于度量的方法,如文献[10]。这类方法要求把代码划分为固定规模的单元,并根据各个代码单元之间的度量值(如代码行数、扇入、扇出、变量信息等)计算相似性,然后根据相似性确定可能的克隆片断。其中,相似性计算部分有的方法采用直接比较,有的方法综合多种度量因素进行综合比较。这类方法只能针对固定规模的代码单元,而且相关度量指标较为片面,因此局限性较大。相比于其他方法,该类方法的优点是速度较快,但是局限性较大、准确性较低。

(5)基于程序依赖图的方法,如文献[11]。该方法将源代码解析成程序依赖图(包含控制依赖图和数据依赖图),具有同构的程序依赖子图的代码即被检测为克隆代码。相比于其他方法,该方法的优点是可以检测出具有相同语义但文本差异较大的克隆代码,缺点是速度较慢。

5. 程序文本分析

传统的静态程序分析方法以代码的语法结构为基本的信息来源。除了这些语法信息之外,程序中的类、函数和变量命名等信息中往往还能提供额外的信息,例如与该段代码相关的需求或设计概念等。此外,代码注释在很多时候更是直接解释了相关的需求和设计。因此,如果程序代码较好地遵循了软件工程原则(如有意义的标识符、充分的注释等),那么通过分析代码中的变量命名、注释等文本化内容,可以获得许多语法结构分析所无法获得的程序信息。

近年来以程序文本信息(如标识符和注释等)为对象的逆向分析方法也逐渐得到重视。这类方法将信息检索、文本处理等方法应用到程序文本和相关开发文档信息的分析中,分析程序中所蕴含的高层概念(如关注点或主题等),取得了较好的效果。这些方法从信息检索的角度将各个代码单元(如方法)视为文档,使用向量空间模型(Vector Space Model,VSM)和隐性语义索引(Latent Semantic Indexing,LSI)等技术进行代码单元与高层概念(可以用一组关键字及相应的权值刻画)或自然语言文档段落之间的相似性计算,从而实现需求(或高层概念)与实现代码之间追踪关系的逆向恢复。通过计算代码单元(如类或方法)之间的文本相似度还可以进行语义聚类,从而实现系统理解或者系统结构划分。此外,还有一些工作通过隐含狄利克雷分配(Latent Dirichlet Allocation,LDA)等主题抽取技术抽取代码中所蕴含的主题,从而为理解程序的语义或所蕴含的高层概念打下基础。

7.2.2　动态分析

动态分析通过测试用例驱动的方式对系统进行运行,并通过获取的系统动态运行信息分析系统的设计和需求信息。动态分析虽然具有代价高、不完整的弱点,但它能够弥补静态分析的许多不足[12]。动态分析可以很容易地获取各种系统交互信息。特别是面向对象技术中继承、动态绑定等机制,以及分布式计算所带来的不确定性导致静态分析在系统行为分析等方面更加困难,而动态分析则可以很好地形成补充。

动态分析过程如图7-8所示。首先需要对源代码进行代码插装,分析代码结构,按照一定的规则在相应的位置上植入监控代码。这些监控代码将在程序执行到相应位置时,按照预先定义的协议获取运行信息并输出到指定位置或传递给动态分析单元。例如,为了获取各个类中方法的执行信息,可以在每个方法开始的地方插入一个输出当前时间、所在方法名、传入参数等运行时信息的语句。另一方面,分析人员需要根据特定的需要设计相应的测试用例,例如,为了了解某个功能的实现情况可以设计一个覆盖目标功能各种执行情况的测

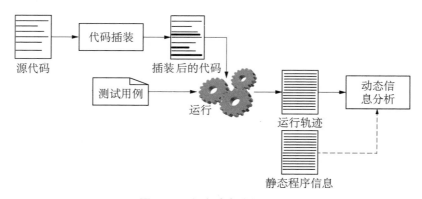

图7-8　程序动态分析过程

试用例。然后,在测试用例驱动下执行插装后的程序代码,就可以获得有意义的运行轨迹信息,并通过分析动态信息达到相应的目的。为了使分析更为全面,动态信息分析往往要结合一些相关的静态程序信息。

动态分析方法的一个典型应用是面向对象程序的 UML 顺序图逆向恢复。顺序图由于与程序的动态交互信息相关,因此很难通过静态分析获得。而动态分析则可以很容易获取特定场景下各个对象之间的消息发送顺序等交互信息,而且可以区分不同的对象实例。每次运行获得的交互信息可以构成一个顺序图的交互实例。在此基础上结合静态语法信息(如位于同一 if 语句不同分支的交互消息可以归并为顺序图中的选择片断)可以获得完整的顺序图。

动态分析的主要难点是代码插装和测试用例设计。传统的代码插装技术需要在语法分析基础上针对源代码或目标代码进行,往往比较复杂,而且监控代码与源代码紧密耦合。反射技术、开放编译以及 AOP 等技术的出现使得代码插装技术有了新的选择。例如,利用 AOP 中的方面(Aspect)可以将监控代码编织到程序中相应的地方,避免了针对源代码的分析和插装。代码插装和测试用例设计都会带来额外的成本,而测试用例驱动的动态信息获取方式又决定了动态分析的不完整性。

7.2.3 开发历史分析

开发历史分析是与静态分析和动态分析并列的第三种逆向分析维度,而且是近年来逐渐出现的一种新的分析方法。开发历史分析针对与开发过程相关的信息库(Repository)进行分析,例如版本控制系统(如 CVS)、Bug 追踪系统(如 Bugzilla)、变更管理和过程管理系统等。这些开发历史库记录了软件开发和演化过程的完整轨迹。通过分析这些开发历史,可以得到许多有用的信息,例如,不同版本之间的差异、同一时间段内一起被修改的文件之间的变更耦合关系、Bug 报告与代码库之间的关系,以及问题解决报告和 CVS 消息中所记录的修改说明等,这些信息来源是对静态和动态分析很好的补充[12]。

开发历史中包含了许多有用的开发决策信息,这些信息与项目管理者和开发者的经验知识或当前项目的设计结构等相关,是一种宝贵的信息来源。近年来关于开发历史分析的研究工作很多,报告了很多有意义的逆向工程应用,其中大量使用了数据挖掘、机器学习等方法。例如,通过分析开发历史中 Bug 报告与相关代码文件和开发者之间的关联关系,可以为新的 Bug 报告的分派(由谁负责、可能涉及哪些文件)提供自动决策支持;通过分析过去的问题解决报告,可以为新的问题解决提供参考思路;通过版本变化历史获得系统中所有特征的增量开发历史,从而为重构提供依据;通过分析项目的开发过程历史,为类似项目的开发计划制定和项目控制提供决策支持等。

7.3 程序理解与变更影响分析

执行软件维护任务的开发人员在进行代码修改之前必须首先理解相关程序的功能、结构和行为等,从而为确定修改方案打下基础。此外,变更影响分析技术将辅助开发人员确定代码修改的影响范围。

7.3.1 特征定位

软件维护任务经常是根据用户可见的外部功能特征来刻画和布置的,例如,修复一个已有特征实现代码中的缺陷、在一个已有特征基础上增加一个新的子特性等。此时,开发人员在确定修改方案之前必须首先确定与给定特征相关的代码单元(如类、方法等)的位置并理解其实现方式,这一过程被称为特征定位[13, 14]。

特征定位对于开发人员而言是一种耗时而又容易出错(如不完整或不正确的定位结果)的工作。这一方面是由于软件系统自身的规模和复杂性越来越高,另一方面是由于与一个特征相关的实现代码往往分布在很多不同的地方(如不同的包或类)。因此,一些特征定位方法和工具试图通过自动或半自动的手段辅助开发人员进行特征定位。常用的特征定位方法包括文本分析方法、静态分析方法、动态分析方法。此外,也有一些方法将多种分析技术结合起来实现特征定位。

文本分析方法的基本假设是代码中的标识符和注释等文本信息反映了与之相关的高层概念,并与特征的文本描述相关(如使用相同或相似的术语和词汇)。这类方法以特征的文本描述为输入,通过对代码中文本信息的分析计算与特征文本描述的相似度来确定与给定特征相关的代码单元。文本分析一般采用模式匹配、信息检索和自然语言处理技术[14]。模式匹配一般使用正则表达式匹配等工具(如 Grep)进行模式化的文本搜索。信息检索技术则利用 VSM,LSI,LDA 等统计方法查找与给定的特征查询(特征描述文本)相关的代码单元。自然语言处理技术则进一步对代码中的文本进行词性和句式分析,从而分析与给定特征的相关性。

静态分析方法利用程序的静态结构信息(如数据流和控制流依赖)实现特征定位。这类方法通过静态分析获得程序的静态结构表示(如程序依赖图),然后支持开发人员从已知的程序入口点(如特征在界面上的功能入口)出发探索相关的程序路径,寻找相关的代码单元。也有一些方法在已知的程序入口点基础上,通过对程序静态拓扑结构的分析自动推荐相关的代码单元。

动态分析方法则利用程序的运行轨迹信息分析与给定特征相关的代码单元。为此,开发人员需要针对给定特征设计一系列场景并根据这些场景驱动程序运行,并通过动态分析方法(如程序插桩)收集与这些场景相对应的程序运行轨迹(如所执行的函数或方法序列)。由于运行场景与特征之间往往是多对多关系,因此还需要在所获得的程序运行轨迹基础上通过进一步分析来确定与给定特征相关的代码单元(如函数或方法)。例如,可以比较包含给定特征和不包含给定特征的执行轨迹、统计各个函数或方法在相关执行轨迹中的执行频率,或使用形式概念分析(Formal Concept Analysis)分析特征与代码单元(如函数或方法)之间的关系。

除了以上这些方法之外,也有一些特征定位方法关注于通过交互、迭代的方式支持特征定位[14]。这些方法支持开发人员对于初步的特征定位结果进行更加有效的分类浏览和精化,或者支持对于特征查询的迭代式的精化和调整,从而逐步确定与给定特征相关的代码单元。

7.3.2 软件制品追踪关系

需求、设计、实现代码、测试用例等不同软件制品之间存在着追踪关系。例如,一个需求项可以追踪到对应的软件设计方案、相应的代码单元以及测试该需求的测试用例。特征定位从某种意义上也可以认为是一种从需求（特征）到实现（代码单元）的追踪关系逆向恢复过程。

软件制品之间的追踪关系对于程序理解和其他软件维护任务都有着重要的意义。通过制品间的前向追踪关系（从实现到设计和需求），可以很容易地了解与一个代码单元相对应的设计和需求上的考虑，从而理解实现现代码所蕴含的设计思想和业务需求。另一方面，通过制品间的后向追踪关系（从需求到设计和实现），可以很容易地了解与一个需求相关的设计和实现代码，从而辅助进行需求与设计和设计之间的符合性与完整性检查、需求变更的变更影响分析等。实施代码修改后，代码单元与测试用例之间的追踪关系还可以辅助确定用于回归测试的测试用例范围。此外，追踪关系还可以辅助实现软件复用等目标，例如，根据追踪关系找到与一个可复用的需求相关的设计和实现单元并进行复用。

各种不同类型软件制品之间的追踪关系非常复杂，同时各种软件制品还处于不断的变化之中，因此建立并维护一个完整、准确的软件制品追踪关系信息库是非常困难的。在一个软件产品的长期维护过程中，很难要求所有的软件制品同步进行修改并在修改制品（如代码、文档和模型等）时始终同步更新相应的追踪关系。因此，软件制品间的追踪关系在很多时候需要依赖于程序分析技术进行恢复和重建。例如，可以通过自然语言文档单元（如章节或段落）与实现代码之间的文本相似性恢复需求、设计和测试用例等制品与实现代码之间的追踪关系。

7.3.3 变更影响分析

在软件系统的维护过程中，因为各种原因（如需求变化、运行平台变化、修复缺陷等）引起的软件变更都需要对软件的需求、设计或实现代码进行修改。这种修改除了对于某些软件制品的直接影响外，还可能对其他软件制品造成各种各样的影响。例如，某个需求的修改可能会导致相应的设计和实现代码的修改；而某个代码单元（如函数或方法）的修改也可能对其他代码单元造成影响。软件系统中各种软件制品之间存在着复杂的关系，因此这种变更影响就像"波纹效应"一样，可能从变更的中心出发传播到很远的地方。这种变更影响使得软件的修改经常会导致"副作用"，从而造成新的软件缺陷。

变更影响分析的目的是识别一个变更的潜在结果或估计完成变更所需要进行的修改，并对所需的资源和工作量等进行估计[15]。变更影响分析可以在变更开始之前、变更进行过程中或变更结束之后进行，从而辅助进行软件维护成本和时间的估计、做出软件变更决策（如接受或拒绝变更请求）、制定软件修改方案、确定需要同时修改或进行回归测试的范围。

根据变更在横向（代码的不同部分之间）和纵向（从需求到设计和实现）两个方向上的影响，可以采用不同的变更影响分析方法。其中用到的主要技术包括依赖性分析和追踪关系分析[15]：依赖性分析主要是分析代码单元（如类、方法或函数）之间的依赖和交互关系，涉及代码层面的很多具体细节；追踪关系分析则是分析软件制品之间所存在的高层关系，例如需求与相关的设计组件、实现代码之间的关系。

变更影响分析的基本过程如图 7-9 所示[16]。首先，针对所要进行的变更进行初步的分析和检查，确定变更会直接影响到的内容（初始影响集）；然后，在初始影响集基础上，通过依赖关系或追踪关系分析来识别潜在的需要修改的地方（候选影响集）；接着，执行变更（如修改某处代码),并以此确定真正发生变化的内容(实际影响集);在实际影响集基础上继续进行分析,以此来发现更多需要变化的内容。由此可见,变更影响分析过程是一个迭代的过程:已有的变化会导致其他变化的发生;而新产生的变化又将导致进一步的变化。这一过程不断发生,直到没有再产生新的变化为止。变更影响分析通过追踪潜在的变更,来获得一个与实际影响集十分接近的候选影响集,帮助软件维护人员更高效地完成软件维护任务。

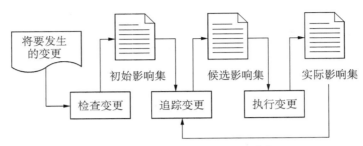

图 7-9 变更影响分析的过程[16]

7.4 软件逆向工程

逆向工程是一个分析软件系统的实现并创建需求和设计等更高抽象层次上系统表示的过程[12]。逆向分析的结果不仅可以辅助程序理解,还可以辅助开发人员完成软件维护和软件再工程等不同的任务。

7.4.1 软件逆向工程概述

软件逆向工程可以在任何软件制品基础上进行,例如需求、设计、代码、测试用例、用户手册等,但大多数逆向工程工具关注于从软件系统实现中获取系统抽象或其他形式的系统表示[12]。这主要是因为源代码和可运行的系统本身往往是唯一可信赖的分析对象。需求、设计等重要的文档有时并不存在,即使有也会因为更新不及时而让人不敢相信。而代码和可运行系统总是存在的(除非目标系统本身开发都没有完成),而且总是能够体现系统的最终状态。另一方面,代码和可运行系统的分析也较为容易,因为代码总是服从特定程序语言的词法和语法规则,而可运行系统本身也遵循一些规范(如二进制可执行文件规范),而且还可以获取精确的运行信息。

逆向工程的目标各不相同,既有复杂的体系结构和需求模型逆向恢复,也有简单的代码度量、控制流图恢复等。这些逆向工程任务的难度取决于源模型和目标模型之间语义差距的大小以及所能够获得信息的多少。例如,在代码分析基础上获得简单的度量(如代码行数、函数扇入/扇出数量等)是非常容易的。而基于代码分析的体系结构和需求模型逆向恢复则非常困难,往往需要设计一些复杂的语义分析和推理算法,而且得到的往往只是近似结果,并不完全准确。

图 7-10 描述了逆向工程在软件维护和再工程中的角色[12]。逆向工程主要包括程序分析、可视化和设计恢复(包括需求模型恢复)3 个方面,而基本的程序分析手段又包括静态分析、动态分析和开发历史分析。逆向工程的目标主要包括 3 个方面:支持程序理解、支持软

件维护工作和系统再工程、面向自治计算和面向服务架构的系统改造。逆向工程过程应该成为开发过程的一部分反复进行。传统的逆向工程研究中自动方法和半自动方法（需要人的参与）被认为是两种截然不同的方法，然而现在大多数人都认同专家反馈应该被充分集成到逆向工程过程中[12]。专家的主观反馈可以在很大程度上改进逆向工程的效果。在持续的逆向工程支持下，开发者通过正向工程实现对于系统的改造。逆向工程虽然对于软件开发具有十分重要的意义，但是还存在很多阻碍其广泛应用的现实问题。对于逆向工程方法采用能够起到促进作用的因素主要包括 3 个方面：经验性的验证和评估、逆向工程方法教育以及好的支持工具。

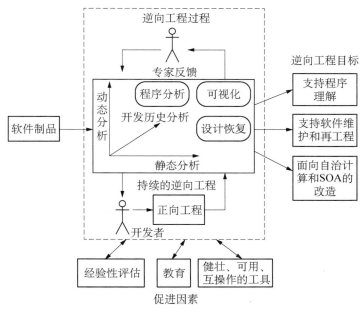

图 7‐10　软件逆向工程的角色[13]

　　逆向工程往往涉及大量、复杂的信息分析和处理，例如大规模的源代码、文档等，因此，逆向工程往往需要在自动或半自动化工具的支持下进行。图 7‐11 描述了逆向工程工具的一般架构[17]。首先，作为分析对象的软件制品（代码、可运行系统、文档等）的静态和动态等信息将被解析器解析，获得它们的基本结构，然后通过语义分析器获得一些语义信息，这些信息都会被存储在信息库中。而视图构造器将会利用这些信息产生新的软件产品视图，例如度量信息、图形化表示、统计报告等。

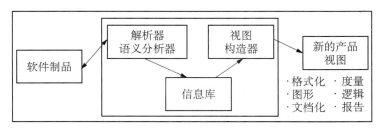

图 7‐11　逆向工程工具的一般架构[17]

逆向工程技术在软件维护中已经得到了广泛的使用,具体的应用包括[12]:程序再文档、关系数据库再文档、可复用资产识别、体系结构恢复、设计模式恢复、代码和文档追踪关系重建、代码克隆识别、代码质量分析、方面识别、变更影响分析计算、二进制代码逆向工程、用户接口更新、程序语言转换、系统迁移以及遗产代码包装等。此外,软件逆向工程还可以被应用到其他方面,例如辅助测试用例生成、安全和漏洞审计等。

7.4.2　程序度量

软件度量根据某种客观的度量模型或公式,对软件项目或软件系统的某些属性进行量化或符号化(如分级)的刻画,主要包括对于软件开发过程和软件制品本身的度量。对于再工程而言,软件度量可以帮助开发者获得代码或其他制品的一些基本信息(如代码行数、扇入/扇出信息等)或高层信息(内聚度、耦合度等),对于辅助理解和进一步的分析都有很大的作用。此外,度量信息可以帮助开发者获得对系统的初步理解,经常还可以发现妨碍修改和扩展的设计缺陷的线索[18]。

目前在逆向工程方面研究比较多的是静态代码度量。这种度量一般可以借助相应的工具实现,使得开发者不用阅读代码就可以获得有意义的代码信息[18]。最简单也是最基本的代码度量是代码行数(Lines Of Code,LOC),它可以提供简单的复杂度度量。LOC度量可以针对一个系统、一个类或一个方法进行,一般会以编程语言的语句为单位。此外,比较著名的程序复杂度度量方法还包括McCabe的圈复杂度(Cyclomatic Complexity)。圈复杂度建立在程序控制流图基础上,通过图中环的数量来衡量程序的复杂性。

对于面向对象程序而言,除了以方法和函数为单位的度量指标外,体现面向对象特性的类一级的度量也是十分重要的。文献[19]对于常用的面向对象度量指标进行了总结,主要包括以下4类。

1. 复杂性度量

(1) 方法数量 NOM(Number Of Methods)。

说明:通过类中定义的方法数量来度量类的复杂度。

度量方法:计算类中定义的方法数量。

(2) 带权方法数 WMC(Weighted Method Count)。

说明:通过将类中定义的各个方法的复杂度相加来度量类的复杂度,NOM 是 WMC 的一个特例(每个方法的权重都为1)。

度量方法:将类中定义的各个方法的复杂度相加,其中每个方法的复杂度一般可以用LOC 或者 McCabe 圈复杂度来度量。

2. 耦合度度量

(1) 数据抽象耦合 DAC(Data Abstract Coupling)。

说明:通过类属性声明来度量类间耦合度。

度量方法:计算类中抽象数据类型(即其他类)的属性数量。

(2) 类的响应集 RFC(Response Set For A Class)。

说明:响应集是指调用该类的方法将直接或间接调用的方法集合(包括本类和其他中的方法),该项度量除了与耦合度相关外还与类的复杂度相关。

度量方法:将类中定义的各个方法的响应集的元素个数相加得到。

3. 内聚度度量

内聚度度量指标为紧密类内聚 TCC(Tight Class Cohesion)。

说明:通过类内方法之间关系的密切程度来度量类的内聚度。

度量方法:通过有直接相关性(存在对同一实例变量的使用)的方法的相对数量,对于一个包含 n 个方法的类 C,TCC 度量公式为

$$TCC = NDC/NPC,$$

其中,NDC 是直接相关的方法对数量,定义为

$$NDC = |\{(m; n)|,$$

方法 m 和 n 都是 C 中定义的方法,且访问同一个实例变量}|。

而 NPC 则是 C 中两两方法对的数量,计算方法为

$$NPC = n(n-1)/2。$$

4. 继承树度量

(1) 继承树深度 DIT(Depth in Inheritance Tree)。

说明:度量一个类在继承树中的深度。

度量方法:计算目标系统中一个类在继承树中到顶层根类的最长路径长度。

(2) 子类数量 NOC(Number Of Children)

说明:度量类的子类数量。

度量方法:计算一个类的直接子类数量。

(3) 后继类数量 NOD(Number Of Descendants)

说明:度量类的后继类数量。

度量方法:计算一个类的直接子类和间接子类的总数量。

以上这些度量都是一些基本的面向对象度量,都可以在抽象语法树的基础上通过类成员及类间关系分析得到。这些度量虽然简单,但往往是理解一个面向对象系统的基础。例如,通过耦合/内聚度量可以初步找到一些设计不太合理(表现为低内聚、高耦合)的部分。此外,这些度量信息还可以被进一步用于多种更加深入的软件分析任务,例如克隆分析、代码缺陷预测等。

7.4.3 模型逆向恢复

在程序分析的基础上,可以进一步抽取各种高层设计模型。UML 为面向对象系统设计提供了全面的支持,例如描述静态方面的类图、描述动态方面的交互图和状态图等。对于面向对象程序而言,用 UML 图描述的各种设计模型对于程序理解和进一步的逆向分析都有着重要的作用。由于文档缺失或没有与代码同步更新,这些 UML 设计模型往往需要通过对代码的逆向分析(静态或动态)获取。Tonella 等[19]就强调,这类设计文档可以而且应该从代码中自动抽取,因为这种方法成本最低也最为可靠。

类图(Class Diagrams)是面向对象系统最主要的静态视图,描述系统中各个类的结构信息(如所包含的属性、方法)以及类之间关系(包括继承、聚集、关联等)。由于类图中描述的信息大多在源代码中存在直接而且规范(符合相应的语法规则)的语法元素与之相对应,各

个类的结构信息以及类之间基本的继承、聚集和关联关系都可以直接从类的语法结构中获取。因此,类图的逆向恢复相对较为简单,许多逆向工程方法都将类图作为基本的源代码模型。

类图逆向恢复中主要的难点是[19]:由于继承和接口的存在,程序中声明的类型只是实际被引用类"大致上"的类型;由于弱类型容器的存在,面向对象语言中的容器(Container)类(如 Java 语言中的 ArrayList 类等)可以接受任何顶层类子类的对象,例如 ArrayList 可以接受任何 Java 对象作为成员。这样,与这些弱类型的容器类相关的类与类之间关系就有可能会遗漏。例如,某个类可能通过一个 ArrayList 类型的属性实现对于另一个类的一对多聚集关系,但容器类成员的具体类型无法从该属性的声明中直接获取。这些与容器类相关的类与类之间关系需要通过进一步的代码分析和推导获得。例如,通过分析所有对某个容器类属性的操作语句(包括添加、删除或更新成员),就可以进一步推导与该容器类属性相关的聚合类的实际类型,从而将这一部分信息增加到类图中。

UML 中的交互图具体包括两种:通信图(Communication Diagrams)和顺序图(Sequence Diagrams)。对于交互图这类动态设计模型而言,场景驱动的动态分析是一种自然的选择。通过动态分析获得的程序运行轨迹,直接反映了不同对象间的消息交互顺序。通过对同一程序多次执行得到的多个运行轨迹进行合成和必要的过滤及抽象,就可以逆向恢复得到交互图。但是,动态分析也存在几个不足[19]:首先,动态分析只能得到部分信息,这部分信息与给定的执行场景以及输入值相关,而且这些信息不能简单地推及所有执行场景以及输入条件下的程序行为;其次,动态分析只能用于完整的可执行系统,而面向对象编程常常会产生以复用为目标的部分类集合(如类库)。

7.4.4 软件体系结构逆向恢复

体系结构逆向恢复关注于从软件系统代码和文档中识别出组成软件系统体系结构的构件以及构件之间的相互关系(连接器)[12]。软件体系结构逆向恢复对于辅助系统理解和软件复用都具有十分重要的意义。对于系统理解而言,体系结构逆向恢复可以帮助开发者清晰地了解系统的高层设计结构。从软件复用的角度看,通过体系结构逆向恢复可以识别出系统中具有相对独立功能且质量较好的可复用构件(即使整个遗产系统的质量并不高),从而增加复用的机会。

与面向对象语言的包和类不同,代码中并不存在明确的体系结构表示[20]。此外,随着不断的修改和扩展,最初设计良好的体系结构可能变得杂乱无序,这些都导致软件体系结构逆向恢复的困难。软件体系结构逆向恢复一般以获得系统的模块视图为目标。软件体系结构是软件系统的一种高层抽象,因此体系结构逆向恢复的基本思路是利用各种算法将基本实现单元(如类或方法、函数)进行聚类和划分,从而得到包含高层模块(子系统、包或构件等)以及模块间静态结构关系和动态交互关系(忽略模块内部关系)的体系结构。近年来一些方法逐渐将开发历史、人员组织等信息以及预设的体系结构风格等高层信息引入进来,都取得了比较好的效果。从基本分析方法看,主要包括基于系统静态信息(如类与类之间关系)的静态分析方法以及基于系统运行信息的动态分析方法。与静态分析相比,动态分析能够精确捕捉系统内部各个代码单元之间的交互轨迹,这些交互信息往往难以通过对代码的静态分析获得。此外,动态分析以黑盒的方式分析系统,避免了系统内部复杂性所带来的影响。

Pollet 等人[20]对软件体系结构逆向恢复方法进行了总结,从目标、所遵循的过程、所需要的输入、使用的技术以及期望输出等方面对相关方法进行了分类和对比,如图 7 - 12 所示。从目标看,体系结构逆向恢复可以辅助进行再文档、发现复用机会(如挖掘可复用构件或向软件产品线迁移)、检查体系结构与代码的一致性,以及保证代码和体系结构的同步演化等。从分析过程上看,有的方法采用自底向上的分析过程,从底层的系统表示形式(如源代码模型)开始,逐渐抽象出高层的体系结构视图;有的方法采用自顶向下的分析过程,从已知或假设的高层模型(如需求模型和体系结构模型)出发,逐步发现底层单元与高层模型的对应关系;有的方法则将自底向上和自顶向下两种过程结合起来。从输入信息看,除了源代码、动态运行信息等非体系结构信息外,还可以包括体系结构信息,例如预设的体系结构风格和视图等。从分析技术上看,相关方法包括准手工方法、半自动化方法和准自动化方法。在准手工方法中,逆向工程师在交互式、可视化分析工具的支持下自底向上进行体系结构的逆向构造,或者自顶向下进行体系结构的探测。半自动化方法也分为两类:自底向上进行抽象,通过一些查询手段逐渐将底层概念映射为高层概念模型;自顶向下地将高层概念逐渐映射为底层概念。准自动化的方法往往通过形式概念分析和聚类算法实现体系结构逆向恢复,但也需要人的干预(如指定阈值或对结果进行评价等)。从输出信息看,绝大多数方法都将生成可视化的体系结构视图,例如简单的框图结构、层次化的体系结构静态视图及状态图等动态视图等。此外,也有一部分方法以体系结构的符合性分析结果作为输出:在水平方向上,检查恢复结果与其他体系结构模型之间的一致性,例如实际体系结构与概念体系结构之间、应用体系结构与产品线参考体系结构等;在垂直方向上,检查体系结构与实现代码的一致性。

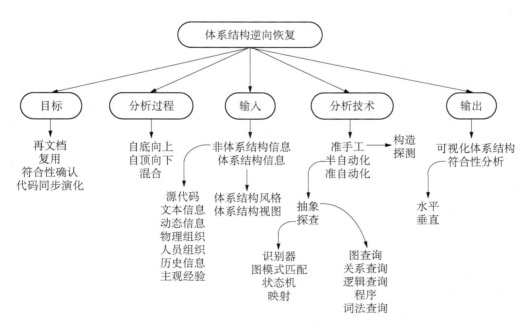

图 7 - 12　体系结构逆向恢复方法分类[20]

下面分别介绍 4 类常用的软件体系结构逆向恢复方法。

1. 基于静态分析的体系结构逆向恢复

不管是结构化设计还是面向对象设计,高内聚低耦合都是一个基本的设计准则。因此,基于静态分析的体系结构逆向恢复方法的基本思路是在类或方法、函数基础上,运用高内聚低耦合的原则进行聚类或划分,然后忽略每个划分内部的关系,而将划分单元之间的静态结构关系或动态交互关系作为设计单元之间的关系,从而得到系统的抽象表示。由于系统的设计抽象可能包含很多层次,因此这种聚类或划分往往需要层次化地进行多次,如图7-13所示,不同层次上的设计单元往往被称为模块、子系统、包、构件等。不同的是,聚类方法采用的是自底向上的思路,即从最底层的类或方法、函数开始,逐层聚类得到更高抽象层次上的设计模型。而划分方法则采用自顶向下的思路,即从整个系统开始得到最高层的划分,然后依次执行各个划分单元内部的划分。两种方法最终都以得到合适粒度(往往需要开发者主观判断)的系统体系结构表示为目标。

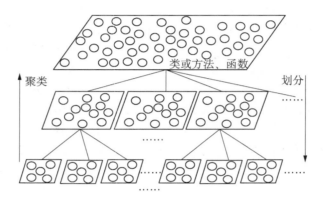

图7-13 基于聚类或划分的体系结构逆向恢复过程

在这方面得到广泛研究和应用的是基于层次聚类的体系结构逆向恢复方法,即使用聚类方法将相似的基本实体(如类、文件、函数等)逐渐归并到一起,直到产生满足要求的体系结构视图。这里的聚类是把软件实体进行归类的过程,在一个类别中的实体彼此之间相似,而在不同类别中的实体彼此之间不同[21]。基于层次聚类的体系结构逆向恢复方法的基本过程如下:

(1) 根据选定的若干特征描述项,构造所有基本实体的特征描述向量,每个向量描述一个基本实体在所有特征项上的取值(二值或连续值);

(2) 计算所有基本实体两两之间的特征相似度;

(3) 将特征相似度最高的两个实体合并为一个聚类,将它们作为一个实体重新计算这个新实体与当前其他实体的特征相似度;

(4) 重复执行步骤(3),直至所得到的聚类能够较好地体现待分析系统的体系结构。

聚类算法的基础是实体的特征描述以及实体之间的相似度计算。实体的特征描述可以包括很多方面,例如对变量的访问、对函数的调用、所包含的文本信息(代码注释、标识符等)等。这些特征可以是二值的(如调用或者没有调用某个特定函数),也可以是连续值(如关键字出现的频度)。聚类的依据是不同实体之间的特征相似度,例如,对相同变量或函数进行访问或调用的实体应该被归并到一起成为一个新的结构单元。相似度一般使用特征向量之间的向量距离或相关度系数来计算。其中,向量距离公式一般适用于特征值连续的情况下,通常使用欧氏距离来衡量;相关度系数一般适用于二值特征,一般可以用 $a/(a+b+c)$ 衡量,其中 a 代表两个实体的公共特征个数,而 b 和 c 则代表一个实体有、另一个实体没有的特征个数[21]。

2. 基于反射的体系结构逆向恢复

Murphy 等人[22]提出的基于反射模型(Reflexion Model)的方法是一种典型的自顶向下的体系结构逆向恢复方法。这种方法要求用户首先对系统的高层模型进行假设,从概念角度定义高层模块划分结构。然后,该方法在系统高层分解模型(假设模型)与从源代码中抽取的系统底层表示(如函数调用图以及面向对象系统中的类图等)之间进行映射,迭代地通过调整和优化使二者不断逼近,从而最终得到较好的模块划分。

该方法的基本步骤如下:

(1) 定义高层模型:通过对类似体系结构系统的观察以及与专家面谈等方式获取关于系统体系结构的知识,并据此定义假设的体系结构模型;

(2) 抽取源代码模型:通过源代码分析抽取系统的底层模型,该模型的具体表示与编程语言相关(但该方法是独立于具体编程语言和源代码模型形式的)而模型中所包含信息的多少直接决定了后面反射模型计算的精确程度;

(3) 定义初步的映射关系:用户根据物理和逻辑结构信息定义源代码实体(函数、类等)与高层模型的映射规则,例如使用正则表达式定义基于源代码文件名的映射规则;

(4) 计算反射模型:根据源代码实体与高层模型单元的初步映射关系以及源代码模型中的信息,得出高层模型单元之间的交互关系,将这些交互关系与假设的高层模型中的交互关系进行对比,得出 3 种情况,即相符的、缺失的(假设模型中有而实际模型中没有的交互关系)、增加的(假设模型中没有而实际模型中存在的交互关系);

(5) 不断比较和精化:对内部交互关系复杂的模块进一步进行模块划分,以及对反射模型中不一致的地方进行纠正(包括对高层模型、源代码模型、代码实体与高层模型单元的映射关系进行调整),通过这两种方式对反射模型进行精化,直至得到质量较好的反射模型。

基于反射模型的方法假设可以预先定义理想的高层模型,然后再根据与源代码模型的映射不断进行调整和精化,因此该方法也可以用于验证体系结构设计与系统实现的一致性。该方法需要大量的用户主观判断,其中的主要困难在于定义假设的高层模型以及建立初始的映射关系。高层模型的定义往往要参考类似系统的结构或者借助于专家经验,而初始映射关系的建立只能手工进行或者借助于文件名、类名等简单的源代码信息。

3. 用况驱动的体系结构恢复方法

Bojic 等[23]所提出的用况驱动的体系结构恢复方法,通过对用况以及相关代码单元(方法、属性、函数等)的形式概念分析(FCA)实现体系结构(体现为各个类包之间关系)的逆向恢复。该方法的主要步骤如下:

(1) 根据用户需求确定一组用况,为每个用况设计一个或多个能够完全覆盖该用况的测试用例;

(2) 执行测试用例并收集每个测试用例的运行轨迹信息,包括对函数的调用以及对类属性的访问等;

(3) 以运行轨迹中的代码单元为对象(外延),以用户定义的所有用况为属性(内涵),根据用况与代码单元之间的相关关系（与用况相关的测试用例运行时所涉及的代码单元），建立形式概念上下文关系；

（4）在所建立的形式概念上下文基础上构造概念格，并对概念格的质量进行评价（主要根据拓扑结构），如果不理想则修改测试用例，并重复以上步骤；

（5）根据所获得的概念格构造体系结构的逻辑视图，除顶层和底层结点外，其余所有概念结点均对应为一个包；

（6）概念间的偏序关系对应为包之间的包含关系，如果某个包对应多个父结点，那么保留其中一个作为包含关系，而其他的则作为引用关系存在；

（7）将每个类根据所包含的成员（方法和属性）分配到所属的包中，如果某个类的成员属于多个包，则将其分配到拥有其大部分成员的那个包中，并在其他相关包与该类之间建立引用关系。

经过以上这一系列步骤后，可以得到以类包为基本单元的逻辑体系结构，如图 7-14(a) 所示。其中的每一个包展开后可以看到内部的类间关系（可以通过静态分析获得），如图 7-14(b)所示。这种方法得到的树状体系结构较为简单，而且由于以用况与代码单元的关系作为基本依据，所得到的体系结构难以反映系统的内部设计结构。此外，测试用例经常会与多个用况相关，而一些功能单元也可能与多个用况相关，这些问题在该方法中都不能得到较好地解决。例如，对于与多个用况相关的功能单元，该方法会将其复制多份分配到不同的包中，从而保持体系结构的树状结构。

4. 基于体系结构风格的运行时体系结构恢复方法

体系结构关注于系统的高层抽象结构单元以及相互之间的交互关系，而系统运行时能够直接捕捉到的只是一些底层的运行信息，例如对象的创建、消息交互、库函数调用、数据结构初始化等。因此，体系结构逆向恢复方法必须通过某种方法在底层交互事件与体系结构交互事件之间建立起对应关系。Yan 等人[24] 所提出的 DiscoTect 方法针对系统运行时的动态信息，根据预定义的体系结构风格构造一个状态机，由该状态机完成底层事件到高层事件之间的转化。该状态机追踪系统运行时的底层事件，并根据状态机描述将这些事件过滤，将符合条件的事件作为体系结构事件输出。

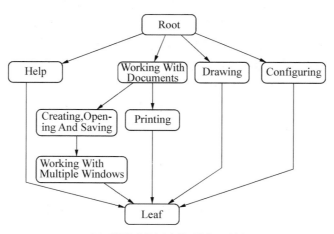

（a）所得到的概念格（类包）示例

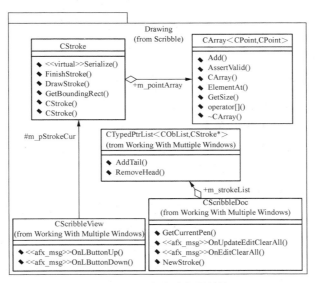

（b）Drawing 包的内部类结构

图 7-14　基于用况驱动的动态分析方法的概念格结构[23]

　　DiscoTect 方法中的状态机由一系列代表部分体系结构信息（由于是在体系结构构造的过程中）的状态以及状态间的迁移关系组成，每个状态还可以包含若干状态变量。状态的变迁由事件触发，由触发器描述。触发器包括两部分：事件规约——每种事件都带有相应的参数，这些参数将记录在相应状态的状态变量中；触发条件——关于事件参数的布尔表达式，满足条件的事件才会导致状态迁移。伴随状态迁移发生的是相应的动作（Action），一个动作描述了一系列与体系结构相关的创建或修改操作，这些操作直接与所设定的体系结构风格相关。例如，对于管道-过滤器（Pipe-Filter）风格而言，相应的操作包括创建管道、创建过滤器等；对于客户机-服务器（Client-Server）风格而言，相应的操作包括创建客户端、服务器以及将客户端与服务器相连接等。由于系统运行时多个交互会话中的事件可能会出现交叉，因此 DiscoTect 方法允许状态机存在多个并发实例。这样，状态机不断捕捉系统运行事件，并通过体系结构构造动作不断输出相应的体系结构元素，从而完成整个体系结构模型的构造。

　　为了实现底层事件到体系结构事件的映射，DiscoTect 方法在制定体系结构风格的基础上，也对系统实现风格进行了约定，并建立实现风格到体系结构风格的对应关系。例如，对于管道-过滤器体系结构风格而言，相应的针对 Java 语言的实现风格约定可以包括：名字中包含“Filter”的类的实例创建表示过滤器构件的创建；用于数据通信的管道由 PipedReader 和 PipedWriter 类的实例实现等。由此可见，这种方法要求系统存在对于体系结构元素实现方式的统一、明确的约定。

7.4.5　软件可视化

　　不管是为了帮助程序理解还是辅助进行重构决策，都需要将逆向恢复的软件系统的实现、设计和需求模型等以一种开发者容易理解和处理的方式可视化地展示出来。有些情况下,可视化方法的选择非常直观,例如当逆向工程的目标本身就是为了抽取一些图形化的软件模型(如 UML 图、状态图、控制流图等)时。然而,在其他情况下可视化方法的选择将在很大程度上决定逆向工程的最终效果[12]。此外,由于逆向恢复的模型最终还是要提供给人进行查阅,必须考虑到人对于复杂模型认知的限制,因此聚焦、层次化结构、收起/展开以及导航等有效的辅助认知手段也是可视化方法应该考虑的[19]。

软件可视化已经逐渐成为一种独立的逆向工程技术,这方面的方法和支持工具也比较多。其中,有些工具针对特定的需求或设计模型逆向分析,例如体系结构视图或动态执行信息等。此外,还有一些可视化工具将度量信息与可视化结合起来,例如 CodeCrawler[25]。这些工具综合运用基本的层次结构及关系表示、平面布局、颜色或 3D 布局等手段,提供软件系统信息的直观、可视化视图表示。

CodeCrawler 是一种语言独立、结合了度量和软件可视化的逆向工程工具,而且还提供相应的 Eclipse 插件 X-Ray。CodeCrawler 除了能可视化显示软件实体间的关系视图外,还能提供体现多种度量(Polymetric)信息的系统抽象表示。图 7-15 展示了 X-Ray 提供的 3 种视图,即系统复杂性视图(显示类和接口之间的继承与实现关系)、包依赖视图和类依赖视图。

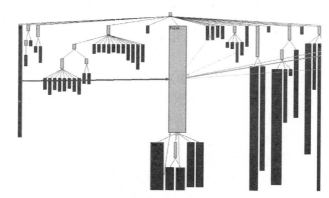

(a) X-Ray 中的系统复杂性视图

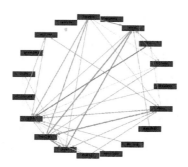

(b) X-Ray 中的包依赖视图

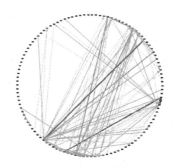

(c) X-Ray 中的类依赖视图

图 7-15　X-Ray 中的程序分析视图

在 CodeCrawler 基础上开发的代码可视化工具 CodeCity[26]则提供了 3D 环境下的软件集成分析环境。在 CodeCity 中,软件系统被可视化建模为交互式、可导航的 3D 城市。其中,类被表示为城市中的建筑物,而包则表示为建筑物所在的各个区域(可嵌套)。建筑物的其他属性(如高度、长宽、颜色等)则用来表示各种相关的度量属性,例如类的方法、属性个数、访问控制等。该工具允许用户自定义各种代码度量与建筑物属性之间的关系。图 7 - 16 展示了 CodeCity 对 ArgoUML - 0.24 分析之后所得到的 3D 代码视图。

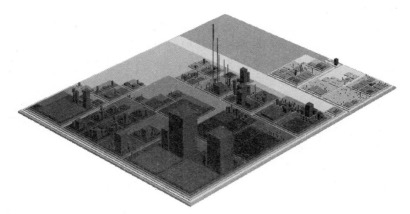

图 7 - 16　CodeCity 中的 3D 代码视图

7.5　软件重构

软件重构是指在不改变程序外部行为的情况下对其内部设计和实现进行改进和优化的一种软件维护实践。软件重构的目的一般是为了改进软件的可维护性。软件重构可以在多个层面上进行,包括软件系统体系结构层面上的重构、类级别的面向对象设计重构、局部实现代码层面上的代码重构等。

7.5.1　代码的坏味道

随着软件的长时间演化,软件的实现代码中经常会集聚越来越多影响软件可维护性的问题,例如难以理解和难以修改的设计和实现等。这些问题被人们形象地形容为代码中的坏味道(Bad Smell)。因此,软件重构可以被理解为识别代码中的坏味道并通过各种手段缓解或消除其影响的过程。Martin Fowler 等在其著作[27]中归纳了 22 种常见的代码坏味道。Mantyla 等人的论文[28]将这些坏味道分为 5 组。接下来我们将在这些分类基础上介绍常见的代码坏味道。

1. 膨胀(The Bloaters)

膨胀是指代码中那些不断增长而得不到有效控制的复杂性问题。这种坏味道通常不是由不好的设计引起的,而是在长时间的演化过程中不断增长累积而成。这类坏味道包括长方法(Long Method)、过大的类(Large Class)、基本类型偏执(Primitive Obsession)、长参数列表(Long Parameter List)、数据泥团(Data Clumps)。

过长的方法将使得开发人员的程序理解、修改和调试都变得困难。针对此问题的重构手段是抽取方法。例如,可以根据注释识别出相对独立的代码片段并作为方法抽取出来,或者将条件或循环所构成的代码块抽取为独立的方法。

过大的类往往包含过多的成员变量和方法,承担了过多的职责。针对此问题可以采用抽取类或抽取子类的方法将过大的类分解为多个大小合适的类。

基本类型偏执是指开发人员不愿意使用对象来封装较小的实体(如电话号码),而喜欢用整型、字符串等基本数据类型来表示这些信息,从而容易导致代码难以理解和修改。针对此问题,可以尽量将相关信息定义为更贴近其实际意义的类型进行表示和使用。

长参数列表是指方法的参数数量过多(如超过 3 个),这经常会导致接口难以理解、参数传递不一致、使用困难等问题。针对此问题可以将一些传入的参数改为通过方法调用来获取或者将一些参数封装为对象进行传递。

数据泥团是指多个数据项总是在一个类的属性列表中、一个方法的参数列表中等地方一起出现,并在整体上表示某种概念,例如表示 RGB 颜色的 3 个整形值。针对此问题可以将这些数据项封装在相应的对象中进行统一的表示和使用。

2. 面向对象的滥用(The Object-Orientation Abusers)

面向对象的滥用问题主要是由于没有充分利用面向对象设计的特性。这类坏味道包括 Switch 语句(Switch Statements)、临时属性(Temporary Field)、被拒绝的遗赠(Refused Bequest)、异曲同工的类(Alternative Classes with Different Interfaces)。

使用 Switch 语句经常会导致类似的 Switch 语句散布在程序中的多个地方。此时如果要修改或增加 case 语句时,经常要检查所有这些 Switch 语句并进行处理。面向对象方法为这一问题提供了一种更好的解决方案,即多态。

临时属性是指一个类内部的某些属性并非总是有意义的,而只是在一些特定情形下会被使用。例如,一个类中的某个复杂算法需要很多参数,为了避免传递过多的参数,有些开发人员会选择将其中一些参数作为类的属性,这些属性仅在使用该算法时有意义。这种临时属性使得程序难以理解,同时也破坏了信息隐藏原则,因为这种属性的作用范围本该局限在一个方法之内,然而却扩展到了整个类。针对这一问题可以将相关的临时属性作为一个类抽取出来,并将相关的代码放到这个类中,并将这个类的对象作为方法内的对象使用。

被拒绝的遗赠是指对继承机制的不当使用使得子类只需要从父类中继承部分属性和方法,甚至造成子类不支持父类的接口,从而导致整个继承体系的混乱。对于这一问题可以为子类新建一个兄弟类,并将父类中用不到的属性和方法移动到这个新的兄弟类中,使得父类中仅包含两个子类所共享的内容。此外,对于不愿支持父类接口的子类,可以将继承关系替换为委托(Delegation)关系。

异曲同工的类是指紧密相关的类之间缺乏一个公共的接口,其表现为两个实现相似功能的方法却有着不同的签名。针对这一问题可以将这些方法重新命名并将它们移动到合适的类中,如有必要还可以使用抽取父类的方法将相同的行为移动到父类中。

3. 变更阻挠者(The Change Preventers)

变更阻挠者是指代码中的坏味道会阻碍软件的变更或进一步的开发。这类坏味道包括发散式变化(Divergent Change)、霰弹式修改(Shotgun Surgery)、平行继承体系(Parallel Inheritance Hierarchies)。

发散式变化是指一个类可能要对多种不同类型的变化做出响应。好的面向对象设计希望类的设计满足单一职责原则,即每个类仅关注于单一的问题。当某种变化影响到一个类时,这个类中所有的内容都应该反映这种变化。具有发散式变化坏味道的类往往混杂了多种关注点,因此可以通过抽取类的方式将受不同类型变化影响的属性和方法分别封装在不同的类中。

霰弹式修改与发散式变化恰恰相反,指的是为了满足一个变化要求而需要修改多个类。这种坏味道往往意味着与某个关注点相关的实现散布在多个类中,因此可以将这些与同一个关注点相关的属性和方法移动到同一个类(可能需要创建一个新的类)中。

平行继承体系是霰弹式修改的特例,是由类之间继承层次的不当设计引起的,具体表现在每当为某个类增加子类时必须同时为另一个类相应增加一个子类。针对这种坏味道可以让一个继承体系中的实例引用另一个继承体系中的实例,然后通过移动属性和方法的方式消除被引用方的继承体系。

4. 非必需的内容(The Dispensables)

非必需的内容是指源代码中所存在的非必需的类或代码。这类坏味道包括重复代码(Duplicated Code)、冗赘类(Lazy class)、数据类(Data class)、死代码(Dead Code)、不必要的通用性(Speculative Generality)。

重复代码是指程序中多个地方所出现的相同或相似的代码或程序结构。重复代码不仅会增加程序的复杂度,而且可能带来一致性修改的问题。重复代码一般可以通过抽取公共方法来消除,位于同一个父类的多个子类中的重复代码在抽取方法后还可以进一步将公共方法提升到父类中。

冗赘类是指随着程序的不断演化而已经逐渐失去其作用的类。对于继承层次中的冗赘类可以通过合并继承关系的方式来消除。对于其他的冗赘类可以考虑将其转化为内联类(Inline Class)。

数据类是指一个类仅包含一些属性以及访问这些属性的方法,除此之外没有更多的操作和行为。这种数据容器类还经常被其他类过分地操纵,甚至包含一些 Public 属性供其他类任意访问。对于这种数据类需要对其内部的属性进行封装并移除一些属性设置方法。如果某些属性的计算和设置都是由其他类负责的,那么还可能需要将相关方法的全部或部分代码移动到数据类中并将这些方法隐藏起来。

死代码是指程序中永远不可能被执行到的代码。死代码的产生往往是由于需求或设计的变化所导致的程序逻辑的变化,导致有些过去有用的代码在多次变化之后不再有用。死代码的存在导致了不必要的代码规模和复杂性的膨胀,一般可以通过删除无用代码来解决。

不必要的通用性是一种典型的过度设计,是指程序中过度考虑了针对未来可能发生的变化而做出的通用性设计,例如无用的抽象类、委托关系和无用的参数等。这些通用性设计所考虑的变化是不必要的,甚至是不可能发生的。这种坏味道可以通过移除无用的抽象类、委托关系、参数等来解决。

5. 耦合者(The Couplers)

耦合者是指与代码中的高耦合现象相关的坏味道。这类坏味道包括特征依恋(Feature Envy)、狎昵关系(Inappropriate Intimacy)、消息链(Message Chains)、中间人(Middle Man)。

特征依恋表现为一个方法对另一个类中的成员更感兴趣,或者说它更多地访问另一个类中的成员,而与同一个类中的其他成员关系不大。对于这种坏味道一般可以将相关的方法移动到合适的类中,或者将存在特征依恋的一部分代码抽取成独立的方法后再移动到其他类中。

狎昵关系是指两个类彼此耦合得太紧密,表现为相互之间对于私有成员的频繁访问。对于这种坏味道可以通过移动方法和属性减少类间的耦合关系,也可以尝试着将双向关联变为单向关联。此外,还可以将两个类中的公共部分抽取成一个新的类,并让原来的两个类依赖于这个新的类。

消息链是指一个类需要一个很长的消息链才能从另一个类那里获取所需要的信息。这种坏味道的问题在于消息链涉及多个类,而这些类之间的关系所发生的任何变化都有可能导致导航结构的变化。针对这种坏味道可以将消息链中用于传递相关消息的代码抽取为独立的方法,并沿着消息链逐渐向源头上的类移动。

中间人是指本身并不完成实际的工作而仅仅将请求委托给其他类来完成的方法。虽然面向对象设计不可避免地会出现委托关系,但过多使用这种委托关系(如一个类中的大多数方法都扮演中间人的角色)也可能会导致问题。针对这种坏味道可以移除中间人而使得一个类直接与提供最终信息或操作的类打交道。

7.5.2 基本的软件重构类型

虽然面对具体的软件系统以及具体问题时的软件重构策略和方法各不相同,但大多都可以认为是一系列基本的软件重构类型的组合。本节将介绍这些基本的软件重构类型[27]。

1. 重新组织方法

这种类型的重构针对的是长方法等代码的坏味道,此外还包括一些为了进一步的代码包装而对方法进行整理的一组重构方法,具体包括:

Extract Method(抽取方法);

Inline Method(内联方法);

Inline Temp(内联临时变量);

Replace Temp with Query(以查询代替临时变量);

Introduce Explaining Variable(引入解释性变量);

Split Temporary Variable(分解临时变量);

Remove Assignments to Parameters(移除对参数的赋值);

Replace Method with Method Object(以方法对象代替方法);

Substitute Algorithm(替换算法)。

2. 移动方法成员

面向对象设计要求每个类都具有清晰、明确的职责,同时又不会过于臃肿。当类的职责划分不合理时,需要通过移动方法成员来对相关职责的分配进行调整。这类软件重构方法包括:

Move Method(移动方法);

Move Field(移动属性);

Extract Class(抽取类);

Inline Class(将类内联化);

Hide Delegate(隐藏"委托关系");

Remove Middle Man(移除中间人);

Introduce Foreign Method(引入外部方法);

Introduce Local Extension(引入本地扩展)。

3. 重新组织数据

这种类型的重构包括由于数据含义的变化而所做的一些重构动作。例如,将整形数据表示的邮编重新组织为由若干个字符构成邮编数据类型,或者将符合数据结构的数据类型以及对这些数据操作的方法或行为重新组织等。这类软件重构方法包括:

Self Encapsulate Field(自封装字段);

Replace Data Value with Object(以对象代替数据值);

Change Value to Reference (将值对象改为引用对象);

Change Reference to Value (将引用对象改为值对象);

Replace Array with Object (以对象代替数组);

Duplicate Observed Data(复制"被观察数据");

Change Unidirectional Association to Bidirectional(将单向关联改为双向关联);

Change Bidirectional Association to Unidirectional(将双向关联改为单向关联);

Replace Magic Number with Symbolic Constant(以字面常量代替魔法数);

Encapsulate Field(封装字段);

Encapsulate Collection(封装集合);

Replace Record with Data Class(以数据类代替记录);

Replace Type Code with Class(以类代替类型码);

Replace Type Code with Subclasses(以子类代替类型码);

Replace Type Code with State/Strategy(以状态/策略代替类型码);

Replace Subclass with Fields(以字段代替子类)。

4. 简化条件表达式

当代码中的条件表达式逻辑非常复杂时,可以利用这组重构方法将分支逻辑和操作实现细节相分离,从而使代码结构更清晰。这类软件重构方法包括:

Decompose Conditional(分解条件表达式);

Consolidate Conditional Expression(合并条件表达式);

Consolidate Duplicate Conditional Fragments(合并重复的条件片段);

Remove Control Flag(移除控制标记);

Replace Nested Conditional with Guard Clauses(以卫句代替嵌套条件表达式);

Replace Conditional with Polymorphism(以多态替换条件表达式);

Introduce Null Object(引入 Null 对象);

Introduce Assertion(引入断言)。

5. 简化方法调用

类应当具有容易理解和使用的接口,例如方法名称要有意义、参数保持简短、接口中不应当暴露太多细节、合理使用异常处理机制等。针对这方面问题的软件重构方法包括:

Rename Method(重命名方法);

Add Parameter(增加参数);

Remove Parameter(移除参数)；

Separate Query from Modifier(将查询方法和修改方法相分离)；

Parameterize Method(参数化方法)；

Replace Parameter with Explicit Methods(用明确的方法代替参数)；

Preserve Whole Object(保持对象完整)；

Replace Parameter with Method(以方法代替参数)；

Introduce Parameter Object(引入参数对象)；

Remove Setting Method(移除设值方法)；

Hide Method(隐藏方法)；

Replace Constructor with Factory Method(以工厂方法代替构造方法)；

Encapsulate Downcast(封装向下转型)；

Replace Error Code with Exception(以异常代替错误码)；

Replace Exception with Test(以测试代替异常)。

6. 处理泛化关系

这方面的重构与面向对象程序中的继承体系所表示的泛化关系相关,包括将属性和方法在继承结构中向上或向下移动、将不同子类中方法的共性部分抽取为方法并向上移动、引入新的类或移除现有的类来改变继承结构、在继承关系和委托关系之间转换等。这类软件重构方法包括：

Pull Up Field(属性上移)；

Pull Up Method(方法上移)；

Pull Up Constructor Body(构造方法体上移)；

Push Down Method(方法下移)；

Push Down Field(属性下移)；

Extract Subclass(抽取子类)；

Extract Superclass(抽取父类)；

Extract Interface(抽取接口)；

Collapse Hierarchy(收缩继承体系)；

Form Template Method(形成模板方法)；

Replace Inheritance with Delegation(以委托代替继承)；

Replace Delegation with Inheritance(以继承代替委托)。

7. 大规模重构

前面介绍的这些重构方法处理的都是局部的小规模重构,一般仅涉及单个类或少数的几个类,重构可以在较短时间内完成。

大规模重构是在开发团队取得共识的基础上,针对软件系统中所存在的大范围问题进行的大规模重构,例如混乱的继承体系、遗留的过程式代码、业务逻辑和用户界面大面积混杂的情况等。这种重构不再是单个开发人员的个人活动,而是需要整个团队共同协作完成。大规模重构是前面所介绍的各种小规模重构的综合应用,所针对的情况比较复杂。Kent Beck 将他们在研究和实践中运用的大规模重构归纳为以下 4 种：

Tease Apart Inheritance(梳理并分解继承体系)；

Convert Procedural Design to Objects(将过程化设计转化为对象设计）；

Separate Domain from Presentation(将领域逻辑与表示相分离）；

Extract Hierarchy(抽取继承体系）。

7.5.3 重构的原则

重构是一种以提高软件的可维护性而非响应外部的变更要求(如增加新功能、修正所发现的缺陷等)为目的的软件维护活动。软件开发实践中的重构常常是伴随着其他软件的开发和维护活动进行的。此外,重构需要随着软件的开发和维护过程持续不断地进行,从而保持并提高软件的内部质量。为了与软件开发和维护过程相协调并且保证软件的质量,重构应当遵循一系列指导原则,包括如何选择并确定重构对象、重构目标、重构时机、重构策略等。

Martin Fowler 归纳了以下 7 个软件重构的基本原则[27]：

（1）不要为了重构而重构。重构不应该专门计划并安排时间来完成,而是应该随时按照需要来进行。不应该为了重构而重构,而是应该在你想要让代码实现什么特性时,利用重构来帮助你将这件事做得更好。

（2）遇见重复的事情时考虑重构。在开发时如果发现相同或类似的事情需要重复地去做,例如做两遍或三遍以上,这时候就应该考虑重构代码了。

（3）添加新功能时考虑重构。给程序添加新功能的时候是一个常见的重构时机。因为此时重构可以理清代码结构,同时加深对代码的理解,从而使得增加新特性的工作能够更快、更流畅地完成。

（4）收到错误报告时考虑重构。进行 Bug 修复的时候也是进行重构的重要信号。收到 Bug 报告表明程序不清楚,以致你没能发现其中所隐藏的 Bug,因此需要进行重构。此外,此时重构还可以使得代码更具可读性,并能加深对代码的理解,从而辅助你在重构过程中找到并修复 Bug。

（5）进行代码评审时考虑重构。在评审代码时也可以进行重构以改善处于开发状态下的代码。代码评审可以将好的开发知识和经验在开发团队中传播,并有助于更多的人理解软件系统,并对代码提出改进建议。代码评审要求能够对代码进行深入、清晰的理解甚至提出改进建议,而重构可以帮助完成这一目标。

（6）关注不要重构的一些现象。有一些讯号会指示我们不要去重构。例如,当大部分代码根本不能正常运行而且结构过于混乱时,请先考虑重写而不是重构。此外,当项目已经接近最后期限时,应该避免进行重构。

（7）通过自动化测试来保证程序的外部行为不发生变化。重构改变了代码的内部结构,但是代码的可观察行为应该保持。通常需要一些自动化测试来检验重构行为对代码的变更是否安全并保持其可观察行为。为了便于检查重构代码前后的行为是否变化,实施重构之前,最好已有代码的大部分能够正常运行。此外,应当将软件开发划分为两个不同的活动:增加功能和重构。增加新功能时请不要修改任何已存在的代码,并添加新的测试;当进行重构时不要添加任何新功能,除非重构改变了原有的代码接口而修改某些测试。

（8）重构应当小步前进。每次规划并实施少量的重构,完成修改后应当立即测试,保证重构后的程序能够正常运行并且保持原有的外部行为。这就要求将重构划分为一系列原子性的重构操作,例如创建、删除以及移动实体(如方法、类)等。

7.6 软件维护工具

软件维护活动需要工具的支持。在软件维护活动中,工具不仅仅能提高效率,而且有时还发挥着不可替代的作用。由于软件的复杂性,软件分析、逆向工程等软件维护活动在很大程度上都依赖于工具的能力。在软件维护中可能用到的工具类型包括版本管理、配置管理、缺陷追踪管理、维护任务管理、特征定位、克隆分析、逆向分析、代码分析和度量等。版本管理、配置管理等工具已经在第 5 章中进行了介绍,本节重点介绍其他 6 个方面的工具。

7.6.1 缺陷跟踪管理工具

为了持续保证软件的正确性,必须及时对发现的缺陷进行修复。但是,由于软件维护过程中出现的缺陷众多、特征不同,需要有策略地对缺陷进行管理。例如,严重程度很高的缺陷应该比严重度比较低的缺陷有更高的修复优先级;由于某些原因暂时不能修复的缺陷需要被管理起来而不能遗漏等。有些软件开发组织也会使用缺陷跟踪管理工具对需要实现的需求变更进行管理。在缺陷跟踪管理工具中,缺陷和需求变更都统称为"问题"(Issue)。缺陷跟踪管理工具包括如下一些功能:

(1) 问题报告:开发人员或用户可以通过缺陷管理工具报告一个新的缺陷或希望实现的需求。在报告新问题时,需要填写一些必要的信息,例如问题类型、所属的产品或组件、发现问题的版本、对问题的简要描述、如何对问题进行复现等。

(2) 问题分配:被报告的问题需要分配给专人进行处理。负责缺陷管理的机构或个人可以使用缺陷跟踪管理工具指定由哪个开发人员或团队来处理问题。此外,还可以对问题的严重程度进行调整。

(3) 问题解决:问题分配后,负责解决该问题的开发人员会收到通知(如电子邮件或者其他方式的推送消息)。开发人员了解情况后,即可开始调查和解决问题。如果在解决问题的过程中开发人员或其他人有了新的发现,可以在缺陷追踪管理工具中对这个问题进行批注。问题解决后需要对该问题的解决方案进行描述和总结。如果有代码修改,还需要把修改过的文件列表一并列出。有些缺陷跟踪工具可以关联版本管理系统,即只需要在总结的地方填写"revision"的"id",工具自动会把修改的文件列表加进缺陷管理系统中。

(4) 问题确认:开发人员解决了分配的任务后,需要修改任务状态并将问题移交给测试人员或者其他跟踪审核的人员进一步确认。

(5) 问题状态跟踪:由于每个缺陷都包括多个涉众,例如问题的提交者、缺陷管理人员、负责解决问题的开发者、测试人员等,缺陷管理工具一般都提供了状态跟踪功能。如果问题的状态发生变更或者有人在问题中加入了新的批注,所有跟踪该任务的人员都会收到关于问题状态发生变更的通知。

(6) 问题依赖关系管理:某些问题可能是重复的,缺陷管理系统应该支持把这些同样的问题进行合并。同样,如果一个问题包括若干小的问题,则缺陷管理系统应该支持拆分。此外,如果一个缺陷存在于多个版本中,还需要在不同的版本之间对这些问题进行复制。

常见的缺陷跟踪管理工具包括 BugZilla[30],JIRA[31],Clearquest[32] 等。此外,某些项

目管理工具、集成开发环境、项目托管系统等也集成了缺陷管理功能，例如，Trac[33]，Team Foundation Server[34] 以及 google code，sourceforge 等都具备问题跟踪功能。例如，Bugzilla 是一个开源的缺陷跟踪管理工具。图 7－17 是使用 Bugzilla 管理的某系统（Firefox）中一个缺陷[35]的界面截图，界面中显示了 BugZilla 管理的缺陷状态和相关信息。其中，第一列中包括状态、关键字、相关产品、组件、版本、平台、重要度、目标里程碑、负责解决该问题的工程师等信息；第二列包含了报告日期、修改日期、关注成员列表等。

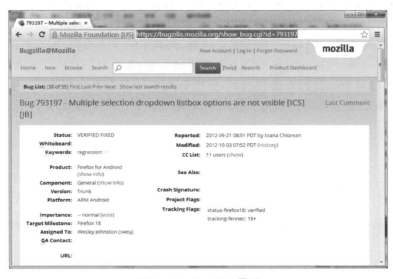

图 7－17　BugZilla 界面

7.6.2　任务管理工具

任务管理工具是软件开发和维护过程中的常用工具。常见的任务管理活动包括管理任务列表、定义任务优先级、截止日期、开展任务协作等。一些与软件开发和维护环境紧密集成的任务管理工具还能够将任务的相关上下文和特定任务关联起来，进一步提高软件开发的效率。本节将以 Eclipse 的 Mylyn[36] 插件为例对任务管理工具进行介绍。

Mylyn 是基于 Eclipse 平台的一个插件。在软件开发中，程序员经常使用集成开发环境的结构化视图（如包浏览器、代码编辑环境、代码结构浏览器等）作为开发界面。但是随着软件规模的增大以及工具数量的增多，软件开发环境也相应地变得越来越复杂。Mylyn 将任务管理无缝集成到 Eclipse 中，并在工作时自动管理任务上下文，简化了多任务的执行，减少了信息超载，提高了开发人员的效率。

首先，Mylyn 插件具备一般的任务管理功能。例如，在任务集中创建和管理任务，并为任务设定相应的属性，例如任务类型、计划日期、截止日期、任务描述等。由于软件开发和维护过程中的任务常常是从其他系统获得的（如通过缺陷跟踪系统指派的问题、通过项目管理工具创建的开发任务、通过代码评审系统发现的评审问题等），所以 Mylyn 还能够根据其他系统的数据自动创建任务。为了使任务管理的视图更为简洁，Mylyn 支持按不同的视图查看任务，并且提供了任务过滤聚焦管理和着色管理功能。其中，过滤聚焦功能是指程序员可以让 Mylyn 仅显示当前工作周的任务,将其他时间的任务隐藏;着色功能可以按照已完成、将要完成、调度优先级高的、逾期等任务种类,将每个任务标记为不同颜色或样式,从而可以通过 Mylyn 提供的全盘优先级调度功能来高亮所有需要在当天完成的工作,帮助程序员进一步提高效率。

第二,Mylyn 最重要的一个功能是对任务上下文的管理。Mylyn 通过行为跟踪机制扩展了 Eclipse SDK。在定义并激活任务之后,Mylyn 会为每一个任务创建一个相关的上下文,然后自动监视这些任务上的程序员行为,将所有和任务相关的制品集合在一起,包括浏览、编辑过的包、类、方法和引用过的 API 等。通过这种聚合,IDE 能够为程序员提供更加"任务聚焦"的开发环境。例如,在包资源管理器、类关系继承查看器中只显示和任务上下文相关的包、类、方法等,并自动隐藏不感兴趣的代码元素;在原有的代码自动提示补全的基础上,智能地对程序员的后续行为进行预测,将所有和本任务上下文相关的方法提到最前面,将不常用或与本任务上下文无关的方法放到后面等。图 7-18 是 Mylyn 任务调度的一个截图。

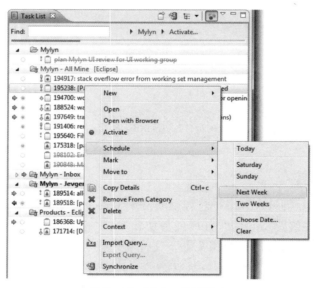

图 7-18 Mylyn 任务调度

7.6.3 特征定位工具

开发人员在软件维护中常常需要首先进行特征定位,即确定用户可见的需求特征与代码的对应关系。由于软件系统自身的规模往往比较大,或者开发人员面对的是一个从未参与过的系统,人工的特征定位往往会耗费大量精力,并且难以将相关的代码找全、找准。这时就可以通过自动或半自动的特征定位工具来辅助开发人员完成特征定位工作。本节将以 FLAT³[37] 为例对特征定位工具进行介绍。

FLAT³ 是一个 Eclipse 的插件,同时包含了静态和动态的特征定位方法,能够让开发人员定位与某一特征相关的代码元素,并提供多种映射形式来保存和呈现特征与代码的对应关系。

FLAT[3] 包括了两个可同时使用的特征定位工具：其一是基于 Apache Lucene[38] 提供的信息检索功能，可以在代码中寻找与用户请求相近的代码元素；其二是基于 JPDA(Java Platform Debugger Architecture)实现的程序调用追踪工具，能够捕获所有在用户执行特定功能时调用到的方法，并可以使用 Lucene 来对结果进一步过滤。在考虑定位精度的情况下，一般会先使用动态特征定位，然后使用静态检索来精化结果，整个过程包括如下两个阶段：

1. 使用动态方法找出代码元素

在 Eclipse 的 Package Explorer 视图中展开所要定位的项目，找到程序的入口文件（在本例中入口文件为 jEdit. java），然后从右键菜单选择"Trace with MUTT"。此时程序便开始运行。程序运行后，在执行希望定位的特征之前，首先点击"Start"按钮要求 FLAT[3] 进行方法调用记录。在执行相关功能的过程中，FLAT[3] 会将执行该功能过程中调用过的方法全部记录下来，并展示在结果视图中，如图 7‑19 所示。

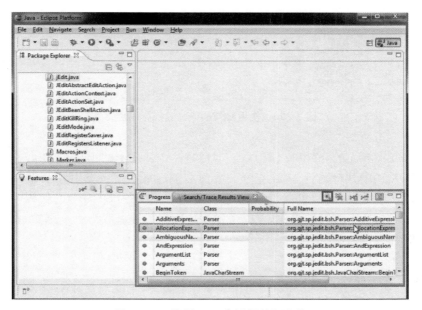

图 7‑19　使用 FLAT[3] 进行特征定位

2. 精化搜索

由于使用动态方法得到的代码元素是执行特征功能时程序调用的所有方法，其中可能混杂了与特征无关的方法。为了能够进一步精化结果，可在结果视图中点击工具栏中的精化搜索按钮，在弹出的输入框中输入与功能相关的关键字，点击确定后 FLAT[3] 会在结果元素集合中搜索与该关键字相关的代码元素并呈现在最后的结果列表中。

7.6.4　克隆分析工具

代码克隆侦测技术可以帮助开发人员发现代码中的重复片段，为代码重构、缺陷修复、代码质量评价等问题提供有价值的线索。虽然检测代码克隆的方法有所不同，但其基本思路都是通过获取代码的某些特征，然后寻找在这些特征上存在相似度的代码片段。代码克隆侦测使用的特征有文本、标号、AST 或度量等。代码克隆侦测工具可以基于一种特征，也可以基于多种特征进行综合比较，获得代码中的克隆片段。下面以 CCFinderX[39] 为例介绍一下克隆分析工具的用法。

CCFinderX 的前身是 CCFinder，是日本 Osaka 大学软件工程实验室开发的一款基于标号的克隆检测工具。在使用 CCFinderX 进行克隆侦测时，它将首先对代码进行扫描，识别出代码中所有的标记符号，例如关键字、标识符、运算符等，然后在此基础上进行相似度匹配。根据相似度准则（如最小的克隆片段应该包括的标记符号个数不应小于 50），就可以识别出重复或类似的代码。图 7 - 20 是使用 CCFinderX 对某开源项目[40]进行克隆检测后发现的一个片段。

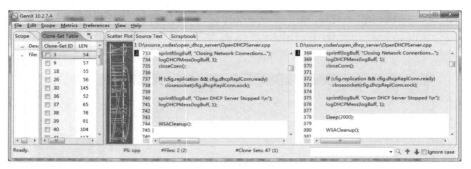

图 7 - 20　使用 CCFinderX 进行克隆检测

在图 7 - 20 中界面的底部可以看到，该项目是一个 C++的项目，其中仅包含 2 个源文件。CCFinderX 从中共检测到 47 组克隆。界面右侧区域显示的是其中一对文件的重复情况。通过阅读该组重复代码，可以发现这是一段关闭某服务（DHCP）的代码。由于在关闭该服务时总是需要执行相同的操作，可以考虑把这两段代码提取为一个函数，而不是每次实现相似功能时都进行复制-粘贴。

7.6.5　逆向分析工具

在维护活动中，常常需要使用逆向分析工具来恢复较高层次的模型，例如从代码中恢复类图或控制流图，来帮助开发人员理解程序的高层结构，或进一步对软件再工程等活动提供支持。逆向分析工具涵盖的范围比较广泛，例如需求模型恢复、设计模型恢复等。使用的手段既有静态分析方法也有动态分析方法。由于逆向分析工具的目标往往是模型，因此逆向分析工具往往与建模工具集成在一起。例如，IBM Rational Rose[41]，StarUML[42]等建模工具都集成了逆向分析功能。本节将使用 StarUML 为例对代码逆向分析进行讨论。

StarUML 是一个开源的 UML 建模工具，可以使用多种 UML 图对系统进行建模、从类图创建代码或者从代码进行逆向工程。StarUML 的逆向工程是基于静态的代码结构进行的，所以可以获得类和类的设计细节（属性、操作、操作参数等）、类和类之间的依赖、关联和泛化关系等信息，并据此创建 UML 类图。图 7 - 21 是使用 StarUML 对 JUnit 3.7[43] 版本的代码进行逆向工程的结果。StarUML 成功地识别出代码中所有的包和类等设计信息。在图 7 - 21 的右侧显示了代码的包结构，图 7 - 21 的左侧显示的是其中一个包（Runner）的设计结构。从该结构中可以看到 JUnit 作为一个测试框架，其 Runner 包含了 TestCollector，TestLoader，TestRunner，TestRunListener，FailureDetailView 等设计类。StarUML 在逆向分析的过程中还可以获得各个类的设计细节。图 7 – 21 中显示了 BaseTestRunner 设计的局部信息。

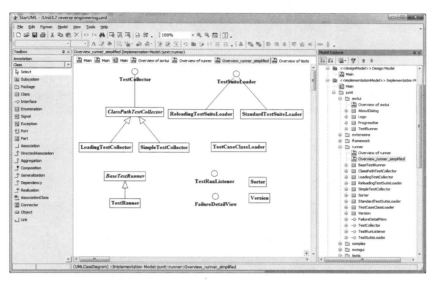

图 7 – 21　使用 StarUML 对 Java 代码进行逆向分析

7.6.6　代码分析和度量工具

在软件的开发、维护以及测试过程中经常需要使用代码分析和度量工具。这类工具以源代码作为分析对象，涵盖了代码差异比较、代码度量、可视化图表、依赖关系分析、代码审查以及报告等多方面的功能。其中，代码差异比较主要用于呈现同一个文件在不同的两个时间点所产生的变化，包括增加或删除了哪些代码行、增加或删除了哪些方法等；代码度量主要用于呈现代码本身的一些信息，例如代码行数、注释行数、空行数、方法个数、文件总数、圈复杂度以及代码重复度等；图表主要是通过图或表格的形式将项目或者文件的信息呈现出来，主要有继承关系图、控制流图、UML 类图、依赖关系图以及树形关系图等；依赖关系主要用于呈现文件或者代码实体（如方法）之间的依赖关系，例如文件之间的结构依赖关系、方法间的调用与被调用关系等；代码检测主要用于检查代码是否符合一些国际标准，或者一些企业自定义的代码规范等。一些代码分析和度量工具同时也支持各种报告的生成，例如代码质量报告、度量报告等。

开发人员在软件维护过程中使用这类工具的场景较多，例如通过代码分析和度量工具发现某个方法代码行数过多，或者圈复杂度太高，或者这个方法的依赖关系过于复杂等，从而发现需要重构的目标；通过代码分析和度量工具呈现项目的调用关系图、控制流图等，帮助软件开发人员进行项目理解、增加新特性或者修复缺陷等；通过查看代码差异辅助测试人员编写测试用例。

Understand 是 Scientific Toolworks 出品的一款代码分析和度量工具。图 7 – 22 和

图 7-23 分别展示了使用 Understand 对 Jhotdraw 7.2 进行代码度量和代码审查的结果。

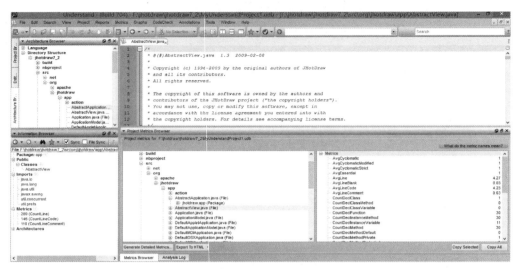

图 7-22　使用代码分析工具进行代码度量

在图 7-22 中,左下角的 Information Browser 视图用于浏览单个文件的度量信息,包括文件的总行数、代码行数、注释行数等。右下角的 Project Metrics Browser 视图详细地展示了整个项目以及各个文件的度量信息,该视图的左半部分显示的是整个项目的树形结构,右半部分显示的是对应的整个项目或者单个文件的详细度量信息。

在图 7-23 中,可以对需要审查的文件和规范(如 MISRA－C 2004,MISRA－C++ 2008 等国际标准)进行定义,代码检查结果将呈现在右下角的窗口中。

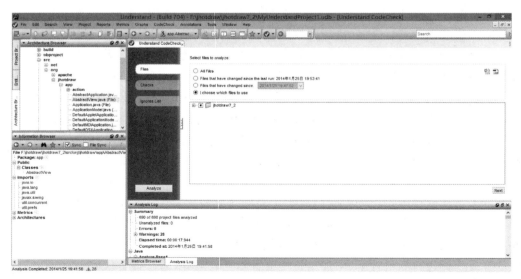

图 7-23　使用代码分析工具进行代码审查

本章参考文献

［1］ ISO/IEC/IEEE 14764:2006. Software Engineering — Software Life Cycle Processes — Maintenance.

［2］ Penny Grubb, Armstrong A Takang. Software Maintenance: Concepts and Practice. World Scientific Publishing, 2003.

［3］ Peter H Feiler. "Reengineering: An engineering problem. Special Report". CMU/ SEI-93-SR-5, Pittsburgh, PA: Software Engineering Institute, Carnegie Mellon University, 1993.

［4］ Roger S Pressman 著,郑人杰,马素霞,白晓颖等译. 软件工程——实践者的研究方法(原书第 6 版). 机械工业出版社, 2007.

［5］ 梅宏,王千祥,张路,王戟. 软件分析技术进展. 计算机学报,2009,32(9):1697 - 1710.

［6］ 刘磊等著. 程序分析技术. 机械工业出版社,2005.

［7］ Toshihiro Kamiya, Shinji Kusumoto, Katsuro Inoue. CCFinder: A multilinguistic token-based code clone detection system for large scale source code. IEEE Transactions on Software Engineering, 2002, 28(7):654 - 670.

［8］ Simian-Similarity Analyser. http://www. harukizaemon. com/simian.

［9］ Chanchal Kumar Roy, James R Cordy. "A survey on software clone detection research". Technical Report No. 2007 - 541, School of Computing, Queen's University, Canada, 2007.

［10］ Ira D Baxter, Andrew Yahin, Leonardo Moura et al. "Clone Detection Using Abstract Syntax Trees". In the 14th IEEE International Conference on Software Maintenance (ICSM'98), 1998, pp. 368 - 377.

［11］ Jean Mayrand, Claude Leblanc, Ettore M Merlo. "Experiment on the automatic detection of function clones in a software system using metrics". In the Proceedings of the International Conference on Software Maintenance, Monterey, CA, Nov 1996, pp. 244 - 253.

［12］ Jens Krinke. "Identifying Similar Code with Program Dependence Graphs". Working Conference on Reverse Engineering(WCRE'01), 2001, pp. 301 - 309.

［13］ Gerardo Canfora and Massimiliano Di Penta. "New Frontiers of Reverse Engineering". Future of Software Engineering (FOSE'07), 2007, pp. 326 - 341.

［14］ Bogdan Dit, Meghan Revelle, Malcom Gethers, Denys Poshyvanyk. Feature location in source code: A taxonomy and survey. Journal of Software Maintenance and Evolution: Research and Practice, 2013, 25(1):53 - 95.

［15］ Jinshui Wang, Xin Peng, Zhenchang Xing, Wenyun Zhao. "Improving Feature Location Practice with Multi-faceted Interactive Exploration". International Conference on Software Engineering (ICSE'13), 2013, pp. 762 - 771.

［16］ Robert Arnold, Shawn Bohner. Software Change Impact Analysis. Wiley-IEEE Computer Society Pr, 1996.

［17］ Shawn A Bohner. "Extending software change impact analysis into cots components". In the Proceedings of the 27th Annual NASA Goddard/IEEE Software Engineering Workshop (SEW - 27'02), 2002, pp. 175 - 182.

［18］ Elliot J Chikofsky, James H Cross ll. Reverse engineering and design recovery: A taxonomy. IEEE Software, 1990, 7(1):13 - 17.

［19］ Holger B̈ar, Markus Bauer, Oliver Ciupke. The FAMOOS Object-Oriented Reengineering Handbook. http://www. iam. unibe. ch/～famoos/handbook/.

［20］ Paolo Tonella, Alessandra Potrich. "Reverse Engineering of Object Oriented Code". International Conference on Sofwtare Engineering (ICSE'05), 2005, pp. 724 - 725.

［21］ Damien Pollet, Stéphane Ducasse, Loïc Poyet, et al. "Towards A Process-Oriented Software Architecture Reconstruction Taxonomy". In the 11th European Conference on Software Maintenance and Reengineering (CSMR'07), 2007, pp. 137 - 148.

[22] Onaiza Maqbool, Haroon A Babri. Hierarchical Clustering for Software Architecture Recovery. IEEE Transactions on Software Engineering, 2007,33(11):759 - 780.

[23] Gail C Murphy, David Notkin, Kevin J Sullivan. Software reflexion models: Bridging the gap between design and implementation. IEEE Transactions on Software Engineering, 2001,27(4):364 - 380.

[24] Dragan Bojic, Dusan Velasevic. "A Use-Case Driven Method of Architecture Recovery for Program Understanding and Reuse Reengineering". In the 4th European Conference on Software Maintenance and Reengineering (CSMR'00), 2000,pp. 23 - 31.

[25] Hong Yan, David Garlan, Bradley Schmerl. "DiscoTect: A System for Discovering Architectures from Running Systems". International Conference on Software Engineering (ICSE'04), 2004,pp. 470 - 479.

[26] Michele Lanza, Stéphane Ducasse. Polymetric Views — a Lightweight Visual Approach to Reverse Engineering. IEEE Transactions Software Engineering, 2003,29(9):782 - 795.

[27] CodeCity. http://www. inf. unisi. ch/phd/wettel/codecity. html.

[28] Martin Fowler, Kent Beck, John Brant, William Opdyke, Don Robers. Refactoring: Improving the Design of Existing Code. Addison-Wesley Professional, 1999.

[29] Mika V Mäntylä, Casper Lassenius. Subjective Evaluation of Software Evolvability Using Code Smells: An Empirical Study. Journal of Empirical Software Engineering, 2006,11(3):395 - 431.

[30] http://www. bugzilla. org/

[31] http://atlassian. com/software/jira/

[32] http://www. ibm. com/software/awdtools/clearquest/

[33] http://trac. edgewall. org/

[34] http://www. visualstudio. com/products/tfs-overview-vs/

[35] https://bugzilla. mozilla. org/show_bug. cgi? id=793197

[36] http://www. eclipse. org/mylyn/

[37] http://www. cs. wm. edu/semeru/flat3/index. html

[38] https://lucene. apache. org/

[39] http://www. ccfinder. net/

[40] http://sourceforge. net/projects/dhcpserver/

[41] http://www-03. ibm. com/software/products/zh/ratirosefami

[42] http://sourceforge. net/projects/staruml/

[43] http://junit. org/

第8章

软件复用与构件技术

在当今的软件开发实践中，开发人员往往都会通过各种不同的方式重复利用已有的知识、经验或软件制品来开发新的软件产品，这种软件开发实践称为软件复用（Software Reuse）。与以往完全从头开始的软件开发方式相比，软件复用对于提高开发效率和质量、降低成本、缩短软件发布时间都有很大的作用，并且这一点已经在软件开发实践中得到广泛认同。

软件复用的对象涵盖几乎所有的软件开发知识和制品。其中，基于构件的软件开发是软件复用中最为有效的实践方式之一。软件构件是一种具有相对独立功能、封装良好的软件实体。构件的开发者按照特定的构件模型和标准开发软件构件、对其进行封装并提供定义良好的接口及规约；构件的使用者则根据软件构件所遵循的构件模型及其接口规约，通过构件组装技术或接口调用的方式使用构件所提供的功能或服务。框架与中间件则是更大粒度的软件复用单元。使用框架或中间件开发应用软件可以使应用开发者的注意力主要集中在特定应用的逻辑方面。

本章首先对软件复用的思想及其发展进行概述，然后介绍软件复用过程以及软件复用技术。接下来，本章将详细介绍基于构件的软件开发，包括构件定义、构件模型、构件组装技术以及构件管理机制。最后，本章将介绍基于框架和中间件的软件复用。

8.1 软件复用基础

本节首先介绍软件复用的分类，然后介绍软件复用的发展历史、现状和挑战，最后对软件复用经济学进行简要介绍。

8.1.1 软件复用分类

软件复用的范围很广。复用对象不仅包括可运行的软件构件和源代码，而且还包括其他各种软件开发制品以及知识和经验。常见的可复用软件资产包括以下8种类型。

（1）项目计划与成本估算：与软件项目计划相关的制品（如进度表、风险分析、成本估算模型等）都可以在不同的项目中被复用，从而减少用于计划制定和成本估算所花费的时间。

（2）软件需求规约和模型：为一个产品所创建的软件需求规约（或称为软件需求规格说明书）或需求模型（如目标模型、UML 用况模型等）经常可以在稍加修改后用于其他软件产品。

(3) 软件设计制品与设计模式:软件设计的制品包括软件详细设计方案及设计模型,这些制品可被重复使用在具有类似需求的产品中。另外,设计模式是在特定上下文情况下解决软件开发(尤其是面向对象软件开发)中一般设计问题的通用解决方案,它能够被不同开发人员共享,并被重复使用在不同的开发项目中。

(4) 数据及其设计:测试数据、系统初始化及配置数据等内容可以在不同的软件项目和软件产品中多次使用。此外,数据设计(如数据库的设计结构)也可以作为一种设计模型被复用。

(5) 源代码:实现一些通用功能的源代码可以通过"复制-粘贴-修改"的方式在不同的软件项目和软件产品中重复使用。

(6) 软件构件和开发库:经过封装并提供明确的调用接口的软件构件可以通过接口调用或组装的方式进行复用。一些编程语言还提供了实现基础性功能的开发库,如面向对象编程语言提供的类库。

(7) 测试资产:软件测试过程所涉及的各类制品也能被重复使用。这些测试制品主要包括测试计划、测试用例、测试数据以及测试报告。测试计划涵盖测试策略、测试范围、时间进度等一系列决策,测试用例与数据是最直接的可复用测试制品,测试报告的内容与组织结构也可被类似的软件测试活动重复使用。

(8) 文档:除了需求模型、设计模型等软件开发模型外,软件开发中所产生的自然语言文档制品(如需求文档、用户手册)也是可复用的。

从复用所跨越的范围看,软件复用可分为横向复用与纵向复用[1]。横向复用也称水平复用,是指复用的范围跨越不同的应用领域。这类可复用软件制品一般与特定领域需求或业务无关,例如通用数据结构、算法实现、界面控件等。纵向复用也称垂直复用,是指复用的范围局限在同一个应用领域内。这类可复用的软件制品一般与特定领域的需求或业务相关,例如专用于财务领域的凭证录入构件等。一个基于复用的软件产品可以将横向复用和纵向复用相结合,即将跨领域的通用软件制品与特定领域的可复用软件制品相结合实现复用式开发。

从实现复用的方式看,软件复用可分为黑盒复用和白盒复用[2]。黑盒复用是指复用过程仅依赖于被复用制品(如软件构件)的外部视图(如外部接口及其规约),而不需要了解其内部细节,因此一般也不需要对制品的内部实现进行修改。在黑盒复用中,开发人员可以直接实例化并集成封装好的软件模块或构件。白盒复用是指复用过程需要在了解被复用制品的内部实现的基础上进行,并可以根据需要对被复用制品进行修改以满足特定应用的复用要求。

从复用的计划性看,软件复用主要分为偶然性复用与有计划的复用。偶然性复用是指复用活动并没有经过事前的统一规划,往往是在开发时偶然发现新的复用机会,例如通过搜索引擎发现可复用的软件包。相对而言,有计划的复用则是一种更加系统化的复用方式,复用通常经过系统性的规划和准备。因此,有计划的复用一般包含复用的规划及可复用制品的开发过程。例如,一个软件开发组织可以针对特定领域内应用开发的共性技术需求开发一个通用框架,并有计划地在该领域内各个应用产品的开发过程中复用该框架。

8.1.2 软件复用的发展、现状与挑战

软件复用思想的萌芽可以追溯到编程语言中的主程序和子程序结构。很早以前,编程语言的设计人员已经考虑到减少重复编码及其工作量的方法,即通过子程序(过程或函数)的概念实现低层次的复用。子程序是过程抽象的一种实现方式,它将频繁调用的代码片段抽取出来并将其组织成独立的软件单元,使得在软件的其他位置能够调用其功能。子程序已经成为软件编程的事实方式,大多数软件开发人员都习惯于在代码中定义并实现一系列可重复调用的过程或函数。

1968 年北大西洋公约组织(NATO)软件工程会议上,Mcllroy 在论文"Mass-Produced Software Components"中第一次提出了"软件复用"的概念。此后,复用已成为几乎所有软件开发人员和组织所认同并遵循的软件开发基本原则之一。当面向对象方法成为软件开发的主流方法后,软件复用的研究与应用进入到一个崭新的层次。面向对象方法中的类与对象是抽象数据类型的一种实现方式,类将现实世界中的概念封装成一个整体,包含属性与操作。面向对象的软件开发在类定义的基础上通过将类实例化为对象并建立对象之间的协作关系来实现软件系统的业务逻辑。因此,类逐渐成为软件复用的基本单元,而面向对象方法中的封装和信息隐藏等思想又进一步提高了类的可复用性。

在面向对象之后,基于构件的开发成为软件复用中的一个重要方面。构件是完成一个相对独立业务功能的逻辑封装体,它隐藏内部实现细节,仅通过接口与其他构件或模块进行交互。因此,基于构件的复用一般采用黑盒的方式进行。相对于类级别的复用而言,由于构件的粒度更大,因此基于构件的复用更能体现出复用的价值。

随着软件开发技术的发展以及应用类型的不断丰富,基于框架或中间件的开发成为软件复用另一种流行的方式。框架为应用系统制定了基本的逻辑架构,实现了其中的通用部分,并为特定应用的开发提供了可定制和可扩展的能力;中间件则为分布式的应用开发提供了便捷的基础设施。因此,使用框架或中间件进行应用开发的人员可将其精力聚焦于应用特定的逻辑、功能部分。

Brooks 在其 1987 年的论文 "No Silver Bullet-Essence and Accidents of Software Engineering"[3] 中指出:"由于软件的复杂性本质,而使真正的银弹并不存在;所谓的没有银弹是指没有任何一项技术或方法可使软件工程的生产力在 10 年内提高 10 倍。"但并非所有人认同其观点。Cox 于 1990 年在"BYTE"杂志上发表文章"There is a Silver Bullet"[4],他认为"软件复用和可插装的构件技术能从根本上改变软件的开发模式"。软件复用的兴起再次获得 Brooks 本人的关注,他随后在"No Silver Bullet Refired"一书[5] 中承认软件复用所带来的变革性成果:"解决软件构建根本困难的最佳方法是不进行任何开发。软件包只是达到上述目标的方法之一,另外的方法是程序复用。实际上,类的容易复用和通过继承方便地定制是面向对象技术最吸引人的地方。"他在这篇文章中引用了 Jones 的观点[6],即"关注质量,生产率自然会随着提高"。

对于软件复用能否在未来成为解决软件开发根本性困难的"银弹",许多学者各自持有不同的看法。然而,软件开发实践中的一个事实是软件复用已经实实在在地融入开发人员的日常工作中,并且为软件企业带来了可观的收益。Jones[6] 在其报告中提到:"大多数有丰富经验的程序员拥有自己的私人开发库,可以使他们使用大约 30% 的复用代码来开发软件。

公司级别的复用能提供70％的复用代码量,它需要特殊的开发库和管理支持。公司级别的复用代码也意味着需要对项目中的变更进行统计和度量,从而提高复用的可信程度。"

对于一个软件企业而言,经过系统性规划的软件复用能够帮助其提高软件质量和生产率,同时缩短上市时间。在软件开发过程中使用已经存在的可复用资产对于开发不同类型的软件企业或个人而言是切实可行的。现有的技术进展,尤其是编程语言和开发技术方面的进步,已经能够为复用提供一个良好的平台,具体体现在以下4个方面:

(1) 面向对象方法为软件复用提供了多方面支持。面向对象方法所提供的封装、继承与多态机制为基于类的代码复用提供了支持。此外,面向对象编程语言及设计思想的不断发展也为软件复用提供了更多的支持。例如,Java等面向对象语言所具有的反射机制以及依赖注入等设计思想为基于复用的模块组装提供一种有效的方式。

(2) 基于构件的开发方法及商用成品构件为组装式复用提供了支持。构件以其独特的性质成为软件复用中最为重要的复用对象之一。此外,构件的独立性为企业利用可复用资产提供了更多的途径,企业可以在自行开发构件与购买商用成品构件之间进行权衡,在最大化企业利益的前提下制定构件的获取策略。

(3) 开源软件推动软件复用的发展。开源软件综合了大众的智慧,并且服务于大众。开源软件社区在长时间的发展中积累了大量功能丰富、质量可靠的通用软件资源,一些开源软件还提供了易于使用的编程接口。此外,开源软件易于获取且几乎没有引入成本。以上这些都使得开源软件成为一种重要的可复用软件来源。

(4) 框架和中间件为基于复用的软件开发提供了基础设施支持。软件开发框架(如Struts, Hibernate, Spring等)为特定应用的软件开发提供了大粒度的可复用资产,允许开发人员通过扩展实现特定应用的业务逻辑。软件中间件则为软件构件提供了通用、标准化的运行环境,使得第三方软件构件的集成和运行管理更加容易。

虽然当前各种各样的软件复用实践已经相当普遍,但是大规模、系统化的基于复用的软件开发却并未获得普遍成功。这主要是因为基于复用的软件开发在实践中还面临着很多技术和非技术性的困难,具体包括:

(1) 复用的层次还不够高。复用不仅仅是代码级别上的拷贝与修改,其他类型的软件资产也应当成为可复用的对象。企业应当建立起一套规范化的复用准则,指导开发人员有意识、全面地复用而非偶然复用,同时也指导他们规范、系统地复用而非随意地复用。

(2) 软件企业对复用的管理与引导还略显不足。"No Silver Bullet Refired"一书[5]中提到Jones的实践报告,其中写有"在Jones公司的客户中,所有拥有5 000名以上程序员的机构都进行正式的复用研究,而500名以下程序员的组织,只有不到10％着手复用研究。"这说明启动复用所需的初始开销可能会影响公司的决策,从而使得很多企业丢失了推动组织级复用的机会。另外,Jones的报告中还提到有一家马尼拉的软件公司"200名程序员中有50名从事供其他人使用的复用模块的开发"。因此,企业应围绕复用进一步在企业间及企业内形成专业、细致的分工合作,例如建立研究院,专门负责建立公共复用库或其他基础设施以供公司内部共享使用,而研究院的成员不应受产品开发项目的约束。

(3) 程序开发人员对复用的意愿还不够强烈。有些开发人员始终认为自己的开发能力是最好的,因此不愿复用其他人的代码。针对这种情况,企业可提出一套复用规范以鼓励复用。同时,开发人员之间应增强沟通,企业可培训开发人员增强其对复用的理解,从根本上提升开发者对复用的意愿。

（4）可复用资产的文档还不够健全。即使我们看到了并不十分常见的优秀设计，但如果没有好的文档，也不会看到可复用的构件[5]。缺少文档或者文档的质量很低会影响复用的开展。若开发人员看不到或看不懂一个可复用资产的文档时，将严重影响其进行复用的信心，或者导致开发者对可复用资产的错误理解。

8.1.3　软件复用经济学

软件复用能够为软件企业带来效益，这些效益体现在提高软件产品质量、提高软件生产率以及缩短软件产品上市时间这 3 个方面。

（1）软件复用能够提高软件产品质量。由于可复用的软件资产具有在多个应用中被重复使用的潜力，因此资产的开发者一般会更加重视软件测试等质量保障手段。此外，在多次被复用的过程中，软件资产的复用者会不断发现问题并反馈给资产的开发者进行修正，从而使得可复用软件资产的质量能够不断得到改进。例如，在 HP 公司的复用案例中[7]被复用代码的缺陷率约为每千行 0.9 个缺陷，而新开发代码的缺陷率约为每千行 4.1 个缺陷。若考虑实际的代码是由复用代码与新开发代码共同组成的话，综合的代码缺陷率约为每千行 2.0 个缺陷，能够整体降低 51% 的缺陷率。

（2）软件复用能够提高软件开发的生产率。软件复用对于软件开发生产率的提高是显而易见的。与重新开发相比，复用一个已有的软件资产（如软件构件、设计模型等）一般只要对其进行理解、配置和适当的修改，所需要的时间和成本可以大大降低。

（3）软件复用能够缩短软件产品的上市时间。基于复用的软件开发不再从头开始，而使用已经完成的软件资产，花在选取、理解和适配可复用软件资产上的时间比重新开发所花费的时间更短。以 HP 的复用案例为例[7]，若以实现相同规模的软件为目标，基于复用的开发方式能够节省 42% 左右的时间。

对于复用者（即可复用资产的消费者）而言，复用已有的软件资产节省了构造软件资产（如软件构件开发）的成本。但如果可复用资产来源于组织内部（如领域工程中的开发活动），那么该组织仍然需要考虑可复用软件资产的创建成本。此外，管理可复用资产以及复用过程本身也还会需要一些额外的成本。综上所述，软件复用的效益分析需要综合考虑创建可复用资产、使用可复用资产以及管理可复用资产的成本。

（1）创建成本。创建一个可复用资产的成本是新开发具有同样功能资产成本的 1.5 倍至 3 倍。首先，可复用资产需要满足多个应用系统的需求，应用之间的差异以可变性的方式存在于资产内部。同时，需要提供特定的定制机制使得资产使用者能够根据自身需求获取资产实例，这些机制增加了资产的规模。其次，开发可复用资产需要花费更多的工作量与精力。这些资产必须完全有效，并能够被正确、稳定地应用于产品中，因此需要进行更为完善的测试与模拟运行。再次，需要为可复用资产建立完整的文档，资产使用者在阅读文档后能够准确无误地使用资产。最后，对目标领域进行分析并确定待开发的资产是否值得复用也是创建可复用资产的成本之一。

（2）使用成本。使用一个可复用资产的成本大约是开发新资产成本的约 20% 至 70%。当采用黑盒方式的复用时，该成本比重较小，约 20%，这部分成本体现为理解、实例化并集成可复用资产所需花费的工作量；当采用白盒方式的复用时，该成本比重就相应增大，可达到约 67%，这是由于需要对可复用资产进行一定规模的适应性修改。

（3）管理成本。管理可复用资产需要花费一定的成本与工作量，这些成本用于建立和维护可复用资产库，并且建立检索、浏览资产库的基础设施。

可使用 COCOMO 2.0 模型对创建成本进行预估。COCOMO 是构造性成本模型（COnstuctive COst MOdel）的缩写，由 Barry Boehm 在其 1981 年编著的"Software Engineering Economics"一书[8]中提出。原始 COCOMO 由基本 COCOMO、中级 COCOMO 以及详细 COCOMO 这 3 个子模型组成，旨在根据预估的软件尺寸估算软件的开发工作量与开发进度。尤其在中级 COCOMO 模型中，基于与工作量调整因子有关的 15 种成本要素，更加精确地估计软件创建成本（在计算方面，将与成本要素等级对应的各项成本要素的数值相乘得到工作量调整因子，随后将调整因子乘以正常工作量得到估算成本）。1995 年 Barry Boehm 等人提出 COCOMO 2.0 模型[9]是原始 COCOMO 的修订版。COCOMO 2.0 考虑软件的可复用性，将其作为一个独立的调整因子 RUSE。各种级别 RUSE 的取值可见表 8-1。从表 8-1 中可见，若要开发出具有高度可复用价值的软件制品，可能需要花费多至 75% 左右的额外工作量。

表 8-1　RUSE 因子与工作量调整参数

很低	低	适中	高	很高	极高
无复用	项目组内复用	计划内复用	产品线内复用	跨多产品线复用	
1.00	1.15	1.33	1.53	1.75	

针对使用成本，可以使用 INS 表示黑盒复用形式下对资产的实例化成本，$INS = RCR \times E$，RCR 表示复用相对成本系数，一般为 0.20，E 是新开发制品情况下估算得出的正常工作量。另一方面，使用 ADP 表示白盒复用形式下对资产进行适配的成本，$ADP = RCA \times E$，RCA 表示适配相对成本系数，一般为 0.67 左右。值得注意的是，对使用成本的估算并未涵盖可复用资产的检索与购买成本。

在综合考虑软件复用的效益与成本之后，可以通过计算软件复用的收益来决定复用是否适合于软件企业。收益可分成质量收益、生产率收益与投放市场时间收益这 3 个方面。

质量收益是显而易见的，一般而言，使用复用资产的软件在维护阶段比从头开发的软件消耗更少的工作量。这可以通过以下公式进行估算。

CQG(Y)：给定时间段，例如 Y 年内复用的质量收益，即节约的维护成本。

CQG(Y) 分为黑盒复用的质量收益 $CQG^{BB}(Y)$ 与白盒复用的质量收益 $CQG^{WB}(Y)$。

黑盒复用情况下的质量收益估算公式：

$$CQG^{BB}(Y) = \sum_{y=1}^{Y} QG^{BB}(y) = \sum_{y=1}^{Y} (E_{MAINT}(y) - E_{MAINT}^{BB}(y)) = \sum_{y=1}^{Y} (ACT \times E - ACT' \times E)$$

其中，$QG^{BB}(y)$ 是在一个时间点上，例如年度 y 内的质量收益。$E_{MAINT}(y)$ 与 $E_{MAINT}^{BB}(y)$

分别是新开发资产与黑盒形式复用的资产在年度 y 内的维护工作量。该工作量是用 ACT(年度修改量因子)与估算的正常开发工作量 E 相乘得到,新开发资产场景下, ACT 一般为 0.15,黑盒复用情况下,ACT' 一般为 0.07。

白盒复用情况下的质量收益估算公式:

$$CQG^{WB}(Y) = \sum_{y=1}^{Y} QG^{WB}(y) = \sum_{y=1}^{Y} (E_{MAINT}(y) - E_{MAINT}^{WB}(y)) = \sum_{y=1}^{Y} (ACT \times E - ACT'' \times E)$$

其中,$QG^{WB}(y)$ 是在一个时间点上,例如年度 y 内的质量收益。$E_{MAINT}^{WB}(y) = ACT'' \times E$ 是白盒形式复用的资产在年度 y 内的维护工作量。ACT'' 一般为 0.1。

对于生产率收益而言,它一般通过评估可复用资产对软件开发整个生命周期的效益进行量化,这个过程需要考虑开发成本与质量收益。从以上定量估算方式可以归纳出:虽然开发可复用资产需要花费更多的成本,但在实例化与后期维护过程中能够得到更高的生产率。当资产复用的范围越广、复用的时间越长时,复用的生产率收益越高。

投放市场时间的收益可通过比较复用现有资产的开发进度与从头开发进度之间的差别进行量化。一般情况下,检索、实例化或适配可复用资产比新开发资产花费更少的时间,因此能够加快上市步伐。

除了以上可量化指标外,软件企业还应从自身的实际情况出发决定是否能够支持复用的开展。

(1)复用是否会带来可观的经济价值,即可复用制品能够被成功使用到具体应用产品中的概率。若资产不能应用于大多数应用或只能应用于少量应用时,可复用资产的开发会成为一种浪费。

(2)软件复用会带来非常大的初始开销。开发可复用资产的成本是得到任何经济利益之前必须付出的代价。对于企业而言,是否能够忍受早期的成本投入成为决定是否采取复用的关键因素。

(3)规划不合理的软件复用会给软件企业带来极大的风险。这种风险体现为实际的开发成本(包括创建可复用资产的成本以及使用这些资产创建软件产品的成本)可能大于采用复用所节省的开发成本。

(4)软件复用会对软件企业的组织架构产生影响。复用将为企业的组织架构或运作过程带来较大的变革,而这些变革一般会受到企业内部的阻力。此外,复用需要长期的投入,并且在开始阶段不能立即看到回报,这会对软件企业是否采用复用的决策产生影响。

综合考虑以上问题,决定采用系统化复用的软件企业需要细致地制定基于复用的软件开发过程,为软件企业的管理者描绘复用的可行性及效益,并建立长远的复用规划。

8.2 软件复用过程

本节首先介绍软件复用的一般过程,随后介绍 IEEE 所提出的复用过程标准 IEEE 1517,该标准为企业提供一组被行业认可的最好的复用实践集合。最后,介绍软件复用成熟度模型(其中较为知名的是 IBM 提出的 RMM),这些模型用于评估一个企业的软件复用水平。

8.2.1 软件复用的一般过程

软件复用的一般过程如图 8-1 所示。该过程包含两个主要的复用阶段:生产者复用阶段和消费者复用阶段。

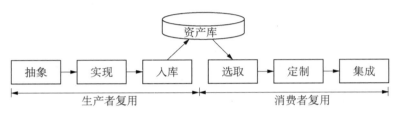

图 8-1　软件复用一般过程

生产者复用是建立、获取以及管理可复用资产的阶段,该阶段的活动主要涵盖抽象、实现与入库。

(1) 抽象是一种泛化的过程,它旨在从一系列已有软件制品中抽取那些被不同应用所共享的可复用软件部分并刻画其可复用特性,同时摈弃已有软件制品特定的实现细节。

(2) 实现是创建可复用资产的过程。可复用资产有两个方面的来源:第一,经过对领域(涵盖一组具有相近需求的软件产品)的分析之后得到可复用资产的开发需求,按照该需求开发出包含可变性的且能被不同应用产品所定制的资产;第二,经过对多个产品的遗留制品进行分析之后识别这些制品之间具有的共性,使用资产抽取技术整理并合并这些遗留制品,形成可复用资产。

(3) 入库是将已开发或获取得到的可复用资产存放于统一的资产库的过程。按照资产库的要求,入库时需要为可复用资产标识其属性、刻面等信息。

消费者复用是使用可复用资产建立新的应用产品的阶段,该阶段的活动主要是选取、定制与集成。

(1) 选取是复用者根据自身的需要以及可复用对象的描述,寻找、比较和选择适合需要的可复用资产。资产的来源是存放可复用制品的资产库,复用者可通过特定的检索方法进行查找。

(2) 定制表示对可复用的制品进行修改或适配,使其满足复用的需求与上下文。若复用的对象包含可变性,则定制表示确定其中可变性的相关变体是否应该存在于特定的软件产品中。修改可复用制品的内部代码以适配应用产品的方式是白盒复用的方式。另外,也可从外部包装可复用制品单元,使其能够与应用产品的其余部分进行集成。

(3) 集成指将定制后的可复用制品与其他制品一起组合为应用系统。集成主要针对代码级别的可复用资产,使用自动化或半自动化的方式将它们组合在一起。如有必要,需要生成连接代码,使得两个可复用制品之间能够进行正确的交互。

在一个领域内部的软件复用比较容易获得成功,这是由于领域内部的应用都具有相似或相近的应用需求。软件产品线是在特定领域中重复使用领域核心资产来创建应用产品的开发方法,它是软件复用中最为有效的实践方式之一。对软件产品线的详细介绍可参见本书第9章。

8.2.2 复用过程标准 IEEE 1517

IEEE 1517[10]标准名的中文翻译为《信息技术-软件生命周期过程-复用过程标准》,是由美国电气电信工程学会(IEEE)制定的关于软件复用和基于构件的软件开发过程标准。IEEE 1517标准是软件行业认可的最好的复用实践集合,该标准将这一集合组织为一组可理解的复用过程、活动和任务,这组过程、活动和任务必须被包含在软件生命周期中以支持系统化的复用。这些复用过程、活动和任务包含通过资产构造的软件产品的需求、供应、开发、运行和维护,也包含资产的获取、供应、开发和维护。除此之外,它们还包含软件生命周期的定义、控制和改进。

IEEE 1517标准是在 IEEE/EIA 12207[11]标准上扩展建立的。IEEE 1517标准的过程框架如图 8-2 所示。

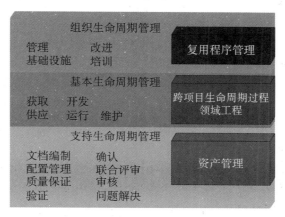

图 8-2　IEEE 1517 标准的过程框架

IEEE 1517 中的基本生命周期管理包括获取、供应、开发、运行与维护这 5 个子过程,针对的对象是使用到资产的软件系统或应用。每一个基本过程包含与复用有关的任务,用以阐明在系统构造过程中对可复用资产的使用方式。跨项目生命周期过程是 IEEE 1517 过程框架中为支持复用而加入的过程类别,该过程满足多个项目需求,并且产生可以用在多个软件项目中的制品。领域工程属于该过程,指明在软件复用过程中生产者复用所占据的位置与需求,同时也使得消费者复用成为可能。在 IEEE 1517 标准中定义的领域工程包含 5 个活动:

(1) 过程实施:负责制定领域工程计划;

(2) 领域分析:负责定义领域、领域词汇表和领域模型;

(3) 领域设计:提出领域架构和资产设计规约;

(4) 资产提供:负责开发或获得领域资产;

(5) 资产维护:负责维护领域资产。

IEEE 1517 中的支持生命周期管理包括文档编制、配置管理、质量保证、验证、确认、联合评审、审核以及问题解决这 8 个子过程,为支持复用提供了资产管理过程。资产管理过程解决复用在管理、存储、检索、版本控制、变化控制和发布中的特殊需求。它包括以下 3 个活动:

(1) 过程实施活动:建立和实施资产管理计划,并且实施和维护资产存储和检索基础设施(如可复用资产库)。

(2) 资产存储和检索定义活动:建立和维护资产分类模式和验证过程。另外,评价和认可新的候选资产,并将资产的更新版本或新版本加入到资产库中。

(3) 资产管理和控制活动:管理资产存储,跟踪使用情况以及报告、解决问题。

IEEE 1517 中的组织生命周期管理包括管理、基础设施、改进与培训这 4 个子过程,为支持复用提供了复用程序管理这一过程。复用程序管理提供用以计划、建立和管理复用程序的过程,它包含以下 6 个活动:启动活动、领域辨识活动、复用评价活动、计划活动、执行和控制活动与复审和评价活动。这些活动确定了一个规范复用程序的需求,具体包括:定义组织的复用策略,实施复用评价来决定组织的能力以进行系统化的复用实践,定义和落实复用程序实施计划,为复用程序建立一个管理上的和组织级别的支持机构,监控、评价和改进复用程序。

8.2.3　软件复用成熟度模型

为了衡量和评估一个软件企业的复用水平,许多组织在 SEI 的能力成熟度模型(CMM)的启发下提出了各自的复用成熟度模型(Reuse Maturity Model, RMM)。

IBM 的 RMM 将软件复用分为 5 个层次[12],每个层次的复用对象、范围与工具见表 8-2。该 RMM 提供了一系列指标,用以度量软件企业的复用水平,并给出提升复用程度的目标。一般而言,位于协调级的软件企业已经能够开展有效的复用过程,其复用对象包括子系统、模式与框架,并能够在部门内部开展。位于计划级的复用采用了应用程序生成器,该复用方式较适合针对一个成熟领域展开。固有级的复用是最系统化、全面的复用,软件产品线开发方法是这个层次中一种有效的复用方式。

表 8-2　IBM 的复用成熟度模型

成熟度等级	描述	复用对象	范围	工具
初始级	不协调的复用努力	子程序、宏	个人	没有库
监控级	管理上知道复用,但不作为重点	模块、包	小组	非正式、无监控的数据库
协调级	鼓励复用,但没有投资	子系统、模式、框架	部门	配置管理和构件文档的数据库
计划级	存在组织上的复用支持	应用程序生成器	现场	复用库
固有级	规范化的复用支持	特定领域体系结构	公司	一组领域相关的复用库

其他提出 RMM 的组织包括 Loral Federal System 公司与 HP。

Loral Federal System 公司的 RMM 同样分为 5 级[12]：

（1）初始级：偶尔的开发过程复用；

（2）基本级：在项目级上定义的开发过程复用；

（3）系统化级：标准的开发过程复用；

（4）面向领域级：大规模的子系统复用；

（5）软件制造级：可配置的生成器及领域特定体系结构。

HP 的 RMM 与复用率进行关联，在 5 个级别上定义了复用率的范围[12]：

（1）无复用：－20%至 20%的复用率；

（2）挖掘整理：15%至 50%的复用率；

（3）计划复用：30%至 40%的复用率；

（4）系统化复用：50%至 70%的复用率；

（5）面向领域的复用：80%至 ○ ○ ○ 用率。

8.3 软件复用技 术

从技术 ○ ○ ○ 主要分为生成式复用与组装式复用两大类型。生成式复用是重 ○ ○ ○ 成器的过程，即通过将用户输入的应用规格描述转换成程序代码 ○ ○ ○ 断集成可复用的软件单元，从而形成一个更大粒度的软件制品的 ○ ○ ○ 于面向对象技术的软件开发已经成为主流，针对面向对象软件的复用成为 ○ ○ 须具备的技术之一，这些复用技术包括类级别的复用以及设计模式层次上的

8.3.1 生成式复用

生成式复用[13]是软件复用的一种重要方式，图 8-3 展示了生成式复用的概念与流程。生成式复用的核心是应用程序生成器，生成器主要包含翻译器与生成规则两个部分。

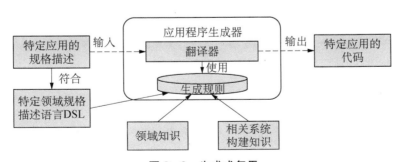

图 8-3 生成式复用

对领域进行分析所得到的产物被用于构建生成器的生成规则。首先，创建一套特定领域的规格描述语言（Domain Specific Language，DSL），该语言是对领域的一种形式化抽象描述，可被视为领域的元模型，因此领域内的任何应用产品都可以通过 DSL 进行定义与描述。其次，领域知识与相关系统的构建知识是在对领域内应用系统进行详细分析的基础上

得到的，它们提供与应用系统开发相关的知识，包括开发语言的选择、开发模式的类型等。生成规则将领域知识、相关系统的构建知识以及特定领域规格描述语言组合在一起，在抽象的、元模型的层次上定义从规格描述到应用代码的转换方式。

翻译器是应用程序生成器中负责具体转换工作的器件，它把针对一个特定应用、符合DSL规范的特定应用规格描述作为输入，检索并使用合适的生成规则，最后生产出满足该特定应用规格描述的代码。

生成式复用的开发过程是对应用程序生成器的复用过程，更准确地说，是对生成器内部转换规则的复用过程，而转换规则又内含了对各种领域知识的复用。由于应用程序生成器一般被要求自动化运行或仅依赖较少的用户操作，因此对转换规则的完整性与全面性具有较高的要求，这样才能使得生成器总能生产出符合要求的应用产品。所以，在可以识别领域抽象描述以及抽象描述到可执行代码映射的情况下，比较适合采用生成式复用。针对一个特定领域的生成式复用能够带来比较高的效益，对终端用户而言其使用也是较为简单的（终端用户只需要基于DSL写出特定应用的规格描述），但能生产出的应用产品被限制在一个领域范围内，不具有跨领域的通用性。

应用程序生成器具有不同类型，例如用于业务数据处理的应用生成器、用于语言处理的语法分析器(Parser)和词汇分析器(Lexical Analyser)，以及CASE工具中的代码产生器等。下面就来列举3种较为成熟的生成式复用方法。

1. 泛型

泛型(Generics)，又称为参数化类型(Parameterized Types)或模板(Templates)，指在编程设计中将算法与算法所操纵的数据类型相分离，算法所操纵的数据类型在定义时以参数占位符的方式提供，在使用时通过对参数占位符进行类型实例化而指明算法中所使用的具体数据类型。

泛型是生成式复用的一种实现方式，且针对特定的编程语言，因此在编程语言领域被抽象而出的是数据类型，翻译器是程序语言的编译器，生成规则是语言本身所具有的特性。泛型允许程序员将一个具体的数据类型延迟到泛型的实例被创建时才确定，从而提供了一种高性能的编程方式，并且能够提高代码的可复用性。

随着泛型的广泛普及，现在已有多种支持泛型的编程语言，例如Java，C++，. NET等。以下以Java语言的泛型为例，介绍泛型的生成式复用过程。

（1）Java泛型规范。

Java泛型是JDK 5中引入的一个新特性，允许在类、接口和方法的创建中使用类型参数(Type Parameter)来表示特定的类型，而声明的类型参数在使用时被具体的类型替换。

根据Java语言规范，Java泛型主要包括泛型类、泛型接口与泛型方法。

① 泛型类和泛型接口：如果一个类或接口支持一个或多个类型变量，则它就是泛型。类型变量由尖括号界定，放在类或接口名之后。图8-4(a)所示的代码片段定义了一个泛型接口。

② 泛型方法和构造器：若方法和构造器上声明了一个或多个类型变量，那么它们也可以使用泛型定义。图8-4(b)所示的代表片段定义了一个泛型方法，该方法接受List<T>类型的参数，并且返回一个T类型的对象。

```
//泛型接口的定义                              //泛型方法的定义
public interface List<T> extends Collection<T> {    public static  <T>   getFirst(List<T> list) {
    //接口代码                                    //方法代码
}                                             }
```
(a)   (b)

图 8 - 4 泛型接口与泛型方法实例

（2）Java 泛型使用实例。

若不使用泛型，当要开发针对 int 数组与 byte 数组的简单冒泡排序算法时，需要开发两套应用程序。这两套程序的逻辑代码大体相同，区别在于处理的数据类型。在泛型的支持下，可使用参数占位符代替具体的数据类型，因此只需要一套通用的代码。该代码如图 8 - 5 (a)所示，其中定义了一个泛型类 Sort，在该类中又定义了一个泛型方法 BubbleSort，以 T[] 作为数组参数的类型。在具体使用时，若需要将 int 数组作为排序对象，则可使用 int 数据类型对参数占位符进行类型实例化，代码如图 8 - 5(b)所示。该操作即是一次针对程序生成器(泛型类与泛型方法)的复用。

```
//泛型类与泛型方法的定义                            //泛型的实例化
public class Sort<T>{                             public class Test{
    public void BubbleSort(T[] array) {              public static void Main(){
        for (int i = 0; i <= array. Length-2; i++) {      Sort<int> sorter = new Sort<int>();
            for (int j = array. Length-1; j >= 1; j--) {  int[] array = { 6, 10, 3, 34, 5, 99, 59 };
                if (array[j] < array[j-1]) {              sorter. BubbleSort(array);
                    T temp = array[j]; array[j] = array[j-1];  }
                    array[j-1] = temp; } } } }         }
```
(a)   (b)

图 8 - 5 Java 泛型的使用实例

2. XVCL

XVCL(XML-based Variant Configuration Language)[14] 是一种配置程序或文档中变量、基于 XML 的标记语言，可应用于软件体系结构、代码、测试用例、程序文档和需求规约等各类制品。当考虑到软件的可复用性和软件演化时，软件中会出现一组变量。通过 XVCL 来配置和管理这些变量，能够降低软件开发和演化的成本。由于 XVCL 是面向文本的、基于 XML 的标记语言，它不依赖于特定的编程语言与应用，因而可以应用于不同的领域。

XVCL 是生成式复用的一种实现方式。对变量的描述与控制通过形式化的手段实现，表现为一组 XVCL 描述与命令，生成规则涵盖了对这些命令的处理方式，而翻译器则被实现为 XVCL 的处理器。通过对可复用制品中变量值的指定，XVCL 能够生成针对不同需求的特定应用制品，包括代码与文档。

（1）XVCL 的构成与命令。

XVCL 是基于框架(Frame)技术的一种描述可变性的语言。框架技术是由 Minsky 在 1975 年提出的[15]，其中的框架理论旨在使用框架这种形式来表示知识，XVCL 随之将框架定义为不同场景之间的可变性。一个基于 XVCL 开发的制品是由一系列被称为"x-frame"

的组件组合而成。x-frame 之间可以进行嵌套与引用,从而形成树状结构,处于根节点的 x-frame 被称为"SPC",对应一个面向生成式复用、完整的可复用制品单元。每一个 x-frame 是由内容(代码或文档)与一组 XVCL 命令构成,在制品生成过程中,XVCL 处理器遍历 x-frame 树,解析其中的命令,最终将结果放在一个或多个文件中。

XVCL 包含一组命令,其中最主要的命令及其解释见表 8-3。XVCL 的全部命令及其用法可参见网站 http://xvcl.comp.nus.edu.sg/cms/。

表 8-3　XVCL 的命令及其解释(主要部分)[16]

语法	属性定义	命令定义
<x-frame name="name"> 　//程序代码和命令的混合体 </x-frame>	name 定义了 x-frame 的名称。	<x-frame>命令表示 x-frame 主体的开始和结束,包含文本内容。
<adapt　x-frame="name"> 　//命令的混合体 </adapt> 或: <adapt　x-frame="name"/>	x-frame 定义需要配置的 x-frame 的名称。	<adapt>命令指示处理器进行操作: (1) 插入要配置的子 x-frame 文本; (2) 把定制后的 x-frame 输出到文件; (3) 结束子 x-frame 处理,并返回当前 x-frame 继续处理。
<break name="break-name"> 　//主体 </break> 或: <break name="break-name"/>	name 定义 x-frame 中断点的名称。	<break>命令标记了一个断点。该断点被其他命令(如 <insert>、<insert-before>、<insert-after> 等)使用。
<insert break="break-name"> 　//主体 </insert> <insert-before break="break-name"> 　//主体 </insert-before> <insert-after break="break-name"> 　//主体 </insert-after>	break 定义所要插入的断点的名称。	<insert>命令用主体替换子 x-frame 中"break-name"的断点; <insert-before>和<insert-after>分别把主体内容插入到子 x-frame 中"break-name"断点的前面和后面。
<set var="var-name" value="value"/>	var 定义单值变量的名称; value 定义变量的值。	<set>命令将 value 属性的值赋值给 var 属性所定义的单值变量。
<value-of expr="expression"/>	expr 定义需要验证的表达式。	求"expression"表达式的值,并将结果替换<value-of>命令。
<set-multi var="var-name" value="value1, value2, ..."/>	var 定义多值变量的名称; value 定义变量的多个值。	<set-multi>命令将 value 属性的值赋给 var 属性所定义的多值变量。

语法	属性定义	命令定义

\<select option = "var-name"\>
//选择主体,可能包括多个
//\<option\>选项
\< option value = "value"\>
//option 主体
\</option \>
\</ select\>
	option 定义一个变量,该变量的值将和\<option\>命令中的值进行匹配;
	value 定义具体待匹配的值。
		\<select\>命令根据 var-name 变量的值选择 0 至多个\<option\>。

\< while using-items-in = "multi-var"\> //while 主体 \</while\>	using-items-in 定义要在 while 内部使用的多值变量 multi-var。	\<while\>命令使用多值变量 multi-var 的值来遍历 while 主体。每次遍历 while 主体,使用 multi-var 的某一个值,并在 while 主体内执行。

(2) XVCL 使用实例。

下面以 XVCL 网站提供的记事本 Notepad 开发教程[16]作为实例。Notepad 包括编辑区、菜单栏、工具栏等组件,每个组件可被设计为一个 x-frame。通过\<adapt\>命令,将这些 x-frame 集成到 Notepad_body 的 x-frame 中,从而得到完整应用。图 8 - 6(a)和(b)分别列出表示 Notepad 主体以及工具栏的 x-frame 代码。

```
//Notepad_body. xvcl
<x-frame name="Notepad_body">
   <set var="TITLE" value="Notepad"/>
   <set var="BGCOLOR" value="gray"/>
   <break name="NOTEPAD_NEWPARAMETERS"/>
import java. awt. * ;  ... //一组 import 语句
   <break name="NOTEPAD_NEWIMPORTS"/>
class Notepad extends JPanel {
  Notepad() {super();}
  public static void main(String[] args) {
    JFrame frame = new JFrame();
      frame. setTitle ( " < value-of expr = "? @
TITLE?"/>");
      frame. setBackground(Color. <value-of expr="?
@BGCOLOR?"/>);
      frame. show();
   }
   <adapt x-frame="Editor. XVCL"/>
   <adapt x-frame="Menubar. XVCL"/>
   <adapt x-frame="Toolbar. XVCL"/>
   <break name="NOTEPAD_NEWMETHODS"/>
   }
</x-frame>
```

(a)

```
//Toolbar. xvcl
<x-frame name="Toolbar">
   <break name="TOOLBAR_NEWPARAMETERS"/>
   private Component createToolbar() {
     JToolBar toolbar = new JToolBar();
     JButton button;
     <while using-items-in="ToolbarBtns">
       <select option="ToolbarBtns">
         <option value="-">
           toolbar. add(Box. createHorizontalStrut(5));
         </option>
         <otherwise>
           //创建 button,并设置 tiptext,增加 actionLis-
tener
         </otherwise>
       </select>
     </while>
     toolbar. add(Box. createHorizontalGlue());
     return toolbar;
   }
   ...... //其他断点与命令
</x-frame>
```

(b)

图 8 - 6 XVCL 使用实例

在如图 8 - 6(a)所示的代码中,使用 XVCL 的变量 TITLE 来表示记事本的名称,并且第一个＜set＞命令为变量 TITLE 设置默认值"Notepad"。＜value-of expr＝"? @ TITLE?"/＞命令表示在程序生成时，变量 TITLE 的默认值会被替换。同样可以使用变量 BGCOLOR 来表示记事本的背景颜色。＜break name＝"NOTEPAD_NEWIMPORTS"/＞命令表示一个断点，在这里可以插入新的变量声明信息。＜break name＝"NOTEPAD_NEWMETHODS"/＞命令表示另一个断点，在此处可以插入新的方法。图 8-6(b)代码中所声明的方法 createToolbar 可通过＜adapt x-frame＝"Toolbar. XVCL"/＞命令被插入在 Notepad 类的相应位置。

3. GMF

GMF(Graphic Modeling Framework)是 Eclipse 社区发布的用于生成可视化图形编辑器的工具[17]，基于 GMF 的开发是生成式复用的一种具体实践。不同于泛型与 XVCL，GMF 所针对的领域较为成熟，生成出的图形化编辑器具有统一的布局与业务逻辑，因此 GMF 的应用程序生成器拥有从模型自动化转换至代码的能力。

GMF 为图形化编辑器这一领域设计了一组模型，定义了这些模型的元模型，并提供可视化编辑界面允许开发人员创建相应的模型实例。这组模型包括领域模型(Domain Model)、图形定义模型(Graphical Definition)、工具定义模型(Tooling Definition)、映射模型(Mapping Model)以及生成模型(Generator Model)。通过这些模型，开发者可以指定待开发图形编辑器中的图元属性、图元的显示图形、图元的创建工具，并且将工具、图形与属性进行关联。当前，GMF 已经被实现为 Eclipse 的插件，该插件可被视作应用程序生成器，其中包含预定义的生成规则，并且能够自动化地将输入的模型实例转换成代码，最后发布为 Eclipse 的图形编辑器插件。

8.3.2 组装式复用

组装式复用是基于预先已创建的可复用资产库，在开发软件时从库中选取合适的软件制品(如软件构件)，然后组装生成新的软件产品的过程。图 8-7 展示了组装式复用的基本概念与过程。组装式复用是对软件功能实体的复用，保存在可复用资产库中的软件实现单元被集成在不同的应用产品中，从而有效降低了软件开发的成本，提高了开发效率。然而，由于应用产品可能无法完全由资产库中的制品组合而成，因此在必要时软件开发人员还要开发一些库中没有的制品，即与特定应用相关的制品。组装式复用着重于源代码级的复用，即针对模块、构件等程序单元的组装。另外，在选取可复用制品对其进行集成时，可以采取黑盒或者白盒复用的方式。

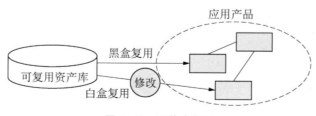

图 8-7　组装式复用

基于组装式复用的软件开发是一种自底向上的过程，即从小粒度的软件单元出发，逐步集成并获得更大粒度的软件单元。就组装目标而言,组装的最终产物可以是一个完整的应用系统,也可以是一个更大粒度的软件单元。

组装式复用不存在生成式复用所具有的局限性,对于软件开发者而言,组装式复用更容易理解,也更容易掌握。然而,为了有效实施组装式复用,仍然需要考虑以下 4 个问题。

（1）制品的分类与检索:制品需要被合理地放置于可复用资产库中,并且能通过方便的手段支持开发者快速查找并获取制品。

（2）制品的可理解性:需要使用一种合理的描述机制对制品的各方面属性进行刻画,同时需要通过阅读制品的文档等信息使得开发者了解该制品的能力与使用方式。

（3）制品的适配:若制品无法直接使用,需要对制品进行适应性改造以符合组装的要求。

（4）制品的集成:需要通过各种方式实现制品之间的功能协作。

当前,组装式复用技术主要应用于基于构件的软件开发中。在这种开发模式中,应用系统是由构件组合而成的,同时构件存放于领域的构件库中以便于检索与获取。同样地,基于构件开发模式中的复用也要考虑以上 4 个问题,它们被细化为构件库机制、构件的描述、构件的适配以及构件的组装。与构件相关的详细内容参见 8.4 节。

8.3.3　面向对象技术中的软件复用

面向对象（Object-Oriented，OO）技术已是最为流行的软件开发技术。由于 OO 具有封装、继承与多态的特性,因此 OO 比面向过程的软件开发方法具有更多的支持软件复用的能力。OO 技术中的复用主要包括针对类的复用以及针对设计模式的复用。

1. 类的复用方式

OO 方法中,类是复用的主体。类提供的操作能够在软件系统的不同位置被重复使用,同时,类的操作也能跨应用系统被不同的类所调用。类的复用方式主要包含以下 3 种类型[18]:

（1）类的实例复用。软件开发人员使用适当的构造函数按需创建类的实例。此时,通过在其他对象中引用该对象实例,并且向该实例发送消息,就能调用相应的服务。此外,还可集成几个简单的类对象从而创建出一个更为复杂的类。

（2）类的继承复用。面向对象方法的继承特性提供了一种对已有的类进行裁剪的机制。在选取一个类作为复用对象时,若该类不能通过实例复用完全满足当前系统的需求,那么继承复用就能够提供一种安全修改已有类的手段,以便新创建的派生类能在当前系统中被复用。在这种情况下,派生类只需重写需要改写的基类方法,而剩余基类的非私有方法能够通过对派生类的方法调用而被重复使用。

（3）类的多态复用。面向对象方法的多态特性可使得对象的对外接口更加一般化,即基类与派生类拥有相同的可被调用的公共方法,或者一组类实现统一的接口。在其他类的代码中,可以声明基类或接口的成员变量并使用派生类或实现类对其进行实例化,此时对基类或接口方法的调用实际上转移给了特定的派生类或实现类。这种机制通过对统一的方法入口的复用降低了类间消息连接的复杂程度,同时其带来的晚绑定机制还为对象的动态组装提供了一种解决方案。

对于一组对象来说,适合使用组装式复用的技术将它们进行组合。在组装之前,类首先需要被存放于可复用资产库中,该库被命名为可复用类库,简称类库。在领域分析阶段,若采用面向对象的分析技术时,对领域内一组应用中具有一般适用性的对象和类的分析能够识别出可复用的基类,同时这些基类能够通过继承关系被不断地派生。类库的组织方式可采用类的继承层次结构,这种结构与现实问题空间的实体继承关系有着自然、直接的对照。另外,类库中描述类的文档可以以超文本方式组织,文档描述类的基本信息、功能与可见方法,同时还包含对其他文档的链接。

在从类库中检索并获取到合适的类之后,如果该类能够完全满足待开发软件的需求,那么可以直接将其复用。否则,必须以该类作为基类,采用构造法或子类法派生出满足应用需求的子类[18]。构造法是指为了在派生类中使用基类的属性和操作,可以在子类中引用基类的实例作为子类的成员变量,然后在子类中通过实例变量来复用基类的属性或操作。相反地,子类法不引用父类的对象实例,而是直接把新子类声明为基类的派生类,并通过继承、修改基类的属性和操作来完成新子类的定义,那么对子类部分方法的调用也复用了基类的属性或操作。

2. 设计模式的复用

设计模式(Design Pattern)是软件开发人员对面向对象软件设计中经过多次验证的成功解的记录与提炼,是在特定上下文情形下解决一般设计问题的类和相互通信对象的描述,是将设计原则在同行中传播并能相互沟通和共同理解的一种语言[18]。设计模式所提供的解决方案能够被不同的开发人员共享,并被应用于不同的项目开发中。因此,使用设计模式进行软件开发就是一种重要的对知识进行复用的方式。

设计模式是足够抽象的,并且不依赖于特定的编程语言,因此它们能够被应用于不同的场景。大部分设计模式需要使用面向对象的基本特性,即继承与多态,因此在一个设计模式内部也包含了类复用的思想。

由 GOF(包括 Erich Gamma、Richard Helm、Ralph Johnson 和 John Vlissides 共 4 人)所著的"Design patterns: Elements of reusable object-oriented software"一书[19]中共描述了23 种基本的设计模式。按照使用目的,当前的面向对象设计模式大体上可以分为如下 3 种类型:

(1) 创建型:创建型模式用来处理对象的创建过程。创建型的模式主要有工厂方法模式(Factory Method Pattern)、抽象工厂模式(Abstract Factory Pattern)、建造者模式(Builder Pattern)、原型模式(Prototype Pattern)、单例模式(Singleton Pattern)。

(2) 结构型:结构型模式用来处理类或者对象的组合。结构型的模式主要有适配器模式(Adapter Pattern)、桥接模式(Bridge Pattern)、组合模式(Composite Pattern)、装饰者模式(Decorator Pattern)、外观模式(Facade Pattern)、享元模式(Flyweight Pattern)、代理模式(Proxy Pattern)。

(3) 行为型:行为型模式用来对类或对象之间怎样交互和怎样分配职责进行描述。行为型的模式主要有责任链模式(Chain of Responsibility Pattern)、命令模式(Command Pattern)、解释器模式(Interpreter Pattern)、迭代器模式(Iterator Pattern)、中介者模式(Mediator Pattern)、备忘录模式(Memento Pattern)、观察者模式(Observer Pattern)、状态模式(State Pattern)、策略模式(Strategy Pattern)、模板方法模式(Template Method Pattern)、访问者模式(Visitor Pattern)。

下面将列举并概述其中 3 种较为常用的设计模式。

（1）单例模式：单例模式用来创建一个全局唯一的实例，并提供一个访问它的全局访问点。当类只能有一个实例而且使用者可以从一个众所周知的访问点对它进行访问时，就需要使用单例模式。一个软件系统可以使用单例模式对全局参数、资源等进行配置，因此单例模式是最有用的模式之一。

（2）外观模式：随着系统的不断改进和扩展，系统会生成大量的类，使得业务逻辑变得越来越复杂，客户端需要引用且调用的实例方法也越来越多。外观模式（或称为门面模式）可为这些类提供一个简化的接口，通过接口中的方法即可实现对这组类方法的整体调用，从而降低了访问这些类的复杂程度。

（3）策略模式：策略模式将每一个功能封装到具有共同接口的独立的类中。同时，这些策略类能够被一个称为 Context 的类所引用，客户端访问 Context 类的方法执行具体的策略类的功能。使用策略模式，可以使得策略类的功能在不影响客户端使用的情况下发生切换，即不修改客户端的代码，而是通过 Context 来引用不同的策略类。

3. MVC 模式

模型-视图-控制器（Model-View-Controller，MVC）最先被 Smalltalk 语言研究团队实现，之后 Buschmann 在 1996 年经过总结将其提出为一种软件体系结构模式。MVC 处于设计模式的上层，规定了软件系统的基本组织结构，是对应用系统整体设计的一种解决方案。MVC 模式旨在将用户的输入、应用程序的数据模型以及数据的表示方式分隔开来，从而使得应用程序具有更好的层次结构。MVC 模式由模型、视图与控制器 3 部分组成，它们的结构如图 8-8 所示。

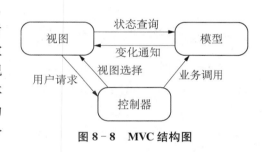

图 8-8　MVC 结构图

模型表示应用系统的业务数据与业务规则，它包含访问或修改这些业务数据的逻辑与操作，并完成数据计算、数据库交互等实际功能。模型可提供必要的接口，使得视图与控制器能够对其进行操作。另外，模型的数据与其表现形式无关，因此一个模型可通过多种不同的方式进行展现，例如，一组数据可以表现为报表，也可以表现为折线图等图表，这种将逻辑与表现解耦的实现方法提高了对模型这一部件的复用程度，减少了冗余的开发工作量。

视图代表了应用程序的图形用户界面（GUI），是与外界进行交互的接口。一个视图不应具有业务处理能力，它的职责仅在于获取用户的操作作为应用程序的输入，同时将处理后的结果通过特定的方式进行展现。

控制器定义了应用系统的控制行为，它接受用户从视图端传来的输入，并调用模型实现业务功能，然后确定使用哪个视图来显示模型处理之后所得到的结果数据。

基于 MVC 模式的应用系统的处理过程如下：用户首先通过视图对应用程序发出请求，例如填写表单后按下提交按钮；控制器收到请求后决定应该使用哪个模型来对其进行处理；随后模型使用其包含的业务逻辑对请求进行处理并返回结果；最后控制器选择一个或一组需要显示的视图，这些视图通过预定义的方式将结果数据呈现给用户。

在对 MVC 模式进行实现的方案中，模型具有被动与主动两种方式。被动方式表示模型完全独立于视图和控制器，当模型发生改变时不会主动向视图报告其变化，只有通过控制器才能通知视图去获取最新的模型数据。相反地,主动方式表示模型一旦发生变化就会主动地通知视图进行刷新,这种方式对于实时的数据展示(即用户不进行操作而是观察数据的变化,例如需要定时更新的股票信息)是十分必要的。另外,在主动方式中,由模型主动调用视图的方法将产生不必要的依赖,因此可以使用观察者模式(或称为发布-订阅模式)将模型的变化信息发布给相应的视图。

MVC 模式的好处主要是将视图与模型分离,使得一个界面或页面上的多个视图能够共享一个模型对象,并且可通过观察者模式实现视图的实时更新。另外,视图的新增或修改不会影响模型与控制器的实现。当然,MVC 的缺点在于其复杂性,对调试用户界面代码会显得较为困难。另外,若模型发生频繁变更时,将向视图发出大量的更新请求,视图的显示也可能出现滞后。

总的来说,MVC 提出了一种设计思想,这种设计的知识能够在不同的应用产品中得到复用。当前,业界已实现许多基于 MVC 的框架,这些框架面向特定的应用领域并基于特定的编程语言,但其核心处理过程仍然遵循 MVC 的标准。其中,MVC 模式与面向对象结合起来应用于 Web 系统开发已经成为一种成熟的技术,相关的框架将在 8.5 节中列举。

8.4　基于构件的软件开发

软件构件具有封装性、独立性以及适用于组装等特性,因此基于构件的软件开发成为软件复用实践中最为有效的方式之一。本章首先对软件构件的定义以及构件模型进行概述,随后详细列举构件的组装技术,包括基于体系结构的组装。本章还对商用成品构件和构件的管理机制进行介绍。最后,针对基于构件的软件开发对企业运作的影响进行探讨。

8.4.1　软件构件的定义

在软件复用领域,软件构件(Software Component)是一个相当重要的概念。许多学者与组织对构件给出了如下定义:

(1) 卡耐基-梅隆大学软件工程研究所的定义[20]:构件是一个不透明的功能实体,能够被第三方组装,且符合一个构件模型。

(2) Pressman(Software Engineering a Practitioner's Approach 一书的作者)的定义[21]:构件是某系统中有价值的、几乎独立的并可替换的一个部分,它在良好定义的体系结构语境内满足某种清晰的功能。

(3)《计算机科学技术百科全书(第二版)》[22]:软件构件是软件系统中具有相对独立功能、可以明确标识、接口由规约指定、与语境有明显依赖关系、可独立部署且多由第三方提供的可组装软件实体。

从这些定义中可以看到,构件具有以下 3 个方面的特性:

(1) 构件是独立的功能单元。构件一般完成一个完整的业务功能,并且能够被独立部署。

(2) 构件是封装良好的软件实体。构件是黑盒的软件单元,其内部细节对用户隐藏。

(3) 构件通过接口规约描述其功能。构件的功能仅能通过接口暴露给外界,因此用户只能按照接口规约请求构件的服务。

一个软件构件的价值在于其被复用的频繁程度与潜力。因此,为了提高构件的可复用性,构件还应具有以下 6 个特征:

(1) 构件应具有较高的通用性。通用性使得构件能够被使用在多个不同的应用产品中。如果一个构件提供较为单一的功能,那么它被复用的概率就会小许多。

(2) 构件应具有清晰的接口描述。构件的接口是使用其功能的唯一通道,构件的用户需要在理解构件使用方式的前提下复用构件。构件的接口可以通过模块接口语言(MIL)、接口定义语言(IDL)和体系结构描述语言(ADL)等方式描述。

(3) 构件应易于组装。一般而言,一个应用产品是由多个构件组合而成的,因此一个可复用构件应该较为容易地与其他构件进行组合,或者较为容易地集成到已有的应用环境中。

(4) 构件应具有较高的可检索性。构件通常被放置于构件库中,应通过合理、有效的方式对构件进行描述,使得用户能够快速、准确地查找到构件。

(5) 构件应具有较高的质量,并经过充分的测试。具有高质量的构件能够为复用带来很大的效益,因此在构件被发布前应该对其进行功能、性能方面的测试,最大限度地找出其中的缺陷并进行纠正。

(6) 构件应具有完善的文档。与其他类型的可复用制品一样,可在辅助文档内描述构件的概况、功能、使用方式以及使用范例等,从而使得构件的使用者能够更为容易地理解构件和使用构件。

8.4.2　软件构件模型

大部分的软件构件都遵循某种构件模型。构件模型可以通过以下 3 个方面进行归类[23]:

(1) 与构件描述/分类相关的模型。这类模型主要用于对构件进行描述与管理,使得它们易于被用户理解。另外,这类模型还为构件在构件库中的分类、存储与检索提供支持。属于这种类型的构件模型有 REBOOT(REuse Based on Object-Oriented Technology)模型、ALOAF(Asset Library Open Architecture Framework)模型、RIG 的 UDM(Uniform Data Model)和 BIDM(Basic Interoperability Data Model)模型。其中,REBOOT 是一种基于刻面的描述和分类模型,刻面用于描述构件的特性,刻面的取值即是构件在该特性上的具体表现[24]。例如,构件部署的操作系统、构件的处理对象等都是可列举的构件刻面。

(2) 与构件规约/组装相关的模型。这类模型主要用于描述构件的功能以及构件与外部的交互,用户可以通过这类模型理解构件能够对外提供何种服务、构件对外请求何种服务,以及构件如何被定制、如何被组装。用于描述接口、构件及构件间关系的接口描述语言、构件描述语言和软件体系结构描述语言都以创建一种构件规约模型为目标,同时指导构件如何进行组装。3C 模型[25]是一种较为知名的构件规约模型。3C 代表概念(Concept)、内容(Content)与周境(Context):概念描述构件做什么,通过接口规约与语义描述两部分说明构件的功能;内容表示概念的具体实现,即构件的内部实现细节,但内容一般对用户是屏蔽的;周境是构件运行的上下文环境,描述了构件所依赖的基础设施,另外周境还为构件的选用和适应性修改提供支持。

(3) 与构件部署/实现相关的模型。这类模型辅助用户决定构件的设计与实现方案,即遵循哪种规范、使用哪种编程语言来设计并开发构件。因此,这类模型将指导构件开发者创建出具有不同形态、不同部署方式、不同组装方式的构件实体。代表性的构件模型是 OMG 的 CORBA 构件模型、微软的 COM/DCOM、SUN 的 EJB 以及 Web Service。下面将对这种类型的构件模型进行概述。

1. CORBA 构件模型 CCM

CORBA(Common Object Request Broker Architecture,公共对象请求代理结构)是 OMG(Object Management Group,国际对象管理组织)在 1991 年提出的公共对象请求代理程序结构的技术规范,其目标是解决面向对象的异构应用之间的互操作问题,并提供分布式计算所需要的一些其他服务[26]。在不断的版本升级历史中,CORBA 3.0 规范开始包括 CORBA 构件模型 CCM(CORBA Component Model)。CCM 扩展并增强了 CORBA 服务方的对象模型,为服务方提供了构件实现的基础规范,主要用于创建服务器端的企业级应用。在实现方面,基于 CCM 的构件一般被封装为 DLL 动态链接库的方式。

CCM 主要分为以下 4 个部分[27]:

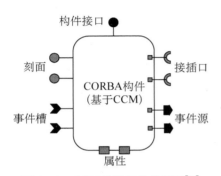

图 8-9 CCM 的抽象构件模型[23]

(1) 抽象构件模型(Abstract Component Model):如图 8-9 所示,基于该抽象构件模型,能够使用接口描述语言 IDL(Interface Definition Language)描述一个待开发的构件,随后通过 IDL 编译器自动生成符合 CORBA 体系结构的桩(Stub)与骨架(Skeleton)。抽象构件模型定义了构件的外观特征,即包括一组端口用于描述构件的功能,以及与其他构件的依赖关系。具体包括:①构件接口(Component Interface)唯一地标识了构件的实例,客户可通过对构件接口的引用来调用构件的操作。②刻面(Facet)标识了构件向客户提供的可访问的功能接口。一个构件可定义多个刻面,从而向不同类型客户提供不同服务。客户通过构件接口在构件的多个刻面间进行导航。刻面的实现被封装在构件中,被看作构件的组成部分。③接插口(Receptacle)是一些指定的连接点,用来描述一个构件使用外部构件提供的对象引用来调用其上操作的能力。通过使用接插口,构件能够与其他对象进行连接,并调用这些对象的操作。④事件源(Event Source)和事件槽(Event Sink)提供了构件发送和接收事件的能力,从而定义了构件间松耦合的连接关系。⑤属性(Attribute)是构件可被访问和配置的内容,主要用于在运行时对构件的行为特性进行配置。

(2) 构件实现框架(Component Implementation Framework):定义创建构件实现的编程模型,支持对构件实现的灵活定义与代码的自动生成,降低了构件开发的复杂性,同时也增强了构件的可复用性。构件实现框架主要引入了构件实现定义语言 CIDL(Component Implementation Definition Language)来定义构件的实现特性,主要针对构件中需要持久化的状态,并使用 CIDL 编译器自动生成构件的实现框架(如导航、状态管理、生命周期管理等基本行为)。当构件实现者提供了构件的具体应用逻辑后,能够与桩和骨架共同生成构件实现。

(3) 容器编程模型(Container Programming Model):定义构件与容器间交互的 API,以及容器对事务管理、安全服务、持久状态服务和通告服务的集成。其中,API 中的内部接口支持构件获取环境信息以及容器的底层服务接口;API 中的回调接口支持容器对构件进行管理。

（4）打包部署模型（Packaging and Deployment Model）：定义了构件包和组装包的内容及其所涉及的各个描述文件的内容。构件包是开发完构件的组织形式，而组装包是构件根据需求通过组装而构成的更复杂应用的封装形式。在这些包中一般通过 XML 对部署信息进行描述，以便在部署时被正确地解析、配置与连接。

2. COM/DCOM

对象构件模型（Component Object Model，COM）是一个二进制代码标准，此标准包括规范与实现两大部分：规范部分定义了构件和构件之间通信的机制，这些规范不依赖于任何语言和操作系统；实现部分是 COM 库，为 COM 模型的具体实现提供了一些核心服务。

COM 提供了一套允许同一台计算机上客户端与服务器进程之间进行通信的接口。若要将 COM 部署在分布式环境下，就出现了 DCOM（Distributed Component Object Model）模型。DCOM 基于 COM，可以看作 COM 在分布式和网络环境下的延伸。当客户与构件位于不同机器时，DCOM 用网络协议代替本地进程之间的通信，同时这种分布式的通信对用户来说都是透明的，即用户不需要改变已有构件代码也不需要重新编译，而是通过简单的配置重新编制构件的连接方式。

COM/DCOM 模型与语言无关，因此任何语言，包括 Java，Microsoft Visual C＋＋，Microsoft Visual Basic，Delphi，COBOL 等都可用来创建 COM/DCOM 构件。

图 8－10 展示了 Microsoft .NET Framework SDK 附带的一个简单的 COM/DCOM 构件实例，该构件使用 C♯语言开发。图 8－10 左边部分的代码是服务器端构件的代码，右边部分的代码是使用服务器端构件的程序。前者需要被编译为 dll 构件 hw.dll。在运行客户端程序之前，需要通过命令 regsvcs hw.dll 与 gacutil-i hw.dll 注册服务端构件。

```
//服务器端构件 hw.cs                    //使用构件的客户端代码 Client.cs
using System;                           using System;
using System.EnterpriseServices;        using Demo;
namespace Demo{                         class MainApp{
  public class HW : ServicedComponent{    public static void Main(){
    public HW(){ }                          //调用服务端构件
    public string GetString(){              HW myHello = new HW();
      return "Hello World!";                Console.WriteLine("String from Component");
    }                                       Console.writeLine(myHello.GetString());
  }                                       }
}                                       }
```

图 8－10　COM/DCOM 构件实例

3. EJB

J2EE（Java 2 Platform Enterprise Edition）是 Java 企业级计算平台规范与技术，为基于 Java 语言开发面向企业的分布应用提供了基于构件的解决方案。EJB（Enterprise JavaBeans）是 J2EE 中定义的服务器端构件模型，它简化了用 Java 开发企业级的分布式应用系统的过程。SUN 公司对 EJB 的定义如下：EJB 是用于开发和部署多层结构的、分布式的、面向对象的 Java 应用系统的、跨平台的构件体系结构。

EJB 被部署在容器中，并且在服务器端运行，客户端应用通过远程方法调用（RMI）来获取构件的服务。每一个 EJB 构件都应与一组 Stub 和 Skeleton 类配合使用：Stub 类分布在客户端，把要传递的信息编码，然后通过网络与 Skelton 类通信；Skeleton 类把接收到的信息解码并传递给目标对象（即 EJB 构件），调用相应的方法，再通过流的形式把结果传回给Stub 类。

EJB 构件大体分为 3 种类型：

（1）实体 Bean。用来表示持久性的数据，并且提供相应的方法来访问、控制这些数据。实体 Bean 具有复用价值，因为它代表了持久性的业务实体，能够被其他表示业务逻辑的会话 Bean 与消息驱动 Bean 重复使用。

（2）会话 Bean。由客户端创建，多数情况下存在于单个客户和服务器会话期间。它的主要功能是实现业务逻辑、业务规则和工作流。会话 Bean 有两种类型，即无状态的会话Bean 和有状态的会话 Bean。无状态的会话 Bean 可以被多个客户端访问，不存储任何一个客户端的会话信息；有状态的会话 Bean 与特定的客户端绑定，保存该会话的信息。

（3）消息驱动 Bean。它的主要作用是通过允许容器去聚合并且管理消息驱动 Bean 实例，以此来提供对传入 JMS 消息的并发处理。

以下简要介绍一个简单的无状态会话 Bean 的开发步骤：

（1）定义构件的 Remote 接口与 Home 接口。前者必须继承 javax. ejb. EJBObject，用于声明 Bean 对外公开的方法，同时接口中可以声明与业务相关的业务方法；后者必须继承javax. ejb. EJBHome，用以说明与 EJB 生命周期相关的方法（如创建、查询等）。这两个接口的代码如图 8－11(a)与(b)所示。

（2）实现 Bean。实现类需要实现 javax. ejb. SessionBean 接口，并且实现业务方法。另外，在该类中增加所需的 EJB 容器的回调方法。实现类的代码如图 8－11(c)所示。

（3）编译以上编写的 3 个类，得到字节码文件 Print. class，PrintHome. class 以及PrintBean. class。

（4）编写部署描述文件 ejb-jar. xml，该文件对 EJB 的各项属性进行描述。该 XML 的具体内容和格式可参见 J2EE 的 EJB 规范。示例的 ejb-jar. xml 如图 8－11(d)所示。

（5）将字节码文件与配置文件打包为 ear 包，并将其部署至相应的容器。配置 EJB 容器，最后启动容器。

4. Web Service

Web Service[28]是一种通过 Web 部署的提供对业务功能访问的技术，它具有跨平台、简单和高度可集成等能力特点。Web Service 采用标准的 Web 协议，通过 XML，SOAP，WSDL，UDDI 等技术手段支持不同软件平台上应用系统之间的互操作。

Web Service 的体系结构如图 8－12 所示。体系结构中主要包括服务提供者（Service Provider）、服务请求者（Service Requester）以及服务注册中心（Service Broker）这三种角色。服务提供者拥有服务，在具体实现中可以是托管服务的平台。服务请求者需要找到并调用所需的服务，在具体实现中是与服务交互的其他应用程序。服务注册中心是发布服务的中介，它提供通用描述、发现与集成服务（UDDI），允许服务提供者将采用 Web Service 描述语言（WSDL）描述的构件信息注册在中心内，同时允许服务请求者根据 WSDL 按需搜索服务。当服务请求者获取到服务的绑定信息（如服务的访问地址与访问方式等）后，可基于简单对象访问协议（SOAP）所约定的信息格式实现应用与服务间的消息传递。

<table>
<tr>
<td>

```
//定义 Remote 接口
package se. test. print;
public interface Print extends javax. ejb. EJBObject {
    public String print(String str) throws java. rmi.
RemoteException;
}
```

(a)
</td>
<td>

```
//定义 Home 接口
package se. test. print;
public interface PrintHome extends javax. ejb.
EJBHome {
    Print create()throws java. rmi. RemoteException,
                        javax. ejb. CreateException;
}
```

(b)
</td>
</tr>
<tr>
<td>

```
//实现类
package se. test. print;
import javax. ejb. SessionContext;
public class PrintBean implements javax. ejb.
SessionBean{
    //EJB 容器的回调方法,输出 EJB 的运行时状态
    public void ejbCreate()
        { System. out. println ("Create()"); }
    public void ejbRemove()
        { System. out. println ("Remove()"); }
    public void ejbActivate()
        { System. out. println ("Activate()"); }
    public void ejbPassivate()
        { System. out. println ("Passivate()"); }
    public void ejbSessionContext(SessionContext ctx)
        {System. out. println("ejbSessionContext()");  }
    //实现业务方法
    public String print(String str){
    System. out. println("PrintBean has printed:"+
str);
    return "Print Finished";
    }
}
```

(c)
</td>
<td>

```
//ejb-jar. xml
<? xml version="1. 0" encoding="UTF-8"? >
<ejb-jar>
    <enterprise-beans>
        <session>
            <display-name>Print</display-name>
            <ejb-name>Print</ejb-name>
            <home> se. test. print. PrintHome
            </home>
            <remote> se. test. print. Print</remote>
            <ejb-class> se. test. print. PrintBean
            </ejb-class>
            <session-type>Stateless</session-type>
            <transaction-type>Container
            </transaction-type>
        </session>
    </enterprise-beans>
    <assembly-descriptor></assembly-descriptor>
</ejb-jar>
```

(d)
</td>
</tr>
</table>

图 8 - 11　无状态会话 Bean 创建过程中的代码与配置文件

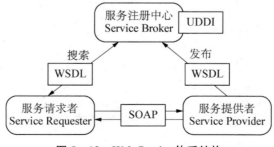

图 8 - 12　Web Service 体系结构

Web Service 使用 WSDL 描述语言对其接口及服务进行描述。一个 WSDL 文档包含一对<definitions>标记,其中可包含 types 元素,以及多个 message,portType,binding 和 service 元素。其中,types 元素定义了服务使用的数据类型,message 元素定义了整个消息的数据结构,portType 元素标记了访问入口点所支持的操作的抽象集合,binding 元素绑定了特定端口类型的具体协议以及数据格式的规范,service 元素通过端口集合描述了服务的部署位置。基于这种机制,服务双方可通过交换 WSDL 文件来理解对方提供的服务。

图 8-13 展示了一个股票报价 Web Service 构件的 WSDL 描述(主体部分)。通过向该构件提供一个包含股票代号类型的字符串参数的请求,该构件将返回浮点数类型的股票价格。

```
<types>
    <schema targetNamespace="http://example.com/stockquote.xsd" xmlns="http://www.w3.org/
2000/10/XMLSchema">
        <element name="TradePriceRequest">
            <complexType>   <all>   <element name="tickerSymbol" type="string"/>
            </all>   </complexType>
        </element>
        <element name="TradePrice">
            <complexType>   <all>   <element name="price" type="float"/>
            </all>   </complexType>
        </element>
    </schema>
</types>
<message name="GetLastTradePriceInput">
    <part name="body" element="xsd1:TradePriceRequest"/>
</message>
<message name="GetLastTradePriceOutput">
    <part name="body" element="xsd1:TradePrice"/>
</message>
<portType name="StockQuotePortType">
    <operation name="GetLastTradePrice">
        <input message="tns:GetLastTradePriceInput"/>
        <output message="tns:GetLastTradePriceOutput"/>
    </operation>
</portType>
<binding name="StockQuoteSoapBinding" type="tns:StockQuotePortType">
    <soap:binding style="document" transport="http://schemas.xmlsoap.org/soap/http"/>
    <operation name="GetLastTradePrice">
        <soap:operation soapAction="http://example.com/GetLastTradePrice"/>
        <input>   <soap:body use="literal"/>   </input>
        <output>   <soap:body use="literal"/>   </output>
    </operation>
</binding>
<service name="StockQuoteService">
    <documentation>My first service</documentation>
    <port name="StockQuotePort" binding="tns:StockQuoteBinding">
        <soap:address location="http://example.com/stockquote"/>
    </port>
</service>
```

图 8-13　一个股票报价 Web Service 构件的 WSDL 描述(主体部分)

在该 WSDL 描述文件中，types 元素定义了"TradePriceRequest"和"TradePrice"两个复合数据类型，分别用来标识股票代号和股票价格，整个服务通过这两个数据进行消息的交换。名为"GetLastTradePriceInput"和"GetLastTradePriceOutput"的这两个 message 元素对数据进行进一步封装，给出该构件通信数据的抽象定义。另外，名为"StockQuotePortType"的 portType 元素定义了整个服务支持的操作集合，并通过 binding 元素指定了该 portType 所对应的具体协议和数据格式规约。最后，通过 service 元素对整个服务的部署位置进行描述。

8.4.3 构件组装技术

1. 软件体系结构与构件组装方式

构件组装是通过构件的接口使软件构件相互连接以构造应用系统的过程。构件组装一般需要遵循某种特定的组装方案，这种方案通过软件体系结构（Software Architecture）表示。

软件体系结构是一份抽象的系统规格说明，这份规格说明主要由通过行为、接口以及构件间相互关系所描述的功能构件所组成[29]。从该定义可以看出，体系结构是构件组装的蓝图，它指出了哪些构件之间可以发生交互，以及这些构件之间通过何种方式进行交互。软件体系结构也是一种重要的可复用资产，应用的开发人员需要依赖于体系结构选取合适的构件，并且使用特定的组装技术将它们集成在一起。另外，体系结构也可以被适当地修改，从而复用于类似的应用系统。

软件体系结构可以通过可视化的手段进行展现，即表现为软件的体系结构模型。体系结构模型中最主要的 3 类元素是构件、接口和连接器。体系结构模型的构成示例可见图 8-14。

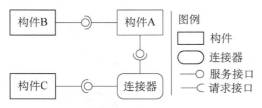

图 8-14　软件体系结构模型

在体系结构模型中，构件表示具有业务逻辑的软件实体，是最主要的复用对象。接口也可被称为端口（Port），附属于一个构件并且涵盖构件对外提供或对外请求的服务。接口可以分为两种类型，具有不同的图形表示。对外提供功能性服务的接口被称为服务接口，使用终端是一个圆圈的图元表示；相反，对外请求功能性服务的接口被称为请求接口，使用终端是一个圆弧的图元表示。构件的组装即是将构件的接口进行连接的过程，使得请求外部服务的构件能够访问并获取到提供对外服务的构件的功能。另外，连接器是实现构件间交互的一种粘连单元，它为构件间接口不能直接进行交互的情况提供了一种解决方案，也就是说，连接器能够将不匹配的构件接口交互转换为正确的、可用的交互。连接器是与构件同等级别的实体单元，因此连接器也能具有接口，但这些接口仅仅用于创建与已有构件接口相匹配的交互单元。连接器的提出能够将应用系统的计算逻辑与交互逻辑分离，提高应用系统的灵活度。在图 8-14 的示例中，构件 A 拥有一个请求接口与一个服务接口，构件 B 和 C

分别拥有一个服务接口和请求接口。构件 A 的请求接口与构件 B 的服务接口直接连接,表示构件 A 能够直接使用构件 B 的服务,并且不需要进行交互的转换。而构件 C 的请求接口与构件 A 的服务接口之间不能直接交互,因此需要使用连接器作为一种"中间桥梁"以使得交互能够正确进行。

在实现层次上,构件可以使用任意的编程语言进行开发,其产物被称为构件实现体。接口是一组相关方法的聚集,从接口类型的角度看,提供服务接口的构件实现了这些方法,在构件实现体内部包含了这些方法的程序代码;提供请求接口的构件没有实现这些方法,而是依赖于这些方法完成内部功能的实现。如果请求接口的方法与服务接口的方法完全一致,即方法的型构(方法名、返回值类型、参数名称、参数类型、参数次序)完全匹配时,请求接口能够与服务接口直接交互,从而使得这两个构件能够直接组装。这种接口交互方式如图 8 - 15(a)所示,图中将构件接口模拟成构件的门面,因此这两个构件的门面间能够契合在一起,而不需要其他辅助单元的支持。

(a) 直接交互的接口　　　(b) 白盒适配的接口交互　　　(c) 连接器适配的接口交互

图 8 - 15　构件接口组装方式

然而大多数情况下被选用的构件在种类、接口描述上并不一致,因此无法直接将构件进行组装。此时可以采取下面的两种方案:

(1) 首先,可以对构件进行白盒适配,即修改构件的接口代码,使得两个构件间的接口从不一致变为一致,该方式如图 8 - 15(b)所示。但这种白盒修改的行为会破坏构件封装的功能模块,不利于构件的复用。另外,一些第三方开发的构件可能仅提供编译后的实现单元,因此也无法对这些构件进行白盒方式的修改。

(2) 其次,可使用连接器方式的适配,如图 8 - 15(c)所示。连接器的实现体需要相应地具有请求接口与服务接口,连接器的请求接口与服务构件(具有服务接口的构件)进行直接的交互,从而获取其功能;随后连接器内部的交互逻辑将请求接口获得的服务转换为连接器服务接口提供的功能,而这个服务接口必须与请求构件(具有请求接口的构件)保持匹配。基于这种机制,请求构件能够间接地获取服务构件的功能。

下面我们使用一个基于 Java 的应用实例来解释连接器的功能与作用。如图 8 - 16 所示,在 Java 代码中,接口被实现为 Interface 单元 ClientIntf 与 ServerIntf,其中分别包含一个方法 foo 与 bar。服务构件 Server 实现接口 ServerIntf,并且在类内部给出了方法 bar 的实现体。另外,请求构件 Client 会引用与其相关的 ClientIntf,并且调用其中的方法 foo。在示例中方法 bar 与方法 foo 具有相同的功能,但是这两个方法的型构并不一致(方法名不同,方法形参的顺序不同),因此无法将这两个构件进行直接的组装。另外,在组装之前 Client 并不知道 ClientIntf 的实现文件,因此 Client 文件中具有下划线的这一行代码并不存在。

<table>
<tr>
<td>

```
//请求构件的接口 ClientIntf
public interface ClientIntf {
        public void foo(String msg, int count);
}
```

</td>
<td>

```
//服务构件的接口 ServerIntf
public interface ServerIntf {
        public void bar(int repeatCount, String message);
}
```

</td>
</tr>
<tr>
<td>

```
//请求构件的实现体 Client
public class Client {
        ClientIntf cIntf;
        public static void main(String args[]) {
                new Client().execute();
        }
        public void execute() {
                cIntf = new Connector();
                cIntf.foo("helloworld", 2);
        }
}
```

</td>
<td>

```
//服务构件的实现体 Server
public class Server implements ServerIntf {
        public void bar(int repeatCount, String message) {
                for (int idx=1; idx<=repeatCount; idx++) {
                        System.out.println(message);
                }
        }
}
```

</td>
</tr>
</table>

图 8-16　请求构件与服务构件实例代码

这两个构件可以使用连接器实现间接的方法调用。连接器的代码如图 8-17 所示。

```
//连接器 Connector
public class Connector implements ClientIntf {
        ServerIntf sIntf;
        public void foo(String msg, int count) {
                sIntf = new Server();
                sIntf.bar(count, msg);
        }
}
```

图 8-17　连接器实例代码

　　连接器 Connector 实现 ClientIntf 接口,因此需要包含 foo 方法的具体实现。Connector 中的 foo 方法不提供具体的业务逻辑,而是引用声明为 ServerIntf 的一个实例 sIntf(sIntf 实际上是 Server 的实例),将参数转发给 sIntf 的 bar 方法。同时,需要在 Client 代码中加入下划线所代表的那一行,使得 Client 能够真正引用 ClientIntf 的实现类 Connector,正确执行其中的 foo 方法。

　　以上的实例能够完成两个构件间的接口交互。但是,请求构件与连接器具有耦合的关系,当连接器被替换时需要同步改动 Client 的内部代码(使用新的 Connector 实例化请求接口),这种以白盒方式对构件的修改会直接影响请求构件的可复用性。针对这个问题,可以采用 Java 等语言提供的反射机制,使得构件间的依赖关系能够在运行阶段被绑定。具体而言,首先需要建立一个配置文件,存放请求接口及实现该接口的连接器类名。其次,用一套通用的反射代码替换 Client 文件中下划线所代表的代码行,该段代码的功能是读取配置文件,查找到与请求接口对应的连接器类名,通过反射代码(Class s = Class.forName(ConnectorName) 与 s.newInstance())获得连接器的实例。使用这种技术能够提高构件的可复用性以及构件组装的灵活性。当请求构件需要与其他的服务构件组装时,只需要指定新的接口映射并生成新的连接器类,同时修改配置文件,而不需要改动请求构件与服务构件的代码。

除了支持构件接口之间的方法传递之外,连接器还为构件组装提供了其他的能力:

(1) 连接器能够支持构件之间的通信,包括网络通信、共享数据文件等。这种连接器一般被实现并集成在软件中间件中,支持分布式应用之间的功能交互。

(2) 连接器能根据构件间的交互协议实现构件的组装,例如,支持基于消息的交互、实现接口方法间的同步交互等。这类连接器已经得到广泛应用,包括 CORBA,DCOM,EJB,Web Service 等在其实现框架中均提供了这种类型的连接器,从而能够支持符合这些构件模型的应用在组装后能够进行正确的交互。

(3) 连接器能够进行消息格式的适配与转换。这类连接器连接不同来源的构件,适用于通信、军工等行业。另外,连接器的这些功能一般也被集成在中间件中。

(4) 连接器具有的其他高级功能,例如同步控制、交互安全性等。

与方法直接调用不同,基于连接器的构件组装方式会影响应用系统的性能与效率。同时,连接器的交互逻辑也需要人为指定,在构件接口规模较大的情况下对该逻辑的指定是十分复杂的。

当前,产业界与研究界已经提出了许多指导构件组装的体系结构的相关技术,具体有体系结构风格、体系结构描述语言等。通过使用这些技术能够设计出符合用户需要的、并且能够提供详细组装方案的软件体系结构。以下将列举其中较为常用的技术。

2. C2 体系结构风格及其组装技术

C2[30] 是一种基于构件和消息的软件体系结构风格,支持大粒度的软件复用和灵活的系统组装,可用于创建灵活、可伸缩的软件系统。另外,C2 也是一种基于分层结构、事件驱动的软件体系结构风格,其中的基本元素是构件和连接器。每个构件定义有一个顶端接口和一个底端接口,通过这两个接口连接到构架中,这使得构架中构件的增加、删除和重组更为简单、方便。每个连接器也定义有顶端接口和底端接口,但接口的数量与连接在其上的构件和连接器的数量有关,这也有利于实现构件运行时的动态绑定。

C2 的构件之间不存在直接的通信,而是依赖于连接器进行消息的传递。连接器负责消息的路由、过滤和广播。在 C2 体系结构风格中,某一个构件只能感知层次高于自己的构件所提供的服务,而不能感知层次比自己更低的构件的服务,如图 8-18 所示,只能由处于低层的构件向高层构件发出服务请求(Requests),请求消息经由连接器送至高层中相应的构件,处理完成后由该构件将结果通知(Notifications)经连接器反馈到低层中相应的构件。

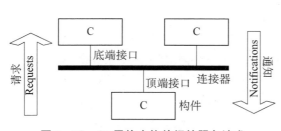

图 8-18　C2 风格中构件间的服务请求

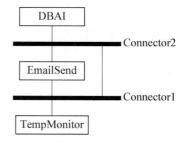

图 8-19　温度监控系统的基于 C2 的体系结构

图 8-19 是某个简易温度监控系统的基于 C2 的体系结构,其中的构件功能描述如下:

(1) DBAI:数据库访问构件,可访问保存温度信息的数据库。

（2）EmailSend：邮件发送构件。用于在检测到温度异常时，向负责人发送电子邮件告知系统产生的报警信息。

（3）TempMonitor：温度监控构件。定时从数据库中读取即时的温度信息，当温度异常时，请求进行邮件报警。

如图 8-19 所示的温度监控系统的业务逻辑如下：

（1）TempMonitor 构件定时向上层构件发送从数据库查询温度的请求信息，连接器 Connector1 与 Connector2 将消息路由给 DBAI 构件。DBAI 构件将查询结果作为通知消息返回给 TempMonitor 构件。

（2）TempMonitor 构件收到温度信息后，判断该温度是否异常。若异常，则向 EmailSend 构件发送 Email 报警的请求。

（3）EmailSend 构件收到该请求信息后，向 DBAI 构件请求相关负责人的 Email 地址。DBAI 构件收到请求以后，以通知消息的形式告知 EmailSend 构件其所需的 Email 地址。最后，EmailSend 构件向相关负责人发送报警邮件。

根据 C2 的描述语法，图 8-20 分别列出该系统中对 3 个构件的描述。

```
component TempMonitor is
  interface
    top_domain is
    out
      QueryTempInfo(to DBAI);
      RequestSendEmail();
    in
      GetTempInfo();
      SendEmailResp();
  behavior
    received_messages GetTempInfo
          may_generate SendEmail;
end TempMonitor;
```

```
component EmailSend is
  interface
    top_domain is
    out
      QueryEmailAddr(to DBAI);
    in
      GetEmailAddr();
    bottom_domain is
    out
      SendEmailResp();
    in
      RequestSendEmail();
  behavior
    received_messages RequestSendEmail
          may_generate QueryEmailAddr;
    received_messages GetEmailAddr
          may_generate SendEmailResp;
end EmailSend;
```

```
component DBAI is
  interface
    bottom_domain is
    out
      GetTempInfo();
      GetEmailAddr();
    in
      QueryTempInfo(to DBAI);
      QueryEmailAddr(to DBAI);
  behavior
    received_messages QueryTempInfo
          may_generate GetTempInfo;
    received_messages QueryEmailAddr
          may_generate GetEmailAddr;
end DBAI;
```

图 8-20 温度监控系统中 3 个构件的描述

在构件描述的基础上，可以建立对软件体系结构的描述，如图 8-21 所示。C2 语言对体系结构的描述展现了整个系统体系结构中构件的组织方式，以及构件与连接器的顶端与底端接口间的连接关系。

3. xADL2.0

xADL2.0（extendable Architecture Description Language）[31]是基于 XML 的体系结构描述语言，它除了具备基本的体系结构建模能力之外，还提供了对系统运行时和设计时元素的建模支持。xADL2.0 包含一组 Schema。其中，Structure&Type Schema 是 xADL2.0 中最重要的部分，它用来描述软件设计时的基本元素，包括构件、连接器以及关联。体系结构中的每一个构件都能被指派一个构件类型（ComponentType），构件类型定义了构件的类型信息，例如型构（Signature）等。xADL2.0 中最主要的 Schema 元素及其说明如表 8.4 所示。

```
architecture TMS is
        conceptual_components
                TempMonitor；EmailSend；DBAI；
        connectors
                connector connector1 is message_filter no_filtering；
                connector connector2 is message_filter no_filtering；
                architectural_topology
                connector connector1 connections
                        top_ports connector2；EmailSend；
                        bottom_ports TempMonitor；
                connector connector2 connections
                        top_ports DBAI；
                        bottom_ports connector1；EmailSend；
        end TMS；
```

图 8 - 21　温度监控系统体系结构的描述

表 8 - 4　xADL2. 0 的 Schema

Schema 名称	说明
ELEMENT：ArchStructure	xADL2. 0 中的根元素,描述体系结构设计的结构概况。
ELEMENT：ArchTypes	用于说明 ArchStructure 元素。
TYPE：Signature	定义一个 ComponentType 或 ConnectorType 拥有的 Signature,包括 ID, Description, Direction, InterfaceType。
TYPE：Link	用于描述构件与连接器接口间的连接,包括 ID, Description 以及两个端点(Endpoint)。
TYPE：Interface	用于描述接口,包括 ID, Description, Direction, InterfaceType,接口可以通过 Link 连接,同时接口还可以与 Signature 绑定。
TYPE：Component	用于描述构件,包括 ID, Description 以及 0 或多个接口、ComponentType。
TYPE：Connector	用于描述连接器,包括 ID, Description 以及 0 或多个接口、ConnectorType。
TYPE：SignatureInterfaceMapping	用于将 ComponentType 或 ConnectorType 的签名(Signature)分别映射到 Component 或 Connector 的接口,包括 ID, Description, OuterSignature, InnerInterface。
TYPE：SubArchitecture	用于表示包含子结构的复合型的 ConnectorType 和 ComponentType,它包含一个指向子结构的指针以及 SignatureInterfaceMapping。
TYPE：ArchStructure	用于描述总体的架构,包含 Component, Connector 以及 Link 集合。
TYPE：ArchTypes	用于定义体系结构包括的类型,包括 ComponentType, ConnectorType, InterfaceType。
TYPE：ComponentType	定义构件的类型,包括 ID, Description, Signature 以及 SubArchitecture。
TYPE：ConnectorType	定义连接器的类型,包括 ID, Description, Signature 以及 SubArchitecture。
TYPE：InterfaceType	定义接口的类型,包括 ID, Description。

图 8-22 展示了使用 ArchStudio(一个基于 xADL2.0 的集成开发环境,能够建立图形化的 xADL 体系结构)建模的温度监控系统的部分体系结构。该体系结构包括两个构件与一个连接器,构件与连接器之间通过接口进行关联。

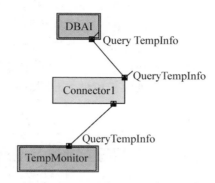

图 8-22　使用 ArchStudio 建模的温度监控系统部分体系结构

体系结构中的每个元素都有其对应的 XML 描述。其中,连接器 Connector 的描述片段如图 8-23 所示。

```
<types:connector types:id="conn1" xsi:type="types:Connector">
    <types:description xsi:type="instance:Description">Connector1</types:description>
    <types:interface types:id="interface_out" xsi:type="types:Interface">
        <types:description xsi:type="instance:Description">QueryTempInfo</types:description>
        <types:direction xsi:type="instance:Direction">out</types:direction>
    </types:interface>
    <types:interface types:id="interface_in" xsi:type="types:Interface">
        <types:description xsi:type="instance:Description">QueryTempInfo</types:description>
        <types:direction xsi:type="instance:Direction">in</types:direction>
    </types:interface>
</types:connector>
```

图 8-23　连接器的 XML 描述

4. Fractal

Fractal[32] 是一种实现、部署以及管理复杂软件系统的模型。它本身可作为一种构件模型,提出构件的接口描述规约。另外,Fractal 也是一种构件组装技术,通过配置等手段将构件组合在一起。为了实现这些功能,Fractal 提供复合构件(Composite Components,应用在多个抽象级别上的统一视图)、自省特性(Introspection Capabilities,监控运行时系统)以及配置和重配置(对应用进行部署和动态重配置)等特性。另外,Fractal 能为应用系统提供高可适应性,从嵌入式软件到应用服务器和信息系统都可以采用 Fractal 模型。

基于 Fractal 的体系结构是分层、嵌套的。其中,构件之间通过接口进行连接,接口分为请求接口与服务接口。不同类型的构件接口之间通过绑定(Binding)进行关联。另外,构件是由 Membrane 与 Content 构成的。Membrane 是构件的控制部分,提供了一系列 API 以支持对构件的生命周期等方面进行管理,而 Content 是构件的逻辑部分,可由一组子构件组成。

图 8-24 展示了基于 Fractal 的体系结构的一个实例。此实例包含一个复合构件，它由两个原子构件组成。第一个原子构件被命名为"server"，提供在控制台打印消息的接口。这个接口根据两个属性可被参数化：第一个属性是 header，用于配置每条消息的头部；另一个属性是 count，用于配置每条消息的打印次数。通过实现继承 AttributeController 接口的 ServiceAttributes，能够对这些属性的值进行设置。第二个原子构件命名为"client"，它使用 server 打印信息。同时，client 构件也提供了一个名为"m"的服务接口，该接口提供了一个 main 方法，用于启动应用程序。该方法进而被传递至外部，成为复合构件服务接口的方法之一。

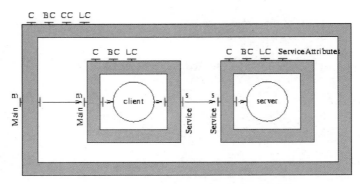

图 8-24　基于 Fractal 的软件体系结构[32]

基于 Fractal 的程序代码主要包括两个部分，第一部分是构件实现体，第二部分是基于体系结构的应用配置部分。

构件实现体使用 Java 语言进行开发，每一个构件可以被实现为一个 Java 类，我们称为构件类。其中，构件类可以实现 Fractal 的 Membrane 所提供的 API，提供对构件进行管理的功能。另外，构件之间的交互通过接口实现，即请求服务的构件类内部引用提供服务的接口，但在组装前并不知道该接口的具体实现类。

配置部分的代码如图 8-25 所示，这些代码指定了构件接口的组合方案，并且真正执行了构件间的绑定。

8.4.4　商用成品构件

商用成品构件（Commercial Off-The-Shelf，简称 COTS）是构件的一种特殊类型，它是由构件生产厂商发布的第三方构件，一般需要用户购买其使用权。COTS 构件符合特定的构件标准并且可被组装，但 COTS 构件不包含源代码，因此只能通过黑盒的手段对其进行复用。另外，COTS 构件一般不包含请求接口，它们只拥有提供特定业务功能的服务接口。

使用 COTS 构件是获取构件的一种途径。由于 COTS 构件针对某个特定的领域并由这个领域内的专业厂商开发，因此 COTS 构件能够提供较为完善、高质量的软件功能与服务，复用 COTS 构件就能够带来功能、质量与开发时间方面的效益。另外，COTS 构件一般由开发厂商进行维护，因此也能减轻使用者在构件管理方面的负担。

```
Component boot = Fractal. getBootstrapComponent();
TypeFactory tf = (TypeFactory)boot. getFcInterface("type-factory");
//创建复合构件的构件类型,该类型具有一个服务接口 m
ComponentType rType = tf. createFcType(new InterfaceType[] {
    tf. createFcItfType("m", "Main", false, false, false)
});
//创建 client 构件的构件类型,该类型具有一个服务接口 m 与一个请求接口 s
ComponentType cType = tf. createFcType(new InterfaceType[] {
    tf. createFcItfType("m", "Main", false, false, false),
    tf. createFcItfType("s", "Service", true, false, false)
});
// 创建 server 构件的构件类型,该构件具有一个服务接口 s
ComponentType sType = tf. createFcType(new InterfaceType[] {
    tf. createFcItfType("s", "Service", false, false, false),
    tf. createFcItfType("attribute-controller", "ServiceAttributes", false, false, false)
});
GenericFatory cf = (GenericFatory)boot. getFcInterface("generic-factory");
//创建复合构件的实例
Component rTmpl = cf. newFcInstance( rType, "compositeTemplate", new Object[] {"composite", null});
//创建 client 构件的实例
Component cTmpl = cf. newFcInstance ( cType, " primitiveTemplate", new Object [ ] { " primitive",
"ClientImpl"});
//创建 server 构件的实例
Component sTmpl = cf. newFcInstance ( sType, " parametricPrimitiveTemplate ", new Object [ ]
{"parametricPrimitive", "ServerImpl"});
//设置 server 构件实例中的属性
ServiceAttributes sa = (ServiceAttributes)sTmpl. getFcInterface("attribute-controller");
sa. setHeader("-> ");
sa. setCount(1);
//建立构件间的绑定,即交互关系
ContentController cc = (ContentController)rTmpl. getFcInterface("content-controller");
cc. addFcSubComponent(cTmpl);
cc. addFcSubComponent(sTmpl);
((BindingController) rTmpl. getFcInterface ( " binding-controller")). bindFc ( " m", cTmpl. getFcInterface
("m"));
((BindingController)cTmpl. getFcInterface( "binding-controller")). bindFc("s", sTmpl. getFcInterface("s"));
//启动并运行组装后的应用
Component rComp = ((Factory)rTmpl. getFcInterface( "factory")). newFcInstance();
((LifeCycleController)rComp. getFcInterface( "lifecycle-controller")). startFc();
((Main)rComp. getFcInterface("m")). main(null);
```

图 8-25 Fractal 应用的配置部分

另一方面,复用 COTS 构件也会带来成本。COCOTS[33](来源于 COCOMO 的 COTS 成本估算)标识了基于 COTS 开发的 5 个成本要素,包括评估候选 COTS 构件的成本、裁剪所选 COTS 构件的成本、将 COTS 构件集成到目标系统以及测试的成本、由于 COTS 构件不稳定而增加的系统级程序开发成本,以及由于使用 COTS 产品可执行代码而需要增加的系统级验证与确认成本。

软件企业是否复用 COTS 构件进行软件开发需要评估以上所涉及的成本和收益。一般来说,若 COTS 构件能够经过少量包装或直接地用于系统开发,同时构件的售价在可承受范围之内时,复用 COTS 构件是一个比较好的选择。

当获取到一个 COTS 构件后,需要将该构件集成到应用系统中。COTS 构件的集成主要具有两种模式:

(1) 开发应用系统代码,调用 COTS 构件所提供的方法。这种集成模式将 COTS 构件作为一种类库进行使用,并且是对 COTS 黑盒方式的复用。

(2) 将 COTS 构件与其他构件进行组装。通常情况下,是将其他构件的请求接口与 COTS 构件的服务接口进行组装。如果 COTS 构件与其他构件的接口匹配时,可以将这两个构件直接组装;若它们的接口不一致时,需要开发连接器代码,使得构件通过间接的方式进行交互。

图 8 - 26 用于生成 COTS 确认评判准则的层次式模型[34]

在基于构件的软件开发中使用 COTS 构件,首先需要确认 COTS 构件是否能够或应该被使用。图 8 - 26 展示了用于生成 COTS 确认评判准则的层次式模型[34]。其中每一个确认层次与一个基于构件的开发层次关联,针对该层次的评判准则能够决定一个 COTS 构件是否应该在这种场景下被复用。

(1) COTS 价值。在该层次中,需要开发评估 COTS 构件是否值得使用的评判准则。如果构件的技术与商业条件都很充分时,那么具有 COTS 价值。确认充分性的评判准则包括功能属性、操作属性、结构属性以及提供商与市场的属性。

(2) 领域深入性。在该层次中,需要开发评估 COTS 构件概念有用性的确认评判准则。COTS 概念体现构件的本质,包括一般性、可检索性与可用性。通常,领域分析师基于准则决定一个 COTS 构件是否能够在领域内被复用。

(3) 体系结构符合性。在该层次中,需要开发评估在给定软件产品线条件下 COTS 构件可使用性的确认评判准则。符合性包括通用性、可互操作性、可移植性与标准符合性等。这种准则反映领域工程师的观点,决定一个 COTS 构件是否能够被复用于产品线中的一组应用产品。

(4) 应用系统适合性。在该层次中,需要开发评估在给定应用系统中 COTS 构件是否适合于具体应用系统的确认评判准则。这些准则关注 COTS 构件是否能够满足应用系统的特殊需求。

8.4.5 构件管理

1. 构件分类方法

对软件构件进行分类是构件管理的方式之一。构件的分类模式能够决定构件的存储策略以及相应的检索机制。典型的构件分类模式包括基于信息检索的方法、基于人工智能的方法以及基于形式化规约的方法[35]。

(1) 基于信息检索的方法指利用信息检索技术建立构件描述信息到构件分类之间的映射。因此,采用这种方法需要首先使用自然语言文本或关键词对构件进行描述,随后对构件的描述信息进行分析,提取出语义关键词并建立索引。基于信息检索的方法可再被划分为基于非受控词汇表的方法以及基于受控词汇表的方法。前者表示分类术语的数目是不受限制的,可以通过自由文本的方式随意增加构件的描述信息;而后者表示分类术语的数目是有限的,并且术语的组合也需要遵循一定的规范。

（2）基于人工智能的方法表示构件的分类模式应能作为人工智能检索方法的有效输入,例如,构件由一组特征值表示、构件间关系通过有向图表示、构件间关系通过知识表示语言描述等。基于这种构件分类信息,人工智能检索方法能够定义构件检索条件与构件描述信息之间的相关度,在检索过程中通过比较相关度的大小来判定入选的构件。使用该方法得到的结果通常是一个具有类似特征的构件集合,能够帮助检索者找到可复用构件,但要将构件描述转换成人工智能算法能够接受的格式需要花费较大的工作量。

（3）基于形式化规约的方法利用形式化的规约对构件进行分类描述,这种规约通常是一种数学符号表示的描述体,其作用是归纳、描述构件的行为特征。此类方法可分为基于接口规约的方法以及基于行为规约的方法。前者利用构件接口的结构作为建立构件检索索引的信息,而后者利用对构件行为的规约作为支持检索的信息。采用基于形式化规约的方法进行构件的检索能够提高检索的查准率,但是形式化的描述使得建立、维护索引变得困难,只能服务于特定的构件使用人群。

在实际应用中,大多数的构件管理机制采用基于信息检索的方法,这在构件存储与检索的规模都不大的时候尤其有效。其中,基于非受控词汇表的方法使用简单、直接,但是可能会带来不同构件描述信息的重叠、二义性等问题。因此,基于受控词汇表的分类方法显得更为实用,以下列举几种属于该种类的具体构件分类方法:

（1）基于枚举分类的方法。该方法预先建立一组枚举术语,多个术语将一个领域划分为若干个不相干的子领域,子领域又可进一步划分,这些领域形成一个层次结构。例如,一个负责图片展示功能的构件可能位于"64 - bit/Windows/位图"这样一个层次中。在检索时,将检索需求与各个领域中的术语进行匹配,依次列举出相关联的可复用构件。枚举分类法使得构件的层次化分类变得易于理解,同时也便于构件的检索。但是,层次一旦被固定下来就难以更改,另外构件语义的二义性为构件在层次中位置的确定带来困难。

（2）刻面分类法。该方法由一组描述可复用构件特征的刻面所组成,每个刻面从特定的角度对构件进行分类。另外,每个刻面由一组有限的术语构成,每个术语表示了构件在该特性上的取值。例如,负责图片展示功能的构件具有一个"操作系统"的刻面,该刻面的有效取值集合是 Windows, Linux, Mac OS 等。一般而言,一个构件的刻面数目最好被限制在 7 个以内,同时这些刻面可具有优先级,使得构件检索时能够按照优先级顺序对刻面取值进行匹配。刻面分类模式容易修改,可以便捷地加入新的刻面,同时有限的刻面术语消除了构件语义的二义性问题。但是,建立和维护刻面术语仍然需要花费较大的工作量。

（3）属性-值分类方法。该方法与刻面分类法类似,但使用属性与属性值这一信息对代替刻面与术语。构件的属性没有数量限制,也没有优先级定义。当对构件进行分类时,需要对每一个属性赋予一个有效的取值,该取值可以是一个任意的值,不在一个有限的选择范围内。例如,一个提供支付功能的构件具有"应用领域"属性,它的取值被设置为"商业销售",同时它还具有另外一个"实现语言"的属性,其取值为"Java"。在检索时,属性-值方法与刻面分类方法类似,可以通过指定每个属性的取值或取值范围来定位构件。但属性取值难以控制,同一个属性可能采用不同的词汇或语言进行描述,从而引起描述冗余等问题。

2. 软件构件库

政府或软件开发组织已建立起构件库存储、管理可复用构件,构件库因此成为基于构件软件开发重要的资产来源。由于构件库面向更多、更广泛的用户群,因此能够提高构件的复用程度。当然,一个实用的构件库管理系统需要提供以下 4 个方面的能力:

(1) 构件及其相关文档的存储。构件库管理系统需要选定合适的构件分类模式,将构件保存在构件库中,同时还要保存构件的相关文档,包括描述文档、接口文档、构件的测试文档(计划、测试用例)以及任何有助于构件使用的范例等。在构件入库的过程中,构件开发者需要提供构件的摘要信息、具体的构件实体,并为构件指定正确的枚举层次或刻面、属性取值。如果采用的是刻面分类法,还需要提供创建和维护刻面及其相关术语的功能。

(2) 构件的管理。构件库管理系统应允许用户替换或移除构件库中过时或不再被使用的构件。另外,还应该集成配置管理机制,支持构件的版本演化。

(3) 构件库浏览与构件检索。构件库管理系统应向用户提供对全部或部分构件进行浏览的服务。另外,根据构件分类模式,允许用户输入检索条件,构件库会将条件与构件描述信息进行匹配,之后返回一组符合用户要求或接近用户要求的构件。资产库应向用户提供有效、方便的检索机制,提高检索的查全率(Recall)与查准率(Precision)。因此,构件库的建立者应该根据组织的需求、偏好来选择合适的分类模式并建立相应的检索机制。

(4) 构件的评估与反馈。构件的用户可在检索和使用构件之后对构件或构件库提出反馈意见,并且允许用户对构件进行评分。这些信息将有助于构件库管理者不断维护、改进构件库与构件实体,同时为构件用户检索和选取合适的构件提供帮助。

当前,在国内外已有不少成功运行的政府或商业构件库,具体包括:

(1) 北京大学的青鸟软件构件库系统(JBCLMS)[35]提供多种构件发布、分类(以刻面分类为主,结合其他标准分类方法)、查询方法,并且支持以通用描述、发现与集成服务(Universal Description Discovery and Integration,UDDI)注册形式对分布式在线构件进行管理。JBCLMS 已经在北京、上海、广州、沈阳等多个城市部署,作为面向大众的公共软件构件获取平台。

(2) REBOOT 是较为知名的政府级资产库系统,由一个存储构件的资产库和一组支持构件生产、考察、分类、选择、评估和适配的工具集组成。REBOOT 首次提出了将刻面作为分类标准,并且制定一个基于"要素-标准-度量"的度量体系,定义了可复用性构件的质量。另外,REBOOT 还允许用户通过评估工具对构件进行评价,以及展示用户的反馈信息。

(3) SourceForge(Sourceforge.net)是一个发布开源软件的网站,同时也拥有世界上最大规模的开源代码库。SourceForge.net 为软件构件的开发者提供一个集中式的管理平台,包括对构件提供配置管理服务。同时,也为开发者提供了协同式的开发平台、各种软硬件环境下的编译与测试平台。另外,SourceForge.net 还为开发人员之间以及开发人员和用户之间的交流提供了各种工具,例如论文、邮件列表等。截至 2009 年,已有超过 200 万注册用户登记了超过 23 万的软件项目。

(4) ComponentSource(www.componentsource.com)是一个著名的商业资产库,它详细介绍每一个构件及相应的供应商,并提供在线的咨询服务。用户可以在该网站上检索所需的构件、支付购买费用,并对构件进行评分。当前,ComponentSource 已涵盖超过 1 万个构件产品,注册人数也已突破 100 万。

(5) CodeBroker 是美国 Colorado 大学开发的一个构件库管理系统,其特色是构件库与源程序编辑工具的无缝集成,并为用户提供主动查询服务。CodeBroker 存储的构件实体是

Java 的类和方法,从而能够辅助 Java 程序员的开发。用户可以从 http://l3d.cs.colorado.edu/～yunwen/codebroker/下载 CodeBroker 系统。

（6）Agora 是美国卡耐基-梅隆大学软件工程研究所开发的一个构件搜索引擎。相比于传统的大规模集中式构件库系统,Agora 提出了一种在 Internet 上搜索标准构件的方法,可搜索 JavaBeans,ActiveX,CORBA 等商业构件。

8.4.6 构件化对企业的影响

当一个企业或组织采用基于构件的软件开发方式时,该方式会对企业自身带来影响,这些影响主要体现在开发者的日常工作中,以及企业的组织结构上。

（1）在传统的软件开发工作中,开发者通常依赖有限的类库,以完成软件开发为最终目标。当然有的开发者会从遗留系统、网络或者其他开发人员处获取到可复用的代码制品,但这种复用仍然归属于偶然性复用的类别。当软件企业决定采用基于构件的软件开发方式时,首先就需要改变开发者的工作习惯。企业应当培训员工使其拥有更高的软件复用意识,在日常开发工作中不断寻找并尝试复用的机会,考虑自己负责的软件中哪些地方可以通过使用可复用资产进行开发,哪些部分可以被抽取出来作为企业共享的可复用制品。另外,这种转变也会影响企业文化,推动企业内部的开发人员进行更多的交流与互动,他们可以共同讨论使用某一个构件的经验,或者共同创建有价值的可复用构件。

（2）传统的软件公司通常将开发者聚集在一个项目团队中,将完成项目需求作为主要工作。但是,若采用基于构件的开发方式时,企业应当建立集中式的软件构件库以及相应的构件管理团队。软件构件库负责存储企业所收集的构件实体并且提供合适的搜索机制。而构件管理团队一方面对构件库进行管理,另一方面也负责可复用构件的创建、获取、管理与发布。当其他项目团队的人员提出开发一个可复用构件的想法时,可以由构件管理团队的开发人员实现,实现后的构件被存放于构件库中并且告知构件用户如何对其进行访问。另外,构件管理团队也可从政府级或商用构件库中获取或购买所需的软件构件,并将其存储于企业构件库中。值得注意的是,构件管理团队的成员不应参与也不应承担任何特定用户的软件开发项目。当把构件复用提升到更高层次时,企业可以将一个构件管理团队重新组织成一个独立的研究院,研究院负责创建、维护更大粒度的复用制品,例如项目开发所共享的基础技术平台等。

虽然基于构件软件开发的优势得到大部分软件企业的共识,但是真正实施了构件化机制的企业却并不普遍,这是由于基于构件的开发模式仍然受到许多约束与限制。这些限制主要体现在以下 4 点:

（1）企业所开发的软件系统的特异性往往高于共性。因此,不同项目团队间可能不会共享构件,这会降低构件被复用的概率,也减弱了企业构件化的必要性。

（2）通常能够得到广泛复用的都是具有通用功能的构件,例如打印构件、签章构件等,这些构件不与特定的业务需求相关。对于这些构件的供应商而言,由于没有提供核心功能,因此价格偏低、难以盈利。而对于构件使用者而言,这些构件仅能实现软件系统的边缘功能,因而无法带来根本性的效益。

（3）构件难以测试,难以保障其质量。构件的质量是决定软件是否能够获得成功的重要因素,然而软件构件尤其是针对特定业务需求的构件却难以进行测试。一方面由于构件的粒度比较大,对其进行彻底的单元测试需要花费较大的工作量,另一方面构件可能被应用于不同的上下文环境中,因此对集成测试也提出了更高的要求。虽然通过不断地复用能够发现构件中存在的缺陷,但是软件组织可能无法负担初始时期软件构件的不稳定性对企业带来的影响。

(4) 基于构件组装的产品开发方法为开发者带来困难。由于构件组装的一个前提是构件之间的低耦合与接口的可组装性,因此在开发构件时就需要将构件实体间的直接依赖转换为声明式依赖,例如通过接口进行描述。这会使得开发者不习惯于开发这种类型的软件单元,同时也会使得调试工作变得困难。其次,构件组装一般需要手工指定构件接口间的方法、参数匹配,随后开发出连接器的粘连代码。虽然生成连接器代码可以由构件组装工具自动实现,但是由于工具的局限性,剩余的组装工作,尤其是接口匹配仍然需要用户进行操作,当接口相当复杂时仍会消耗开发者大量的时间与精力。再次,使用特定的组装工具会规定构件的实现语言以及包装规格,因此按照这种规定开发的构件可能无法应用于其他的构件组装工作中。最后,采用反射等机制的构件组装会对软件的运行效率带来影响,因此这也是部分开发人员回避构件组装的原因。

8.5 基于框架与中间件的复用

框架与中间件是较大粒度的软件复用单元。框架包含了特定的设计思想并且是部分完成的软件系统,通过实例化和扩展等手段转换为应用系统;中间件为不同的应用提供通用的服务,它可直接作为大规模、分布式软件应用系统中的一个组成部分。因此,基于框架和中间件的复用都能产生较大的效益。本节将对这两种技术进行概览,并列举较为常用的框架与中间件产品。

8.5.1 框架技术

软件框架(Software Framework)是可实例化的、部分完成的软件系统或子系统,它一般面向某个领域(具体的业务领域如 ERP,或者通用软件开发领域如 GUI 等),为其定义统一的体系结构,同时它实现了该领域的共性部分,即已构造了基本的功能模块。另外,为了支持用户在框架基础上进行开发与定制,框架还提供一系列定义良好的扩展点,这些扩展点通常被称为热点(Hot-spot)。

框架与体系结构虽然都为应用产品提供了设计模板,但它们之间仍具有明显的差异,这些差异性体现在以下两个方面:

(1) 框架与体系结构呈现不同的形式。体系结构一般表现为一个设计规约,反映设计知识,在抽象的层次上展示软件的结构;而框架则是基于设计方案并被部分实现的程序代码,它是一种软件,与特定的编程语言相关。

(2) 框架与体系结构具有不同的使用目的。体系结构的首要目的是指导一个软件系统的实施与开发;而框架的首要目的是为了复用。因此,一个框架可依赖于特定的体系结构,基于体系结构开发出框架代码,反之则不然。

框架是一种软件,并且能够提供服务,因此从形式上讲框架又与类库较为相近。然而,它们是完全不同的两个概念,差异性在于:

（1）框架内部是高内聚的，而类库内部则是相对松散的。

（2）框架可以使用众多的类库进行开发，而类库则不会依赖于框架。

（3）框架封装了处理流程的控制逻辑，而类库几乎不涉及任何处理流程和控制逻辑。因此，应该对框架进行精心设计，这些设计决策与知识都将被重复使用在不同的应用系统中。

（4）有些框架具有控制反转能力使得开发者能够在不影响框架结构的情况下对其进行定制与扩展。控制反转（Inversion of Control，IOC），俗称为"好莱坞模式"（Don't call us, we will call you），表示框架自身能够调用扩展的逻辑功能。这种能力是通过框架的扩展点（热点）实现的，当开发者需要基于一个框架进行开发时，就应该通过扩展点注入自己的功能，在适当的时候框架会调用这个扩展点中已注册的逻辑。例如，.NET 中的事件（Event）发布、预定机制就是 IOC 的一个典型代表。类库则没有这种能力，通常都需要应用主动调用类库。

（5）框架可专注于特定的领域，包括业务领域与软件开发领域，而类库是更通用的。例如，通信框架用于构建需要进行分布式通讯的软件产品，用户界面框架用于建立具有统一规范的程序界面。然而，类库一般不具有这种专门的用途。

当前，框架一般指面向对象的应用框架。在面向对象环境中，框架由抽象类和具体类组成，这些类是为复用而专门被集成在一起的。Erich Gamma 等人在"Design patterns：Elements of reusable object-oriented software"一书中对框架给出了更加精确的定义[19]："框架是一组相互协作的类，形成某类软件的一个可复用设计。框架将设计划分为一组抽象类，并定义它们各自的责任和相互之间的协作，以此来指导体系结构级的设计。开发者通过继承框架类中的类和组合其实例来定制该框架以生成特定的应用。"

当然，根据框架所面向的应用领域不同，框架本身的规模、复杂程度及其扩展点的范围也有所不同。一般来说，相比于通用的框架，更容易掌握与使用面向特定应用类型的框架。这是由于前者所针对的应用领域范围确定，因此框架中包含的共性部分比例较高，扩展点部分的比例就随之降低。而通用框架面向不同类型的应用，虽然它的应用范围更大，但是所能抽象出的共性部分也就越少，需要扩展的部分也就越多。举例而言，专用于通讯领域的应用框架已经实现了大部分的底层通信能力，因此只需要对具体业务逻辑进行定制与扩展。相反，.Net 框架虽然提供了运行时管理对象的能力，但实现具体应用的业务逻辑、用户界面等还是需要开发人员自己编写。

在对框架进行复用时，开发人员可以将他们的关注点集中在应用特定的业务逻辑上，而不用关心其他已经实现的部分。与基于构件的复用不同，基于框架的复用结合了组装式复用与生成式复用两种方式。首先，框架中具有可定制点，因此定制过程类似于将输入传递给应用程序生成器的过程；其次，框架中也具有扩展点，在这些点上开发者可以复用类或构件等制品，将它们集成到框架实现中。

基于框架的复用能够充分体现出软件复用带来的效益，即开发应用的效率更高、成本更低、质量更好。另外，对框架的复用还能够增强对构件的复用程度，这是因为某些基于构件的框架提供了一个更好的集成环境，使得构件能够很容易地被扩展到框架中去。

基于框架的复用也会带来一定成本。首先，为一个复杂的应用领域构建一个具有高质量、可复用、可扩展且具有完备文档的框架是一件相当困难的工作，这一般需要巨大的时间、人力与资源的投入。其次,要高效地使用一个框架,要求开发人员能够完全理解、掌握框架的使用方式。对于拥有足够文档与范例的框架来说,学习起来可能比较快,而对于缺少学习资料的框架而言,这将花费大量的时间。因此,一个软件组织需要进行仔细的权衡与评估,以决定是否要采用框架进行开发。幸运的是,当前已有非常多的开源框架面向不同的应用领域,这些框架都拥有丰富的文档、示例等学习资源,同时使用者可以在社区中对框架进行讨论,甚至对其进行修改、完善。

以下的章节将对几种较为常用的开源框架进行介绍。

1. 基于 OSGi 的框架

图 8 - 27　OSGi 核心框架

OSGi 是一种开发基于 Java 的服务平台的规范,它的全名来源于其开源组织 Open Services Gateway initiative [36]。OSGi 为 Java 项目开发者提供一个模块化的底层环境,这些模块被称为“Bundle”。OSGi 核心框架如图 8 - 27 所示,主要分为以下 4 个层次:

(1) 运行环境(Execution Environment):定义了一个可运行 Bundles 的最小的 Java 环境标准。

(2) 模块引用、加载机制(Modules):定义了所采用的类加载机制,以及 Bundles 之间的依赖机制(通过 Package 的 Import 与 Export)。

(3) 生命周期管理(Life Cycle):定义了独立安装、启动、停止与卸载一个 Bundle 的机制。

(4) 服务注册(Service Registry):为 Bundles 提供了一个动态的协作模型,支持对 Bundles 的动态增加与移除的管理。

目前,基于 OSGi 的框架主要包括 Knopflerfish,Apache Felix,Equinox 与 Spring DM。它们都为 OSGi 标准中提出的 Bundle 管理及通用服务提供了实现,因此这几个框架的大致用法和核心功能基本上是一致的。使用这些框架带来的效益也是显而易见的,一方面框架规范了代码的结构,另一方面基于扩展点的开发以及通用服务的可获取性,能够节约开发时间和降低开发成本。

在这些框架中,Equinox 是与 Eclipse 开发平台紧密集成的框架,它实际上是 Eclipse 的 PDE(Plug-in Development Environment)开发环境的底层。因此,开发者开发一个 Eclipse 的插件是较为容易的。插件开发是对框架的复用过程,开发者只需基于扩展点为 Eclipse 平台定义新的业务功能,而对插件的管理都由框架自动支持。

2. Struts 框架

Struts 是 Apache 赞助的一个开源项目。它采用 Java 的 Servlet 和 JSP 技术,提供了基于 JavaEE 和 MVC 模式的 Web 应用框架。

Struts 已经成为一个高度成熟的框架,具有较高的稳定性与可靠性。目前 Struts 有两个版本,一个是 Struts1 [37],另一个是 Struts2 [38]。Struts1 与 Struts2 并不相同;Struts1 与 JSP/Servlet 紧密耦合;Struts2 则是 Struts1 与 WebWork 的结合,实质上以 WebWork 为核心。

Struts1 的逻辑结构与处理过程如图 8 - 28 所示。当用户通过浏览器向 Web 服务器提交 Http 请求时，Web 服务器将根据用户请求所包含的统一资源定位符（Uniform Resource Locator，URL）执行不同操作。如果是. action 操作（后缀可在 web. xml 中设置），则交由 ActionServlet 来处理请求；反之，则由 Web 服务器直接处理，并将结果反馈到浏览器。在 . action操作处理中，根据 Struts-config. xml 文件中注册的 ActionForm 创建 ActionFrom 实例对象，并自动填充客户请求的数据到 ActionForm Bean 中。随后，ActionServlet 根据 Struts-config. xml 文件注册的 Action，将请求转发给对应的 Action 对象，调用该对象的 execute()方法处理请求（访问并读取 ActionForm 中的数据，调用 JavaBean 进行业务处理）。当 Action 处理完毕后，将 ActionForward 回送给 ActionServlet，之后 ActionServlet 根据 ActionForward 对象的内容，对相应的 JSP 页面进行处理，并将处理后的结果返回客户端浏览器。

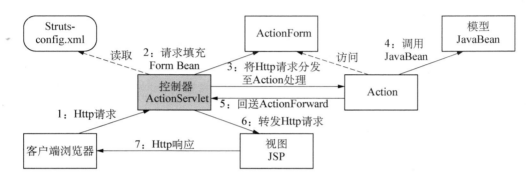

图 8‐28　Struts1 的逻辑结构与处理过程

与 Struts1 不同，Struts2 的逻辑结构与处理过程如图 8‐29 所示。当一个用户向基于 Struts2 的应用系统发出请求时，应用系统将执行以下功能步骤。

（1）客户端浏览器向服务器提交 HttpServletRequest 请求，该请求被提交到控制器。 FilterDispatcher 是控制器的核心，并且包含一组过滤器（Filter）。

（2）FilterDispatcher 询问 ActionMapper 是否需要调用某个 Action 来处理该 HttpServletRequest。

（3）若 ActionMapper 决定需要调用某个 Action，FilterDispatcher 把请求的处理递交给 ActionProxy。

（4）ActionProxy 通过 Configuration Manager 询问框架的配置文件 struts. xml，查找到待调用的 Action 类。

（5）ActionProxy 创建一个 ActionInvocation 实例，同时 ActionInvocation 通过代理模式调用 Action。在调用之前，ActionInvocation 会根据配置加载 Action 相关的所有拦截器 （Interceptor）。

（6）一旦 Action 执行完毕，ActionInvocation 负责根据 struts. xml 中的配置将结果响应反馈给客户端浏览器。

以创建一个简单的 Struts2 应用为例，首先需要在新建的 Web 项目（名为 "Struts2Demo"）中加入 Struts2 依赖的 Jar 包（拷贝至 WEB-INF/lib 路径下），随后对 web. xml 与 stucts. xml 进行配置。这两个文件的内容如图 8‐30 所示。

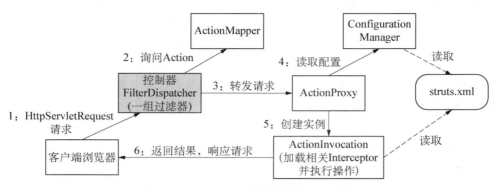

图 8-29 Struts2 的逻辑结构与处理过程

```
//在 web.xml 中配置过滤器              //struts.xml 中的 Action 配置
<filter>                            <struts>
    <filter-name>struts2</filter-name>     <constant name="struts.devMode" value=
    <filter-class>                  "true">
        org.apache.struts2.dispatcher.Filter-D     </constant>
ispatcher                           <package name="se.test.action"
    </filter-class>                 namespace="/" extends="struts-default">
</filter>                               <action name="Hello">
<filter-mapping>                            <result>/index.jsp</result>
    <filter-name>struts2</filter-name>          </action>
    <url-pattern>/*</url-pattern>       </package>
</filter-mapping>                   </struts>
```

图 8-30 web.xml 与 struts.xml 的配置

index.jsp 的内容为简单显示"Hello Struts2!"字符串。将该项目部署在应用服务器后，通过访问 http://localhost:8080/Struts2Demo/Hello.action，网页将显示"Hello Struts2!"。在该过程中 Stuts2 实现了根据用户请求对页面的跳转，开发人员仅负责开发页面和配置请求与页面之间的关系。

3. Spring 框架

Spring 框架[39]由 Rod Johnson 提出并开发，已经在 2003 年发布了 Spring 框架的第一个版本(interface21)。Spring 是一个高度可复用的应用框架，它完成了大量开发中的通用开发步骤，留给开发者的仅仅是与特定应用相关的部分，这有助于提高企业应用的复用程度与开发效率。当前，Spring 已经成为 Java EE 最重要的开发框架之一。Spring 是一个开源框架，可以在 http://www.springsource.org/下载 Spring 的最新稳定版本。

Spring 框架中的 Spring Core 提供了 Spring 框架的基本功能。其中，控制反转是框架的特色，即控制权由应用代码转移到外部容器，从而由容器控制程序之间的关系，而非传统实现中由程序代码直接进行操控。Spring 又将这种设计思想命名为依赖注入(Dependency Injection,DI)。它表示构件之间的依赖关系由容器在运行期基于配置文件(bean.xml)决定，即可以由容器动态地将某种依赖关系注入到构件中去。依赖注入机制能够有效减少构件间的依赖关系与耦合程度,提高构件的可复用性,并为系统开发搭建一个灵活、可扩展的平台。另外,Spring 的 AOP 机制支持为应用系统附加一些需要进行集中式处理的通用任务(如安全、事务、日志等),这些功能模块通过这种方式被复用。

以下通过一个简单实例介绍基于 Spring 框架的应用开发过程。在创建一个项目(命名为"HelloSpring")后,首先需要加入 Spring 所依赖的 Jar 包。其次,项目包含两个 Java 文件(HelloSpring. java 与 SpringTest. java)以及一个配置文件 bean. xml。这 3 个文件的代码与内容如图 8-31 所示。

```
//HelloSpring. java
public class HelloSpring {
    public static void main (String[]
args){
        ApplicationContext ctx = new
            ClassPathXmlApplicationContext
("bean. xml");
        SpringTest sp =
                ctx. getBean("springTest",
SpringTest. class);
        System. out. println(sp. info());
    }
}
```

```
//SpringTest. java
public class SpringTest {
    private String str;
    public void setStr(String
str){
        this. str = str;
    }
    public String info(){
        return ("HelloWorld:"
+str);
    }
}
```

```
//bean. xml
<bean id="springTest"
        class="spring. SpringTest">
    <property name="str">
        <value>helloSpring</value>
    </property>
</bean>
```

图 8-31　一个简单的基于 Spring 应用的代码与配置文件

SpringTest 是一个 POJO(Plain Old Java Objects)类,称为"bean",该类包含 setStr 与 info 两个方法。该类通过 bean. xml 中的配置被应用在启动时放入 Spring 容器,并对其 str 属性进行设置。HelloSpring. java 创建 ApplicationContext 的一个实例,通过该实例可访问存在于 Spring 容器中的 bean,即找到 SpringTest 类的实例,最后调用该实例的方法。运行 HelloSpring. java 的 main 方法,得到的执行结果为"HelloWorld:helloSpring"。

8.5.2　中间件技术

中间件是一类独立的系统软件或服务程序,它位于操作系统与应用之间,对上提供一组统一、通用的服务,对下屏蔽运行环境的差异。相关国际组织对中间件有如下的定义:

(1) SEI:中间件是一种连接类软件,由一组服务构成,这些服务可使得运行在一台或多台机器上的进程通过网络进行交互。

(2) ObjectWeb:中间件是分布式计算环境中一种处于操作系统和应用系统之间的软件层。

中间件也可以被理解为一种特殊类型的框架,这种框架都是采用黑盒的方式被复用的,即不需要理解其内部结构与代码。另外,可独立发布中间件,也就是说,它不经过实例化的过程就能运行并提供服务。中间件的基本结构如图 8-32 所示,它连接了分布式环境下的不同应用程序。采用中间件能够为分布式的软件开发带来以下 4 个好处:

(1) 隐藏了分布性。通过中间件,应用程序或构件之间的交互就被模拟成本地的交互。

(2) 屏蔽硬件、操作系统、通讯协议之间的异构性。这使得部署于不同环境下的应用或

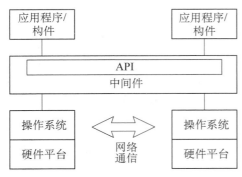

图 8-32　中间件结构

构件之间都能进行交互。

（3）为应用开发人员和集成人员提供统一、标准的接口。通过这些接口，开发人员能够开发出符合中间件要求的应用，同时集成人员能够容易地将这些应用组合在一起。

（4）提供一组通用服务。这使得所有的应用都能够获取到诸如通信、安全、事务管理等不同方面的服务。

中间件为分布式的软件开发提供了基础设施，同时抽象出一组通用服务。因此，基于中间件的软件复用能够降低软件开发的复杂度，提高开发效率，并且保证分布式应用的质量。当然，由于中间件的产品众多，因此选用了某一个中间件产品后，将导致各应用系统的开发与部署都依赖于特定的中间件平台。另外，中间件大多由商业厂商开发，虽然功能强大，但售价较高，因此在复用时也要考虑这方面的因素。

中间件的类型主要分为远程过程调用、面向消息的中间件、对象请求代理、面向结构化查询语言（Structured Query Language，SQL）的数据访问中间件、事务处理监控、企业服务总线、应用服务器这 7 种类型。

（1）远程过程调用（Remote Procedure Call，RPC）。使用这种中间件，客户端能够调用运行在远程系统上的功能或函数，因此感觉上远程程序逻辑转换成为了本地逻辑。基础的RPC 是同步调用的过程，可使用多线程等机制实现异步调用。

（2）面向消息的中间件，简称为消息中间件。这种中间件是利用高效可靠的消息传递机制实现平台无关的数据通信，并基于数据通信来进行分布式系统的集成。消息中间件支持点对点或广播式的消息传递，另外，消息队列能够持久保存消息并实现消息重传等机制。使用消息中间件，程序之间并没有进行直接的通信，而是将消息中间件作为一条可信的消息传递通道。

（3）对象请求代理（Object Request Broker，ORB）。ORB 是面向对象系统中在网络上发送、请求和共享对象的中间件，因此 ORB 可被视为 RPC 的一个变体。最著名的 ORB 是OMG 提出的 CORBA 中间件。

（4）面向 SQL 的数据访问中间件。这类中间件屏蔽了底层数据库系统的差异性，使得应用系统能够以统一的方式访问不同的数据库。比较著名的数据库访问中间件包括 ODBC（Open Data Base Connectivity），JDBC（Java Data Base Connectivity），OLE - DB 与ADO. Net。

（5）事务处理监控。这类中间件负责控制应用系统以事务的方式执行业务逻辑或数据更新，它为需要进行大规模事务处理的软件提供了可靠的运行环境。事务处理提供的服务主要包括进程管理、事务管理与协调、负载平衡、失败恢复等。

（6）企业服务总线（Enterprise Service Bus，ESB）。ESB 是一个实现了通信、互连、转换、可移植性和安全性标准接口的企业基础软件平台，它针对大规模的企业应用，提供消息通信、应用移植、数据转换、应用部署等时常被企业用户需要的服务。

（7）应用服务器。它是对其他应用系统提供支持的软件，例如 J2EE 应用服务器，包括

Tomcat，JBoss 以及北大的 PKUAS 等。

以下将简要介绍 3 种较为知名的中间件。

1. CORBA 中间件

CORBA 中间件[26]由 ORB 实现，其架构图如图 8-33 所示。ORB 基于一个总线，定义了异构环境下对象透明地发送请求和接收响应的基本机制，建立请求者与服务者之间的联系。ORB 允许对象透明地向其他对象发出请求或接受其他对象的响应，这些对象可以位于本地，也可以位于远程机器。随后，ORB 拦截请求调用，并负责找到可以实现请求的对象，传递参数，调用相应的方法，最后返回结果。

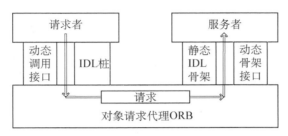

图 8-33　CORBA 中间件架构

实现层次上，ORB 提供静态和动态两种调用方式。静态调用方式由 IDL 桩（请求者）和 IDL 骨架（服务者）组成，动态调用方式则由动态调用接口（请求者）和动态骨架接口（服务者）组成。请求者和服务者可以分别采用不同的语言如 C++或 Java 实现。当客户端通过 IDL 桩或动态调用接口调用一个对象实现时，这个请求被 ORB 拦截并解析，然后传递给服务者，交由服务者的 IDL 骨架或动态骨架接口执行，最后 ORB 将服务者的执行结果或异常信息发送回请求者。

2. ActiveMQ 消息中间件

ActiveMQ[40]是目前最为流行的消息中间件之一。它实现 JMS1.1 规范，为应用程序提供高效、可扩展、稳定和安全的企业级消息通信。

根据 JMS 的特性，ActiveMQ 支持两种不同的消息传送模型：PTP（即点对点模型）和 Pub/Sub（即发布/订阅模型）。

（1）PTP：消息从一个生产者传送至一个消费者。在此传送模型中，目标是一个队列（Queue）。消息首先被传送至队列目标，然后根据队列传送策略将消息传送至向此队列进行注册的某一个消费者，一次只传送一条消息。这种模型不限制向队列目标发送消息的生产者的数量，但每条消息只能发送至一个消费者，并由这个消费者进行使用。如果没有已经向队列目标注册的消费者，队列将保留它收到的消息，并在某个消费者向该队列进行注册时将消息传送给该消费者。

（2）Pub/Sub：消息从一个生产者传送至任意数量的消费者。在此传送模型中，目标是一个主题（Topic）。消息首先被传送至主题目标，然后传送至所有已订阅此主题的活跃消费者（活跃表示当前能够接收并处理消息）。该模型不限制能够向主题目标发送消息的生产者的数量，同时每个消息可以发送至任意数量的订阅消费者。主题目标也支持持久订阅，它表示消费者已向主题目标进行注册，但在消息传送时此消费者可处于非活跃状态（即当前不接收和处理消息)。当此消费者再次处于活跃状态时,它将接收此信息。如果没有已经向主题目标注册的消费者,并且也没有注册了持久订阅的非活跃消费者,主题就不会保留其接收到的消息。

ActiveMQ 默认使用 XML 格式的配置,配置文件存放在 ${activemq. home}/conf 目录下,文件名为"activemq. xml"。其中,主要的元素介绍如下:

(1) broker 元素用于配置 ActiveMQ 的 broker。其中 persistent="true"表示要持久化存储消息,和子元素 persistenceAdapter 结合使用;dataDirectory 表示默认的存储持久化数据的目录;brokerName 设置 broker 的名称。

(2) managementContext 元素用于配置 ActiveMQ 如何在 JMX 中运行。ActiveMQ 默认使用 JVM 启动 MBean 服务。

(3) transportConnectors 设置 ActiveMQ 监听地址,用于收发消息。

(4) import resource="jetty. xml"引入 jetty 配置,与管理工具控制台相关。

(5) persistenceAdapter 元素定义了消息持久化机制,5.4 版本以后默认使用 KahaDB 持久化,但也可以配置成使用常用数据源(如 MySql,Oracle 等)。

3. Mule ESB

Mule ESB[41]是一种基于 Java、轻量级的企业服务总线和集成平台。它允许开发者快速、简单地连接应用,并实现数据交换。Mule ESB 为此提供了一个消息处理框架,用于读取、转换和发送应用程序间的数据,因此 Mule ESB 能轻易地集成现有系统,而不管这些系统使用何种不同的技术,例如 JMS,Web Services,JDBC,HTTP 等。目前许多公司都使用了 Mule,例如 Adobe,ebay,CitiBank 和惠普等公司。读者可以从 Mule 的官方网站(http://www. mulesoft. org/display/COMMUNITY/Home)下载 Mule ESB 的发行版本,并获取其示例。

Mule ESB 的主要功能如下[42]:

(1) 服务的创建与管理(Service Creation and Hosting):用 Mule ESB 作为一个轻量级的服务容器来暴露和管理可复用的服务。

(2) 服务调解(Service Mediation):隐藏服务消息的格式和协议,将业务逻辑从消息中独立出来,并可以实现本地独立的服务调用。

(3) 消息路由(Message Routing):基于内容和规则的消息路由、消息过滤、消息合并和消息的重新排序。

(4) 数据转换(Data Transformation):在不同的格式和传输协议中转换数据。

本章参考文献

[1] Rubén Prieto Díaz. Status report: Software reusability. IEEE Software,1993,10(3):61 - 66.

[2] Clemens Szyperski. Component Software: Beyond Object-oriented Programming. Addison-Wesley, 1998.

[3] Frederick P Brooks Jr. No silver bullet-essence and accidents of software engineering. IEEE Computer,1987,24(4):10 - 19

[4] Brad J Cox. There is a silver bullet. Byte,1990,15(10):209 - 218.

[5] Frederick P Brooks Jr. The Mythical Man-Month. Addison-Wesley,1995.

[6] Capers Jones. Assessment and Control of Software Risks. Prentice Hall,1994.

［7］ Wayne C Lim. Effects of Reuse on Quality，Productivity and Economics. IEEE Software，1994，11(5)：23 - 30.

［8］ Barry W Boehm. Software Engineering Economics. Prentice Hall，1981.

［9］ Barry W Boehm，Bradford Clark，Ellis Horowitz，J Christopher Westland，Raymond J Madachy，Richard W Selby. Cost models for future software life cycle processes：COCOMO 2. 0. Annals of Software Engineering，1995，1(1)：57 - 94.

［10］ IEEE 1517 - 1999. IEEE Standard for Information Technology — Software Life Cycle Processes—Reuse Processes.

［11］ IEEE/EIA 12207. 2 - 1997. Guide for Information Technology — Software Life Cycle Processes—Implementation Considerations.

［12］ 杨芙清，梅宏，李克勤. 软件复用与软件构件技术. 电子学报，1999，27(2)：68 - 75.

［13］ William B Frakes，Kyo Kang. Software reuse research：Status and future. IEEE Transactions on Software Engineering，2005，31(7)：529 - 536.

［14］ Hongyu Zhang，Stanislaw Jarzabek. XVCL：a Mechanism for Handling Variants in Software Product Lines. Science of Computer Programming，2004，53(3)：381 - 407.

［15］ Marvin Minsky. A Framework for Representing Knowledge. McGraw-Hill，1975.

［16］ XVCL. http：//xvcl. comp. nus. edu. sg/cms/.

［17］ GMF. http：//www. eclipse. org/modeling/gmp/.

［18］ 杜文浩等著. 实用软件工程与实训，清华大学出版社，2011.

［19］ Erich Gamma，Richard Helm，Ralph Johnson，John Vlissides. Design Patterns：Elements of Reusable Object-oriented Software. Addison-Wesley，1995.

［20］ Felix Bachman，Len Bass，Charles Buhman，Santiago Comella-Dorda，Fred Long，John Robert，Robert Seacord，Kurt Wallnau. "Volume II：Technical concepts of component-based software engineering". Technical Report，CMU/SEI-2000-TR-008，2000.

［21］ Roger S Pressman. Software Engineering a Practitioner's Approach (Sixth Edition). McGrow-Hill International Edition，2005.

［22］ 张效祥著. 计算机科学技术百科全书(第 2 版). 清华大学出版社，2005.

［23］ 杨芙清等著. 构件化软件设计与实现. 清华大学出版社，2008.

［24］ Guttorm Sindre，Reidar Conradi，Even-andré Karlsson. The REBOOT Approach to Software Reuse. Journal of Systems and Software，1995，30(3)：201 - 212.

［25］ Will Tracz. "Implementation working group summary". In Reuse in Practice Workshop，1989，pp. 107.

［26］ Steve Vinoski. CORBA：Integrating Diverse Applications within Distributed Heterogeneous Environments. IEEE Communications Magazine，1997，35(2)：46 - 55.

［27］ CORBA Component Model 3. 0. http：//www. omg. org/spec/CCM/3. 0/.

［28］ Michael P Papazoglou. Web services：principles and technology. Prentice Hall，2008.

［29］ Frederick Hayes-roth. "Architecture-based Acquisition and Development of Software：Guidelines and Recommendations from the ARPA Domain-specific Software Architecture (DSSA) Program". Teknowledge Federal Systems，Version1. 01，1994.

［30］ Richard N Taylor，Nenad Medvidovic，Kenneth M Anderson，E James Whitehead Jr. Jason E Robbins，Kari A Nies，Peyman Oreizy，Deborah L Dubrow. A Component-and Message-based Architectural Style for GUI Software. IEEE Transactions on Software Engineering，1996，22(6)：390 - 406.

［31］ Eric M Dashofy，André van der Hoek，Richard N Taylor. A Comprehensive Approach for the Development of Modular Software Architecture Description Languages. ACM Transactions on

Software Engineering and Methodology, 2005,14(2):199 – 245.

[32] Eric Bruneton, Thierry Coupaye, Matthieu Leclercq, Vivien Quéma, Jean-bernard Stefani. The Fractal Component Model and Its Support in Java. Software: Practice, Experience, 2006,36(11 – 12): 1257 – 1284.

[33] Chris Abts, Barry W Boehm, Elizabeth Bailey Clark. "COCOTS: a COTS software integration cost model-model overview and preliminary data findings". In Proceedings ESCOM-SCOPE 2000 Conference, 2000,pp. 325 – 333.

[34] Hafedh Mili 等著,韩柯等译. 基于重用的软件工程-技术、组织和控制. 电子工业出版社,2004.

[35] 谢冰等著. 面向复用的软件资产与过程管理. 清华大学出版社,2008.

[36] Dave Marples, Peter Kriens. The Open Services Gateway Initiative: An Introductory Overview. IEEE Communications Magazine, 2001,39(12):110 – 114.

[37] Ted Husted, Cedric Dumoulin, George Franciscus, David Winterfeldt, Craig R McClanahan 著. Struts in Action: Building Web Applications with the Leading Java Framework. Manning, 2003.

[38] Donald Brown, Chad M Davis, Scott Stanlick 著. Struts 2 in Action. Manning, 2008.

[39] Craig Walls, Ryan Breidenbach 著. Spring in Action. Manning, 2005.

[40] Bruce Snyder, Dejan Bosanac, Rob Davies. ActiveMQ in Action. Manning, 2011.

[41] Mule ESB. http://www.mulesoft.org/.

[42] Zakir Laliwala 等著. Mule ESB Cookbook. Packt Publishing Ltd, 2013.

第 9 章

软件产品线

软件复用和构件技术作为提高软件开发的效率和质量的重要途径已经得到广泛的认同。在此基础上,软件工程研究所借鉴制造业中生产线的成功经验,提出了"软件产品线"(Software Product Line)的思想[1]。软件产品线针对特定领域中一系列具有公共特性的软件系统,试图通过对领域共性(Commonality)和可变性(Variability)的把握构造一系列领域核心资产,使得面向特定客户的应用产品可以在核心资产基础上按照预定义的方式快速、高效地构造出来。

软件产品线工程主要包括领域工程、应用系统工程和产品线管理 3 个方面。其中,领域工程是其中的核心部分,它是领域核心资产(包括领域模型、领域体系结构、领域构件等)的生产阶段;应用系统工程面向特定应用需求,在领域核心资产的基础上面向特定应用需求实现应用系统的定制和开发;产品线管理则从技术和组织两个方面为软件产品线的建立和长期发展提供管理支持。

9.1 软件产品线基本思想和方法

9.1.1 从软件复用到软件产品线

随着软件开发方法及相关技术、辅助工具的发展,现实的软件开发也越来越成熟。尽管如此,软件系统的规模和复杂程度的不断提高仍然导致软件开发的成功并不像人们所期望的那么容易。软件项目必须在保证产品上市时间(Time to Market)的前提下努力提高开发的生产力(Productivity)和质量(Quality)。针对这些问题,工业界以及软件工程研究界都进行了大量的探索和实践,并提出了一系列有效的方法。对于软件开发的效率和质量问题,人们逐渐认识到软件复用和构件技术是一个可行的解决方案。软件复用可以避免重复劳动,其出发点是应用系统的开发不再采用一切"从零开始"的模式,而是以已有的工作为基础,充分利用过去应用系统开发中积累的知识和经验[2]。

经过多年的发展和研究,软件复用和软件构件技术已经逐渐成熟,并在软件开发实践中得到广泛应用。然而随着软件复用研究和实践的不断深入,人们发现在完全通用的软件开发环境下考虑软件复用将会遇到一系列问题,包括不一致的可变性假设、交互协议以及规范等[1]。另一方面,越来越多的软件企业开始针对特定的技术和业务领域进行软件产品开发,并逐渐形成了丰富的业务知识、软件技术和制品等方面的积累。因此,面向特定领域的软件复用方法逐渐得到关注,促使人们思考如何通过系统、全面的基于复用的开发方法实现特定领域内应用产品的高质量快速定制开发。此外,大量的软件复用研究和实践也都表明,特定领域的软件复用活动相对容易取得成功[3]。一方面,属于同一领域的应用系统在业务需求、体系结构以及具体实现等方面都具有较大的共性;另一方面,某一具体领域内的业务模式较为稳定,一些发展较为成熟的领域(如国内的财务管理、物流管理、电子政务等领域)甚至已经在业务流程及业务开展方式等方面有了一定的标准化。

软件产品线的概念是由卡耐基-梅隆大学的软件工程研究所正式提出的。1997 年 1 月,软件工程研究所开始了 PLP 项目(Product Line Practice Initiative)。PLP 的目标是向软件开发组织提供集成的商业和技术方法,复用各种软件资产,以较小的开销和可预测的质量来保证生产和维护一组类似的系统。软件工程研究所在 1998 年 10 月正式发表了软件产品线框架,2000 年又发起召开了第一届国际软件产品线会议 SPLC(Software Product Line Conference),并提出了一个完整、经实践确认的软件产品线开发方法。

软件工程研究所将软件产品线定义为"共享一组受控的公共特征,并且在一系列预定义的公共核心资产基础上开发而成的一系列软件应用系统"[1]。其他的一些定义也与此相似。一个产品线代表着同一领域中一系列相似、具有公共需求集的软件系统。这些系统可以根据特定的客户和用户需求对产品线体系结构进行定制,在此基础上将可复用构件和系统特有部分集成得到应用产品。软件产品线是一种有效、系统的软件复用形式,复用的对象包括领域模型、产品线体系结构、领域构件、开发过程模型等。而在单个产品的开发过程中主要是构件和代码的复用。

软件产品线近十年以来一直是软件工程界的研究热点,相关研究大量见诸 ICSE,ICSR,ICRE 等主流软件工程会议以及软件产品线国际会议。与软件产品线类似的另一个名词是"软件产品族"(Software Product Family)。最初,软件产品族在欧洲地区的学者中更为流行,北美地区则更多地使用"软件产品线"一词[4]。这两个名词之间并无太大区别,1996 年开始于欧洲的产品族工程研讨会(Workshop on Software Product Family Engineering)和 2000 年在美国发起的软件产品线会议(Software Product Line Conference)最终于 2004 年合并为统一的软件产品线国际会议,就是一个佐证。

9.1.2 软件产品线工程

软件产品线工程是指软件产品线开发中所涉及的一整套工程化方法和开发活动,包括软件产品线规划、核心资产开发、基于核心资产的应用系统开发、软件产品线维护以及产品线开发管理等基本活动。软件产品线工程是在借鉴其他工业领域(如汽车、电子等)生产线的成功经验基础上提出和发展起来的。

最初这些工业领域的产品也是通过大规模定制(Mass Customization)的方式生产的,即根据单个客户的需要逐一定制。这种方式生产率低下而且生产成本很高,已经越来越不能适应大规模生产和销售的需要。于是,福特(Ford)公司率先在汽车制造业中提出了"生产线"的概念[4]。这种生产线往往建立在一个公共的平台基础上,这种平台需要对产品的总体结构、关键部件、生产方式等做出规划,并成为一系列产品生产的技术和过程基础。这种基于生产线的生产方式能够以较低的成本进行大规模的产品生产,但又限制了产品的多样化和差别化,使得客户的某些个性化要求无法得到满足。这两种生产方式在软件开发中分别对应于完全的定制化软件(如面向某客户定制开发的财务软件)和标准化软件(如面向市场公开销售的通用财务软件),两者都有自己的缺点:前者的开发成本过于高昂,而后者的多样化和差别化又不足[4]。

对于任何一个行业而言,客户总是希望得到满足个性化需求的定制化产品,而生产企业则希望保持以较高的生产率和较低的生产成本实现大规模的产品生产。因此,我们希望在面向市场的大规模产品开发的同时保持必要的个性化和可定制能力。软件产品线工程正是这样一种将大规模定制和基于公共平台的软件开发系统地结合起来的新的软件开发范例[4]。软件产品线工程包括一系列的领域工程和应用工程活动,涉及软件复用的多个方面。产品线工程的生命周期主要包括领域工程和应用工程两个阶段:领域工程活动包括领域分析和定义、领域参考体系结构(Reference Architecture)开发、领域构件开发等,其主要目标就是为一定范围内的产品开发构建公共的基础平台;应用工程阶段的活动则包括应用需求分析、参考体系结构实例化、领域构件的实例化、定制以及应用系统组装等。在整个过程中,参考体系结构是最核心的部分。为了使领域内的应用产品开发能够提供必要的个性化和可定制能力,产品线基础平台必须提供必要的可变性。这就要求领域工程阶段的分析、设计和实现都要将领域内不同应用产品之间的差异纳入考虑范围之中,因此可变性分析和管理是成功的软件产品线的关键。

产品线工程包含一系列的领域工程和应用工程活动,涉及软件复用的多个方面。其中领域工程是其中的核心部分,它是领域核心资产(包括体系结构和构件等)的生产阶段。而应用系统工程则面向特定应用需求,根据特定应用需求开发应用构件,并基于领域体系结构进行构件定制和组装,从而得到满足特定客户需求的应用产品。

9.1.3 软件产品线的特点和优势

软件产品线的本质特点在于在特定领域范围内通过预定义的方式组织和规划领域内基于复用的应用产品开发基础设施,强调领域模型以及领域体系结构的重要性,这与早期单纯强调广泛的构件获取和系统组装的复用式开发方法差异较大。Clements 等就强调了以下几种基于复用的软件开发模式都不是软件产品线[1]:偶然的小粒度复用;基于复用的单个系统开发;单纯的基于构件的开发;可配置的体系结构;单个产品的发布和版本。与一般的软件开发相比,基于构件的产品线开发具有以下 6 个特点[5]:

(1) 基于体系结构:在领域工程阶段确定领域体系结构后,相关产品都将在对该体系结构进行实例化的基础上进行开发。一个好的体系结构是高质量产品线的基本保证。

(2) 面向特定领域:一个产品线中的产品同属某一领域。产品线工程中的领域工程直接面向一系列密切相关的产品。

(3) 复用驱动:产品线工程的关键过程是在产品的开发过程中复用领域工程成果。而复用也是达到提高生产率和产品质量这一目标的根本。

(4) 过程驱动:产品线生存周期由一个能适应领域中各种特定需要的开发过程来指导。这个过程不是唯一的,但这些过程一般都包含一组通用的高层活动。这个过程的主要特征是领域工程和应用工程的大量交互。

(5) 市场驱动:产品线工程的技术过程是由非技术的市场因素驱动的。开发过程中许多决策都需要结合市场因素加以考虑。例如,构件既可以从外部获取,也可以在内部开发,以及领域范围和产品线所包含的产品数量的确定等。

（6）包含可复用资产的生产和消费两个方面：在开发过程的两个阶段中，领域工程阶段是产品线核心资产的生产阶段，应用工程阶段则使用这些资产进行产品开发。这种紧密的联系保证了较高的生产率和较好的产品线收益。

软件产品线体现了一种范围经济（即在同一企业内进行小批量多品种的生产方式，这种生产方式的成本往往低于多个厂商分别生产的成本），这种收益源自一组相似的软件产品，这并非偶然，而是由软件产品线实施中所包含的系统、战略性的领域开发规划所决定的[1]。单纯的复用式或基于构件的软件开发缺乏这样的前瞻性规划，因此大量得到复用的都是通用技术性的软件构件。一个明显的现象是目前的软件开发中，得到大量积累、共享、传播或交易的软件构件（经常以控件、软件包、库这样的名称出现）都是图形用户界面、报表、电子文档及表格处理、多媒体处理、加/解密、压缩/解压缩等类型的技术构件。这种技术构件与特定领域无关，往往与软件产品的核心需求关联性不强，因此很难实现软件产品的全面、系统化的复用式开发。软件产品线虽然关注于特定领域，但能够从业务、技术、开发管理等多个方面对领域内的产品开发做出战略性的规划，从而可以在领域核心资产等基础上快速、高效、高质量地生产出一系列领域应用产品。虽然相关的领域核心资产的复用范围局限在特定领域范围内，但能够实现系统、全面的复用式产品开发，只要领域范围规划恰当一样可以实现较好的经济效益。

产品线技术很早就在国外软件开发实践中得到运用，其中最著名的范例是瑞典CelsiusTech 系统公司和美国空军电子系统中心（ESC）的产品线系统[1]。卡耐基-梅隆大学软件工程研究所提出的软件产品线最初就是借鉴了瑞典 CelsiusTech 公司在海军舰船指挥和控制系统上的成功经验。1985 年，该公司同时接到两份合同——瑞典海军和丹麦海军的护卫舰指挥和控制系统，两个系统都很庞大，都要求很强的实时性、容错性和分布性。该公司采用了软件产品线方法后，获得了巨大成功，将硬件与软件的费用比例从过去的 35∶65 变成了 80∶20。这两个产品线系统的共同特点是构架组、构件组和集成组的分离：构架组负责产品线体系结构的定义和演化；构件组负责根据产品线体系结构，生产和管理可复用构件；集成组则根据具体客户的需求，利用产品线体系结构和可复用构件进行具体的系统集成。这种以特定领域体系结构为中心的产品开发组织和开发方法体现了软件产品线开发的基本思想。

9.1.4 软件产品线开发过程

软件产品线开发主要包括核心资产开发（又称领域工程）和应用产品开发（又称应用系统工程）两个基本活动。此外，还有一个贯穿整个软件产品线开发过程的管理活动，包括技术和组织的管理。3 个基本活动的关系如图 9-1 所示，它们紧密联系，可以以任何次序出现且反复循环[1]。正向的软件产品线开发首先进行核心资产开发，然后将其用于应用开发。在某些情况下也可以从现有产品中挖掘出通用资产（如需

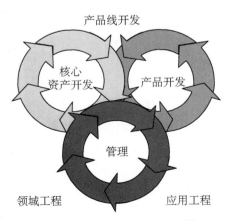

图 9-1　基本的产品线活动[1]

求规约、体系结构以及构件等),并放入产品线资产库中。图9-1中的箭头表明核心资产和产品开发之间存在很强的反馈循环,即使采用正向开发,核心资产也可能随着新的产品开发而更新,因为领域总是处于不断的发展变化之中,而开发者对领域预见性的把握并不总是准确的。因此,成功的产品线需要持久、强有力、有远见的管理[1]。

在这3个基本活动中,核心资产的开发(即领域工程)是决定因素,也是难度最大的环节。核心资产开发活动产生的输出包括产品线范围、核心资产和生产计划[1]。由此可见,确定领域的范围和边界是首要任务,它决定了领域共性的大小以及资产的适用范围。在此基础上就可以进行核心资产的设计和实现,而涵盖整个产品系列共同特性的需求是首要的核心资产,特别是与体系结构设计直接相关的高层需求,在此基础上可以快速构造出产品线体系结构并评估产品线的可行性。然后,其中的构件资产就可以分配给相应的构件开发组进行实现。完成领域级的核心资产构建活动后,产品线的最终价值将在产品开发中体现。单个的产品将根据其特定的需求对领域需求模型进行定制,从而得到同时满足领域约束和特定需求的产品需求。如果领域模型无法支持当前的产品需求,那么需要回过头对领域模型进行更新以容纳新的变化。最终,应用工程师将在产品需求的指导下,通过对领域资产的复用以及对特定应用制品的实现得到目标产品。

软件产品线框架[1]实际上是一个研究框架。它首先指出了软件产品线开发的3个关键活动:核心资产的开发(即领域工程)包括领域范围的确定、核心资产(领域模型、体系结构、构件、测试计划、测试用例等)的生产以及产品计划的制定;产品开发(即应用工程)在核心资产的基础上结合特定系统的用户需求开发最终产品;管理活动主要是组织结构和人力资源的合理配置和演化,以及产品线技术活动之间的协调等。其次,它给出了需要研究的3个领域:软件工程领域(包括领域分析、挖掘已有资产、体系结构的设计与定义),技术管理领域(包括数据的采集、度量、跟踪和产品线范围确定),组织管理领域(讨论产品线开发的组织结构问题)。

软件产品线的基本开发过程如图9-2所示,主要由领域工程、应用系统工程两大部分以及贯穿整个软件产品线生命周期的产品线开发管理组成。领域工程是核心资产的生产阶段,通过领域级的分析、设计和实现活动为应用产品的开发构建基础设施,并从开发计划和过程等方面提供指导。应用系统工程是基于核心资产的应用系统产品开发阶段,将在产品

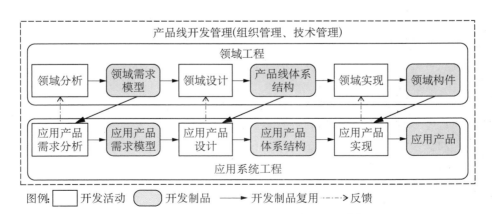

图9-2 软件产品线开发过程(修改自FORM方法[6]开发过程)

线基础设施的基础上面向特定客户进行应用系统的分析、设计和实现。软件产品线将整个领域而不是单个软件系统作为开发目标，因此必须建立起统一的产品线级的开发管理机制（包括范围及可变性管理、配置管理、项目管理等）。否则即使建立起最初的产品线基础设施，各个应用产品也可能在不同的用户需求以及发展目标驱动下逐渐脱离预定义的产品线开发轨道。这种管理机制必须将领域范围内各个产品开发项目纳入到统一的控制中，同时兼顾特定产品的用户需求以及产品线的整体发展目标，从而保证产品线在支持应用产品开发的同时能够持续地发展。

从直观上看，领域工程活动应该在应用系统工程之前进行，体现一种前摄（Proactive）、主动的复用式开发模式。然而如图 9-1 中的箭头所示，核心资产和产品开发之间存在很强的反馈循环，应用产品开发也可能成为核心资产演化的推动力。这是由于产品线所针对的业务领域总是处于不断发展之中，而应用产品开发面对用户需求，直接反映领域业务需求的发展和变化。另一方面，通过应用产品开发的实践检验所发现的缺陷也将推动领域核心资产的演化。因此，完全单向的从领域工程到应用系统工程的软件产品线开发模式在很多时候并不现实。这种开发模式犹如传统软件开发中的瀑布模型，要求软件组织能够充分预见到当前以及未来的产品线需求，并且能够为前期的产品线基础设施构建投入大量的时间和资源[7]。因此，除了前摄式的产品线引入方式之外，还存在反应式（Reactive）以及抽取式（Extractive）的产品线引入方式[7]。这两种模式借鉴了螺旋模型以及极限编程中的一些思想，提倡增量、迭代的产品线开发。在这种模式下，软件产品线方法的引入甚至是以若干应用产品开发为先导，首先实现一系列满足特定用户需求的产品变体（一般通过开发者对于相似业务系统的主观理解以及传统的复制/粘贴的复用方式来实现），然后在此基础上不断积累、沉淀领域核心资产，逐渐形成软件产品线。

9.2 软件产品线范围和可变性

软件产品线开发的目的是缩短产品上市时间、提高产品开发效率和质量、降低产品开发成本，从而提高经济效益。领域范围与产品线投资和收益两个方面都密切相关，因此在很大程度上也决定了产品线的经济效益。产品线范围确定（Scoping）是软件产品线开发的首要任务，可变性则直接为产品线开发中的范围效益提供支撑。

9.2.1 产品线开发经济效益

与传统软件开发方法一样，直接面向用户开发的应用产品才是盈利的来源。软件产品线开发中，作为应用产品开发基础的核心资产开发需要额外的先期投资和开发时间。因此，如图 9-3 所示，从开发成本的角度看，软件产品线在启动阶段将比单个软件项目开发需要更多的先期投资。当软件产品线的基础设施基本构建完成后，后续的单个应用产品将会以较低的成本快速生产出来，因此产品线开发中后续开发成本随产品数量的增长将会比较平缓。而传统的面向单个产品的软件开发虽然不需要额外的先期投入，但由于没有采用系统的复用式开发，开发成本将会随产品数量的增加而快速增长。对比两种开发模式可以看出，软件产品线开发虽然需要额外的先期成本和开发时间投入，但是如果能在软件产品线基础设施的支撑下实现若干应用产品的生产，就可以达到产品线投资的盈亏平衡点。一般认为平衡点会出现在第 3 个产品附近,即生产出大约 3 个应用产品后就可以收回产品线基础设施的投资。

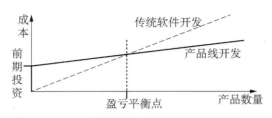

图 9-3　产品线开发成本变化曲线[4]

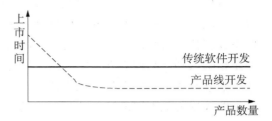

图 9-4　产品线开发上市时间变化曲线[4]

从图 9-4 所示的上市时间的角度来看,单个项目开发模式下每个产品的上市时间基本保持不变。而产品线开发初期由于存在产品线核心资产的开发,上市时间会比较长。此后,随着产品线基础设施的不断优化和稳定,应用产品开发中的复用程度越来越高,产品上市时间逐渐缩短,并稳定在一个较低的水平上。

从理论上讲,最理想的产品线开发模式应该是首先为领域内的所有应用产品构建完整的复用基础设施,然后再进行应用产品开发。这种被称作"大爆炸式"(Big Bang)[8]的产品线开发模式需要较高的先期投资,相应地风险也比较大。增量的产品线开发则首先关注于当前少数几个应用产品的开发需求,然后通过一系列的迭代不断完善产品线基础设施。增

量式的产品线开发所需要的初期投资相对较小。此外,由于能够根据应用产品开发反馈不断调整最初的产品线设计,所开发的产品线基础设施适应应用产品开发需要的可能性更高,因此开发风险也较低,更具有现实性。当然,理想情况下大爆炸式的产品线开发所能取得的经济效益是最高的,因为能够充分发挥产品线大规模定制化开发的优势,但在现实中往往很难做到这一点。

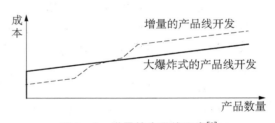

图 9-5　增量的产品线开发[8]

软件产品线为软件组织带来的收益是全方位的。例如,前面提到的 CelsiusTech 系统公司采用产品线方法开发海军舰船系统后,获得了如下收益[1]:

(1) 软件系统的开发成本减少一半左右;

(2) 开发效率大大提高,不到 50 人从事着原来需要 200 多人承担的工作;

(3) 交付时间从几年缩短到几个月;

(4) 软件复用率达到 70%～90%;

(5) 更高的产品质量;

(6) 更高的客户满意度。

9.2.2　产品线范围

任何软件项目在开发活动开始之前都必须首先确定项目范围(Scope),即"做什么不做什么"。在项目管理中,范围管理意味着明确实现项目目标所需要完成的工作范围,并在整

Software Engineering

个项目生命周期中对范围的变更进行管理。项目范围确定一般在需求分析活动开始之前，或者在需求阶段的初期进行，并最终随着系统需求模型的确定而最终完成[1]。

软件产品线开发中范围的概念与此类似，也是确定产品线开发所需要完成的具体工作。确定产品线范围的主要目的是识别并确定属于当前产品线的那些产品，同时定义这些产品的主要特征[4]。软件产品线以支持领域内的应用产品开发为目标，因此软件产品线范围主要是指纳入到产品线规划之中应用产品的范围，即领域的边界。另一方面，产品线范围定义还将建立相关产品共性特征的描述，并对产品线可变性的范围进行界定[1]。产品线范围定义最终体现为范围定义文档，并作为产品线核心资产的一部分。

软件产品线范围的主要作用是为产品线开发提供决策依据，例如，确定产品线需求模型中的可变性能力时，就可以不考虑产品线范围之外的应用需求，但必须支持所有纳入到产品线范围之中的产品需求。软件产品线范围的精确定义是比较困难的。这一方面是由于范围陈述很难用文字和图形等手段精确描述，另一方面则是由于产品线开发团队对于相关业务领域的认识也是逐渐深入的。一般而言，产品线范围定义几乎总是开始于一个宽泛、概括性的描述，然后随着领域知识的不断丰富和领域分析的逐渐深入而不断得到精化[1]。下面以一个计算机阅卷软件产品线的实例来说明产品线范围定义的基本过程。

当一个开发团队决定开发计算机阅卷软件产品线时，他们对计算机阅卷的最初认识可能是"读入电子化答卷后分类存储，通过在线调度将答卷分配给不同的老师进行评阅并记录评分结果，最后进行成绩统计和打印"。显然，通过这个初步的范围定义可以确定"评分调度"和"成绩统计打印"属于该产品线范围，而"学生学籍管理"、"考试报名"等则肯定不属于该产品线范围。

随着对计算机阅卷领域认识的不断深入，他们了解到考试结束后纸质答卷的扫描和归档由于答卷量大、质量要求高，大多数学校和教育考试机构一般都希望计算机阅卷软件能够一起提供这些功能。因此，计算机阅卷产品线开发团队决定将答卷批量扫描、分割和归档加入到产品线范围定义中，同时扫描仪设备也成为一个重要的关注点。开发团队在调查了一些潜在用户单位后，发现他们在某些环节上存在不同的个性化需求，例如，有的用户一次阅卷答卷量很大，有的则比较小；有的用户强调电子化答卷图片质量要高，有的则希望扫描仪设备价格不要太高；有的对评分可靠性要求很高，因此要求有监控和仲裁机制；在评分模式上，有的要求以整卷为单位，有的则要求以题目为单位……在分析了以上这些个性化需求后，产品线开发团队进一步在范围定义中增加了对潜在可变性的陈述和限定：答卷扫描及扫描仪配备提供高中低3档配置选择；提供可选的阅卷监控和仲裁功能；提供按答卷、按题目这两种可选的评分调度模式……

产品线范围也不是一成不变的，可以先确定一个较小的领域范围，然后随着业务和技术的不断积累逐渐扩大。例如，前面提到的计算机阅卷软件产品线考虑资金、业务、技术成熟度等方面的因素，可以先将产品线范围局限为书面考试阅卷市场，然后随着资金、业务和技术力量的发展，再逐渐将口语考试市场纳入产品线业务范围中。软件产品线为软件组织带来的收益包括两个方面[1]：一方面，产品线使得软件组织能够以极高的开发效率实现当前的业务目标；另一方面，也是更令人激动的一个方面是产品线使软件组织能够更加快捷、有效地拓展新的业务。其中，第二个方面直接体现为产品线范围的扩展。文献[1]中介绍的CelsiusTech系统公司的案例就很好地说明了这一点。

> 在启动并实施舰船系统产品线后，CelsiusTech公司意识到其中还蕴含着新的商业机会，他们将眼光投向了基于地面的空间防御系统（一种雷达制导防空武器）。在他们眼里，这就是一个简单的舰船软件系统，虽然它并不是运行在真正的舰船上。CelsiusTech公司发现这个系统可以使用与其舰船系统相似的体系结构、大量相同的构件（如目标跟踪构件）、相同的生产过程以及其他核心资产。他们当即决定占领这个新的业务领域，而此时他们已经掌握了新产品线40%的内容。

这个案例突出体现了产品线范围扩展所带来的商业机会。然而这种范围扩展也会对已有的产品线核心资产以及应用产品造成影响，例如，产品线体系结构及其他核心资产往往都需要扩展新的可变点，而已有的软件产品也要同步更新以保持产品线内的一致性。产品线范围的确定以及后续的扩展都包含着相应的风险。因为这些决策都是建立在对未来业务发展前景预期的基础上，而在预期的收益变为现实之前还需要大量的前期投资。过于乐观的产品线发展决策、所属业务领域的市场变化、产品线投资难以维持到预期的效益出现等，都会导致产品线投资的失败。

软件产品线的范围必须结合市场状况、经济实力、发展目标、技术及业务积累等综合决定。产品线范围可以看作共性与可变性权衡的结果。产品线范围过大，相应的收益面也较大，然而领域共性也会减少，产品线的先期投资以及产品线开发和管理难度也相应加大。产品线范围过小，领域共性将会增加，产品线开发和管理的难度也较小，但相应的收益面也较小，同时也限制了未来的发展。例如，考试阅卷领域除了书面考试之外，还包括英语口语考试等口语阅卷模式。如果将口语考试阅卷也纳入计算机阅卷软件产品线中，那么潜在的市场面无疑会大大拓宽。但相应的共性需求将会减少，而可变性将会增加，例如，答卷的展示需要支持图片和音频两种格式，答卷准备阶段除了扫描、分割外，还需要支持音频的提取。从开发技术上看，除了原来的图片处理之外，还需要有熟悉音频文件处理的开发者，这也使得技术风险增大了。

总的来说，在面向特定领域的软件产品线开发中，可以通过以下4个方面的综合考虑确定产品线的范围定义：

（1）产品线范围定义是否能够覆盖规划中的潜在用户群的实际需求，是否与组织的市场发展目标相一致，是否与组织的业务发展策略（是全面出击还是稳步推进）相一致，能否为未来提供足够的发展空间。

（2）产品线开发团队对于产品线规划范围内所需的业务知识、开发技术、市场基础等方面是否已经形成足够的积累。

（3）所在的软件开发组织对于规划中的产品线是否能够提供长期、稳定的资金和人员等方面的投入,特别是在盈亏平衡点到来之前是否能够维持充足的资金和人员支持。

（4）产品线范围内的差异性是否能够用某种可变性机制实现适当的抽象。例如,计算机阅卷产品线中阅卷调度模式上的差异性可以总结为几种可选的模式选择,而作为阅卷任务分配基本单元的答卷包大小差异可以抽象为答卷份数和允许的最大包大小等参数。如果发现某些差异性很难进行合理的抽象,那么说明当前确定的产品线范围内共性过少,或者当前领域还需要进一步进行细分。

9.2.3 软件产品线可变性

不同应用产品之间大量存在的共性是支撑软件产品线大范围基于复用的软件开发的基础。可变性则体现了对于不同应用产品之间差异性的一种抽象。可变性的存在使得软件产品线能够以一种统一、受控的方式支持不同应用产品的差异性部分。可变性与共性密切相关。例如,不同的计算机阅卷软件产品都需要提供阅卷调度功能,但有若干种不同的调度模式可供选择。

1. 可变性类型

软件产品线可变性是对产品线范围内各种不同的应用产品之间差异性进行抽象的结果。典型的产品线可变性类型包括可选关系（Optional）、多选一关系（Alternative）和或关系（Or）3 种。对于一个"可选"元素,应用产品可以选择绑定（包括）或者移除（不包括）该元素;对于一个"多选一"元素,应用产品可以选择该元素的一个变体进行绑定,其余变体则不能包含在产品中;对于一个"或"元素,应用产品可以选择该元素的 0 个或多个变体进行绑定,具体选取范围可以通过选取基数来定义。

例如,如图 9-6 所示的网上购物产品线特征模型图（特征模型可见 9.3.2 节）是对网上购物领域总体需求的一种模型化描述。该特征模型中体现了可选、多选一和或关系 3 种可变性类型。其中,可选特征包括账户管理（AccountManagement）、配送（Delivery）以及结账（CheckOut）下的交易通知（TransactionInform）。这说明该产品线范围内的应用产品可以包括账户管理、配送或交易通知,也可以不包括账户管理、配送或交易通知。支付（Payment）是一个多选一特征,模型中提供虚拟货币支付（PayByVirtualCurrency）和信用卡支付（PayByCreditCard）两种选择,任何一个网上购物产品都必须从中选取一个作为所支持的支付方式。前面提到的可选的账户管理（虚拟货币账户查询、充值等）与虚拟货币支付选项密

图 9-6 简化的网上购物产品线特征模型图

切相关。显然，如果选择虚拟货币支付作为支付方式，那么账户管理也必须被包含进来。商品浏览（ProductBrowse）则是一个"或"关系的可变特征，模型中提供了按类别浏览（BrowseByCategory）、按日期浏览（BrowseByDate）和产品查询浏览（BrowseByCategory）3种方式。根据模型中的基数约束，任何一个应用产品都要从中选取1种到3种浏览模式加以支持。

2. 不同软件开发制品中的可变性

软件产品线核心资产是面向所有应用产品所提供的可复用资产。在软件产品线开发中，可变性贯穿软件开发生命周期的各个阶段，涉及各种软件开发制品（Artifact），包括需求、体系结构、构件、代码、测试用例、用户文档等。

产品线开发中，受关注比较多的软件开发制品包括需求模型（如特征模型）、体系结构和构件。图9-6所示的特征模型描述了网上购物产品线需求中所存在的可变性。图9-7则给出了简化的网上购物产品线体系结构的一个部分，其中的可变性包括可选构件、多选一的可变构件、"或"关系的可变构件以及抽象构件。虚拟账户管理（VirtualAccountMgt.）、交易通知（TransInform）和配送是可选构件，这意味着这3个构件中的任何一个都可能被包含或者被排除在最终的网上购物产品中。支付构件是一个多选一构件，可供选择的实现构件包括信用卡支付和虚拟货币支付。按类别浏览、按日期浏览和产品查询浏览是一组"或"关系的构件，相应的选取基数表明每个应用产品可以从这组变体构件中选取1到3个进行绑定。折扣构件（Discount）是一个抽象构件，这表明每个网上购物产品都可能有自己独特的折扣计算方法，因此每个产品开发时可以在遵循统一的折扣构件外部接口的前提下自行开发自己的折扣构件。与图9-6中的特征模型类似，图9-7产品线体系结构中的可变性也不是完全独立的。显然，选择了虚拟货币支付构件就必须同时选择虚拟账户管理构件。构件级的可变性往往与相应的编程语言和实现机制相关。例如，对于使用面向对象程序设计语言（如Java，C++等）实现的软件构件，常用的可变性机制包括参数化、继承、接口、反射等。

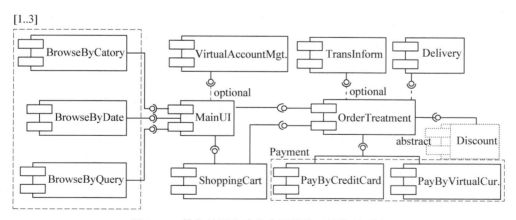

图9-7 简化的网上购物产品线体系结构（部分）

除了需求模型、体系结构和构件之外，可变性还可能存在于其他软件制品之中，例如代码、测试用例、用户文档等。如图9-8所示的带条件编译的代码实现就包含了针对支付方式和交易通知的可变性实现。这使得这部分代码实现可以根据不同的编译选项支持不同的可变性定制方案,包括支付方式(信用卡支付或是虚拟货币支付)和是否包括交易通知。表9－1则给出了一个包含可变性的测试用例描述。在这个测试用例中,步骤1.1,1.2和1.3是多选多的,需要根据具体应用产品中可变点绑定的情况选择其中一个或者多个加以执行。步骤4是可选的,只有在需要配送的应用产品测试时才需要执行这一步。步骤6.1和6.2是二选一的,可以在具体应用产品中根据所支持的支付方式选择其中的一个加以执行。在该测试用例的预期结果中,第3至第5项都与可变性相关,例如,在提供交易通知的应用产品中才需要验证用户是否收到交易通知。由此可见,软件产品线核心资产和可变性是一个非常宽泛的概念,任何软件制品都有可能成为包含可变性的核心资产。例如,从这几个可变性的实例可以看出,应用产品开发者除了对产品线需求模型和体系结构进行定制从而获得产品需求模型和体系结构外,还可以通过条件编译获得满足特定产品需求的目标代码,通过对产品线测试用例的定制获得面向特定产品的具体测试用例等。

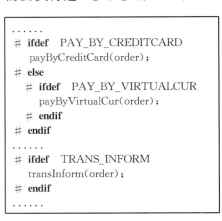

图9－8　带条件编译的代码实现

表9－1　网上购物测试用例

步骤编号	步骤描述
1.1	［产品查询浏览］ 在搜索栏中输入产品相关关键字;
1.2	［按日期浏览］ 在日期选择栏输入相关日期;
1.3	［按类别浏览］ 在商品类别选择栏选择产品类别;
2	点击"搜索"按钮,浏览返回的搜索结果,从中选取一件商品加入到购物车中;
3	点击"结账"按钮进入结账页面;
4	［需要配送］ 填写配送信息,包括地址、联系电话、配送时间等;
5	浏览支付确认信息,确认无误后点击"支付"按钮;
6.1	［信用卡支付方式］ 进入银行支付平台,确认商户信息和金额无误后,输入信用卡卡号和验证信息,并点击"支付"按钮;
6.2	［虚拟货币支付方式］ 进入虚拟货币支付页面,确认当前虚拟货币余额及本次支付金额,如果余额足够则点击"支付"按钮;
7	系统返回支付结果信息。

步骤编号	步骤描述
预期结果	（1）数据库中增加一笔新的订单和购物交易信息； （2）相关商品的库存信息进行了正确的更新； （3）［虚拟货币支付方式］正确地扣减了虚拟账户余额； （4）［需要配送］产生相应的配送单，配送信息与用户输入一致； （5）［交易通知］用户收到了关于本次交易的短信通知。

3. 可变点与变体

在各种软件开发制品中，产品线可变性往往以可变点（Variation Point）和变体（Variant）的形式体现。可变点是现实世界中的可变性在各种软件开发制品中的具体体现[4]。例如，在图 9-6 的特征模型中，可变点包括配送、交易通知、商品浏览和支付方式。变体是软件开发制品中各个可变点上各种特定的可变性实例。例如，商品浏览的变体包括按类别浏览、按日期浏览和产品查询浏览，支付方式的变体包括虚拟货币支付和信用卡支付。可选元素在特定产品中有绑定和移除两种可能，因此可以认为可选元素的变体就是绑定和移除两种。例如，配送的变体包括提供配送以及不提供配送两种。这些可变点都存在预定义的可选变体。除此之外，还存在一些不提供任何变体的可变点，例如，图 9-7 所描述的产品线体系结构中的折扣构件就是一个不包含预定义变体的可变点。这种可变点往往在不同的应用产品中有完全不同的具体形态，因此无法在核心资产中给出候选的变体。

软件产品线中的可变点和变体存在于各种软件开发制品之中。例如，在特征模型中可变点和变体体现为特征；在产品线体系结构中，可变点和变体体现为构件；在代码实现中，可变点和变体表现为带有条件编译指令的代码片断；在测试用例中，可变点和变体表现在测试步骤或者预期结果之中。

4. 时间和空间维度上的可变性

从软件开发过程来看，传统的软件项目随着时间的推移而发生演化，具体体现为各种软件开发制品的持续修改（Revision）以及由此产生的多个版本（Version）。例如，随着需求的不断精化和变更需求分析文档会不断演化，一个软件代码单元则可能由于需求、设计的变化或者测试中发现的 Bug 而不断进行修改。从可变性的角度看，这种不同时期存在的同一开发制品（如需求文档、代码单元等）的多个版本可以认为是一种时间维度上的可变性[4]。这种可变性属于软件配置管理的管理范畴。对于软件产品线而言，这种时间维度上的可变性同样存在。例如，图 9-6 中支付方式上的可变性不仅仅来自当前已知的多种在线支付方式，同时也包含着对未来可能出现的新的支付方式的一种预期。例如，第三方支付（典型的服务提供商包括国内的支付宝以及国外流行的 Paypal）完全可能作为一种新的选择加入图 9-6 所示的网上购物产品线特征模型中。由此可见，软件产品线中时间维度上的可变性也具有与单个软件系统不同的特点，即虽然存在随时间推移而逐渐增加的新特性，但往往存在预定义的可变点来容纳这些变化[4]。例如，对于支付方式而言，虽然新的支付方式是随着时间的推移而逐渐增加进来的，但它们都对应于预定义的"支付方式"这一可变点。这种预定义的可变点使得产品线可以更好地适应需求的变化。例如，设计产品线体系结构时，可以将支付方式设计为可替换的插件，这样新的支付方式可以很容易地集成到应用产品中。

由于软件产品线的基本目标是支持一组应用产品的复用式开发，因此产品线开发还存在空间维度上的可变性。空间维度上的可变性是指一个软件制品在同一时刻所存在的多种不同的形态，这些不同的形态具体体现为同一可变点在不同应用产品中所赋予的不同变体[4]。例如，对于网上购物产品线而言，目前已有的产品中既包含使用虚拟货币支付的，又包含使用信用卡支付的，因此支付方式被识别为一个可变点。空间维度与时间维度的可变性经常密切相关。任何已经存在多个变体的可变点未来都可能增加新的变体（如支付方式）。只有暂时不存在多个同时存在的变体，但被开发团队预测为可变点并在产品线分析和设计中加以考虑的那些可变性，才"暂时"表现为时间维度上的可变性。

5. 外部和内部可变性

软件产品线的最终目的是在产品线核心资产的基础上生产出满足不同客户需要的应用产品。因此，客户需要对产品线可变性有所了解，从而在应用产品开发时做出自己的决策。然而，软件产品线中可能存在数量众多的可变点，而且它们相互之间还可能存在着复杂的关联关系。例如，在图9-6和图9-7所示的产品线特征模型和体系结构中，支付方式和账户管理是两个不同的可变点，但显然没必要要求客户针对这两个可变点分别进行定制，因为选择虚拟货币支付方式自然需要账户管理功能，否则账户管理功能也就不需要了。由此可见，这两个可变点对于客户而言都对应着同一个应用产品决策，即采用何种支付方式。允许客户任意对这两个可变点进行选择反而可能导致不一致的结果出现，例如，选择了虚拟货币支付方式，却要求移除账户管理功能。另一方面，可变性存在于各种软件制品之中，而其中许多制品属于软件开发的内部过程（如体系结构、代码、测试用例等），这些可变性都是客户不愿意也无法去了解的。

为了减轻众多可变性带来的复杂性问题，同时也为了获得一致的可变性定制结果，一般将软件产品线中的可变性分为外部可变性和内部可变性。简单来讲，外部可变性就是用户可见的可变性，内部可变性则是对用户隐藏的可变性[4]。一般而言，与客户比较敏感的功能、性能、价格等密切相关的可变性应该作为外部可变性提供给客户选择，与客户的直接感知关系不大或者不取决于客户要求的可变性应该作为内部可变性。例如，网上购物系统采用何种数据库管理系统属于设计和实现范畴的可变性，但这种选择会对系统性能和价格产生重要影响，因此应该归入用户可见的外部可变性，而开发人员可以提供必要的参考意见来指导客户的选择。内部可变性常常与某些技术选择相关，例如，网上购物产品线提供多种可选的数据缓存策略，这些策略的选择如果仅仅与开发人员针对目标产品的技术判断相关，那么应该作为内部可变性。

6. 可变点的绑定时间

对于最终实现的应用产品而言，产品线体系结构和构件实现中所包含的可变点都需要在特定的阶段进行定制决策，决定哪些变体需要包含进来，哪些变体可以被移除。这种决定可变点定制策略的行为称为可变点绑定（Binding），相应的时间阶段称为绑定时间（Binding-time）。对于包含了可变性的实现单元而言，它们首先体现为通用的构件实现。然后，相关的构件通过预处理和编译得到应用产品。接着，应用产品经过引导阶段后启动并最终处于运行状态。各种不同的可变点在整个过程中都可能发生绑定决策。如图9-9所示，可变性绑定时间主要包括编译时（Compile-time）、引导时（Load-time）和运行时（Runtime）[9]。其中，编译时的可变性时间还可以细分为编译前的预处理时、编译时以及编译后的链接时。

（1）编译时：通过预处理以及编译后产生不同的软件发布包，这类可变点的具体决策往往对应于不同的应用产品，而且在发布之后不会再发生变化。例如，通过配置管理系统实现的发布配置以及条件编译都属于编译时的可变点绑定机制。

（2）引导时：在系统运行开始时的引导阶段确定的可变点，相应的定制决策会在此后的运行中保持稳定。这类可变点往往与系统的运行环境或者用户的设置相关。例如，系统扫描硬件设备后选择不同的模块进行加载，或者用系统启动参数的形式对系统的行为进行定制。

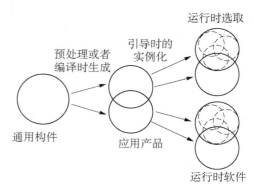

图 9-9　可变点的绑定过程[9]

（3）运行时：在系统运行期间通过交互式的方式或者通过某种自动判断机制决定可变点的定制策略。这类可变点的典型体现是用户交互，例如，电子邮件客户端允许用户在发送邮件时通过交互式界面选择邮件的编码方式。另一种情况是系统执行某种自动判断机制，例如，网上购物系统可以根据用户的类型（VIP 用户或者普通用户）提供不同的折扣率。

软件产品线中每一个可变点都应该具有唯一的绑定时间属性。不同的绑定时间会在很大程度上影响相应可变点的实现技术。例如，前面所讨论的网上购物产品线将支付方式可变点的绑定时间设定为编译时，因此每一个应用产品发布时都必须选择一个唯一的支付方式，并且发布之后不能再进行改变。如果将这个可变点的绑定时间改为引导时，那么意味着产品线开发方将这两种支付方式都提供给了客户，客户可以通过修改配置文件等手段选择想要支持的支付方式，但系统启动后不能再进行改变。而如果将这个可变点设置为运行时绑定，那么意味着最终的网上购物用户同时拥有多种选择，他们可以在每次购物时根据需要选择一种支付方式。显然，可变点绑定时间越晚，系统的灵活性越强。

在 3 种典型的绑定时间中，编译时绑定对应着应用产品的开发，引导时绑定往往可以由产品客户决定，运行时绑定则与具体的使用场景相关。因此，如果从狭义的应用产品生产的角度来看，软件产品线主要关注于编译时绑定的可变点。另外两种绑定时间发生在产品发布之后，可以认为是单个产品之内的可变性。但从广义的角度考虑可变点可以促进对不同可变性实现机制的研究。一般情况下如果不加特殊说明，软件产品线中所提到的可变性一般都是指面向不同应用产品的编译时可变性。

9.3　领域工程

领域工程是产品线核心资产的开发阶段。领域工程主要包括领域需求工程、领域设计和领域实现这 3 个阶段。领域需求工程是领域级的需求工程活动，得到的产物是领域模型（Domain Model）。在此基础上，领域设计阶段设计产品线体系结构（Product Line Architecture，PLA）或者称为参考体系结构，这种体系结构是面向产品线范围内各个应用产品开发的通用体系结构。领域实现阶段则将在参考体系结构的指导下，对各种可复用的核心资产进行详细设计、实现和测试。在领域工程中，共性和可变性分析、设计和实现是贯穿整个过程的一条主线。

9.3.1　领域需求工程

与单个软件系统的需求工程不同,领域需求工程面向的是产品线范围所有的应用产品,因此共性和可变性分析是其中的关键活动。领域需求工程面向产品线范围内所有可以预见到的应用产品,对这些产品的共性和可变性需求进行分析、抽象和总结,并以需求模型和文档的方式加以记录。从时间维度上看,领域需求工程活动将为领域设计提供包含可变性模型的领域需求,从而指导参考体系结构的设计;从空间维度上看,领域需求工程活动将为应用产品开发提供可复用的领域需求模型和文档,从而指导应用产品需求分析活动。

1.　产品线需求工程活动

传统的需求工程活动包括需求获取、需求分析、需求规约、需求确认以及需求管理。产品线需求工程过程也同样包含这些活动,但具有下面这些不同的特点[1]:

(1)需求获取。产品线需求获取必须覆盖可预见的产品线生存周期内的所有应用产品,因此所涉及的涉众(Stakeholder)群体往往比单个系统大得多,并且最好还包括领域专家、市场专家等。领域需求获取的来源可以包括已经存在的领域分析模型、可变性信息的用况,同时还要运用领域分析技术获取所预见到的变化性。

(2)需求分析。产品线需求分析需要找到各个应用产品需求中的共性,同时识别出变化性。产品线需求分析还可能包括一个严格的反馈机制来向用户说明,如果在某些地方能够更多地使用通用需求而减少特定需求的话,就能够通过拥有成本的降低取得额外的经济效益。通过共性和可变性分析,产品线需求分析将最终确定在当前产品线中实现大规模复用的机会有多大(主要取决于共性和可变性需求的比例和分布情况)。

(3)需求规约。产品线需求规约描述了产品线范围内的共性需求以及所预见到的各个应用产品特定需求。产品线需求规约中常常也会包括一些"符号化"的占位符,它们将在特定应用产品需求文档中进行填充、扩展或者实例化。例如,前面提到的网上购物产品线中的折扣计算在产品线需求规约中就是这种占位符,因为具体的折扣策略将完全由特定产品需求文档中自行定义并填充。

(4)需求确认。产品线需求确认涉及更广的评审者范围,而且将会分阶段进行。首先,产品线级的需求将会面向整个领域进行确认(如由领域专家、市场专家和产品线架构师等参与)。其次,当特定应用产品出现或进行更新时,产品客户和开发者等评审者将对属于特定产品的需求部分进行确认,同时也对产品线级的需求进行确认,以确保它们对于当前产品同样有意义。

(5)需求管理。由于软件产品线同时包括核心资产和各个应用产品的开发,因此相应的需求管理还需要在核心资产和应用产品开发之间进行协调和平衡,也更加复杂。例如,在需求变更管理中,对于变更影响范围的分析除了像传统软件开发一样考虑系统设计和实现等其他软件制品外,还需要考虑核心资产与应用产品之间的双向影响。相应的需求管理必须能够较好地在保证应用产品满足客户需要以及产品线开发的统一协调这两者之间取得平衡。

除了这些基本活动,领域需求工程还包含一些特定的活动,主要包括[4]:

(1)共性分析:目标是识别出那些在所有应用产品中都存在的公共需求;

（2）可变性分析：目标是识别出那些在不同应用产品中存在差异的需求，并确定其中的差异所在；

（3）可变性建模：目标是将可变点、变体以及它们之间的相互关系进行清晰的建模。

2．共性和可变性分析

对于产品线需求工程而言，共性和可变性分析是一个关键环节。共性和可变性分析的主要步骤如下：

（1）识别可变点：可变点是产品线范围内不同应用产品之间存在差异的地方，可变点识别需要将这样的差异性归纳为抽象、易理解的可变点描述，例如前面提到的"支付方式"。

（2）识别变体：对于每个可变点而言，变体是相关应用产品在该可变点上的差异化实例。变体的识别除了考虑当前已经存在的若干应用产品之外，还应该考虑未来可能出现的应用产品。

（3）分析可变点和变体之间的关系：对于识别出来的可变点和变体进行约束分析，识别其中存在的依赖关系（见9.2.3节中的可变性模型）。

以上步骤并不一定按照顺序进行，可以相互交织和迭代进行。例如，前面提到的支付方式可变点存在两个变体（信用卡支付和虚拟货币支付）。在具体分析过程中，领域分析人员可能首先意识到支付方式是一个可变点，然后通过分析相关应用产品归纳出可能的变体（包括信用卡支付和虚拟货币支付）。然而在实际的分析过程中，领域分析人员也完全有可能首先发现信用卡支付和虚拟货币支付都属于可选需求，然后进一步分析发现可以将它们抽象为一个可变点，即支付方式。

共性和可变性分析通常会借助于产品-需求矩阵来实现。产品-需求矩阵通过对不同应用产品的分析，确定一些识别出来的基本需求项的可变属性，即属于共性需求还是可变性需求以及相应的可变性类型。表9-2给出了一个网上购物领域产品-需求矩阵的部分示例：表格中第一列表示需求项，第二列表示最终的可变性分析结论（"C"代表共性需求，"V"代表可变性需求），后续的每一列则代表一个应用产品中某需求项的出现情况（"O"表示出现，"X"表示不出现）。显然，矩阵中所包含的应用产品越全面，最后的共性和可变性分析结果越准确。

从表9-2可以清晰地看出每一需求项是否被包含各个产品中，从而在此基础上确定它们的可变性属性。例如，所有的产品都包括"商品浏览"，因此它是共性需求。但商品浏览下的3种具体浏览方式中每一个在不同的产品中都存在出现和不出现两种情况，因此都是可变性需求；而"购物车管理"及其所包含的3个子需求项则出现在所有产品中，因此它们都是共性需求。除了判断可变性属性外，从不同需求项出现情况的对比中还可以识别出一部分依赖关系。例如，"信用卡支付"和"虚拟货币支付"在每个产品中都只有其中一个出现，因此它们可能是互斥的二选一关系；可变性需求"账户管理"和"虚拟货币支付"的出现情况完全一致，因此它们可能是正向的依赖关系。需要指出的是，可变性属性以及依赖关系的确定仅仅依靠产品-需求矩阵是不够的，因为所列举的产品可能并不能覆盖整个产品线范围。一般情况下，应该在产品-需求矩阵分析的基础上结合业务知识分析，从"原理"上作出最终的可变性及依赖关系决定。例如，在网上购物领域中，通过业务分析可以了解到目标范围内的应用产品既包括手机充值卡（只需要获得充值卡密码即可）和电子文档这种数据信息类商品的销售，又包括服装、书籍等实物商品的销售，因此可以断定"配送"是可选需求（电子化商品不需要配送，而实物商品需要）。

表 9-2　网上购物领域产品-需求矩阵示例

需求项	可变性	产品 1	产品 2	产品 3	产品 4
1. 商品浏览	C	O	O	O	O
1.1 按类别浏览	V	O	O	X	O
1.2 按日期浏览	V	X	O	X	O
1.3 产品查询浏览	V	X	X		
2. 购物车管理	C	O	O	O	O
2.1 商品项增加	C	O	O	O	O
2.2 商品项删除	C	O	O	O	O
2.3 商品项修改	C	O	O	O	O
3. 支付方式	C	O	O	O	O
3.1 信用卡支付	V	X	O	O	X
3.2 虚拟货币支付	V	O	X	X	O
4. 交易通知	V	X	X	O	O
5. 配送	V	X	O	O	X
6. 账户管理	V	O	X	X	O
……					

3. 基于特征的领域分析方法

Kyo C Kang 等人所提出的 FODA 方法首先将基于特征的方法引入领域分析和建模中,并使用特征对领域中相关系统的共性和可变性进行定义。在 FODA 方法[9]中,特征被定义为"一种用户可见的软件系统或一系列软件系统独特的方面、质量或者特性"。此后,Kyo C Kang 等人又将 FODA 方法扩展到产品线设计和实现阶段,提出了面向特征的复用方法 FORM(Feature-Oriented Reuse Method)[6]。FODA 方法对基于特征模型的特定领域需求工程方法进行了阐述,而 FORM 方法中也包含了对基于特征的领域分析方法的介绍。基于特征的领域分析过程如图 9-10 所示,主要包括计划、特征分析和验证 3 个活动[6]。

在计划活动中目标领域的产品族被识别出来并对它们进行初步的共性评估。一般而言,共性与领域的成熟度相关,而衡量成熟度的标志主要包括是否存在并使用了一些标准和标准术语以及是否有可用的领域专家。

特征分析包括若干子活动,首先进行产品特征的识别,然后对它们进行分类,最后将这些特征组织为内聚的模型。特征识别阶段将通过领域专家(如系统用户、分析师和开发者等)以及相关书籍、用户手册、设计文档和源程序等其他来源获取领域知识,并从中抽取领域特征。一般可以区分 4 类特征:①能力(Capability)特征表示领域应用可以提供的某种用户可见的独特的服务、操作、功能或者性能,包括功能性和非功能性特征;②运行环境(Operating Environment)特征表示应用系统使用或运行的环境属性,典型的环境包括硬件平台、操作系统、数据库、网络等;③领域技术(Domain Technology)特征表示一些特定于目

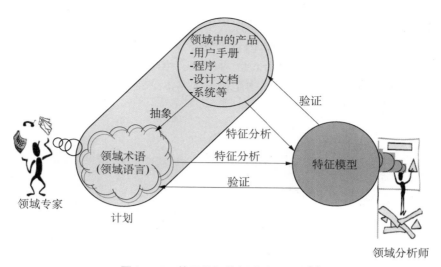

图 9 - 10 基于特征的领域分析过程[6]

标领域的低层或技术层面上的实现细节（如航空领域的导航方法），它们在其他领域一般都没有意义；④实现技术（Implementation Technique）特征是更加通用的低层或技术层面上的实现细节（如"格式化文本显示"与"非格式化文本显示"）。特征分类将对识别出来的特征按照4种特征类型进行分类。最后，识别特征之间的精化、依赖等关系，并通过领域建模将各种类型的特征和特征关系组织为特征模型。

验证活动将通过为每一个应用系统进行特征模型实例化来对特征模型进行验证，检查实例化后的应用系统特征模型是否能够正确地表示应用系统特征。显然，特征模型验证将验证特征模型是否正确地覆盖了领域中所有应用系统之间的共性和可变性。

4. 领域需求规约

领域分析的结果最终将通过领域需求规约进行描述和记录。领域需求规约中包含对产品线共性和可变性需求的描述，将为领域设计以及应用产品需求工程提供指导。在领域需求规约方面，常用的方法包括基于特征模型、基于用况模型以及基于文本需求描述的需求规约方法。

（1）基于特征模型的领域需求建模方法。

在特征模型中，一系列特征按照精化关系组成层次结构，精化关系包括分解和特化两种。例如，在图 9 - 6 所给出的网上购物领域特征模型中，"网上购物"被分解为"商品浏览"、"购物车管理"以及"结账"等子特征。分解关系可能包含可选性，例如，"配送"对于"网上购物"来说是可选的。特化关系则主要体现为多选一和或关系这两种可变性关系，例如图 9 - 6 中"商品浏览"和"支付"这两个变化性特征与它们的子特征之间就属于特化关系。

除了分解和特化两种基本的精化机制，也有一些方法提出对特征的某些属性维度进行进一步的刻画，从而得到一种更加细粒度的可变性描述，例如特征特性描述[3]以及特征的刻面描述[10]。引入特征的刻面描述是为了提供更多的功能性特征的细节属性描述，这些属性可以看作观察特征的一种观点、视角或者精确刻画的维度[10]。这种特征维度或刻面上的特征描述可以认为是一种局部的可变性。例如，图 9 - 11 对图 9 - 6 中"交易通知"的刻面进行了进一步的描述，定义了"所用消息媒介"（hasMsgMedium）和"是否包含交易细节"

（withDetails）两个刻面。刻面的取值空间称为术语，例如，"所用消息媒介"对应术语"消息媒介"，可选的取值包括"电子邮件"（Email）和"短信"（SMS）两种；"是否包含交易细节"则是一个布尔型的刻面，取值包括 True 和 False 两种。这种局部的可变性往往粒度较小，例如，"是否包含交易细节"描述交易通知信息中是仅包含基本信息（订单号、金额、状态等）还是包含详细信息（各项商品细节）。

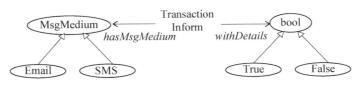

图 9-11　基于刻面的特征局部可变性描述

（2）基于用况模型的领域需求建模方法。

用况（Use Case）模型是一种常用的需求建模方法。用况模型一般通过 UML 用况图描述各个用况之间以及参与者（Actor）与用况之间的关系，通过 UML 顺序图和相应的文本描述刻画用况场景（Scenario）。与之相应，基于用况模型的领域需求建模也可以在用况和场景两个层面进行可变性建模。

用况层面上可以根据系统提供的用况、与用况交互的参与者以及用况之间的包含（Includes）和扩展（Extends）等关系进行可变性建模，是一种较高抽象层次上的需求可变性建模[4]。用况图可以通过自身的包含、扩展、泛化等关系以及与特征模型之间的追踪关系来描述其中的可变性。例如，图 9-12 给出了网上购物领域中的几个用况，其中"支付"（Payment）用况包括泛化子用况"虚拟货币支付"（PayByVirtualCurrency）和"信用卡支付"（PayByCreditCard）。通过与特征模型的追踪关系可以看出，"配送"（Delivery）用况以及参与者"调度员"（Dispatcher）都与可选特征"配送"相关联，因此只有"配送"特征被绑定时，用况"配送"和参与者"调度员"才需要被包含在应用产品中。而"虚拟货币支付"和"信用卡支付"与特征模型中相应变体的追踪关系也说明它们在对应变体被绑定的情况下才会被包含在应用产品的用况模型中。

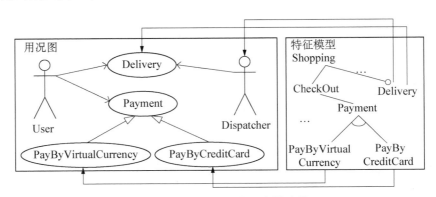

图 9-12　用况图中的可变性建模

场景级的可变性需求往往利用顺序图进行描述，可以表达相关角色在参与用况场景过程中所包含的可变性。特别是 UML 2.0 中的顺序图增加了组合片断的表达能力，其中的

"opt"（可选）和"alt"（多选一）片断为场景交互中的可变性描述提供了有力的支持。图9-13给出了基于顺序图的网上购物用况主场景的一个片段，其中包含一个表示支付方式可变性的多选一组合片段以及一个表示交易结果通知的可选组合片断。为了描述两种交易结果通知方式上的可变性，交易结果通知片段中又包含一个表示两种通知方式的多选一组合片断。UML 2.0顺序图中包含可变性的组合片断一般用来表达同一软件系统在不同情况下（如不同的用户选择）不同的交互情况，相当于前面所提到的运行时绑定的可变性。为了区分这种单个软件系统之内的可变性以及软件产品线中各个应用产品之间的可变性，可以在顺序图中可变性交互片断旁增加标注（Annotation）或者通过构造型（Stereotype）机制扩展产品线可变性的表达。

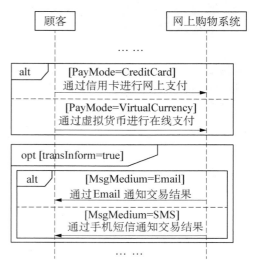

图9-13 基于顺序图的用况场景可变性建模

（3）基于文本的领域需求规约。

虽然存在用况模型、特征模型等基于模型的需求规约方法，但很多时候基于文本的需求描述仍然是一种主要的需求规约方法。在文本需求描述中，可变性的表述往往要借助于自然语言中特定的关键字或短语来实现[4]。例如，下面这段对网上购物产品线中结账环节的简要需求描述就是用了一些关键字（粗体的部分）来表示各种可变性。其中，多选一的可变性用"可以……也可以……"及"或者"的句式表达，可选性用"如果……那么……"的句式表达，而支付方式描述部分括号中的文字则对可变性依赖进行了说明。

> 网上购物顾客在确认订单后，对订单进行在线支付。支付时**可以**使用网站虚拟货币（此时需要系统同时提供"账户管理"功能），**也可以**使用信用卡进行网上支付。交易成功后，**如果**该网上购物系统要求提供交易通知，**那么**系统自动通过 Email **或者**手机短信的方式向顾客发送交易结果通知。交易结果通知中包含交易基本信息（如订单号、金额、状态等），**如果**该系统要求提供详细信息，**那么**交易信息中还应该包括所购买的各项商品的编号、名称、数量、规格和单价。

基于文本的可变性需求描述可能会存在不明确、二义性等问题[4]，这主要是由于自然语言本身的问题所造成的。但文本化的需求描述仍然是最常用的需求规约方法，因此基于文本的领域需求规约仍然得到了广泛的应用。

（4）基于XML的领域需求规约。

前面提到的基于文本的领域需求规约由于完全是非结构化的，因此其中的可变性描述可能会比较随意，例如，不同的人可能喜欢用不同的句式来表达可变性。而对于其中可变性的理解和定制则完全依赖于开发者的主观理解和手工处理，例如，在领域需求规约基础上通过文字复制、粘贴、删除等手工编辑手段得到应用产品需求规约。这种完全文本化的领域需求规约还可以通过使用表格式结构、各种标记（Markup）结构或超链接等方式来增强对于可变性的表达能力[4]。例如，可扩展标记语言 XML（eXtensible Markup Language）作为一种典型的半结构化标记语言，已经被广泛应用于文本数据交换和处理。相应的可扩展样式表语言 XSL（eXtensible Stylesheet Language）及可扩展样式表转换语言 XSLT（eXtensible Stylesheet Language Transformation）则为 XML 文档的格式转换提供了支持。因此，在可变性需求的文本描述中应用 XML 和 XSLT 可以使得领域需求描述更加清晰，同时也为可变性绑定提供了手段[4]。使用 XML 和 XSLT 的文本化可变性描述和处理过程如图 9-14 所示。首先，领域需求可以用带有可变性的 XML 需求文档来描述，而面向应用产品的需求可变性定制则体现为 XML 格式转换规则。XSLT 处理器将根据转换规则执行转换过程，从而得到不同的应用产品需求文档。

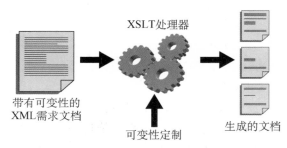

图 9-14　使用 XML 和 XSLT 的文本化可变性描述和处理[4]

　　显然，使用基于 XML 的领域需求描述需要通过 XML 标签的方式向自然语言文本中加入结构化信息，例如，将多个变体分别用 XML 标签括起来并赋以唯一的标识符，从而可以与可变性模型建立关联关系[4]。图 9-15 给出了带有 XML 标签的网上购物文本化可变性需求描述片断，其中描述了与在线支付和交易通知相关的可变点。这种描述将需求文本中的可变性部分与共性部分分离开来，按照不同的可变性类型附加相应的 XML 标签以及相应的唯一标识。在此基础上，应用开发者可以通过 XML 格式转换描述的方式实现可变性定制，经过如图 9-14 所示的 XSLT 处理器处理后可以获得特定应用产品的需求文档。这种领域

```
网上购物顾客在确认订单后，
  <variant id="PayByCreditCard">使用信用卡进行网上支付</variant>
  <variant id="PayByVirtualCurrency">使用网站虚拟货币<dependency>此时需要系统同时提供"账户管理"
功能</dependency></variant>
对订单进行在线支付
<optional id="TransactionInform">系统自动通过
    <variant id="Email">Email</variant>
    <variant id="SMS">手机短信</variant>
向顾客发送交易结果通知
  </optional>
交易成功后……
```

图 9-15　带有 XML 标签的文本化可变性需求描述

需求规约的一个缺点是书写较为困难,需要在自然语言文本中夹杂 XML 标签[4]。此外,由于没有规范统一的 XML 模式规约,很容易产生比较随意、不规范的领域需求规约。

9.3.2 领域设计

在任何软件系统的开发中,体系结构都是项目成功的关键,它是第一个开始将需求(问题空间)置于解空间的设计产物[1]。领域设计的主要任务是根据软件产品线的功能、质量和可变性需求产生产品线体系结构(参考体系结构)。体系结构定义了系统的高层设计结构,在很大程度上决定了系统的质量(包括性能、可维护性及可用性等)以及开发项目的管理、组织结构和资源分配等[1]。由于软件产品线开发面向一系列具有共性需求的应用产品,因此产品线体系结构还在很大程度上决定了产品线基础设施对于产品线范围内各个产品的广泛适用性。

与领域设计密切相关的产品线开发活动包括领域需求工程、领域实现和应用系统设计。领域需求工程是领域设计活动的输入,它决定了产品线体系结构所需要实现的功能、质量以及可变性要求。领域实现是领域设计的后继活动,将在产品线体系结构的指导下进行领域构件的开发和获取。应用系统设计则是应用系统工程中与领域设计相对应的开发活动,它将以产品线体系结构为基础,通过裁剪和定制得到应用产品体系结构。

1. 产品线体系结构需求

任何软件系统的体系结构设计都必须以系统的需求规约为基础,这些系统需求构成了体系结构设计所必须满足的约束条件。在标准的软件工程瀑布模型中,体系结构设计主要要满足系统所需要具有的行为,然而实际的体系结构约束远不止这些,具体还包括[1]:

(1)在当前体系结构基础上构造出来的各个软件产品所要求的质量属性,例如性能、可靠性、可维护性及可用性等。

(2)当前系统是否还需要与其他系统进行交互。例如,网上购物系统为了实现信用卡支付,可能需要与银行的支付服务进行集成。

(3)软件开发组织针对当前系统的业务目标。例如,为了实现某种竞争优势而要求体系结构满足一些特性。又例如在产品线开发中,开发组织的一个目标是所设计的体系结构能够适用于产品线范围内的所有应用产品,因此体系结构必须具有相应的可变性和可扩展性。

(4)构件的最佳来源。软件体系结构设计完成之后,将会要求定义、实现并且集成一系列构件,这些构件可以通过内部开发实现、从商业化构件市场购买、委托第三方进行开发或者从开发组织自身的遗产系统中抽取。显然,不同的构件来源方式将会极大地影响产品的开发时间和成本。因此,架构师一般应该在考察、对比多种潜在的构件来源基础上,对理想的体系结构设计进行调整,从而在体系结构本身的质量要求与各种构件的最佳来源之间实现较好的权衡。

软件产品线体系结构的设计同样也需要满足上述各种设计约束。正如前面所提到的,对于产品线体系结构,开发组织的一个基本目标是该体系结构能够适用于产品线范围内的所有应用产品。因此,识别出所允许的可变性并通过某种内置的机制支持这些可变性的实现是产品线体系结构设计的一个基本任务[1]。与产品线需求可变性相比,产品线体系结构由于还受到各种系统实现和运行环境因素的影响,其中的可变性相对而言范围更广,也更复杂。可能导致产品线体系结构可变性的应用产品差异性包括它们的行为、质量属性、平台、网络、物理配置、中间件、规模因素以及各种其他原因[1]。例如,同样是网上购物应用产品,一个日访问量几百次的系统和一个并发访问可能几千上万次的系统虽然业务逻辑完全一样,但相应的体系结构设计可能差异很大,这也需要由产品线体系结构中的可变性来支持。

正如9.2.3节中所提到的产品线可变性存在于空间和时间两个维度上。空间维度的可变性相对比较容易分析,因为针对的是当前已经识别出来的一系列同时存在的应用系统。时间维度上的可变性分析则相对比较困难,因为涉及对于未来产品线业务范围发展的进一步预测。因此,从领域分析的角度看,要求分析人员能够结合发展目标对未来的发展进行准确把握;从体系结构设计的角度看,则要求架构师能够设计出灵活性(Flexibility)更好的产品线体系结构。灵活性是指体系结构的易修改性,由于无法预知未来所有的应用系统,产品线体系结构必须在保持整体质量的同时通过自身的灵活性为它们提供支持[4]。获取体系结构灵活性的一个基本指导思想是尽量分离各个部分之间的依赖性。例如,应该尽量将容易发生变化的部分与其他部分分离开,同时通过代理等机制实现插件式的构件集成,这样未来发生变化时的影响范围可以局限在一定范围之内,而且插件式的构件集成也会使构件的替换更加容易。

2. 产品线体系结构设计方法

软件体系结构设计的主要任务是将系统需求转换为满足各种约束的体系结构设计方案。体系结构设计的一般步骤包括系统功能划分、交互接口和交互协议识别、非功能性质量设计等。对于这些设计步骤,不同的产品线体系结构设计方法将会按照不同的顺序执行相应的设计过程。对于产品线体系结构来讲,可变性设计显然是一个关键步骤,它将通过各种内建的可变性机制使得产品线体系结构能够支持不同应用产品的实现。

(1) 软件体系结构设计过程。

软件体系结构设计一般包括以下6个步骤:

① 系统功能划分。根据系统需求和通用设计原则将系统功能划分为若干个相对独立的子系统或构件,这一划分过程可能要进行多次,直至得到大小适中的系统构件。

② 识别构件间的交互接口。根据系统需求和构件功能划分,识别存在交互关系的构件,确定它们之间的交互接口的逻辑功能描述。

③ 确定构件间的交互协议。在交互接口逻辑功能描述基础上,确定构件之间的交互协议,包括分布式接口的网络传输协议、交互风格(同步/异步、基于消息还是请求调用式等)、交互消息及参数格式、交互过程描述等。

④ 非功能性质量设计。根据系统性能、安全性、可靠性等非功能性质量需求对系统体系结构进行优化和调整,例如,根据安全性需求调整网络通信协议、根据可靠性要求增加冗余部件等。

⑤ 确定构件和构件交互的质量约束。在系统的非功能性质量设计基础上,确定各个构件以及构件之间交互机制的质量约束,例如对于某些构件功能或构件接口交互的时间约束等。

⑥ 体系结构规约。书写体系结构设计文档,记录体系结构设计规约,包括体系结构的功能、结构、质量约束以及各个构件和接口的功能和质量约束等。此外,体系结构规约一般还需要记录体系结构的设计原理(Rationale),即对各种体系结构决策的解释性描述,从而对体系结构的理解和评审等提供辅助说明。

在以上步骤的基础上，不同的架构师可能会采取不同的设计过程。一般而言，架构师设计软件体系结构时可能采取以下3种设计路线[1]：

① 自顶向下。从需求开始，将体系结构的定义作为一系列的精化过程。每次在开始下一轮精化之前，当前步骤上的精化必须首先完成并通过验证。

② 在系统功能设计之前首先关注于系统的基础设施方面。系统基础设施是指应用系统功能运行的基础部分，包括操作系统、通信协议、中间件以及系统特定的支撑功能（如计算机阅卷系统中的音频和图片处理包）等。这种方法首先设计并构筑系统的基础设施，因此各种用户功能可以增量地进行实现、测试和用户演示。

③ 在基础设施设计之前首先关注于系统功能设计。这种方法在对各种基础设施进行抽象的基础上，首先设计并实现系统的各个功能构件。这种方法假设相关的基础设施最终都能实现，因此能够快速得到可演示的系统实现，但在基础设施完全实现之前系统并不能真正运行。

产品线体系结构与单个系统体系结构设计的主要区别是其中的可变性设计，包括体系结构可变点（外部和内部可变点）的识别以及体系结构设计中的可变性机制等。对于软件体系结构而言，单一角度的模型描述很难全面地对体系结构进行刻画。因此，多视图的软件体系结构设计和描述已经成为共识。产品线体系结构设计方法一般也是从多个视图出发，例如下面将介绍的 FORM 方法。

（2）FORM 方法中的产品线体系结构设计。

与 FODA 一样，FORM 方法[6]仍然以特征模型为核心。该方法描述了如何将作为领域分析结果的特征模型（包含共性和可变性）应用于产品线体系结构和构件的开发。FORM 方法中的产品线体系结构（在 FORM 中称为领域参考体系结构）同样是使用一组多视图的模型来描述，每一个模型对应于不同的体系结构抽象层次。如图 9－16 所示，FORM 方法采用子系统模型（Subsystem Model）、进程模型（Process Model）和模块模型（Module Model）

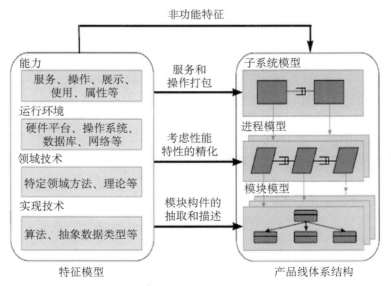

图 9－16　从特征到产品线体系结构模型的映射[6]

Software Engineering

这 3 种体系结构模型。其中,子系统模型定义了系统的总体结构,它通过子系统实现系统功能的分组(最重要的体系结构关注点),这些子系统可以分配到不同的硬件上运行;进程模型描述每个子系统的动态行为(如子系统内的并发);模块模型则类似于构件模型,描述了最基本的构件以及构件之间的交互关系,其中每一个构件只包含抽象的规约(同一个设计构件可能同时存在多个代码级的实现构件)。

FORM 方法中的产品线体系结构设计建立在领域分析所得到的特征模型基础上,一个主要的设计目标是增强体系结构的适应性和可复用性。所遵循的设计原则主要包括:

① 关注点分离及信息隐藏,例如,在模块模型中对模块接口进行抽象使得体系结构可以接受不同的构件实现,这个原则使得不同应用产品或同一应用产品中的不同配置成为可能;

② 功能、数据和控制的局部化,实现构件之间的松耦合,尽量减少构件间通信;

③ 使用特征信息实现体系结构和构件的参数化,将特征可变性作为实例化参数嵌入到构件之中,使得相关构件的开发可以独立于应用产品设计决策;

④ 层次化,使用子系统、过程和模块这样的分层体系结构框架,从而更好地适应特征模型的层次结构;

⑤ 将构件与构件连接机制相分离,使得构件的开发独立于特定的构件通信技术,而构件通信协议的绑定可以延迟到模块实例化的时候根据性能和体系结构配制来决定(如根据分布式还是集中式体系结构来确定);

⑥ 根据特征选取实现设计构件的合成,即在应用开发中通过选择所要的特征实现构件的选取、实例化和集成;

⑦ 特征模型的逻辑边界与体系结构模型的物理边界相一致,即体系结构中构件的划分与所对应的特征尽量保持一致,如果做不到,那么相关的特征应该进一步进行分解或精化。

FORM 方法的产品线体系结构强调了关注点分离、松耦合、模块化、构件实现与构件交互分离、特征结构与体系结构的一致性等增强体系结构灵活性、可配制性、可组装性的基本原则,而这些正是产品线体系结构所要达到的设计目标。

FORM 方法通过功能性与非功能性特征以及 4 个特征层次(能力、运行环境、领域技术和实现技术)的区分实现特征模型向产品线体系结构模型的映射,如图 9 - 16 所示。其中,功能性特征主要用来确定所需要的构件,非功能性特征则用来对构件进行划分或者选择构件间的连接器类型。从模型层次看,FORM 方法的产品线体系结构设计过程与特征模型和体系结构模型的几个层次相关。

特征模型中能力层的能力和服务特征从用户的角度看就是相应功能的抽象,因此子系统模型层通过将特征模型中的能力层匹配到所需要的功能块(即子系统)上实现子系统模型的设计。为了将这些特征分配到相应的子系统中,这些特征还可能要进行分解或精化。在进行特征分配时,最重要的一个考虑是性能问题。例如,具有严格时间约束的特征相关的实现功能应该分配到与该特征对应的同一子系统中,具有很强数据或控制依赖的多个特征可以分配到一个子系统中以减少通信开销。此外,用户或者数据库接口一般都分配到独立的子系统中。

进程模型的设计将每个子系统进一步精化为一组并发的"进程",并将子系统内相关的操作特征分配到相应的进程上。这个精化过程的主要指导思想是松散耦合和高内聚,考虑各个操作的执行频率以及数据、控制的局部化。一般而言,常驻进程和周期性执行的进程应该分开,执行相似功能的任务则应该内聚,单进程任务则需要与可以派生(Fork)的多进程任务分开。例如,计算机阅卷系统中"阅卷调度"和"评分"所在的进程应该是不同的,因为前者是单一进程(整个系统只存在一个调度控制),后者则是多进程(每个阅卷客户端对应一个阅卷评分进程)。具有严格时间约束(Time-critical)或者拥有高优先级的操作特征也应该分配到独立的进程上。此外,由同一事件触发的操作特征即使不是功能内聚的也应该分配到同一进程上,从而简化进程模型并且提高可理解性。

模块模型进一步将体系结构精化为一系列模块构件以及相互之间的交互。模块构件是相应的实现构件的抽象描述,其中可变的特征可以实现为模板模块或者带有抽象接口(隐藏了所有不同的实现变体)的高层模块。为了实现可复用性,模块模型的设计需要遵循模块化、信息隐藏和数据抽象等原则。模块模型中的模块构件是对应的实现构件的抽象规约,在此基础上应用开发者可以做到:按照模块构件的要求从预先实现好的构件中进行选择;通过提供参数值实现参数化模板构件的实例化;选择对其中的骨架(Skeletal)构件进行实现,即按照构件的规约提供特定应用的构件实现体。

(3) 需求模型向产品线体系结构映射。

产品线体系结构中的共性和可变性大部分来源于需求中的共性和可变性,而领域设计的一个根本问题就是如何在产品线体系结构中将这些需求可变性考虑进来[4]。体系结构设计的任务是将系统需求映射为系统的高层设计,是从问题空间(如以特征模型描述的需求)向解空间(以构件及构件间交互关系体现的设计和实现方案)跨越的第一步,也是最重要的一步。由于问题空间和解空间之间的巨大差异性,二者之间的映射关系一般都认为是一种复杂的"多对多"映射,即一个特征的实现可能分散在多个构件中,而一个构件又可能与多个特征的实现相关。这个问题是软件开发中存在的一个基本问题,它一方面导致了软件体系结构设计的困难。另一方面,由于需求与设计和实现之间映射关系的不清晰和复杂性,体系结构和构件的维护同样十分困难,因为很难通过需求与设计之间的追踪关系清晰、明确地找到维护的定位。

对于软件产品线而言,需求与体系结构之间的映射和追踪关系显得更为重要。产品线体系结构除了满足功能和非功能性系统需求外,还需要通过各种可变性机制支持需求可变性的实现,这些可变性需要在应用产品开发时进行定制。由于需求可变性是大多数体系结构可变性的根源,因此为了保证一致性应该建立需求可变性与体系结构可变性之间的映射关系,这样当应用系统需求实现了定制和裁剪后,体系结构层面上的定制可以随之确定,其中的一致性可以借助于二者的映射关系来实现。另一方面,面向应用产品的定制能力也要求体系结构中的可变性部分与共性部分能够实现某种程度上的分离,从而为可变性定制创造条件。因此,产品线体系结构设计应该尽量保持需求可变性与体系结构可变性之间清晰、明确的映射关系,这一点与FORM方法中"特征模型的逻辑边界与体系结构模型的物理边界相一致"这一产品线体系结构设计准则也是相一致的。例如,在如图9-7所示的网上购物产品线体系结构中,大多数体系结构可变点都基本保持了与图9-6所示的特征模型中可变点的一致性。其中,可选特征"账户管理"、"配送"以及"交易通知"都对应于产品线体系结构中的可选构件,而具有多选一可变性的特征"支付"则对应于具有多个实现变体的可变构件。

然而正如前面所提到的,问题空间和解空间之间的巨大鸿沟使得需求与体系结构可变性在很多时候很难实现清晰、明确的单一映射。图 9-17 给出了一个需求和体系结构可变性之间复杂映射的实例。假设在网上购物产品线中增加一个与商品查询相关的可选特征"商品图片显示",即当查询到所需要的商品时是否需要同时显示商品的图片。这个可选特征意味着该产品线既提供仅显示商品文字信息的网上购物产品,又提供能同时显示商品图片的产品。通过分析可知与"商品图片显示"相关的逻辑实现单元应该包括 3 部分:"图片显示框"是一个显示商品图片的界面元素,"商品图片读取"是一个从数据库中读取商品图片的功能单元,"图片读取控制"则是一个负责调用"商品图片读取"并将图片数据发送到"图片显示框"进行显示的控制单元。相应的体系结构采用一种常用的设计,即将商品查询所对应的用户界面(ProductQueryUI 构件)与封装商品查询功能的业务构件(Product 构件)分离。这两个构件都与"商品图片显示"特征相关:"图片显示框"应该被引入到 ProductQueryUI 构件中,"商品图片读取"应该加入到 Product 构件中,"图片读取控制"则应该在商品查询界面上执行商品查询并得到返回结果的时候得到通知进行一次执行。由此可见,可选特征"商品图片显示"与相应体系结构中的实现单元存在着复杂的多对多关联,这使得需求可变性在体系结构中的对应单元难以清晰明确地标识出来,这也导致了应用产品开发时体系结构定制的困难。

虽然无法实现需求和设计/实现单元之间的一对一映射,但好的架构师会尽量使它们之间保持简洁、清晰的"少数对少数"(few-to-few)追踪关系[4]。为了更加清晰地阐明特征与体系结构之间的映射关系,也有一些研究者提出在二者之间引入一个中间表示层,例如"责任"(Responsibility)[3]和"角色"(Role)[11]等。它们都表示实现一个特征所必需的多个逻辑相关方,每一个在特征的实现中都承担着某种"责任"。例如,在图 9-17 中,"商品图片显示"下的 3 个逻辑单元就是实现该特征所需要的"责任"或"角色"。通过将需求层面的特征操作化为多个"责任"或"角色",然后再将它们分配到不同的构件上,可以使得需求向体系结构的过渡更为平滑,相应的映射关系也更加清晰[3]。此外,这种清晰的中间模型表示使得特征模型中的可变性定制能够更好地转换为体系结构和构件级的定制和组装,例如,文献[11]就将面向方面编程与作为中间层的角色模型结合起来实现应用产品的定制和组装。

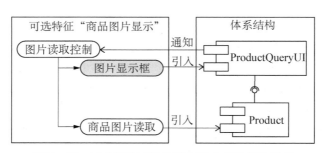

图 9-17 需求和体系结构可变性之间的复杂映射

(4) 产品线体系结构中的可变性设计。

正如前面提到的,产品线体系结构设计除了需要满足功能性需求和非功能性质量需求之外,还需要实现必要的可变性和灵活性,从而适应产品线范围内不同应用产品的开发需要。如同一般软件系统的设计和实现一样,众多不同方面的需求很难不加区分地加以实现。因此,软件系统设计和实现时往往会对各个需求项进行优先级分类,然后选取高优先级的需求首先加以满足。在软件产品线工程中,灵活性、可演化性和可维护性设计一般具有最高的优先级,因此产品线体系结构一般采用基于构件的分层结构来实现这些设计需求[4]。

如图 9-7 所示,产品线体系结构中静态结构方面的可变性包括可选构件、多选一构件和抽象构件 3 种。除了这些静态结构可变性之外,产品线体系结构中还可能存在构件行为和实现可变性。例如,图 9-11 对"交易通知"特征的"所用消息媒介"和"是否包含交易细节"这两个局部可变点进行了描述。为了实现这两个局部可变点,可以在如图 9-7 所示的产品线体系结构中的 TransInform 构件所提供的交易通知服务接口上提供"所用消息媒介"和"是否包含交易细节"这两个参数。这样,特定应用产品对于这两个可变点的定制就可以转化为相应的接口交互参数,从而实现构件级的实现定制。

产品线体系结构中可变点主要来源于领域分析中识别出来的需求可变点。除此之外,考虑到产品线随着时间的演化以及相关的硬件平台等因素,产品线体系结构设计一般还需要考虑与以下 3 个方面相关的可变性[4]:

① 未来的技术变化带来的内部可变性。很多时候,未来某些技术的出现或变化可以在几年之前就预计到。这些技术变化所对应的体系结构位置(可变点)往往是确定的,相应的变体则要等到相应的技术成熟之后才能提供。例如,网上购物产品线在第三方支付模式成熟之前就可以预见到这个可能的技术发展,并在体系结构中支付构件的交互设计中为这种未来的支付方式预留必要的可变性空间。

② 为不稳定的需求预设可变点。某些即使当前不存在可变性,但在可以预测的将来可能发生变化。为了降低未来的需求变化对体系结构所带来的影响,应该引入必要的可变点,从而将这些不稳定的部分分离开来并且局部化。例如,网上购物产品线中网上支付的手续费方法即使当前是固定的,将来也很可能发生变化(与银行等支付平台提供商的协议相关),因此应该将手续费计算功能设计为可变点,从而更好地适应未来的变化。

③ 为不同的设备制造商预留可变点。某些软件系统可能与一些硬件设备相关,而这些设备可能由不同的制造商提供或者具有不同的型号。硬件设备上的功能差异很多时候对于用户而言是不可见的,因此必须作为内部可变点来考虑。例如,计算机阅卷系统产品线中,答卷扫描仪是一个重要的硬件设备。考虑到扫描仪供应商可能会因为客户的偏好或价格上的考虑而各不相同,应该将阅卷系统的扫描仪接口模块作为可变点处理。

3. 产品线体系结构描述

软件体系结构设计完成后,需要通过某种方式进行描述和记录。除了文字描述外,软件体系结构常常使用框图、UML 等体系结构模型描述。此外,近些年来兴起的体系结构描述语言 ADL(Architecture Description Language)也是一种常用的体系结构描述方法。下面将主要介绍基于 UML 的产品线体系结构描述方法。而在基于 ADL 的产品线体系结构描述方面,则主要介绍基于 XML、支持产品线体系结构描述的 xADL 2.0[13]。

(1) 基于 UML 的产品线体系结构描述。

以"4+1 视图"[12]为代表的多视图体系结构描述已经得到广泛公认,而 UML 由于其出色的多视图描述能力已经在体系结构描述中得到广泛应用。在"4+1 视图"中,逻辑视图描述目标应用系统的对象模型或实体关系模型;进程视图描述设计的并发和同步方面;物理视图描述各个软件模块如何映射到不同的硬件上,反映各个软件模块的分布情况;开发视图以子系统、模块等为单位,描述系统在开发环境中的静态组织。除了这 4 个主视图之外,还有一个描述与以上 4 个视图相关场景的用况视图。对于产品线体系结构而言,类似于"4+1 视图"这样的多视图描述同样也适用,只是在每个视图的描述过程中都要包含相应的可变性描述,并与特征模型中的可变性元素建立追踪关系。

体系结构的用况视图一般属于系统需求规约的一部分,可以使用 UML 2.0 中的用况图、顺序图、活动图、状态机图等进行描述。面向产品线的用况模型描述见 9.3.1.4 节中的"基于用况模型的领域需求建模方法"。

体系结构的逻辑视图反映体系结构设计中的对象或实体间关系信息,一般可以使用 UML 2.0 中的类图描述。如图 9-18 所示,可以用 UML 2.0 中的类图描述产品线设计中的对象关系图,并将其中的可变部分与特征模型中相应的可变点建立追踪关系。从图 9-18 中可以看出,账户对象 Account 以及它与顾客对象 Customer 之间的关系属于可变部分,它们都与特征模型中的可选特征"账户管理"相关。交易消息对象 TransMSG 以及它与交易对象 Transaction 之间的关系也是可变部分,它们都与特征模型中的可选特征"交易通知"相关。此外,交易消息对象 TransMSG 的两个属性分别与"交易通知"的两个刻面取值相关。

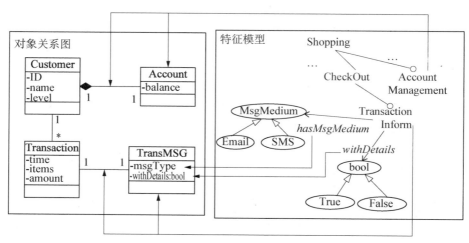

图 9-18 产品线体系结构的逻辑视图

体系结构的进程视图描述体系结构在动态执行时的动作以及同步、并发等方面。UML 2.0 提供的通信图、顺序图、活动图、状态机图、交互概览图以及时间图等可以用于描述体系结构的过程视图。此外,也可以用进程表来描述系统的进程情况,包括各进程的优先级以及线程与进程的对应关系,表格中的可变部分可以与可变点模型建立追踪关系[4]。图 9-19 中用活动图描述了图 9-7 中的 3 个构件(OrderTreatment,Payment 和 TransInform)之间的交互执行顺序。其中,可选特征"交易通知"和多选一特征"支付"与相应交互活动之间的追踪关系也在图 9-19 中进行了描述。

体系结构的物理视图描述体系结构在运行时的部署情况,即各个构件或模块在各个处理单元上的驻留情况。体系结构的物理视图常用 UML 2.0 中的部署图来描述。图 9-20 给出了计算机阅卷产品线体系结构物理视图的一个片断,从中可以看出"阅卷调度"和"仲裁"构件将部署在调度服务器上,"评分"、"答卷下载"等构件则部署在阅卷客户端上。从图 9-20 中的可变性追踪关系可以看出,"音频答卷播放"和"图片答卷展示"这两个构件与特征模型中对于阅卷类型的选择(音频或是图片答卷)有关,而调度服务器与阅卷客户端之间的

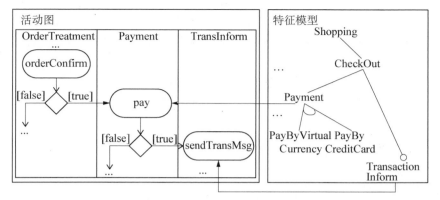

图 9 - 19　产品线体系结构的进程视图

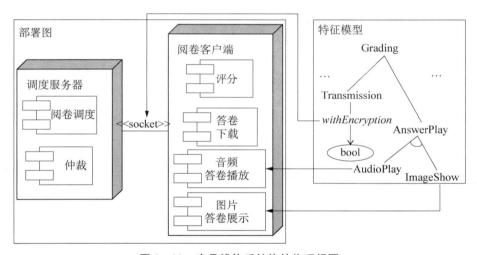

图 9 - 20　产品线体系结构的物理视图

socket 通 信 协 议 则 与 特 征 模 型 中"传 输"（Transmission）特 征 的 刻 面"是 否 加 密"（withEncryption）相关。

　　体系结构的开发视图描述体系结构的静态组织结构，一般可以用 UML 2.0 提供的包图、构件图、类图等进行描述。其中，包图一般用于描述子系统和层次结构，属于高层结构描述。构件图则描述组成系统的基本构件以及它们之间的静态连接关系，其中的可变性可以通过构件的可选和多选一等可变性描述来实现（可以通过 UML 标注或构造型），如图 9 - 7 所示。而类图一般认为属于详细设计范畴，用于描述构件的内部设计结构。在这些图中，构件图是最重要的体系结构描述图，它是从开发视图的角度对系统进行分解的主要手段[4]。因此产品线体系结构的描述（特别是静态结构）主要使用构件图。

　　（2）基于 ADL 的产品线体系结构描述。

　　xADL 2.0[13]是美国加州大学 Irvine 分校（University of California，Irvine）软件研究所开发的一种基于 XML、高度可扩展的体系结构描述语言（xADL 2.0 的官方网站是 http://

www. isr. uci. edu/projects/xarchuci)。xADL 2.0 的一个主要特点是它由一组 XML 模式（schema）组成，这使得 xADL 2.0 独立于任何的体系结构风格、开发工具和设计方法，同时具有良好的可扩展性和灵活性。用户可以从所提供的 XML 模式中进行选择，或者根据自己的需要进行扩展。

xADL 2.0 包括了一系列用于描述单个系统体系结构以及产品线体系结构的 XML 模式。其中最核心模式的是 Structure & Types，用来描述设计时（Design-time）的软件体系结构，包括构件（Component）、连接器（Connector）以及连接（Link）。xADL 2.0 将构件、连接器和接口等体系结构单元的结构实体与相应的类型相分离。因此，xADL 2.0 在体系结构的结构部分描述构件、连接器以及它们之间的连接关系（通过 Link 关系），同时允许为每一个构件、连接器和接口赋予相应的类型（Type）。类型主要描述型构（Signature）信息，不同的构件、连接器和接口可以共享同一个类型。xADL 2.0 中提供产品线体系结构可变性描述的是 Options 和 Variants 这两个 XML 模式。其中，Options 提供了体系结构元素的可选性（Optional）描述，包括构件、连接器、连接关系等。Variants 则提供了多选一类型的可变性描述能力，它使得体系结构描述中的构件或连接器类型可以具有多个可选变体（与编程语言中的枚举类型相似），实例化时需要从相应的变体中进行选择。

为了支持对于可选元素和变体元素的选择，xADL 2.0 允许为每一个可选（Optional）或变体（Variant）元素描述相应的警戒（Guard）条件。警戒条件的表达由 XML 模式 Boolean Guard 提供。警戒条件由符号变量（symbol）以及判断条件组成，其中符号变量表示应用产品的定制选项，判断条件则是某种布尔条件（如与、或、非、等于、大于、小于等）。在应用体系结构定制时，所有的可选或变体元素的警戒条件都将根据符号变量取值表进行判断，如果条件满足则相应的元素保留，否则将被移除。此外，xADL 2.0 还要求同一个可选元素的多个变体的警戒条件互斥，这样可以保证应用定制时只有一个变体条件能够满足。除了这些 XML 模式之外，xADL 2.0 还提供了其他模式，包括与体系结构版本相关的 Versions、与体系结构差异性比较相关的 Structural Diffing 以及与体系结构实现相关的 Implementation 等。xADL 2.0 的详细描述可参见文献[13]以及 xADL 2.0 的官方网站。

xADL 2.0 中与产品线体系结构相关的主要元素如图 9 - 21 所示。体系结构属于 xADL 2.0 的结构（Structure）部分，主要由构件、连接器和连接关系组成。其中，每个构件包含若干个接口，而体系结构中的连接关系建立在构件和连接器的接口之间。可选构件是一类特殊的构件，并且包含一个警戒条件。每个构件都可以被赋予一个构件类型（Component Type），主要用于描述构件的抽象规约，构件接口则可以被赋予一个接口类型（Interface Type）。每个构件类型可以包含若干个型构（Signature），每个型构可以与接口类型之间建立引用关系。变体构件类型（Variant Component Type）是一种特殊的构件类型，可以包含 0 或多个变体，每个变体包含一个变体类型（通过引用与其他构件类型相关联）以及相应的警戒条件。

基于 xADL 2.0，我们可以将如图 9-7 所示的产品线体系结构描述转换为相应的 XML 描述，包括可选、多选一和抽象构件描述。在 xADL 2.0 中，可选构件可以用构件的可选性（Optional）描述。多选一及抽象构件则需要借助于构件类型中的变体构件类型来描述，即体系结构中的多选一和抽象构件与变体构件类型相关联。多选一及抽象构件的区别则在于多选一构件包含多个变体（Variant），抽象构件则仅对应于不包含任何变体的变体构件类型。

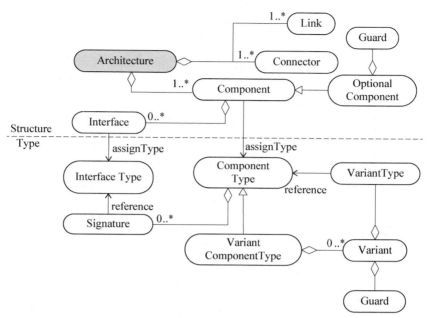

图 9 - 21　xADL 2.0 中与产品线体系结构相关的主要元素

图 9 - 22 给出了基于 xADL 2.0 的网上购物产品线体系结构描述片断。其中定义了变体构件类型"Pay_Type"以及它的两个变体，变体的警戒条件都建立在符号变量"支付模式"（Paymode）的等于条件上。这样，应用产品定制时对"支付模式"赋予相应的值就可以得到想要的体系结构定制结果。由此可见，xADL 2.0 中可选和变体构件的警戒条件一般可以借助于与特征模型可变点的可变性追踪关系来定义。

　　当前 xADL 2.0 所提供的产品线体系结构描述主要还是关注于结构方面，与构件图所描述的体系结构视图类似。但 xADL 2.0 是一种基于 XML、可扩展的体系结构描述语言，在已有的 XML 模式基础上还可以根据需要扩展体系结构的行为等其他描述信息。

```
<? xml version="1.0" encoding="UTF-8" standalone="no"? >
<instance:xArch
xmlns:instance="http://www.ics.uci.edu/pub/arch/xArch/instance.xsd"
xmlns:boolguard="http://www.ics.uci.edu/pub/arch/xArch/boolguard.xsd"
xmlns:hints3="http://www.ics.uci.edu/pub/arch/xArch/hints3.xsd"
xmlns:options=http://www.ics.uci.edu/pub/arch/xArch/options.xsd
xmlns:types=http://www.ics.uci.edu/pub/arch/xArch/types.xsd
...
<instance:xArch ... >
    <types:archStructure
      ...
      <types:component types:id="componentffffff85-28e79888-087d28a3-aa3a0c6d" xsi:type="types:
Component">
          <types:description xsi:type="instance:Description">Payment</types:description>
          <types:type xlink:href=" #componentTypeffffff85-28f11741-30bd0b7a-aa3a0e05" ... />
      </types:component>
```

```
        ...
    </types:archStructure>
    <types:archTypes
        ...
            <types:componentType types:id="componentTypeffffff85-28f11741-30bd0b7a-aa3a0e05"
                                                xsi:type="variants:
VariantComponentType">
                <types:description xsi:type="instance:Description">Pay_Type</types:description>
                <variants:variant xsi:type="variants:Variant">
                    <variants:guard xsi:type="boolguard:BooleanGuard">
                        <boolguard:booleanExp xsi:type="boolguard:BooleanExp">
                            <boolguard:equals xsi:type="boolguard:Equals">
                                <boolguard:symbol xsi:type="boolguard:Symbol">paymode<
/boolguard:symbol>
                                <boolguard:value xsi:type="boolguard:Value">"creditCard"<
/boolguard:value>
                            </boolguard:equals>
                        </boolguard:booleanExp>
                    </variants:guard>
                    <variants:variantType xlink:href="#componentTypeffffff85-29017d67-38e523d9-
aa3a0e79".../>
                </variants:variant>
                <variants:variant xsi:type="variants:Variant">
                    <variants:guard xsi:type="boolguard:BooleanGuard">
                        ...
                    </variants:guard>
                    <variants:variantType xlink:href="#componentTypeffffff85-2901e222-67a9f64b-
aa3a0e9e".../>
                </variants:variant>
            </types:componentType>
            <types:componentType types:id="componentTypeffffff85-29017d67-38e523d9-aa3a0e79" xsi:
type="types:ComponentType">
                <types:description xsi:type="instance:Description">PayByCreditCard</types:description>
            </types:componentType>
        ...
    </types:archTypes>
</instance:xArch>
```

图 9 – 22　基于 xADL 2.0 的网上购物产品线体系结构描述片断

（3）应用产品体系结构过程指南。

产品线体系结构并不是最终的产品体系结构，而是为各个应用产品体系结构的设计提供基础。因此，产品线体系结构规约除了描述本身的结构、行为等视图外，还需要为应用产品体系结构的设计提供过程指南。这种过程指南是附属于产品线体系结构的过程，包括体系结构中的可变点、如何对它们进行定制以及相应的设计原理描述[1]。例如，应用产品体系结构过程指南中应该首先对各个可变点进行描述和解释，包括对于各个可选变体的解释、相关影响（如开发/拥有成本、对功能、质量属性以及其他可变点的影响等）的介绍以及建议性的参考指南等。然后提供一个参考的决策路径，即应该按照什么样的顺序对各个可变点进行选择。此外，还应该说明在产品线体系结构基础上如何进行一些可能的扩展和修正。

4. 产品线体系结构评估

软件体系结构代表了一组最早也是最重要的设计决策,同时也最难修改,因此在设计完成后进行早期的体系结构评估对于软件项目的成功具有十分重要的意义[1]。对于软件产品线而言,体系结构评估显得更为重要,因为产品线体系结构面向的不仅是单个软件项目,而且包括产品线范围内的所有软件产品。产品线体系结构的设计质量在很大程度上决定了整个软件产品线投资的成败。

由于软件体系结构属于不可运行的设计制品,难以进行精确和定量的度量及测试,而且体系结构的质量属性十分复杂,难以通过某种确定的标准进行衡量。因此软件体系结构评估主要以经验性的定性方法为主,其中最流行的方法主要是基于场景(Scenario)的体系结构分析和评估方法,包括 SEI 提出的软件体系结构分析方法 SAAM(Software Architecture Analysis Method)[14]以及体系结构权衡分析方法 ATAM(Architecture Tradeoff Analysis Method)[15]等。关于这些软件体系结构评估方法的介绍详见 4.5.3 节。

在软件产品线中,体系结构扮演着双重角色,既存在整个产品线整体的体系结构(产品线体系结构),又存在每个产品各自的应用产品体系结构,后者一般在前者的基础上通过对相关可变性的实例化得到[1]。产品线体系结构和应用产品体系结构在软件产品线中扮演着不同角色,对于产品线的成功都具有重要作用,因此它们都需要进行评估。其中,产品线体系结构需要针对自身的健壮性(Robustness)和通用性(Generality)进行评估,从而保证它能够作为产品线范围内所有应用产品的开发基础;应用产品体系结构评估则需要保证它能够满足对应产品的行为和质量需求[1]。

与一般软件体系结构相比,产品线体系结构需要满足的质量属性中最重要的是面向产品线范围内所有应用产品开发的可变性和灵活性。此外,可变性和灵活性设计往往会对最终产品的性能等其他质量属性造成负面影响。因此,相应的评估主要关注于产品线体系结构中的可变点是否提供了足以覆盖规划范围内所有产品的灵活性,以及相应的产品开发是否能够在当前产品线体系结构基础上快速、高质量地完成,同时不会对运行时的性能等质量属性产生不可接受的负面影响[1]。由此可见,ATAM 这类基于场景的体系结构评估方法同样可以应用于产品线体系结构评估。从质量场景来看,应该强调与体系结构可变性和灵活性相关的质量场景,并且赋予较高的优先级。从权衡分析来看,应该重点强调体系结构可变性和灵活性与其他重要的产品线质量属性之间的潜在冲突、权衡点和风险分析。例如,一些在 ATAM 方法基础上扩展的产品线体系结构评估方法(如文献[16])主要增加了基于场景的可变点定性分析。

9.3.3　领域实现

领域实现阶段的主要任务是在产品线体系结构的基础上,对其中的领域构件进行详细设计和实现,从而为应用产品开发提供可复用的构件资产。从相关的产品线开发活动角度来看,领域设计所得到的产品线体系结构描述了所要实现的领域构件列表以及每个构件的抽象规约,而领域实现将向领域设计提供反馈,例如构件的开发及获取难度、设计上的问题等;对于应用系统实现而言,领域实现将为它们提供可复用的领域构件,应用系统实现将对这些构件进行配置和修改,并提供相关的反馈。

产品线体系结构设计对于产品线开发中所要用到的软件构件做出了全面的规划。对应的构件列表中,有相当部分属于领域构件,这些构件将在领域实现阶段通过开发或购买等方式获取并提供给应用产品开发使用。此外,产品线体系结构中还可能包含一些特定于应用产品的构件,这些构件的抽象规约属于产品线体系结构的一部分,但具体实现则需要由应用产品开发提供。例如,如图9-7所示的产品线体系结构中,除了抽象构件 Discount 的实现由各个应用产品开发提供外,其他构件都是领域构件。其中,TransInform 等构件虽然是可选构件,但其可变性在于应用产品是否选取,而其自身的实现是可以在领域工程中提供的。此外,PayByCreditCard 和 PayByVirtualCur. 这两个二选一的构件变体也属于领域构件。

1. 构件的获取途径

确定领域构件的开发需求后,可以由领域工程团队中的开发小组进行开发实现。然而,领域构件的获取并不仅仅只有内部开发这一种途径,除此之外还可以从第三方获取或者从开发组织自身的遗产系统中挖掘。自行开发的好处在于开发团队对于构件开发需求比较了解,可以完全按照产品线体系结构的设计进行实现,但可能成本较高。第三方的构件获取渠道包括购买商用第三方构件(COTS)、构件委托开发以及开源软件等。COTS 是独立于任何特定系统、由商业机构为商业目的而开发并进行销售的构件[1]。COTS 构件由于有着广泛的用户群,因此价格相对便宜,而且经过广泛应用的 COTS 构件质量也比较可靠。但 COTS 构件往往是以二进制黑盒构件的方式提供,一旦在接口和实现约束等方面与产品线体系结构的要求存在差异则很难进行修改和适配。构件委托开发可以利用合作伙伴在某些方面的技术专长,而且能够充分体现体系结构的设计要求,但由于属于定制开发,因此成本往往较高,而且开发质量和进度有时难以控制。开源软件构件的一大优点在于质量较好、成本低廉(直接获取成本接近于0),而且源代码往往可以获得,因此可以进行一些适应性修改。但开源构件的质量和成熟度参差不齐,往往需要经过长时间的跟踪考察后才能加以采用。遗产构件挖掘可以充分利用此前的开发成果,而且还可以根据需要进行修改,但缺少可利用的遗产系统是一个主要问题。

总的来看,各种构件获取途径都有自己的优缺点,应该根据各个构件的设计要求以及相关构件第三方获取渠道的情况进行综合分析。例如,与产品线核心业务或核心技术相关的构件一般应该内部开发。如果有可用的遗产系统,那么应该充分进行挖掘利用。外围的通用功能构件(如报表、电子表格处理等)可以尽量采用 COTS 或者开源构件。而某些专业化程度较高(如专业图像处理等)且不太通用的构件可以寻找合作伙伴委托开发。很多时候与体系结构设计的不匹配是第三方构件难以应用的一个主要原因,这就需要在第三方构件的应用与理想的体系结构设计之间进行权衡。正如前面提到的,构件的最佳获取来源也是产品线体系结构设计需要考虑的一个需求。如果某个第三方构件具有很好的性价比,而且与最初的设计要求差别不大,那么完全可以对产品线体系结构进行调整以适应该构件。

2. 领域构件的详细设计和实现

领域构件的概要设计在领域设计中已经给出,具体包括构件的接口、基本行为和所需要具有的可变性等。领域构件的详细设计除了进一步对构件的规约进行细化外,还将给出构件的内部实现设计,例如实现类及算法设计等。与一般构件相比,领域构件详细设计的特殊之处主要在于面向整个产品线范围的可变性设计。由于领域构件所需要实现的可变点已经在产品线体系结构规约中进行了说明,因此领域构件的可变性设计主要是为各个可变点选择适当的可变性实现机制并在构件的详细设计中加以体现。可变性机制的选择与相应可变点的具体要求相关,包括绑定时间、可变性范围等。例如,如果某个可变点要求在系统安装时进行参数化定制,那么就不能使用如图 9-8 所示的条件编译实现;如果如图 9-11 所示只要求提供电子邮件和手机短信两种交易通知媒介,那么内部实现时只需要覆盖这两种通知方式即可。

领域构件的可变性设计最终还需要依托各种程序设计语言提供的可变性机制来实现。目前最为流行的面向对象程序设计语言(如 Java,C++等)提供了一系列可变性实现技术。此外,近些年逐渐受到关注的 AOP 技术也为面向对象的可变性实现技术提供了良好的补充。Anastasopoulos 等人[17]对常用的可变性实现技术进行了总结,主要包括:

(1) 聚合/代理(Aggregation/Delegation):对象保持对其他对象的聚合引用,并将某些任务委托给它们实现。其中,代理对象实现可变功能的公共接口,被委托对象则实现相应的变体。聚合/代理技术对于可选特征有较好的支持,但对多选一的可变特征支持较为困难,因为此时会有多个与当前可变点相关的间接调用。从绑定时间来看,聚合/代理一般在编译时绑定,如果使用动态类载入技术,那么也可以实现运行时动态绑定。

(2) 继承(Inheritance):在基类中定义基础功能,并在各个子类中实现特化或扩展的功能。不足在于可变点数量的增多以及变体的多种组合将会导致子类数量的剧烈增长,从而造成复杂、不清晰的类继承树。此外,多种可变点的存在造成很多时候需要使用多继承,而许多语言并不支持多继承,而且多继承还可能会造成类成员的命名冲突。

(3) 参数化(Parameterization):通过参数实现可变性,构件的行为取决于所赋予的参数值。除了一般的数据和控制参数,模板(Template)机制中的类型化参数也属于参数化机制。参数化的优点在于避免了重复的代码实现,并且参数与定制决策有着较好的对应关系,例如,在图 9-11 中交易通知构件的消息媒介(电子邮件或手机短信)如果实现为参数,那么可选的两个参数值直接对应于两种定制选择。参数化可以支持所有的绑定时间。参数化机制的不足之处在于很多时候将一系列实现变体归纳为同一个参数化设计是十分困难甚至是不可能的。

(4) 重载(Overloading):重载是针对一个已经存在的功能(如函数、操作符等)重新定义不同的具体实现,从而实现可变性的目的。重载经常会导致程序难以理解并且容易造成错误,例如重载的影响范围超过预想等,因此需要谨慎使用。重载实现的可变性绑定时间一般是编译时。

(5) 属性(Properties):C♯等语言中提供的构件属性机制允许通过对属性取值的设置来对可变性进行定制,例如数据库访问控件提供访问模式方面的属性选择。属性机制常常与代理机制一起使用,属性的取值代表了对于具体实现类的选择。

(6) 动态类载入(Dynamic Class Loading):Java 等语言提供的动态类载入机制使得实现类可以在需要时才被载入内存,这样应用产品就可以通过对所处运行环境的查询来决定载入哪个具体类。

(7) 静态库(Static Libraries):在其他部分所调用的类名、函数名和型构等确定的情况下,通过更换静态库版本将不同的实现类和实现函数链接到系统中。静态库方法的绑定时间是编译链接时,限制在于可变部分的多种实现变体对应于完全一样的类或函数名及型构。

（8）动态链接库（Dynamic Link Libraries）：与静态库的区别在于链接发生在动态运行时，链接的决策时间（即绑定时间）推迟到运行时，系统可以根据运行时的上下文信息动态决定绑定对象。

（9）条件编译（Conditional Compilation）：将构件的多种实现通过条件编译编码在同一代码文件中，然后在编译时通过编译指令选择所要的特定实现。例如，如图 9-8 所示的带条件编译的构件代码实现就可以实现可选和多选一类型的可变点。条件编译的绑定时间显然是在编译时，不足在于只能实现一些简单的可变性，当可变点多了之后代码可能由于过多的条件，编译指令而变得十分复杂。

（10）框架技术（Frame Technology）：框架是一种包含代码预处理指令、具有适应性的源代码实体。框架具有分层结构，在定制处理时父框架首先拷贝子框架的代码，然后通过两种方式对子框架代码进行定制：在子框架中预定义的位置上插入新的代码或者替换已有的代码；对子框架中的参数赋值。框架的定制处理过程发生在编译之前，通过分层的定制后得到的完整代码将成为编译的对象。框架技术的不足在于整个产品线代码需要按照框架的思想进行重新组织，此外采用框架技术的代码结构与传统编程语言完全不同，使用起来具有难度。

（11）反射（Reflection）：反射是指程序在运行时可以像对待数据一样对程序自身的状态进行操控，例如读取甚至修改自身的结构信息。利用反射机制可以动态获取系统基本功能的状况，并且根据配置信息和其他上下文信息实现对自身功能的操纵（如与动态类载入相结合），从而实现可变性。反射机制的不足在于反射程序的理解、调试和维护一般都比较困难。

（12）面向方面编程（AOP）：AOP 是一种横切关注点的模块化方法，其中的横切模块称为方面。使用 AOP 实现产品线时，可以将共性的功能按照传统方式（如使用面向对象类和方法等）进行实现，而将可变性部分封装在不同的方面中，并在应用系统开发时使用不同的方面编织策略实现可变性绑定。AOP 的优点在于模块化较好，方面的灵活组合较为容易，而且与定制决策的追踪性也比较好。AOP 的不足之处在于当可变部分需要多种选项时，可能存在类似的代码在多个方面版本中重复出现的问题，这个问题某种程度上可以通过类似于继承的方面层次化复用方法解决。

由此可见，各种可变性实现技术各有所长，往往需要软件产品线开发中根据特定领域的具体情况以及不同可变点的特点加以选择和结合。文献[17]中根据一些评价标准对这些可变性实现技术以及在各种主流程序设计语言中的支持情况进行了对比分析，具体请参考该文献。

领域实现的目的是为各个应用产品的开发提供可复用构件，因此最大的风险在于所开发的构件无法适应应用产品开发的需要。可能造成这一问题的原因包括[1]：构件的可变性不足，不够灵活；过多的构件可变性设计（如配置参数过多），导致构件难以理解和复用；使用了错误的可变性机制，使得应用产品无法在所需要的时间对可变性进行裁剪；构件质量低下，影响应用开发者对于核心资产的信心，有些核心构件的质量问题甚至会对整个产品线造成损害。由此可见，领域构件的质量必须通过评审和测试等手段加以严格保障。而领域构件的可变性设计也不是越多越好，过多的可变性设计会造成构件复用难度的增加，而且还会带来不必要的复杂性。

3. 遗产构件挖掘及第三方构件获取

现实中的软件产品线大多数都是在若干独立的领域产品开发基础上逐渐积累、发展起来的，特别是国内许多软件企业专注于特定领域但规模普遍较小的现状导致这种情形更加普遍。因此，通过对遗留下来的相关系统进行挖掘获取可复用构件是一种重要的产品线开发实践。遗产构件挖掘一般关注于从获取可复用代码，但可挖掘的遗产系统资产远不止代码，还包括更为重要的业务模型、需求规约、进度计划、测试用例、开发标准等[1]。这些都属于广义上的"构件"范畴。

在采用产品线开发方法之前，这些类似的领域产品往往采用原始的代码复制-粘贴-修改的方式进行开发，并根据各自产品的特定需求独立进行维护，最终形成了一系列相似但又有许多不同之处的遗产系统族。遗产构件的挖掘首先需要对这些遗产系统的文档和代码加以理解，然后需要根据产品线开发需要以及遗产系统的状况确定候选的挖掘对象。将可复用部分分离出来之后，为了适应新的产品线开发需要，往往还需要对遗产构件进行修改、打包、包装以及必要的测试。如果遗产系统的开发文档不全或过时了，那么仅仅源代码理解可能就非常耗时，此时往往需要有逆向工程工具来辅助理解[1]。由此可见，遗产构件挖掘也需要额外的成本，而且有时候还会非常高，因此遗产构件的挖掘也需要综合分析所需要的成本以及可能获得的开发成本、时间和质量上的收益。一般而言，复用函数等小粒度软件资产几乎不可能带来任何经济效益，挖掘价值最高的往往是遗留系统体系结构中的交互模式以及满足新的产品线体系结构需求的大粒度构件[1]。挖掘和修复的构件必须满足产品线范围内大多数应用产品的需求以及产品线长期发展的需要，因此构件挖掘必须从健壮性和灵活性的角度考虑以下几个方面[1]：在共性和可变性方面与后续产品的一致性；对未来潜在的新产品的适应性；使其接口符合产品线体系结构约束所需要的工作量；面向产品线体系结构未来可能发生的演化的可扩展性；维护历史。

开源软件开发的发展以及商业化构件市场的成长使得第三方成为一个越来越重要的构件获取手段。一些具有共性需求的构件，例如，网上购物产品线中可能用到的网上支付、个性化搜索、邮件发送等构件，都可能从构件市场上购买到或者通过开源项目获取得到。

从广义上讲，早期的操作系统、编译器、集成开发环境和开发工具等都可以算作COTS，而近些年来由于中间件标准的逐渐成熟，实现特定功能的软件构件也逐渐出现在商业市场中[1]。COTS构件的可获得性除了构件本身的通用程度外，还与商业构件市场的成熟度密切相关。COTS构件的获取和使用过程一般包括体系结构分析、构件需求制定、构件获取渠道调查、分析评估、购买、集成、后续管理等。如果将COTS构件作为领域构件，那么必须像其他领域构件一样，将可变性和灵活性作为一个重要的评价指标[1]。由于COTS构件往往是黑盒构件，而且可能采用与产品线开发不同的开发技术，因此为了集成COTS构件可能需要额外的构件包装器。由于产品线核心资产将在产品线范围内长时间复用，需要较高的稳定性和可靠性，因此作为领域构件的COTS选取时需要关注于以下这些稳定性因素[1]：产品的成熟度和健壮性；产品未来的更新计划（时间表）、与其他构件的互操作能力；构件供应商的成熟度和稳定性（如口碑、实力等）。另一方面，用于产品线开发的COTS构件的许可证（License）也可能是一个特殊问题。传统的软件开发以单个项目或产品为单位签订构件购买合同，而产品线领域构件将用于一系列应用产品之中，因此往往需要与构件供应商签订其他形式的构件购买协议[1]。例如,许多构件购买协议以最终产品部署拷贝的数量或者以应用范围约定的形式确定许可证范围。

一些与领域业务或产品线设计相关的特定构件很难从商业构件市场获取,这时可以考虑通过构件外包的方式寻找合作伙伴。构件外包的主要风险在于最终构件的质量以及进度是否能够达到要求,因此需要对合作伙伴有足够的了解和信任。对于开源构件而言,最重要的是通过对开源项目的长期跟踪,对其功能、质量、成熟度以及许可证制度等多个方面进行深入的了解。许多管理规范的软件组织都有一整套开源构件的引入规范,包括引入过程、评估准则、准入条件、维护制度等,这些都保证了开源构件能够更好地适应产品线开发的需要。

9.4　应用系统工程

应用系统工程的主要目标是通过复用产品线核心资产(包括产品线需求规约、产品线体系结构和领域构件等)实现应用产品的开发。应用系统工程是应用产品的生产阶段,与一般软件产品开发的不同之处在于应用系统工程并不是从头开始,而是以应用产品的共性和差异性分析为指导,在产品线核心资产基础上通过定制、裁剪、应用特定部分扩展和集成获得最终产品。

9.4.1　应用系统需求工程

应用系统需求工程的主要目标是抽取、分析并记录特定应用需求,同时尽量复用产品线需求规约[4]。应用系统工程直接面对产品用户。一方面,应用系统工程应该尽可能满足用户需求,只有这样才能创造经济效益;另一方面,应用系统工程应该尽可能地复用产品线核心资产,否则领域工程阶段的产品线先期投资将无法体现自身的价值。与应用系统需求工程密切相关的产品线开发活动是领域需求工程和应用系统设计。领域需求工程为应用系统需求工程提供可复用的产品线需求规约,而应用系统设计将在应用系统需求工程所得到的应用系统需求规约基础上实现应用系统体系结构设计。

1. 应用产品开发可行性评估

产品线需求规约已经对可预见的产品线范围内各个应用产品需求的共性和可变性做出了详尽的分析和建模。一般而言,应用系统需求工程的主要任务是识别并分析当前应用产品需求与产品线共性需求的差异,在此基础上对产品线需求规约进行定制和裁剪,并扩展一部分特有的应用需求。然而在某些情况下也可能发生差异过大,无法充分复用产品线需求规约的情况,例如产品线范围分析有误或者领域自身发生重大变化等。因此,应用系统需求工程首先应该确定将当前产品作为产品线的一部分进行开发的可能性,并评估开发该产品的成本[1]。评估结果如果否定了当前产品作为产品线的一部分进行开发的可能性,那么接下来能做的要么是否决当前产品项目,要么是暂时抛开产品线独立进行产品开发(当然成本可能很高,但也可以以此为契机扩展已有产品线的范围)。下面将以网上购物产品线中一个应用产品的可行性评估为例进行说明。

某高校招标开发的学生网上缴费系统也是一个类似于 B2C 模式的 Web 系统,主要功能是为学生提供各种费用(如学费、住宿费等)的网上自助缴纳服务。该系统的服务模式是登录后查看所欠费用项,选择缴费项目确认后生成订单,然后通过网上银行或校内一卡通实现缴费。初步看来,该系统业务模式与网上购物产品线(如图 9-6)基本相符,只是所提供的购买对象不是商品而是待缴费用。然而,经过分析发现该系统在若干环节与网上购物产品线存在较大差异:作为"购物"对象的待缴费用来自学校学费管理系统,需要与该系统保持一致(读入待缴费情况并写回缴费结果);"购物"对象不具有单价、数量等基本商品属性,每个费用项选择后指定的是本次缴费金额(可部分缴费);校内一卡通系统虽然可以视作一种特殊的"银行"支付系统,但接口细节完全特定;缴费服务对于用户(学生)而言选择余地不大,界面简单且操作较为单一。经过这些分析可以发现,在网上购物产品线基础上开发网上缴费系统将涉及许多特定于当前用户的系统需求,而且需要大幅度修改产品线设计和领域构件(如商品管理等完全不同)。综合评估后认为不可行,该项目要么独立开发,要么不予立项。

　　应用产品的需求差异性完全在领域分析得到的可变性范围之中这只是一种理想状况。很多时候应用系统需求多少都会存在一些"预料之外"的特定需求。此时需要根据这些特定需求对产品线核心资产(特别是产品线体系结构)的影响程度以及当前项目的价值等综合作出可行性评价。一般而言,某些局部设计和实现上的差异往往影响不大,而整体业务模式上的差异往往影响较大。此外,如果某些应用符合产品线的未来发展方向,那么即使影响较大也值得将其集成到产品线中。此时虽然会付出额外的产品线重构的代价,但却意味着获得了新的产品线拓展和发展机会。

　　需要强调的是,确定某个产品作为产品线的一部分进行开发的可行性分析是一个伴随着产品业务用况构造的持续过程:最初的业务用况只是一个简要描述,应用系统需求抽取和分析的不断深入,将不断地明确应用需求以及与产品线需求的差异性,这些差异性为业务用况分析提供了输入,同时也为可行性分析提供了更加有力的依据[1]。

　　2. 应用系统需求分析

　　应用系统需求分析在很大程度上是对当前产品与产品线需求的差异性分析,这也是一个与可行性分析交织的过程。应用系统需求分析是产品开发导向与用户需求开发导向两种导向权衡和折衷的集中体现。产品开发导向是指面向一定市场范围广泛销售的无差异产品,例如操作系统、数据库管理系统、电子表格软件、通用财务管理系统等。这些产品突出体现产品团队对于市场方向的把握,用户几乎得不到任何定制服务。而用户需求开发导向是按照特定用户需求开发的软件项目,一般只销售给单一用户,这类软件几乎完全体现用户的特定需求。

　　对于软件产品线而言,维护产品线规划和设计的统一性与满足特定应用需求几乎同等重要。二者经常会发生冲突,但通过沟通和折衷可以获得一定程度的缓解。应用产品客户一般总是会强调自身的特殊性和重要性,但应该让他们明白个性化需求越多、价格越贵而且质量保障越低(共性需求对应的部分开发力量往往较强而且经过大量的用户验证)。因此,应用系统需求工程的一个主要活动就是以产品线需求规约为基础,与应用产品客户进行充分沟通[4]。通过沟通,客户可以初步了解当前产品线满足他们需求的情况,并逐步指出存在差异性或暂时还不能满足的特定需求。应用产品工程师了解客户的特殊需求后,也可以进行适当的引导和建议,从而尽量缩小差异取得折衷。

应用系统需求分析的基本活动包括[4]:

(1) 产品线共性及外部可变性交流。目标是让相关客户了解当前产品线的能力,同时从他们那里获取原始的应用需求。通过在需求工程中考虑产品线的共性和可变性,使得复用的层次得到提高。此时,可变点模型发挥着核心作用,使应用工程师可以向客户介绍各可变点、变体以及依赖关系,同时追踪关系使得应用工程师可以描述与特定变体相关的系统功能和质量等。客户在此基础上可以表达自己的特定需求,而应用工程师将据此确定产品线需求规约中可以进行复用的部分。这些部分可能并不能完全满足客户的要求。

(2) 评估领域和应用需求之间的差异。在前一活动基础上确定不能被当前产品线完全满足的差异部分,并对所需要的实现工作量进行分析。作为分析结果的可变点模型和需求制品的差异部分将提交给应用架构师,由他们来估计实现工作量。在此基础上,通过与客户的沟通确定每一项差异的最终决定(放弃或保留)。这样,应用系统需求以及与产品线需求和可变点模型的最终差异就基本上确定了。

(3) 应用系统需求规约。应用系统需求规约将在产品线需求规约基础上,根据客户的定制和裁剪需求以及差异性得到。其中将包括应用系统需求描述、与产品线需求的差异,以及应用系统需求与相应的产品线需求之间的追踪关系。

3. 应用系统需求定制及扩展

一般而言,应用系统需求中大多数都属于产品线共性需求或在预计中的可变性范围之内。这部分需求主要通过对产品线需求模型的定制和裁剪获得。例如,对于特征模型而言,定制选择包括决定可选特征的绑定或移除,以及从多选一和或关系的多个变体中进行选择。定制操作应该符合产品线需求模型中的可变性约束。另一方面,无法被产品线需求模型覆盖的差异性需求则需要通过扩展获得。例如,改变共性特征的可变性属性、向已有的可变点增加新的变体、增加新的特征等。

图 9-23 描述了一个经定制和扩展后的网上购物产品特征模型。与图 9-6 中的产品线特征模型进行对比可以看出,可选的"账户管理"和"配送"被移除,而"交易通知"被绑定,"商品浏览"下选择了两种浏览模式。这些都属于产品线可变性范围内的定制。除此之外,该产品还移除了共性特征"商品项更新"(ItemUpdate),并在多选一的"支付"下使用了一个新的变体"Paypal 支付"(PayByPaypal)。这些在产品线可变性范围之外的差异性需要反馈给领域工程小组,并由产品线管理者进行评估和协调。一般而言,具有潜在共性的差异可以集成到产品线需求模型中去,例如,这里的两个扩展具有一定的共性,可以集成到产品线特征模型中使"商品项更新"变为可选特征,并在"支付"特征下增加新的可选变体"Paypal 支付"。如果这种差异完全特定于当前产品,不具有代表性,那么可以标记为特定需求。这种领域工程和应用系统工程之间的协调是必需的,否则可能会造成整个产品线逐渐退化为失去统一管理的一系列独立产品。

图 9-23　经定制和扩展后的网上购物应用产品特征模型

9.4.2　应用系统设计

　　应用系统设计的主要目标是在应用系统需求的指导下,以产品线体系结构为基础通过定制和扩展获得应用产品体系结构。应用产品体系结构是产品线体系结构的特化,其中既包含对预定义可变点的绑定,又包含面向特定应用需求的扩展和修改[4]。应用产品体系结构是应用系统实现的基础,应用系统实现将根据应用产品体系结构开发应用特定构件,选取所需要的领域构件,并实现最终的构件组装和系统集成发布。

　　与一般软件系统相似,应用产品体系结构设计同样需要完成系统的抽象化、体系结构建模、模拟和原型化,但这些活动都只需要针对特定应用部分开展,因为产品线体系结构中已经包含了许多可复用的体系结构设计决策[4]。例如,如图 9-7 所示的产品线体系结构片断中大体的系统功能划分和构件互联结构都已经确定,并且预留了一些可选、多选一的可变点以及可以替换为特定应用实现的可扩展点(体现为抽象构件,如图 9-7 中的 Discount 构件)。对产品线体系结构的定制操作主要包括:决定可选构件的绑定或移除;从若干变体构件中选择一个作为其父构件的具体实现;将抽象构件替换为特定应用的构件实现。这些都是在产品线体系结构可变性范围内的定制操作。产品线体系结构的定制操作同样应该符合可变性依赖关系的约束,如果确实认为需要违反某项约束,那么应该通过与产品线架构师充分沟通并取得一致意见(要么存在误解,要么产品线体系结构的可变性设计需要扩充或修改)。

　　由于体系结构设计决策总是与特定的系统需求相关,而应用系统需求又主要是通过对产品线需求的定制和扩展获得的,因此对于产品线体系结构的定制操作以应用系统需求为指导。体系结构定制过程的难度在很大程度上与产品线体系结构规约中可追踪性的好坏密切相关。如图 9-7 所示的网上购物产品线体系结构片断与如图 9-6 所示的特征模型具有明确的对应关系,各种可选构件和变体构件都可以直接根据相应的特征选取结果进行定制。例如,TransInform 构件的绑定状态,直接取决于特征模型中"交易通知"特征是否绑定,而Payment 构件下两个变体实现的选取,也直接对应于特征模型中"支付"可变点上的变体选择。然而,正如图 9-17 中可选特征"商品图片显示"的例子所说明的,产品线需求和体系结构可变性之间的映射关系往往比较复杂,需要应用系统架构师在充分理解产品线体系结构设计的基础上进行定制决策。此外,这种复杂的映射关系也要求产品线设计和实现时针对不同的可变点采用适当的实现机制,增强可变性实现的模块化程度(如通过设计模式、AOP等将变体部分进行封装),否则体系结构定制将很可能退化为手工的代码修改。

除了产品线体系结构可变性范围内的定制外,应用产品还可能会引入一些与产品线可变性模型不相容的新需求或差异性,此时需要在产品线体系结构定制的基础上进行相应的扩展和修改。这些扩展和修改将带来一些额外的应用产品特定部分的开发工作量。一般情况下,产品线团队中为各个应用产品分配的人员和其他资源都比较有限,特别是在多个产品同时开发过程中。例如,许多小型的软件产品线开发中主要的开发力量都会集中在核心资产的开发和维护上,各个应用产品则主要由项目实施和服务人员为主,开发力量薄弱。因此,在进行体系结构扩展和修改决策时,需要综合考虑可用的开发资源以及应用项目的性质。如果在时间和可用资源上存在问题,那么应该反馈到应用产品需求工程师和产品经理那里,通过与客户的协商找到折衷方案。对于一般的应用开发而言能够获取的资源十分有限,因此不太会安排过多的额外开发工作,然而对于一些与总体策略密切相关的应用项目(如引领性的项目或者重要客户),则值得为此投入更多的开发资源[4]。这样的一些应用项目往往会为整个产品线带来新的发展契机,拓展新的产品市场。例如,如图 9-23 所示的应用产品中引入了"Paypal 支付"这一新的支付实现变体,需要额外投入开发力量进行实现,但这种新的支付方式代表了一种发展方向,可能在未来一系列产品中得到应用,因此这一扩展显然值得投入开发力量进行实现。

对产品线体系结构的额外扩展和修改主要包括以下几种情况:在多选一可变点上引入新的实现变体;改变已有构件的可变性属性,例如移除一个共性构件或者改变构件内部的可变性边界和设置;改变已有的构件互联结构等。其中,第一种情况对于体系结构的影响较小,一般只会对构件接口进行小的改动,不会影响总体的构件连接关系。第二种情况可能会对体系结构造成一定的影响,具体影响大小与构件之间的耦合程度相关。例如,如图 9-23 所示的应用产品特征模型所移除的共性特征"商品项更新"由"购物车管理"构件 ShoppingCart 实现,如果依赖性设计较好,那么影响范围可以局限在该构件内部。第三种情况涉及对总体结构的修改,影响范围较大,如果发生,要么意味着产品线体系结构设计上的重大问题,要么是由于应用架构师缺乏对产品线体系结构的理解,或者当前产品的差异性过大。

应用特定部分的设计直接面向特定应用需求,但还需要与体系结构的"基础部分"(即产品线体系结构中的共性部分)进行适当的集成,从而构成完整的应用产品体系结构。如图 9-24 所示的网上购物应用产品体系结构包含了对产品线体系结构(见图 9-7)的定制和扩展。点状的 ShoppingCart 构件表示经修改后的领域构件,其他灰底的构件表示新的特定应用构件。其中,PayByPalpal 和 MyDiscount 两个构件都是产品线体系结构中对应位置构件的替换,而为了支持该应用中折扣计算而开发的"客户分析构件"(CustomerAnalysis)则通过与 MyDiscount 的连接关系而集成到系统中。总的来看,这个应用产品体系结构虽然包含了扩展和修改,但总体结构还是与产品线体系结构基本一致。此外,应用产品开发者对于产品线体系结构的额外扩展和修改应该引起产品线架构师的注意,如果它们在产品线可变性范围内(但未在当前产品线体系结构中体现)或者值得加入到产品线范围内,那么应该将其加入到产品线体系结构中[1]。例如,图 9-24 中对 ShoppingCart 构件的修改应该被反馈到领域架构师那里,使得领域构件 ShoppingCart 通过增强能够具有"商品项更新"的可选性定制能力(如通过参数化配置)。PayByPaypal 应该加入到领域构件中,成为一个新的支付构件变体,而 MyDiscount 和 CustomerAnalysis 两个构件如果仅对当前应用有效,那么应该保持特定应用性质。

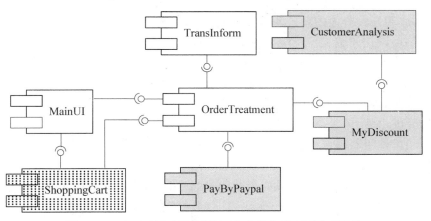

图 9 - 24　经定制和扩展后的网上购物应用产品体系结构

9.4.3　应用系统实现

应用系统实现阶段的主要目标是在应用产品体系结构基础上实现应用产品的开发、集成和发布,主要任务包括:应用构件获取和开发;实现所选择的领域构件和特定应用构件的完整集成;产品测试和发布。

1. 应用构件获取和开发

应用产品体系结构给出了将要包含在产品发布中的构件列表,因此应用系统实现首先应该通过各种方式实现这些构件的获取和开发。应用产品中的构件来源主要包括[1]:直接复用领域构件;进行可变性定制后直接复用领域构件;对领域构件进行修改和调整后使用;重新开发。根据应用产品体系结构各个构件的性质,可以确定与之相适应的构件来源。例如,根据如图 9 - 24 所示的应用产品体系结构可知 TransInform 构件可以直接复用,而MainUI 和 OrderTreatment 需要定制后复用,因为它们都有可选的构件组装关系需要定制。ShoppingCart 构件需要进行修改,因为它没有提供"商品项更新"功能的可选性配置。另外3 个特定应用构件则需要按照抽象规约进行开发。

与产品线体系结构相似,应用产品体系结构同样对应用特定构件的抽象规约做出了设计和描述。应用特定构件的开发与领域构件一样需要遵守体系结构约束,但由于内部不再有太多变化,因此开发上可能要简单一些[1]。此外,虽然从眼前看这些构件只是服务于当前应用产品,但设计者和开发者也应该尽量考虑并实现其作为产品线核心资产的可能。例如,对于 ShoppingCart 构件的修改,应该着眼于可复用性的考虑而提供"商品项更新"功能的可选配置能力,而不是简单地删除其中的"商品项更新"功能。当然,产品线管理者也应该从机制的角度提供相应的激励机制来鼓励应用产品提供可复用资产。

在 9.3.3 节的领域实现中提到的 COTS 购买、构件委托开发、开源软件等第三方构件获取途径以及遗产构件挖掘也同样适用于特定应用构件。只是应用构件仅仅服务于单个应用产品,因此所获得的收益较小,所允许的获取成本往往也较低。

2. 应用系统集成组装

软件系统集成是指将独立的软件构件组合成一个集成的整体,包括将构件组合成子系统以及将子系统组合成产品[1]。集成在领域构件开发中也存在,用于将小粒度构件组装为大粒度构件,应用开发阶段的系统集成则是整个软件产品的集成。软件产品线体系结构中的领域构件都可以在领域工程阶段完成开发和初步的集成,从而形成包含部分可变点和可扩展点的产品线框架(Framework)。此外,领域设计和实现后一般都会形成指导应用系统组装的应用系统集成指南。因此,应用系统集成相对比较简单,只需要遵循预定义的应用系统集成过程,例如,需要定义哪些配置文件、设置哪些选项等,而需要特别关注的主要是特定应用部分构件的组装。

接口对于构件组装起着重要的作用。构件之间的接口是关于构件交互的一种约定,不仅仅包括接口的语法定义(主要体现为型构),还包括构件的行为、资源约定、例外(Exception)处理机制等[1]。构件集成组装时经常会碰到的一个问题是接口或行为方面的不匹配。例如,图 9‑23 中的 MyDiscount 构件开发完成后,可能发现与产品线体系结构中所预定义的组装接口不一致(如参数个数或类型的不一致)。对于通过第三方获取的构件而言,这种情况更加普遍,特别是 COTS 构件。此时,除了直接对构件代码进行修改外,一个更好的方式就是使用某种适配器完成不匹配构件之间的接口转换,例如使用面向对象设计模式中的"适配器模式"。适配器可以实现的适配能力主要包括[1]:不同构件接口参数个数或类型的不一致;多线程交互中的同步机制;其他的类型不兼容(如消息格式)等。

3. 系统测试和发布

完成系统集成后,所得到的完整系统产品将进行系统测试和发布。与一般软件系统测试不同的是,产品线开发中的应用系统测试不仅用于确认应用需求的实现情况,还承担着对于产品线核心资产(主要是产品线体系结构和领域构件)的质量验证任务。与体系结构和构件一样,应用产品测试也可以复用相应的核心资产,包括测试计划、测试过程、测试用例等。

完成系统测试及必要的修正后,系统产品就可以向客户进行发布了。发布后的用户反馈一方面将用于产品本身的维护和改进,另一方面也应该反馈给核心资产开发,从而辅助产品线核心资产质量的不断改进。

9.5 软件产品线管理

任何成功的软件项目都缺少不了有效的开发管理,软件产品线开发也是这样而且更加复杂。从管理的角度看,软件产品线开发将一系列相似的软件项目纳入到统一的开发管理之中,同时还加入了一个服务于这些项目开发的领域工程过程。因此,软件产品线中存在核心资产(领域工程)和应用产品开发(应用系统工程)两个开发层面,而它们的直接目标和价值取向不尽相同。因此,成功的产品线工程要求从组织的总体商业目标出发,对核心资产和产品开发项目进行统一的管理和协调,这种总体协调必须保证应用产品和核心资产之间能够保持同步[18]。本节将首先分析软件产品线管理中的特殊问题,然后从组织管理和技术管理两个方面介绍软件产品线开发管理。

9.5.1 软件产品线管理中的特殊问题

搭建项目团队、制定项目计划、实施控制、风险管理、项目质量控制、配置管理……这些一般软件项目所包含的管理内容在软件产品线开发中同样存在。与简单的复用或基于构件的软件开发不同,软件产品线开发要求软件组织作为单个统一的实体通盘管理整个产品族[18]。但是软件产品线开发中同时存在核心资产和应用产品两条开发的主线,因此相应的开发管理更加复杂。

软件产品线的系统化复用、大规模定制的根本特性决定了整个产品线开发必须置于统一的管理和协调之中。这种协调必须保持核心资产开发与应用产品开发之间的同步性,也就是说,产品开发必须尽量使用核心资产,而产品线核心资产能够适应应用产品开发和演化的需要[18]。如果每个应用产品开发都抛开核心资产另起炉灶,完全根据自己的需要重新进行设计和实现,那么就无法体现出产品线全面系统的复用式开发所带来的成本、质量和上市时间上的优势。另一方面,如果核心资产脱离应用产品开发和演化的需要,那么复用核心资产将会由便利变为一种负担,推行产品线开发将会遇到极大的阻力。

然而,核心资产开发和应用产品开发具有不同的目标和价值取向。核心资产开发服务于整个产品线,目标是保持面向产品线范围内各个应用产品的通用性和健壮性。这一点决定了核心资产开发在开发计划、实施以及技术决策等方面会以产品线的整体优化为着眼点,不太可能将单个产品的要求放在很高的位置上。而应用产品开发面向特定客户需求,直接承担客户质量和进度上的压力。因此,应用产品开发会以当前应用项目本身的成功为着眼点,虽然在很大程度上受制于产品线的统一设计和开发规划,但会强调所属产品及客户的特殊性。

由此可见,软件产品线管理的突出问题就是核心资产开发和应用产品开发之间在价值取向甚至思维方式都存在很大的差异,但又必须在管理、技术和规范等方面协调一致。这种差异性在传统工业中的生产线制造(如汽车工业)中同样存在,但这些工业制造领域的规范化管理和质量控制相对容易。而软件这种纯逻辑产品的根本特性导致了产品线管理和协调在技术、文化和管理等方面的困难。此外,软件产品线开发并不是一个从核心资产开发到应用产品开发的单向过程,二者都处于相对独立的演化过程之中,同时又相互影响。因此,即使是一个经过精心规划和设计的软件产品线,如果不能很好地协调各个应用产品开发与核心资产开发和演化之间的关系,那么很可能出现各个应用产品各自为政的情况,并最终导致产品线的分崩离析。

9.5.2 软件产品线组织管理

组织管理实践是指整个产品线的正常运转所需要的组织和协调,对应于基本的产品线活动(见图 9 - 1)中的"管理"部分[1]。传统的软件开发中,每个产品都有自己独立的开发团队,他们对产品的所有技术决策负全部责任[1]。然而在产品线开发中,应用产品的开发与核心资产的开发有着密切的关系,一般都会置于统一的产品线管理之中。在产品线开发中,应用产品项目的角色是核心资产开发的消费者,二者在开发组织内构成了一种内部供应链关系[18]。

从某种程度上讲,保持核心资产开发小组和应用开发小组之间不同的开发目标和思维方式是必要的,因为他们在产品线开发中承担着不同的责任、遵循相对独立的开发过程。因此,软件产品线开发中核心资产开发和应用产品开发一般由不同的开发团队担当,即使同属统一的产品线开发管理之下,也会分开进行管理。但是,两类项目的管理者都必须理解自己在产品线中的位置,以及如何服务于产品线的总体目标[18]。例如,在产品线开发中很容易出现的一种情况就是因为某个重要应用项目时间或人手上的不足而派遣某些核心资产开发者临时加入到这些项目中去,因为他们往往具备比较强的开发能力而且对于所要用到的核心资产十分熟悉。但这样做的一个问题是可能会让这些核心资产开发者由于过于接近某个特定项目而失去了所应该坚持的面向整个产品线的开发立场,例如,在核心资产设计和开发中过于倾向某些单个应用产品需求。因此,应该使核心资产开发者明确自己的任务和立场。但适当地参加应用开发项目,获取必要的直观感受,对于核心资产开发者也是必要的,因为这样有助于他们更好地了解应用开发的需要,从而开发出更加健壮、适用的核心资产。

传统的单个软件产品开发项目具有确定的目标客户、独立的成本和时间约束、开发计划等。而软件产品线开发引入了产品线这一新的管理概念。产品线项目管理不仅仅是一种开发协调,还需要强有力的全面管理,这种管理主要由产品线经理担当。产品线经理扮演着双重角色,一方面要为单个应用项目的开发提供必要的支持(如核心资产等)和约束(如开发的过程和技术规范等),同时还要建立产品线的总体开发指南、方针和规程[18]。

从总体上看,软件产品线的管理任务包括:管理整个产品线的运作,包括核心资产和产品开发;建立并且追踪产品线目标的实现;设置新的策略方向;使整个组织处于就绪状态[17]。与一般软件项目管理的区别在于:没有预先定义的结束点;侧重于高层监管而不是传统的中层管理;侧重于战略级的管理活动而不是单个项目管理[18]。这种新的开发和管理模式有别于传统的软件项目,因此首先必须在整个产品线团队内部明确宣扬产品线开发的思想和理念,使得产品线取代传统的单个软件项目成为所有人努力奋斗的目标。此外,还需要从管理架构、激励机制、资源保障等各个方面建立起适应产品线开发需要的管理机制。Clements 等在文献[1]中向产品线管理者们推荐了如下这些管理实践:

(1) 清晰地定义并描述软件产品线的思想,利用各种场合持续地宣扬这一思想;

(2) 明确整个团队、各个小组以及个人在产品线内的工作目标,这些目标都必须与产品线的总体目标和策略相一致;

(3) 建立适当的晋升和激励机制,为遵循产品线开发规范生产产品、对产品线改进做出贡献以及提供高质量可复用资产的个人进行奖励;

(4) 公开、持续地在团队内部交流产品线开发的进展,使每个人都能感受到整个产品线前进的步伐;

(5) 对于那些抵制产品线开发实践推行,缺乏所必需的创造力或者其他达不到产品线开发需要的人,应该坚定地进行裁减;

(6) 了解产品线开发中所涉及的技术变更,尽量通过正式的培训使相关人员获得必要的学习和了解;

(7) 从更高层管理者那里争取到长期、坚定的产品线开发支持,确保产品线正常运作所需要的资金和其他基础设施和资源支持;

(8) 防止产品线开发人员(主要是核心资产开发人员)不必要的精力分散,例如,高层领导或关系密切的客户施压要求他们进行一些针对单个项目的特殊改进;

(9) 利用组织中其他部分或者其他组织的支持和软件资产(如与组织中的资产管理、质量保障部门进行合作),实现跨组织边界的开发工作集成。

9.5.3 软件产品线技术管理

技术管理实践是指那些对核心资产和应用产品的创建及演化所进行的工程化管理,是在技术活动中实现的,对应于基本的产品线活动(见图 9 - 1)中的核心资产和产品开发部分[1]。技术管理与技术开发活动紧密相关,属于软件开发技术与管理的交叉活动,最典型的技术管理是软件配置管理。Clements 等归结的软件产品线开发技术管理实践主要包括[1]:配置管理;数据收集、度量和追踪;构件获取途径(自行开发/购买/挖掘/委托开发)分析;过程定义;产品线范围确定;技术规划;技术风险管理;工具支持。从产品线开发和演化的角度看,配置管理(包括演化管理)的作用最为直接也最为重要,因此这部分主要介绍产品线开发配置管理。

　　软件配置管理是对软件系统构造或维护所用到的开发制品的变更进行评估、协调、审批和实现的一种规范[1]。配置管理是系统、有序的演化管理的基本保障。软件产品线将核心资产及一系列应用产品开发纳入到统一的产品线开发管理之中,因此配置管理的作用显得更为重要。产品线开发中的配置管理可以认为是一般系统配置管理问题的多维版本:核心资产开发构成了一个配置维度,而每个应用产品又构成了一种需要进行管理的配置维度[1]。从图 9 - 1 和图 9 - 2 都可以看出,核心资产开发与应用产品开发虽然相对独立,但存在着很强的相互反馈。在正向的产品线开发中,应用产品在核心资产的基础上通过配置、扩展和修改得到。然而此后,核心资产与应用产品还将处于相对独立的演化过程之中。核心资产的演化包括产品线设计和构件实现的自我改进优化,也可能是某些应用产品反馈后而进行的Bug 修正和扩充。应用产品则可能由于直接客户的需求变更而发生演化。二者之间的演化必须在产品线管理的统一控制和协调下进行反馈和同步。如果没有这样的统一演化控制和指导,那么整个产品线演化可能处于混乱状态,而整个产品线的质量和完整性也会逐渐退化[19]。

　　从演化管理的角度看,保持核心资产开发与应用产品开发的完全同步是不太现实的。应用产品开发可能需要在面临较为紧迫的修改要求时,暂时抛开一些产品线约束而直接对系统进行修改;相反,应用产品开发也可能为了产品稳定性的考虑(修改后的系统需要重新进行测试和验证等)而暂缓接受产品线核心资产的一些更新。这样一来,核心资产与应用产品之间常常会处于不一致的状态之中。从现实的眼光看,这种暂时的不一致应该是允许的,只是产品线配置和演化管理必须通过某种机制定期地进行必要的同步和反馈,从而使整个产品线处于动态的平衡和协调之中。

　　总的来看,产品线配置管理比单个系统的配置管理复杂得多,具体体现在以下 4 个方面[20]:

　　(1) 单个系统的每个版本都有一个与之相关的配置,而产品线开发中每一个产品的每一个版本都有一个相关的配置;

　　(2) 在单个系统开发中,每个产品及其版本都可以独立地进行配置管理,而产品线开发中整个产品线必须置于统一的配置管理之中;

　　(3) 产品线配置管理必须对核心资产基础的配置以及产品开发者的使用情况进行管理;

　　(4) 只有最强大的配置管理工具才能用于产品线配置管理。

　　由于软件产品线同时管理着一系列基于同样的产品线基础设施但又有所差异的应用产品,因此不同的产品版本配置的记录、查询和恢复是产品线配置管理需要具备的基本能力。这个问题可以形象地描述如下:"当一个客户打电话过来说他所用的产品版本无法正常运行了,那么在开始错误检查之前必须首先从众多的应用产品中找到相应的产品及其版本并复制一份产品发布"[1]。软件产品线配置管理工具、过程及环境必须提供以下这些能力[1]:

（1）并行开发,允许不同的工作分支在无冲突的情况下同时工作,并保证他们最终的合并;

（2）分布式开发,允许开发团队位于不同的地方同时支持异质的配置管理环境;

（3）构造和发布管理,支持从单个构件到整个系统的构造能力以及最终用户产品版本的发布;

（4）变更管理,支持变更权限管理、变更计划、变更追踪、变更传播以及变更影响分析等能力;

（5）配置和工作空间管理,支持各个开发者创建自己的配置和工作空间;

（6）过程管理,包括各种制品的生命周期管理、相关的开发角色和责任、配置项标识和属性管理等;

（7）库管理,提供配置项、版本管理、分支等信息的存储以及查询功能。

本章参考文献

［1］ Paul Clements，Linda Northrop 著,张莉,王雷译.软件产品线实践与模式.清华大学出版社,2004.

［2］ 杨芙清,梅宏,李克勤.软件复用与软件构件技术.电子学报,1999,27(2):68-75.

［3］ Wei Zhang，Hong Mei，Haiyan Zhao．"Feature-driven Requirement Dependency Analysis and High-level Software Design"．Requirements Engineering(RE'06)，2006,pp.205-220.

［4］ Klaus Pohl，Günter Böckle，Frank van der Linden．Software Product Line Engineering：Foundations，Principles，and Techniques．Springer Berlin Heidelberg New York，2005.

［5］ Hafedh Mili，Ali Mili，Sherif Yacoub，Edward Addy 著,韩柯等译.基于重用的软件工程—技术、组织和控制.电子工业出版社,2004.

［6］ Kyo Chul Kang，Sajoong Kim，Jaejoon Lee，Kijoo Kim，Euiseob Shin，Moonhang Huh．FORM：A Feature-Oriented Reuse Method with Domain-Specific Reference Architectures．Annals of Software Engineering，1998,5(1):143-168.

［7］ Charles Krueger．Eliminating the Adoption Barrier．IEEE Software，2002,19(4):29-31.

［8］ Klaus Schmid，Martin Verlage．The Economic Impact of Product Line Adoption and Evolution．IEEE Software，2002,19(4):50-57.

［9］ Kang K，Cohen S，Hess J，Nowak W，Peterson S．Feature Oriented Domain Analysis（FODA）Feasibility Study．Technical Report，CMU/SEI-90-TR-21，Software Engineering Institute，Carnegie Mellon University，1990.

［10］ Xin Peng，Wenyun Zhao，Yunjiao Xue，Yijian Wu．"Ontology-Based Feature Modeling and Application-Oriented Tailoring"．International Conference on Software Reuse（ICSR'06），2006,pp.87-100.

［11］ Philippe B Kruchten．The 4+1 View Model of Architecture．IEEE Software，1995,12(6):42-50.

［12］ Xin Peng，Liwei Shen，Wenyun Zhao．"Feature Implementation Modeling based Product Derivation in Software Product Line"．International Conference on Software Reuse（ICSR'08），2008,pp.142-153.

［13］ Eric M Dashofy，André Van der Hoek，Richard N Taylor．"A Highly-extensible，XML-based Architecture Description Language"．Working IEEE/IFIP Conference on Software Architecture（WICSA'01），2001,pp.103-112.

［14］ Rick Kazman，Gregory Abowd，Len Bass，Paul Clements．Scenario-based Analysis of Software Architecture．IEEE Software，1996,13(6):47-55.

[15] Rich Kazman, Mark Klein, Paul Clements, Norton L Compton, Lt Col. "Method for Architecture Evaluation". Technical Report, CMU/SEI - 2000 - TR - 004, Pittsburgh: Software Engineering Institute, Carnegie Mellon University, 2000.

[16] Femi G Olumofin, Vojislav B. Mi̇̆si'. "Extending the ATAM Architecture Evaluation to Product Line Architectures". Working IEEE/IFIP Conference on Software Architecture (WICSA'05), 2005, pp. 45 - 56.

[17] Michalis Anastasopoulos, Cristina Gacek. "Implementing Product Line Variabilitites". Symposium on Software Reusability (SSR'01), 2001, pp. 109 - 117.

[18] Paul C Clements, Lawrence G Jones, Linda M Northrop, John D McGregor. Project Management in a Software Product Line Organization. IEEE Software, 2005,22(5):54 - 62.

[19] John D McGregor. "The Evolution of Product Line Assets". Technical Report, CMU/SEI - 2003 - TR - 005, ESC - TR - 2003 - 005, June 2003.

[20] Software Engineering Institute, Carnegie Mellon University. A Framework for Software Product Line Practice, Version 5. 0. http://www. sei. cmu. edu/productlines/frame_report.

第 10 章

软件开发新技术

随着软件系统的规模、复杂性和变化性的不断增长，传统的结构化开发方法和面向对象开发方法的局限性表现得越来越突出。与之相应，一些新的软件开发技术不断涌现出来，形成了对现有方法的提升和补充。本章选取并介绍 3 种软件开发新技术，即面向方面的编程（AOP）、面向特征的编程（FOP）、模型驱动的体系结构（MDA）。面向方面的编程方法提出了一种新颖的模块化编程思想，从而支持横切关注点的封装和编织；面向特征的编程方法以面向需求的特征模块作为基本单元，使得开发者可以以特征驱动的方式实现系统的灵活装配；模型驱动的体系结构将模型置于软件开发的核心地位，通过软件模型的开发以及不同类型模型之间的转换实现软件开发过程。

10.1　面向方面的编程

面向方面的编程（Aspect-Oriented Programming，简称 AOP），又称面向切面的编程，是在面向对象的编程（Object-Oriented Programming，简称 OOP）基础上发展起来的一种支持横切关注点解耦和模块化封装的编程方法。通过将 AOP 与 OOP 相结合，开发人员可以生产出更加易于理解、修改和维护的程序。

10.1.1　AOP 概述

一直以来模块化都是处理复杂软件系统结构的基本方法。结构化方法提供了基于过程和函数的模块化；而面向对象方法提供了基于类和方法的模块化，并得到了广泛应用。但是随着软件开发技术的发展，人们逐渐发现这种单一维度的模块化并不能完全满足软件开发的需要，无法很好地支持具有横切（Crosscutting）特性的用户需求的模块化实现。针对这一问题，施乐（Xerox）公司的研究人员提出了方面的概念。在此基础上逐渐发展出了面向方面的编程技术，并产生了一些支持 AOP 的开发工具。AOP 允许对软件系统中多种关注点进行独立描述，同时又能将这些关注点组合到同一个系统中[1]。随着 AOP 技术的不断发展，面向方面的思想逐渐从编程渗透到分析、设计、测试等其他软件开发阶段，从而形成了完整的面向方面的软件开发方法 AOSD（Aspect-Oriented Software Development）以及面向方面的软件工程 AOSE（Aspect-Oriented Software Engineering）。

软件需求是用户或相关干系人对于软件系统能力的一种期望和要求。而关注点（Concern）则是指特定用户或干系人对系统能力某个方面的一种期望和要求。从实现的角度看,关注点是与某个目标、特性、概念或一类功能相关的任何代码[2]。各种功能及非功能关注点的综合构成了整个软件系统。例如,围绕图书馆管理系统,图书管理员、采购人员、图书馆负责人、读者等不同干系人对系统有不同的功能要求:图书馆读者希望系统能够提供在线查询和预约功能,系统管理员则关注于系统安全性(如要求提供系统日志)和可靠性(如要求提供自动数据备份和系统宕机时的自动通知功能)。在此基础上所开发出来的软件系统正是对所有这些关注点的综合考虑和权衡(如果发生冲突,那么可能根据一些原则进行权衡取舍)之后的结果。因此,关注点分离(Separation of Concerns)成为现代软件开发追求的一个目标之一。关注点分离要求各种关注点能够以一种模块化的方式相对独立地分别进行描述、实现和维护,同时能够组合在一起构成完整的软件系统。这样,目标软件系统的开发任务就能够以关注点为单位进行分解,并分配给不同的开发者承担。这些开发者只需要熟悉某一个方面的软件开发技术,例如业务功能实现、数据库开发、网络开发等,进一步促进软件开发的专业化分工,从而提高软件开发的效率和质量,降低复杂软件系统的开发难度。另一方面,关注点分离也将为软件系统的演化和维护带来便利:开发者可以很容易地以模块化的方式向已有的系统增加新的关注点,或者很快定位到相关的模块进行修改。

然而在目前的软件开发模式下,关注点分离的目标很难达到。这是由于目前的程序设计框架都只支持某种特定的分解维度。例如,面向对象范型被认为是软件开发历史上最重要的贡献之一[2],而且现在仍然很流行。在面向对象的开发方法中,类和方法是基本的模块化单元,提供相应的数据和行为封装机制。这种观点与我们认识现实世界的方式一致,而且进一步促进了以类为单位的软件复用,因此得到了广泛的认同。然而,面向对象的分析和设计方法并不能提供我们所期望的关注点分离的能力。开发者必须以类和方法为单位组织系统的实现模块,而这种单一维度的模块化机制往往导致关注点的分散和混杂,主要体现为以下两个问题:

(1) 代码交织(Code Tangling):多个关注点的实现代码混杂在同一个模块中;

(2) 代码散布(Code Scattering):与同一个关注点相关的实现代码分散在多个模块中。

例如,在一个图书馆管理系统的代码中,与“系统安全”这一关注点相关的日志(Logging)功能虽然封装为一个公共方法,但与之相关的登录(Login)、借书(Borrow)、还书(Return)、新书录入(BookInput)等方法都包含与日志相关的代码,包括参数准备以及Logging方法调用等。在这个示例中,Logging方法的问题就是一种代码散布;而Book类中同时包含处理借书和还书的业务逻辑、数据库访问、日志等多种关注点的实现代码,体现了代码交织的问题。这两个问题导致多个关注点难以做到逻辑分离,类之间的关系复杂,同时也导致系统维护和代码复用的困难。

为了解决这种横切关注点的代码交织和散布问题,人们引入了方面的概念以及面向方面的编程AOP。AOP并不是一种全新的开发方法,它建立在已有的编程技术基础上(如大多数AOP语言都建立在面向对象编程的基础上),为横切关注点提供相应的模块化机制(方面),同时支持不同的方面代码与基本模块的组合。AOP允许开发者在基本的模块化结构基础上,对系统的横切部分进行模块化的编码[2]。面向方面的编程机制如图10-1所示,开发者可以按照编程语言提供的基本模块化机制(如面向对象语言中的类和方法)对系统的主要业务需要进行分解和实现,同时将横切关注点实现为单独的Aspect,二者的开发完全独立。为了实现最终的组合,需要在基本模块上定义Aspect的插入点(又称为连接点,

JoinPoint)。在此基础上,编织(Weaving)工具将 Aspect 代码插入到预定义的连接点上,从而得到最终的可运行程序。由于编织是由工具自动进行的,因此从开发者的角度看 AOP 实现了横切关注点的分离和模块化开发。

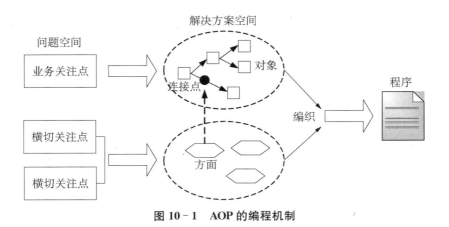

图 10-1　AOP 的编程机制

　　围绕面向方面的软件开发产生了一系列的概念,不同的人对于这些概念的理解并不完全一致。因此,在介绍 AOSD 的基本思想之前,首先对相关的 9 个概念进行介绍,其中的概念定义参考了文献[1],并进行了改写和整理。

　　(1) 关注点(Concern):特定用户或干系人(包括软件系统的开发方)对系统能力某个方面的一种期望和要求,包括从高层需求(如"系统应该具有高安全性")到底层的实现问题(如"交易数据必须加密传输")。有些关注点与目标系统的某个局部实现相关(如"查询处理过程中鼠标应该呈现漏斗状"),有些涉及系统的某个总体属性(如"响应时间应该小于 1 秒"),有些与系统的内部实现方式相关(如"程序员应该使用有意义的变量名"),还有一些则与系统的行为相关(如"所有的数据库变化都应该记录日志")。总的来讲,以上这些都是关注点,但 AOSD 技术主要关注于最后一类,即系统行为关注点。

　　(2) 方面(Aspect):方面是一种被设计用来实现一个关注点的模块化单元。一个方面的定义可能包括一些代码(或称为通知,将在后面介绍)和在哪些地方(Where)、什么时候(When)以及如何(How)调用这些代码的指令。有些方面语言提供层次化的方面构造,并且支持方面以及方面与基础系统交互描述的分开定义。

　　(3) 连接点(Join Point):连接点是程序结构或者程序执行流上的一种良定义(Well-Defined)的位置,在这些位置上可以插入其他新的行为。连接点模型定义了所有允许的连接点类型,为方面定义中的连接点引用提供了公共的基础。具体的连接点类型要看某个 AOP 语言所支持的连接点模型。最常见的连接点是程序中的方法调用,此外典型的连接点还包括属性的定义和访问、异常(Exception)抛出等。例如,在图书馆管理系统中我们可以使用方法调用连接点定义一个方面,该方面旨在所有对 Borrow 方法的调用语句之前进行日志记录。

　　(4) 通知(Advice):通知是将在连接点上执行的行为。例如,在前面的例子中执行日志记录的代码就是一个通知。一般的 AOP 语言都会提供在目标连接点之前(Before)、之后(After)、周围(Around,即之前和之后)或替代连接点处原有逻辑的(Instead of)执行通知的能力。在 AOP 中基本程序的开发者对于将插入到其中某处运行的方面代码是毫不知情的,这一点有利于关注点分离的实现。与之形成鲜明对比的是,传统编程语言中子程序必须显式地通过调用语句来调用。

（5）切入点指示器(Pointcut Designator)：切入点指示器在方面的定义中通过某种机制描述一系列的连接点作为通知的插入目标。切入点指示器是一个重要的 AOP 特性,因为它提供了一种使用单个语句指定在多个位置上插入某种行为的能力。例如,我们可能会要求在"所有访问数据库的地方"都插入一个记录日志的通知。这种多量化(Quantification)机制使得我们不必一一列举所有目标连接点,因此也降低了方面代码误调用的可能性。

（6）组装(Composition)：从抽象的角度看,组装就是将一系列单独开发的软件单元组织在一起。不同的语言提供了不同的组装机制,包括子程序调用、继承等。软件开发过程中,组装的一个重要问题是如何保证各个部分"恰当地"组装在一起,例如,能够在开发阶段就对组装中发生的不兼容进行警告。常用的组装保证机制包括子程序型构的类型检查以及 Java 等编程语言所提供的接口机制。

（7）编织(Weaving)：编织是将核心功能模块与方面组装到一起从而得到完整系统的过程。目前的 AOP 语言支持几种不同的编织机制,包括静态地将方面与基程序的代码编译到一起、在代码引导的时候动态地插入方面、通过修改解释器来执行方面等。

（8）静态与动态(Static and Dynamic)：本章关于方面技术的讨论经常会提到这两个术语,例如静态和动态的编织机制。一般而言,静态是指在程序开始执行之前就确定下来的事务,一般是在编译时;动态的操作则在执行时发生。编织过程既可以是静态的也可以是动态的,这取决于编织的实现是依赖于编译机制、引导机制(这两种是静态的),还是运行时监控(动态)机制。编译时的编织依赖于原始代码的编译时结构,运行时编织则依赖于程序执行的运行时时间。

（9）主导分解结构的专制(Tyranny of the Dominant Decomposition)：一般认为方面是施加在"基本"程序之上的一类附加物,这种思想将方面与"基本"程序区分开来,体现了一种主导分解结构的"专制"。然而另一种观点则认为所有的代码元素都是对等的,而面向方面的软件开发就是提供一种语言将这样的元素编织到一起。两种观点分歧所隐含的另一个问题是,方面行为是否可以施加在方面自身之上,即是否允许方面之间进行编织。对等的方面观点使得整个方面的契约式声明机制更加完整,而付出的代价是 AOP 语言底层实现的复杂度大大提高。

10.1.2 AOP 与 OOP 的关系

面向对象的编程方法是在面向过程的编程思想上发展起来的,而 AOP 又是对 OOP 的一种改进,有效解决了 OOP 中单一维度模块化所引起的问题。

AOP 的提出并不是为了完全替代 OOP。当前,OOP 仍然是模块化软件开发中的主流技术,因此对方面的使用仍然属于一种辅助的手段。AOP 主要是为了解决 OOP 无法统一地处理横切关注点,即与关注点相关的代码交织、散布在各个模块中的问题。再以图书馆管理系统为例,在 OOP 方法中,请求记录日志的功能代码可能散布在不同类的不同方法中,此时对该请求代码的修改将会涉及程序的多个位置,这样就会增加系统的维护成本。若使用 AOP 技术来完成相同的记录日志功能时,可将记录日志的模块实现为一个方面,通过"横切"的方式,将 OOP 构建的以类为单元的体系结构进行"水平"切割。在这种程序结构下,可提高程序代码尤其是方面代码的可复用性,同时也会降低修改日志功能的代码所带来的维护成本(仅需修改方面代码而无需修改被编织的类代码)。

然而,从设计理念上来看,AOP 和 OOP 是完全不同的两种设计思想。OOP 的目标是划分出清晰且高效的逻辑单元,它将需求功能"垂直"划分为相对独立、封装良好的类,并且通过封装、继承和多态来建立一种对象层次结构,并模拟公共行为。不同的是,AOP 提取并封装那些在业务处理过程中普遍存在的方面,尤其是与业务功能相关的非功能性需求关注点(如权限控制、安全性等),它将这些方面组织成"横向"的逻辑划分单元,并利用 AOP 将这些单元自动耦合进那些"垂直"的类单元中去。

10.1.3 AOP 的实现框架与工具

AOP 是一种抽象的思想与技术,真正实现 AOP 则需要具体的语言与工具的支持。AOP 的实现框架能够提供以下机制:其一是一套语言规范或编程规范,这套规范为定义连接点、切入点、方面、编织等一系列的 AOP 组成元素提供了准则;其二是一套将方面模块的逻辑编织到系统中去的具体实现机制。

随着 AOP 技术的不断发展,现在已经有多种框架和工具实现 JAVA,C♯,C++ 等语言的面向方面的编程。比较成熟的 AOP 实现框架包括 AspectJ [3],AspectWerkz[4],JBoss AOP[5],Spring AOP[6],AspectSharp[7],AspectC++[8]等。

以下将主要介绍针对 Java 的 AOP 实现框架。在展开这些框架之前,首先给出一个基于 AOP 实现的应用实例(即实例 10-1)。该实例是一个 Bank 类,其中包含两个方法:Deposit(存钱)和 Withdraw(取钱)。为了保证这两个方法所涉及的用户账户资金等重要信息的安全性,在编写完 Deposit 与 Withdraw 的核心逻辑后,需要为这两个方法分别添加与安全认证相关的代码。此外,为了保证数据的完整性,需要再次给 Bank 类的每个操作数据库的方法添加与事务控制相关的代码。新增这两部分代码后的 Bank 类及其方法的定义如图 10-2 所示。

```
Public class Bank
{
    public float deposit(AccountInfo account, float money)
    {
        // 验证 account 是否为合法用户的代码
        // 开启事务的代码
        // 增加 account 账户的金额,返回账户的当前余额
        // 终止事务的代码
    }
    public float withdraw(AccountInfo account, float money)
    {
        // 验证 account 是否为合法用户的代码
        // 开启事务的代码
        // 减少 account 账户的金额,返回取出的数额
        // 终止事务的代码
    }
}
```

图 10-2 实例 10-1 的 Bank 类的代码

软件工程∷方法与实践

从图 10-2 中的代码可以看到,这些与核心逻辑无关的代码重复分散在整个程序中。另一方面,这些提供辅助功能的代码也有可能被多个类同时使用。因此,该实例中所涉及的安全认证、事务等业务功能可被理解为面向方面编程技术中的 Aspect。以下将使用该实例展示各种 AOP 框架的特点与能力。

10.1.4 AspectJ 简介及其应用实例

AspectJ 是一个基于 Java 语言、相对比较成熟且完整的 AOP 实现框架。

在语法层次上,AspectJ 对 Java 语言进行了扩展,加入了一些与面向方面技术相关的关键字与语法结构。开发者需要遵循 AspectJ 语法来编写通知(Advice)代码并且指定切入点(Pointcut)。在方面编织的层面,AspectJ 属于静态编织。由 AspectJ 编写出的方面代码需要通过 Ajc 编译器合并进目标程序并被编译成普通的 Java 字节码,因此基于 AspectJ 开发出的应用系统可以运行在任何 Java 平台上。

AspectJ 的语法规范定义了面向方面编程中方面、连接点、切入点、通知等基本概念的语法规则[9]。

1. 方面

方面封装切入点、通知以及通知的实现代码;另外,方面还可以对一个类进行修改,包括改变其继承关系、定义实现的接口、增加属性与方法等。方面一般被定义在一个单独的文件中。

声明一个方面的语法与声明一个类的语法基本相同,仅使用 aspect 替代 class 关键字。在 aspect 之前可以附加可选的表示方面特性的修饰符(abstract,public 或 final),方面的实现体放置于一对大括号中。

2. 连接点

类中的一个方法、一个属性、一条语句、构造函数等都可作为连接点。AspecJ 中的连接点有下面 8 种形式,它们通过连接点关键字(如 call 与 execution 等)进行区分。

(1) 方法调用(Method call):当方法被调用时;

(2) 方法执行(Method execution):当方法体的内容执行时;

(3) 构造函数调用(Constructor call):当构造函数被调用时;

(4) 构造函数执行(Constructor execution):当构造函数的函数体内容执行时;

(5) 对象初始化(Object initialization):当一个类被初始化时;

(6) 属性设值(Field set):当设置属性的值时;

(7) 异常处理(Handler execution):当执行异常处理的代码时;

(8) 通知执行(Advice execution):当某一个方面的通知执行时。

3. 切入点

AspectJ 中的切入点具有两种类型:一种是基本切入点,另一种是由基本切入点组合而成的组合切入点。

通过将连接点关键字与代码上下文进行结合,可以声明 AsepctJ 中的基本切入点:

(1) 与方法相关的切入点:call(MethodPattern),execution(MethodPattern);

(2) 与属性相关的切入点:get(FieldPattern),set(FieldPattern);

(3) 与对象构造相关的切入点:call(ConstructorPattern),execution(ConstructorPattern),initialization(ConstructorPattern),preinitialization(ConstructorPattern);

（4）与类初始化相关的切入点：staticinitialization（TypePattern）；

（5）与异常处理相关的切入点：handler（TypePattern）；

（6）与通知执行相关的切入点：adviceexecution（）；

（7）基于状态的切入点：this（Type or Id），target（Type or Id），args（Type or Id or "．．"，…）；

（8）与控制流程相关的切入点：cflow（Pointcut），cflowbelow（Pointcut）；

（9）与程序内容结构相关的切入点：within（TypePattern），withincode（MethodPattern），withincode（ConstructorPattern）；

（10）与语句相关的切入点：if（BooleanExpression）。

使用集合运算符可以将基本切入点集成为组合切入点。集合运算符主要包括"&&"（逻辑与）、"‖"（逻辑或）和"!"（逻辑非）这3种。

4．通知

AspectJ需要定义通知的类型，该类型用于规定通知与切入点的关系，即通知的实现代码被编织入切入点的时机。类型主要包括以下5种：

（1）before（pointcut）：通知的实现代码在切入点之前执行；

（2）after（pointcut）returning［（pointcut）］：通知的实现代码在切入点正常返回后执行；

（3）after（pointcut）throwing［（pointcut）］：通知的实现代码在切入点抛出异常时执行；

（4）after（pointcut）：通知的实现代码在切入点完成后执行；

（5）Type around（pointcut）：通知的实现代码将代替原有方法的执行，并可通过手动调用的方式（使用proceed（））在该通知代码中调用原有的方法。

5．编织

AspectJ的静态编织机制提供两种编织方式，分别是编译器织入及类加载器织入。编译器织入是指直接使用AspectJ提供的编译器来编译整个应用程序。类加载器织入是AspectJ5在合并了AspectWerkz后才被引入的，这种编织方式使用AspectJ提供的类加载器，在加载类到虚拟机的时候立刻进行编织。AspectJ提供ajc命令将方面编织入目标代码，生成Java的字节码文件。

若使用AspectJ实现实例10-1所示的代码编织场景，那么仅需提供两个Aspect：认证Aspect与事务Aspect。

AuthAspect．java是认证Aspect的实现代码，如图10-3所示。

```
public aspect AuthAspect
{
    pointcut bankMethods() : execution ( * Bank.deposit(...)) || execution ( * Bank.withdraw (...));
    Object around(): bankMethods()
    {
        // 验证 account 是否为合法用户的代码实现
        return proceed();
    }
}
```

图 10-3　提供认证功能的 AuthAspect

TransactionAspect. java 是事务 Aspect 的实现代码,如图 10‐4 所示。

```
public aspect TransactionAspect
{
    pointcut bankMethods(): execution( * Bank.deposit(...)) || execution ( * Bank.withdraw (...));
    Object around(): bankMethods()
    {
    // Begin Transaction 的代码实现
    Object result = proceed();
    // End Transaction 的代码实现
    return result;
    }
}
```

图 10‐4　提供事务功能的 TransactionAspect

在这两个 Aspect 中,切入点都被声明为"pointcut bankMethods(): execution (* Bank. deposit(...)) || execution (* Bank. withdraw (...))"。bankMethods 是这个切入点的名称,它表示了 Bank 类的 Deposit 和 Withdraw 方法执行时的连接点。另外,在这两个 Aspect 中定义的通知均为 around 环绕通知,表示使用 Aspect 中定义的通知代码代替原有业务行为的执行。

随后,使用 Ajc 编译器针对 AuthAspect. java,TransactionAspect. java 以及 Bank. java 进行编译,编译器会将方面中的通知代码编织入目标类的相应位置,最后得到与修改目标类相同的结果。

这个编织过程具体如下:AspectJ 从待编译的文件列表中取出所有的文件名,读取并分析这些文件。若 AspectJ 发现一些文件含有 Aspect 的定义(实例 10‐1 中即 AuthAspect 和 TransactionAspect),那么 AspectJ 就会根据这些 Aspect 的代码内容,找到被编织源代码 (Bank. java)的相应织入位置,而后织入通知的实现代码,从而完成对被编织源代码的修改。我们进一步以编织 AuthAspect 为例,AspectJ 读取 AuthAspect 的定义,发现 pointcut bankMethods(),该 pointcut 表示所有的对 Bank 类的 Deposit 和 Withdraw 方法进行调用的执行点。AspectJ 继续读取 AuthAspect 的定义,发现 around()通知。通知的实现代码中包括验证 account 是否为合法用户的代码以及 proceed()。因此,根据 Pointcut 的定义,AspectJ 会将这段代码替换已有的 Bank. deposit 和 Bank. withdraw 方法的执行,由于增加了 proceed(),也可以视作将验证 account 的代码加入到 Deposit 和 Withdraw 这两个方法的执行之前。AspectJ 对于 TransactionAspect 的处理与对 AuthAspect 的处理类似。

10.1.5　Spring AOP 简介及其应用实例

Spring 是一套实现了 AOP 的框架,它允许开发者在应用 Spring 的系统中直接进行 AOP 编程,以解决应用程序中横切关注点的问题。

Spring 框架使用纯 Java 的方式实现 AOP,因此不需要像 AspectJ 那样依赖专门的编译器或类加载器来实现方面织入。相反,Spring AOP 的编织过程是在运行时由 Spring 使用 Java 的代理机制来完成的。Spring AOP 依赖于 Spring 的核心 IOC 容器,并与容器融为一体,对 AOP 的方面及编织的定义可以在配置文件中声明。

Spring 只支持与方法调用相关的连接点，不支持属性连接点和构造函数连接点。Spring 2.0 参考了 AspectJ 的诸多设计及用法，提供易于理解的 AOP 配置方式来声明方面、切入点、通知等，同时还提供 Java5 注解标签来标识 AOP 的相关信息。

以下介绍 3 种在 Spring 2.0 中较为常用的 AOP 配置方式。

1. 使用@AspectJ 标签配置 Spring AOP

AspectJ5 允许使用 Java 注解来取代专门的 AOP 语法，把普通的 Java 类（POJO）声明为方面。Spring 2.0 通过引用 AspectJ 中的一个库来对切入点表达式进行定义和解析，从而提供对 AspectJ 标签的支持。因此，可以直接在 Java 类中使用相关的注解来标识方面模块中的各个部分。另外，需要在 Spring 的配置文件中使用<aop：aspectj-autoproxy/>来开启识别具有注解标签的 POJO 功能。

在这种方式下，若要定义一个方面，只需把带有@AspectJ 标签的 Java 类配置成一个普通的 bean 即可。针对实例 10 - 1，首先需要在 Spring 配置文件中进行如图 10 - 5 所示的配置。

```
<beans xmlns ="http://www.springframework.org/schema/beans"
        xmlns:xsi="http://www.w3.org/2001/XMLSchema-instance"
        xmlns:aop="http://www.springframework.org/schema/aop"
        xsi:schemaLocation ="http://www.springframework.org/schema/beans
        http://www.springframework.org/schema/beans/spring-beans-2.0.xsd
        http://www.springframework.org/schema/aop
        http://www.springframework.org/schema/aop/spring-aop-2.0.xsd">
    <aop:aspectj-autoproxy />
    <bean id="AuthAspect" class ="AuthAspect"></bean>
    <bean id="Bank" class ="Bank"> </bean>
</beans>
```

图 10 - 5　Spring 配置文件对 AOP 的配置

其中，所定义的方面类 AuthAspect 的内容如图 10 - 6 所示。

```
import org.aspectj.lang.annotation.Aspect;
import org.aspectj.lang.annotation.Around;
import org.aspectj.lang.ProceedingJoinPoint;
@Aspect
public class AuthAspect
{
    @Pointcut("execution ( * Bank.deposit(...)) || execution ( * Bank.withdraw (...))" )
    public void auth(){}

    @Around("auth ()")
    public Object authUser(ProceedingJoinPoint joinPoint) throws Throwable {
        // 验证 account 是否为合法用户的代码
        Object retVal = joinPoint.proceed();
        return retVal;
    }
}
```

图 10 - 6　Spring 2.0 中使用 AspectJ 标签定义方面

在如图 10‐6 所示的代码中,通过标签定义了切入点 Auth,同时定义了通知 AuthUser。这两者实现在取款和存款前首先验证是否是合法用户的功能。需要注意的是, Spring 当前只支持部分的通知标签,包括@Before,@AfterReturning,@AfterThrowing, @After,@Around 这 5 种。

2. 基于 Schema(模式)配置 Spring AOP

使用基于 Schema 来配置 Spring AOP 的方式是在 Spring 配置文件中通过 AspecJ 语言 表达式来定义切入点,并配置相关的通知实现方法。

在配置文件中,将所有关于 AOP 配置的信息统一放置在<aop:config>标签内,其形式 可如图 10‐7 所示。

```
<aop:config>
    <aop:pointcut id="somePointcut" expression="someExpression"/>
    <aop:aspect id="someAspect" ref="someBean">
        <aop:before/after/around/... pointcut-ref="somePointcut" method="someMethod".../>
    </aop:aspect>
</aop:config>
```

图 10‐7　包含 AOP 配置信息的 Spring 配置文件结构

图 10‐7 中的<aop:config>下定义了切入点(Pointcut)和方面(Aspect)。方面中引用 外部定义的切入点,该切入点也可以在多个其他的方面中被引用。另外,方面指定通知类型 以及被调用的通知方法。除了图 10‐7 所示的方式之外,也可使用其他的 AOP 配置信息描 述方式。例如,在方面定义中内嵌切入点的定义,此时该切入点一般只被外层的方面使用。 另外,可以在声明通知时直接定义匿名的切入点(使用 pointcut 标签代替 pointcut-ref),该切 入点仅与该通知关联。

使用通知器(Advisor)是定义 AOP 配置信息的另一种方式,可以认为通知器是一种特 殊的方面,通常一个通知器仅包含一个切入点和一个通知,而方面所包含的切入点和通知没 有数量限制。通知器通过<aop:advisor pointcut="expression"|pointcut-ref=" pointcutId" advice-ref="adviceBeanId"/>的形式定义在配置文件中。

针对实例 10‐1,可以使用 AuthAspectBean 来实现验证用户的功能,其代码如图 10‐8 所示。

```
public class AuthAspectBean {
    public void authUser()
    {
        // 验证 account 是否为合法用户的代码
    }
}
```

图 10‐8　实现验证用户功能的 AuthAspectBean

在 Spring 配置文件中对该 AOP 的相关配置如图 10‐9 所示。

```
<? xml version="1.0" encoding ="UTF-8"? >
<beans xmlns ="http://www.springframework.org/schema/beans"
    xmlns:xsi="http://www.w3.org/2001/XMLSchema-instance"
    xmlns:aop="http://www.springframework.org/schema/aop"
    xsi:schemaLocation ="http://www.springframework.org/schema/beans
    http://www.springframework.org/schema/beans/spring-beans-2.0.xsd
    http://www.springframework.org/schema/aop
    http://www.springframework.org/schema/aop/spring-aop-2.0.xsd">
    <aop:config >
        <aop:pointcut id="myPointcut" expression ="execution ( * Bank.deposit(...)) || execution
            ( * Bank.withdraw (...))" />
        <aop:aspect id="AuthAspect" ref =" AuthAspectBean ">
            <aop:around pointcut-ref=" myPointcut" method=" authUser" />
        </aop:aspect >
    </aop:config >
    <bean id="AuthAspectBean" class ="AuthAspectBean" ></ bean>
    <bean id="Bank" class ="Bank" > </bean>
</beans >
```

图 10 - 9　使用基于 Schema 配置 AOP 的配置文件内容

3. 基于 API 配置 Spring AOP

仅依赖于 Spring AOP 的 API,也可实现方面的定义与编织。

以实例 10 - 1 的编织场景为例,开发者需要在 Spring 的配置文件(图 10 - 10)中分别配置一个代表待编织对象的 targetBean(Bank),一个代表通知具体实现的 adviceBean(AuthAdviceBean),一个代表切入点描述的 pointcutBean,一个代表方面模块、引用通知和

```
<! DOCTYPE  beans PUBLIC "-//SPRING//DTD BEAN//EN"
        http://www.springframework.org/dtd/spring-beans.dtd" >
<beans >
    <bean id="Bank" class ="Bank"> </bean>
    <bean id="AuthAdviceBean " class ="AuthAdviceBean" > </bean>
    <bean id="pointcutBean" class ="org.springframework.aop.support.NameMatchMethodPointcut">
        <property name="mappedName" value=" * Bank.deposit(...) || * Bank. withdraw (...)">
        </ property >
    </bean>
    <bean id="AuthAspectBean"   class ="org.springframework.aop.support.DefaultPointcutAdvisor">
        <property name="advice" ref ="AuthAdviceBean"></ property >
        <property name="pointcut" ref ="pointcutBean"></ property >
    </bean>
    <bean id="component" class ="org.springframework.aop.framework.ProxyFactoryBean">
        <property name="target" ref ="Bank"></ property >
        <property name="interceptorNames" >
        <list>
            <value > AuthAspectBean </value>
        </list>
        </ property >
    </bean>
</beans >
```

图 10 - 10　基于 Spring API 的配置文件内容

切入点的 aspectBean(AuthAspectBean)，以及一个将方面与待编织对象进行关联的代理工厂 Bean(ProxyFactoryBean)。

在配置文件中定义的通知 Bean(AuthAdviceBean)要实现 MethodBeforeAdvice 及 AfterReturningAdvice 接口，其代码如图 10-11 所示。

```
import java. lang. reflect. Method;
import org. springframework. aop. AfterReturningAdvice;
import org. springframework. aop. MethodBeforeAdvice;
public class AuthAdviceBean implements MethodBeforeAdvice, AfterReturningAdvice {
    //MethodBeforeAdvice 接口要求实现的方法，将在方法内的代码执行之前运行
    public void before(Method method, Object[] args, Object target) throws Throwable {
        authUser ();
    }
    //AfterReturningAdvice 接口要求实现的方法，将在方法执行完后运行
    public void afterReturning(Object returnValue, Method method, Object[] args, Object target)
        throws Throwable {
        //方法执行后运行的代码
    }
    public void authUser ()
    {
        // 验证 account 是否为合法用户的代码
    }
}
```

图 10-11　AuthAdviceBean

10.1.6　JBoss AOP 简介及其应用实例

JBoss AOP 是另一种实现 AOP 的框架。在该框架中，所有的 AOP 都是通过 Java 类来实现的，并且通过 XML 或标签的方式将方面绑定至程序代码。

JBoss AOP 的主要组成部分是通知(Advice)/拦截器(Interceptor)、引介(Introduction)、元数据(Metadata)和切入点(Pointcut)。其中，JBoss AOP 使用拦截器来实现通知。拦截器可以用于拦截方法调用、构造器调用和域访问，并将通知的内容织入相应位置。

以下使用 JBoss AOP 来实现实例 10-1 中的用户验证横切功能。首先，定义一个拦截器 Auth，其代码参见图 10-12。在 JBoss AOP 中，所有的拦截器都必须实现 org. jboss.

```
import org. jboss. aop. advice. * ;
public class Auth implements Interceptor
{
    public Object invoke(Invocation invocation) throws Throwable
    {
        // 此处为验证 account 是否为合法用户的代码
        return invocation. invokeNext();
    }
}
```

图 10-12　拦截器 Auth

aop. Interceptor 接口。另外,通过在 invokeNext()方法之前加入验证是否为合法用户的代码片段,Auth 实现了在方法调用之前进行合法用户验证的功能。

其次,在 JBoss 的 XML 配置文件中定义切入点,该配置文件的内容如图 10 - 13 所示。这两个切入点分别在调用 Bank 类的 Deposit 与 Withdraw 方法时调用 Auth 拦截器。

```
<? xml version="1.0" encoding="UTF-8">
<bind pointcut="public float Bank-> deposit(AccountInfo account，float money)">
    <interceptor class="Auth"/>
</bind >
<bind pointcut="public float Bank->withdraw (AccountInfo account，float money)">
    <interceptor class="Auth"/>
</bind >
```

图 10 - 13 配置文件中切入点定义

另外,JBoss AOP 也支持使用通配符来实现切入点的匹配,如图 10 - 14 所示。该切入点表示在执行 Bank 类的任意方法时调用 Auth 拦截器。

```
<? xml version="1.0" encoding="UTF-8">
<bind pointcut=" * Bank-> * (..)">
    <interceptor class="Auth"/>
</bind >
```

图 10 - 14 使用通配符定义的切入点

10.2 面向特征的编程

10.2.1 FOP 概述

面向特征编程(Feature Oriented Programming,简称 FOP)是一种通过集成特征模块来开发软件系统的技术。在 FOP 中,特征被定义为用户可以直接感受到的软件功能,一个软件系统则可以被认为是由一系列特征模块组合而成的。例如,一个图书馆管理系统可以由完成图书管理、借书、还书等一组功能的特征通过特定的组合方式被开发得到。在 FOP 中,如何对特征进行模块化以及如何支持基于特征模块的编程是两项主要的研究内容。前者关注于针对特征模块的封装与规约技术;后者则在特征模块的基础上,允许开发者依据与需求相关的特征进行编程,以此得到一个程序来满足用户的规约[10]。另外,由于 FOP 支持对特征模块的层次化定义与灵活组装,因此 FOP 可与软件产品线开发方法紧密结合,它可作为一种面向可变性的体系结构设计方法,也可作为一种基于可变性定制决策的应用产品组装方法。

与面向对象编程相比,FOP 是一种新型的程序构造范式。OOP 中封装的单元是类,一个需求功能的实现往往需要多个类共同协作才能达到目标。OOP 的缺点在于难以建立代码单元(类)与需求功能(特征)之间的一一对应,这使得添加或删除一个功能项时常常需要涉及很多类的改动,所以为程序的开发与维护带来不便。与此相比,FOP 中的封装单元是特征,特征与类可被视为相互正交的程序模块,一个特征的实现往往涉及对多个类的精化。

研究表明,在很多领域将系统基于特征而非业务类进行划分,能够使得系统更容易配置、演化和维护[11]。

下面通过一个缓冲区系统的简单实例描述 FOP 的能力。如图 10-15 的代码所示,对于面向对象编程模式而言,若要在最基本的缓冲区类中增加新的行为(如备份/恢复功能),就需要修改 buffer 类的代码(增加新的属性 back 和方法 restore,并修改 buffer 类中已有的方法 set)。此时,buffer 类与两个需求功能相关,即设置缓冲区内容功能(set 方法)与恢复缓冲区内容功能(restore 方法)。一旦用户又不需要备份/恢复功能,开发者必须再次修改 buffer 类的代码,移除相关的内容。

```
class buffer {                    class buffer {
  int buf = 0;                      int buf = 0;
  int get() {return buf;}           int get() {return buf;}
  void set(int x) {                 int back = 0;
    buf = x;                        void set(int x) {
  }                                   back = buf;
}                                     buf = x;
                                    }
                                    void restore() {
                                      buf = back;
                                    }
                                  }
```

图 10-15   面向对象方法对 buffer 类的修改

当使用 FOP 实现上述功能时,可将附加的需求功能封装于单独的模块中,并将其定义为原始程序的增量。这样,就可以在不更改原始代码的情况下,通过 FOP 提供的精化机制将该增量所包含的能力附加于原始程序之上。在图 10-16 右边部分的代码中,refines 关键字代表该模块是 FOP 中的特征精化,且该模块仅包含与备份/恢复特征相关的代码实现。另外,在该模块中可以通过 Super 访问被精化的特征及其方法,以便达到在已有实现的基础上增加新的行为的目的。

```
class buffer {                    refines class buffer {
  int buf = 0;                      int back = 0;
  int get() {return buf;}           void restore() {
  void set(int x) {                   buf = back;
    buf = x;                        }
  }                                 void set(int x) {
}                                     back = buf;
                                      Super().set(x);
                                    }
                                  }
```

图 10-16   FOP 方法对 buffer 类的修改

FOP 的主要思想是分层(Layering),即将不同的特征看作独立的层次,一个程序则由一组特征按照次序组合而成。一般而言,位于下方的层次不知晓位于其上方层次所提供的功能,而位于上方的层次负责在已有的层次结构之上增加新的功能。因此,需要通过透明的方式将上方层次包含的业务逻辑加入到下方层次的业务功能中。另外,一个程序一般具有一个 base 层次以及诸多位于其上方的层次,将上方的不同层次进行组合可能产生不同的程序,这种对程序可变性的支持与实现是应用 FOP 进行软件产品线开发的主要动力。

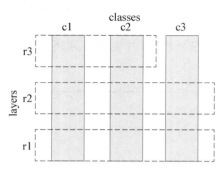

图 10 - 17 Genvoca 层次示例图

另一方面,FOP 也可用于解决横切关注的实际问题。在 FOP 中,一个特征(即一个层次)可以横切程序中的多个类。图 10 - 17 描述了层次横切的场景,其中层 r1 横切了 c1、c2 与 c3 这 3 个类,并且封装了针对这 3 个类的增量实现,r2 具有同样能力,而 r3 仅横切了类 c1 与 c2。当组合了 r1,r2 与 r3 的特征增量后,类 c1,c2 与 c3 也达到了其最终的精化状态,即这 3 个类包含了 r1,r2 与 r3 附加的功能。

与面向方面编程范式相比,虽然两者都能够解决横切关注点的实现问题,但 AOP 侧重于非功能性横切的实现,例如事务、日志、安全性等,而 FOP 侧重于功能性横切关注的实现,即与一个具体的业务需求相对应。

FOP 需要依赖特定的语言来定义组成程序的特征及其层次结构。当前,已有诸多支持 FOP 开发的语言模型,分别是 GenVoca[12],AHEAD[10],FOMDD[13],FeatureC++[14]。FeatureIDE[15, 16] 则是一个用于对 FOP 系统进行建模并实现层次组装的工具。

10.2.2　FOP 语言模型

1. Genvoca

GenVoca(其名字来源于 Genesis 和 Avoca 的组合)模型是为了实现 FOP 而提出的一种早期方法[12]。GenVoca 率先提出了层(Layer)的概念,并且被后续的 FOP 模型所沿用。

GenVoca 为 FOP 定义了一个体系结构模型。其中,基程序被看作常量(Constants),特征精化被看作函数(Functions)。Constants 和 Functions 的名字与它们实现的特征相关联。以下的 Constants 描述了包含两个不同特征的程序:

```
f  //实现特征 f 的基程序
g  //实现特征 g 的基程序
```

一个特征精化是一个函数,它把一个程序作为输入,并以一个包含增量特征的程序作为输出,可以用下面的表达式表示:

```
i(x)  //将特征 i 增加至程序 x 中
j(x)  //将特征 j 增加至程序 x 中
```

一个涵盖了多个特征的应用产品形成一个等式,同时也可以看作一个命名表达式。不同的等式定义了组成产品的不同特征组合。例如:

app1 = i(f)	//应用产品 app1 由特征 f 与特征 i 组合而成
app2 = j(g)	//应用产品 app2 由特征 g 与特征 j 组合而成
app3 = i(j(f))	//应用产品 app3 由特征 f、特征 j 与特征 i 组合而成

GenVoca 模型是一系列常量和函数的集合,它通过一种抽象的方式来指定程序的模块及其构建方式。除此之外,它还包括其他的一些重要特性:

(1)常量和函数能通过多种不同的技术来实现,例如,常量可以是简单的对象和模板,函数可以是复杂的元编程或程序转换系统。

(2)常量和函数看似是无类型的,但是仍然存在类型约束。类型约束是一种语义约束,用来验证特征组装的合法性。例如,在应用系统的构造过程中,通常一个特征的选择会影响对其他特征的选择(若这两个特征有直接的依赖,例如一个特征包含对另一个特征独有功能的精化)。GenVoca 提供了相对简单的自动化语法对上述过程提供了验证。

(3)GenVoca 的等式和精化机制提供了一个简单而又强大的方式来抽象地描述所有制品种类的集成。因此,除了源代码之外,许多其他类型的非代码制品(如 UML 模型、makefile 等)同样能够像源代码一样使用等式表达式进行组合。当为整个产品新增某一个特征时,这些不同类型的制品应该被一致地精化。

(4)GenVoca 的等式描述能力可用于构建软件产品线,以及软件产品线中可变性模块的设计、定制与组装。

2. AHEAD

AHEAD(Algebraic Hierarchical Equations for Application Design)是在 GenVoca 的基础上提出的一种支持 FOP 的体系结构模型,同时 AHEAD 也是一种支持 FOP 的描述语言[10]。AHEAD 从两个方面对 GenVoca 进行了扩展,使其可以描述多系统(Multiple Programs)和提供对多种制品的描述方式(Multiple Representations)。

首先,AHEAD 进一步细化了常量的内部结构。每一个程序(常量)可以包含多种类型的制品,例如源代码、文档、字节码和 Makefile 脚本等,因此一个常量能够被进一步表示为由这些制品组合而成的元组(Tuple)。举例而言,在一个解析器程序中,一个常量 f 被细分为语法 g_f、源代码 s_f 和文档 d_f。程序 f 被建模为 $f=\{g_f, s_f, d_f\}$ 形式的元组。假设这些不同种类的制品最终体现为文件的形式,那么在 AHEAD 中,语法 g_f 对应于一个单独的 BNF 文件,源代码 s_f 对应于一组代码文件 $\{c_1 \ldots c_n\}$,文档 d_f 则对应于一组 HTML 文件 $\{h_1 \ldots h_k\}$。因此,一个具有内嵌结构的常量能够表示成一棵树的形式,从 f 出发,逐层映射为更粒度的程序制品。另外,AHEAD 将元组实现为文件目录,其中,f 是一个包含文件 g_f 以及子目录 s_f 和 d_f 的目录。类似地,目录 s_f 包含文件 $c_1 \ldots c_n$,目录 d_f 包含文件 $h_1 \ldots h_k$。

其次,AHEAD 将特征表示为具有内嵌结构的函数元组,被称为增量(Delta)。增量具有多种形式,包括对程序的精化(保存语义的程序变换)、扩展(扩展语义的程序变换)以及交互(改变语义的程序变化)。如图 10-18 所示,f 是具有内部结构的常量,h 是包括常量和函数(使用△)的元组。

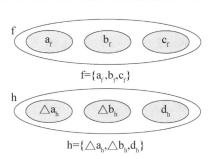

图 10-18 AHEAD 常量与函数示例

在 AHEAD 中,特征精化用 h·f 的方式描述,模块的组装按照类似于面向对象中继承的规则进行。在组装过程中,模块内部的子模块(内部嵌套的常量或者函数)也会嵌套地完成组装。以图 10-18 中的常量 h 和 f 为例,模块组装表达式如下:

$$h \cdot f = \{\triangle a_h, \triangle b_h, d_h\} \cdot \{a_f, b_f, c_f\}$$
$$= \{\triangle a_h \cdot a_f, \triangle b_h \cdot b_f, c_f, d_h\}$$

同样,h·f 也可以看作等式的集合,如下所示:

$$h \cdot f = \{a, b, c, d\} \text{ 其中 } a = \triangle a_h \cdot a_f; b = \triangle b_h \cdot b_f; c = c_f; d = d_h$$

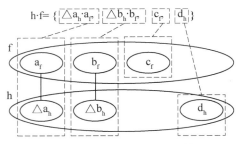

图 10-19　h·f 中的表达式和精化链

图 10-19 描述了 h·f 中表达式和精化链之间的关联。

若表达式中的常量或函数具有更深层次的内部结构,那么这些复合制品内部仍然可以继续嵌套更细粒度的制品。举例而言,在图 10-18 中 $\triangle a_h = \{\triangle x_h, z_h\}$, $a_f = \{x_f, y_f\}$,那么表达式 $\triangle a_h \cdot a_f$ 最终将变为 $\{\triangle x_h \cdot x_f, y_f, z_h\}$。

综合而言,AHEAD 阐释了面向特征软件开发的两个原则:

(1)统一原则(Priciple of Uniformity)表示所有的程序制品都被等同地处理与精化(通过为不同类型制品创建增量);

(2)可扩展原则(Principle of Scalability)表示所有层次的抽象都被统一化对待(通过具有层次结构的嵌套元组)。

在实现方面,AHEAD 最早由 AHEAD 工具集和 Jak 语言实现,它们同时满足了统一原则与可扩展原则。新一代实现 AHEAD 的工具包括 CIDE[17] 与 FeatureHouse[18]。

3. FOMDD

FOMDD(Feature Oriented Model Driven Design)[13] 结合了 AHEAD 与模型驱动设计(Model Driven Design,MDD)的思想。与 AHEAD 不同,FOMDD 进一步考虑了不同类型制品之间的派生关系。以 Java 解析器为例,语法 g_f 与解析器源代码 s_f 之间的关系通过 compile-compile 工具(如 Javacc)定义,而源代码 s_f 与其字节码 b_f 之间的关系则由 Javac 编译器定义。这种不同类型制品之间的派生以及精化关系可以通过交换图(Commuting Diagram)来描述。在一张交换图中,节点表示某一种类型的程序制品,向下的箭头表示基于模型的转换,水平的箭头表示 FOP 中的精化关系。

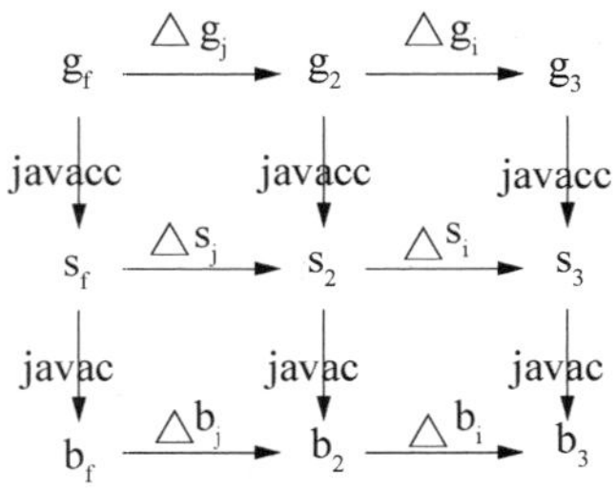

在如图 10-20 所示的交换图中,最左边的 g_f, s_f 与 b_f 可作为程序的基础部分,即常量。最右边的部分则展示了整个程序经过精化后的结果,即 $b_3 = i \cdot j \cdot f = \{g_3, s_3, b_3\}$, $i =$

图 10-20　解析器程序中制品间的派生与精化

$\{\triangle g_i,\ \triangle s_i,\ \triangle b_i\}$，j $= \{\triangle g_j,\ \triangle s_j,\ \triangle b_j\}$。

交换图的一个基本特性是任意两个节点间的所有路径是等价的。举例而言，从最左上方的 g_f 到最右下方的 b_3 可以有多条由派生和精化组成的路径，其中一条是从 g_f 通过模型转换为 b_f，随后再精化得到 b_3，另一条可以是从 g_f 精化得到 g_3，随后再逐步转换至 b_3。这两条路径可以被表示为以下的等同关系：

$$\triangle b_i \cdot \triangle b_j \cdot javac \cdot javacc = javac \cdot javacc \cdot \triangle g_i \cdot \triangle g_j$$

交换图具有实际使用价值。首先，它为识别最优的制品集成方式提供了可能（由于不同顺序的转换、精化路径可能带来不同的代价）；其次，它指明了从一个起始制品构造出目标制品的不同方式。交换图中的一条路径对应了一个工具链。因此对于一个 FOMDD 模型而言，使用不同的工具链从一个制品得到相同的结果，能够验证该 FOMDD 模型是具有一致性的。反之，说明该模型或工具链中具有错误。

10.2.3　FeatureIDE

FeatureIDE 是一个开源的 IDE 框架，用于支持基于 FOSD（Feature-Oriented Software Development）的应用系统开发过程，以及软件产品线的开发过程[15]。FeatureIDE 提供了一整套的工具基础设施用以支持一个软件产品线完整的生命周期管理，从领域分析和特征建模开始，直至覆盖设计、实现以及维护。

早期的 FeatureIDE 支持单一的语言（Jak，来自 AHEAD 工具集），随着 FeatureIDE 的不断完善，一些基于 FOSD 概念的语言也得到了 FeatureIDE 的支持，包括 Java，C++，haskell，C，C♯，JavaCC 以及 XML。除此之外，FeatureIDE 还支持多种不同的建模机制，包括 AHEAD，FeatureC++，FeatureHouse 以及 CIDE。

当前，FeatureIDE 构建在 Eclipse 平台之上。由于 Eclipse 已为多种语言提供编码支持（如 Java 的 JDT，C++的 CDT 等），因此 FeatureIDE 可在此基础上扩展与面向特征语言相关的功能，这些功能具体包括[16]：

（1）领域分析和特征建模。这组功能是与编程语言和组装工具无关的。此外，特征建模工具是可扩展的，FeatureIDE 已扩展了用于编辑特征模型的图形编辑器，而不仅仅是提供命令行工具。FeatureIDE 还支持对其他格式特征模型的读写操作，并支持特征模型格式间的转换。

（2）包含语法加亮显示和代码补全功能的面向特征语言的编辑器，该编辑器是和特定语言相关的。

（3）不同的特征组装工具。FeatureIDE 目前已经集成了 AHEAD，FeatureC++和 FeatureHouse 的插件，支持 Java，C♯，C，C++，Haskell，JavaCC 和 XML 等支持 FOSD 的程序的组装。

（4）支持类型检测以及对于特定语言重构的高级工具。

图 10-21 展示了 FetureIDE 工具的界面结构。在中部的编辑区域内，开发者可以建立 FOP 的层次化模块结构。在创建特征模块过程中，可以赋予这些模块特定的可变性类型，从而支持软件产品线的开发。界面下方的 Collaboraion Diagram 视图展示了当前产品根据

配置选择所具有的模块结构及其层次。例如,在示例 HelloWorld-AHEAD 项目中(下载 FeatureIDE 工具,在 FeatureIDE Example 项目列表中选择此项目),产品的特征模块包括 Hello,Beautiful 与 World。该项目使用 AHEAD 作为 FOP 的描述与实现语言,因此在左边的视图中具有 Features 文件夹,下属各个子文件夹包含了各个特征模块的实现内容。

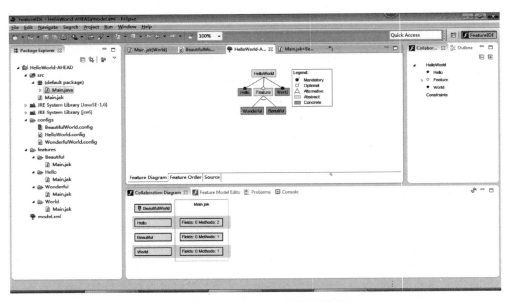

图 10 - 21　FeatureIDE 界面示意图

图 10 - 22 展示了基于上述案例的特征配置。其中,在 Feature 子树下,多选一的两个特征模块(Wonderful 与 Beautiful)只能二者选一,此时 Beautiful 模块被勾选。另外,Hello 与 World 模块作为产品线中的必选模块被强制保留。

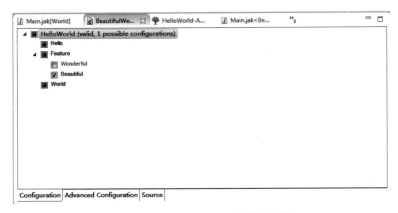

图 10 - 22　FeatureIDE 的特征配置

图 10 - 23 所示的代码是 HelloWorld-AHEAD 项目中根据 AHEAD 语法所编写的各个特征模块的实现体。其中,Hello 模块是基模块,遵循传统 Java 语法,而剩余的 3 个模块具有 refines 关键字,因此可被附加到基模块之上。

```
//Hello 特征中的 main. jak
public class Main {
    public void print() {
        System. out. print("Hello");
    }
    public static void main(String[] args) {
        new Main(). print();
    }
}
```

```
//World 特征中的 main. jak
public refines class Main {
    public void print() {
        Super(). print();
        System. out. print(" world!");
    }
}
```

```
//Beautiful 特征中的 main. jak
public refines class Main {
    public void print() {
        Super(). print();
        System. out. print(" beautiful");
    }
}
```

```
//Wonderful 特征中的 main. jak
public refines class Main {
    public void print() {
        Super(). print();
        System. out. print(" wonderful");
    }
}
```

图 10 - 23　基于 AHEAD 语法的特征实现

图 10 - 24 展示了根据配置所自动生成的 AHEAD 模块集成文件，以及自动转换出的 Java 源文件。执行 Main. java，即能在 Console 视图中打印出"Hello beautiful world!"。

```
//Main. jak
SoUrCe RooT Hello ".. /features/Hello/Main. jak";
abstract class Main $ $Hello {
    public void print() {
        System. out. print("Hello");
    }
    public static void main(String[] args) {
        new Main(). print();
    }
}
SoUrCe Beautiful ".. /features/Beautiful/Main. jak";
abstract class Main $ $Beautiful extends Main $ $Hello
{
    public void print() {
        Super(). print();
        System. out. print(" beautiful");
    }
}
SoUrCe World ".. /features/World/Main. jak";
public class Main extends Main $ $Beautiful   {
    public void print() {
        Super(). print();
        System. out. print(" world!");
    }
}
```

```
//Main. java
abstract class Main $ $Hello {
    public void print() {
        System. out. print("Hello");
    }
    public static void main(String[] args) {
        new Main(). print();
    }
}
abstract class Main $ $Beautiful extends Main $ $Hello
{
    public void print() {
        super. print();
        System. out. print(" beautiful");
    }
}
public class Main extends Main $ $Beautiful   {
    public void print() {
        super. print();
        System. out. print(" world!");
    }
}
```

图 10 - 24　FeatureIDE 的模块组成及自动转换

10.3 模型驱动的体系结构

10.3.1 MDA 概述

模型驱动的体系结构(Model Driven Architecture,简称 MDA)[19],是由 OMG 组织(Object Management Group,对象管理集团)于 2001 年提出的应用模型技术进行软件系统开发的方法论和标准体系,当前已经广泛应用于电信、金融、航空航天、电子商务等众多行业领域中。MDA 的核心思想是将与实现技术无关并且能够完整描述业务功能的模型从具体实现中抽象出来,形成平台无关模型(Platform Independent Model,PIM),随后针对不同实现技术指定多种转换规则,通过这些转换规则及辅助工具将 PIM 转换成与具体实现技术相关的平台特定模型(Platform Specific Model,PSM),最后将经过不断完善的 PSM 自动化地转换成软件代码,并在目标平台上部署和运行。

MDA 的提出源于软件开发行业长久以来所积累的问题。自从 20 世纪 90 年代以来,软件方法与技术不断革新,支持不同标准的中间件产品并存。这种中间件的分化现象带来了中间件平台之间的互操作障碍,使得在不同中间件之间进行系统的集成需要付出昂贵的代价。另一方面,传统的软件开发模式往往将业务逻辑与具体的实现技术(具体的编程语言、具体的实现框架等)相绑定,这降低了开发出来的应用产品在不同平台上的可移植性,加大了软件系统受制于特定技术平台从而无法灵活调整的风险。因此,软件企业与研究机构都在找寻一种有效的方法以提高软件系统的互操作性、可移植性以及可重用性。

MDA 是一套贯穿于软件开发整个生命周期的完整的规范和方法体系,它可用来解决以上问题。MDA 通过对 PIM 和 PSM 的建模与转换,将业务逻辑与特定平台的实现技术相互分离,从而使得同一个 PIM 能够具有多种针对特定平台的技术实现,同时也使得表示业务需求的模型不会随着技术的变迁而改变。

在 MDA 网站的主页右侧,OMG 对 MDA 给出解释,并且将 MDA 引入如何构造软件系统这一课题上。

如何去构造软件系统[19]

MDA 提供了一个中立于各开发商的开放的方法,以应对业务和技术变化带来的挑战。基于 OMG 制定的各项标准,MDA 将业务和应用逻辑与底层平台技术分离开来。通过使用 UML 以及其他 OMG 建模标准,来表达应用程序或者集成系统的业务功能和行为,得到的平台无关模型可以通过 MDA 实现到各种平台上,例如 Web Services,.NET,CORBA,J2EE 等。这些平台无关模型将应用的业务功能与行为同实现它们的技术特定的代码分离开来。随技术一起的,是为支持跨越不同平台的交互性而带来的无情的繁杂循环,MDA 将应用的核心从它们的魔爪中解放出来。在 MDA 的工作方式下,不管应用哪种具体的技术平台,系统的业务部分和技术部分都可以各自演进(而互不影响),业务逻辑随业务需求的变化而改变,如果业务有需要的话,技术部分也可以随时享受到新技术发展带来的好处。

图 10 - 25 展示了 MDA 的总体结构,该结构描绘出 MDA 标准体系的构成与相互关联,其中,从内环向外环的过渡性体现了 MDA 软件开发方法的主导思想。

MDA 的核心是对象管理组织（Object Management Group,OMG）的建模标准,包括 UML,CWM 和 MOF。MDA 依据这些标准为企业应用建立独立于实现技术的平台无关模型 PIM。以下对涉及的几项术语进行简要介绍。

图 10 - 25　MDA 的总体结构[19]

（1）UML(Unified Modeling Language)[20]是一套标准的面向对象分析和设计的图形化建模语言,它支持系统分析与设计人员基于可视化模型的方式对软件系统进行规约（Specification）、构造(Construction)与文档化(Documentation)。在 MDA 中,所建立或使用到的各种模型均采用 UML 进行描述。

（2）CWM(Common Warehouse Metamodel)[21]为数据仓库和业务分析领域最为常见的业务与技术相关元数据的表示定义了元模型。CWM 实际上提供了一个基于模型的方法来实现异构软件系统之间的元数据交换。依据 CWM 建立的数据模型,尽管数据被存储于不同的软件系统中,但可以很便利地对其进行整合和集成,进而确保数据挖掘等应用可以跨越企业数据库的边界。

（3）MOF(Meta Object Facility)[22]是 OMG 提出的一个对元模型进行描述的规范的公共抽象定义语言。MOF 是一种元-元模型,即元模型的元模型。MDA 中,UML,CWM 元模型均以 MOF 为基础。MOF 标准的建立确保了不同元模型之间的交换。作为一个描述建模语言的标准语言,MOF 标准避免了将来由于建模语言不同而引起的建模语言间相互理解与转换的障碍。

MDA 核心的外层（即中间层）是 MDA 对各种实现技术平台（如 CORBA,J2EE,. NET,XMI/XML,Web 服务等)的支持。显然,随着中间件平台与相关技术的不断发展,处于这个层次中的列表也将不断扩展。在这个层次上,平台无关模型 PIM 被转换成为与各个平台技术特性相关的平台特定模型 PSM,并进而在这些目标平台上部署与实现。在这个层次上,除了各种特定技术标准之外,MDA 还包括 UML Profile 和 XMI。

（1）UML Profile[23]是对 UML 的扩展,通过对 UML 添加新的语言元素增强该语言的描述能力,以支持对特定计算环境和特定平台技术的表达。UML Profile 一般具有两种类型:其一是基于语言的 Profile,它在 UML 之外扩展新的内容,增加 UML 的新语义;其二是基于注释的 Profile,它为 UML 模型附加所需要的其他信息。

（2）XMI(XML Metadata Interchange)[24]通过标准化 XML 文档格式和 DTD,为 UML 元模型和模型(元模型可被视为模型的特例)定义了一个基于 XML 的交换格式,同时也定义了一个从 UML 到 XML 的映射。在 MDA 中,XMI 定义了使用 XML 对 UML 模型进行描述的方式。UML 作为一个图形化的模型描述语言不便于被计算机所理解,而 XMI 提供了一个文本形式的模型描述方法,加以 XML 标记语言自身的技术无关性,为各个平台间模型共享和交换提供了一个便于计算机处理的途径。

MDA 结构图的最外环是 MDA 提供的公共服务,被命名为普适服务(Pervasive Services),这些普适服务为企业所要进行的一系列计算提供运行环境,包括目录服务(Directory)、事务服务(Transactions)、事件处理服务(Events)、安全服务(Security)等。如果这些服务仅被定义在特定平台之上,就会限制了服务的通用性以及整体系统的互操作性。为了避免这种情况的发生,MDA 抽象出该层次。普适服务位于一个平台无关的高抽象层次,适用于所有的计算环境和应用。通过映射普适服务可在 MDA 所支持的平台上得以具体实现,确保其不受某一特定平台特性的限制。

在 MDA 结构图中,向外发散的箭头是指 MDA 在不同垂直领域的应用,例如电信、金融、交通、航空等。这种支持体现在两个方面:第一是为特定领域的应用提供了建模标准和公共模型,实现领域应用的可重用性、可移植性和互操作性;第二是为各行业领域软件系统的开发和集成提供通用方法论。OMG 下属的领域技术委员会 DTC 负责为包括电信、金融、制造业等在内多个应用领域的服务与设施进行标准化。在 DTC 的领导下,不同的领域任务组分别致力于采用 MDA 相关标准为各自的应用领域建立框架和功能规范,即建立标准化的领域应用平台无关模型、平台特定模型等。

10.3.2　MDA 模型体系

OMG 为不同的领域建模语言定义了一个"统一的语义基础",即 MOF,因此不同的模型与 MOF 存在层次关系。依据模型之间的描述与定义关系,MDA 中的模型被组织为 4 层结构,图 10-26 是对 MDA 模型体系的层次划分和组织架构的描述。在该结构中,MDA 的模型被分为 M0 至 M3 这 4 个层次,处于上方的层次是处于下方层次的定义基础,即作为下方层次模型的元模型。从另一个角度而言,下方层次模型是上方层次模型的一种具体应用。

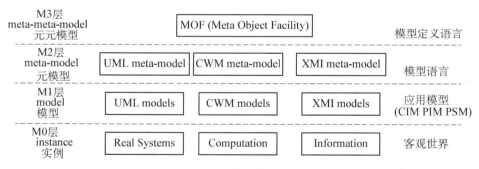

图 10-26　MDA 模型体系的 4 层结构

(1) M0 层是实例层,是对 M1 层模型的实例化。这一层中的模型实例是对客观世界的直接反映,例如,对应 UML 模型的一个具体程序。

(2) M1 层是模型层,该层中的模型(在结构图中被称为应用模型)是在 M2 层定义的元模型基础上建立起来的。模型层中的模型是系统建模人员通常所面对的模型,他们负责建立并维护这些模型。例如,开发人员构建 UML 模型用于支持软件的分析和设计。

(3) M2 层是元模型层,该层涵盖针对 M1 层模型的元模型(在结构图中被称为模型语言），例如 UML 元模型和软件过程工程元模型（Software Process Engineering Metamodel，简称 SPEM）。M2 层元模型中提取了不同领域的抽象概念和关系结构，为 M1 层的建模提供了建模符号。也就是说，M2 层提供对应不同领域的领域建模语言。

（4）M3 层是元元模型层，MOF 位于这一层。MOF 是 M2 层所有元模型的元模型，它是一种模型定义语言，提供了定义 M2 层元模型所需要的更抽象一级的建模符号。同时它也是自描述的，即 MOF 可以描述 MOF 元模型自身。需要注意的是，在 MDA 框架中 M3 层只有 MOF 这一个模型，它是 MDA 中最基础和核心的标准。MOF 为 MDA 框架中的所有模型与元模型提供了统一的语义基础，这使得基于 MOF 的模型间的互操作成为可能。

MDA 的应用模型主要包括计算无关模型、平台无关模型与平台特定模型[25]，它们都处于 M1 层次。

（1）计算无关模型（Computation Independent Model，CIM）：CIM 是 MDA 基于计算无关视角（CIV）建立的系统模型，用来描述系统需求、功能、行为和运行环境，也称为业务模型。CIM 侧重于表述系统的外部行为和运行环境，而不表现系统的内部结构和实现细节等相关内容。在 MDA 中，CIM 为领域专家与系统设计专家之间关于领域需求的沟通和交流提供了桥梁，并直接支持 PIM 和 PSM 模型的构造和实现。

（2）平台无关模型（Platform Independent Model，PIM）：PIM 是 MDA 基于平台无关视角（PIV）建立的系统模型。PIM 是抽象出的业务逻辑，它不包含与特定实现平台和特定技术相关的信息。PIM 的这种平台无关性使其能够在任何技术平台上均得以实现。

（3）平台特定模型（Platfonn Specifie Model，PSM）：PSM 是 MDA 基于平台特定视角（PSV）建立的系统模型。PSM 从相应的 PIM 转换而来，它既包含了 PIM 中所定义的业务逻辑规范，也包含了与选定的平台和技术相关的特定实现细节。

可见，以上 3 种应用模型逐步包含更多的结构与实现细节。对于一个软件系统而言，在它的开发过程中可能涉及多个同类型的应用模型。

10.3.3 基于 MDA 的软件开发过程

图 10-27 是基于 MDA 的软件开发过程示意图，它是在参考并修改文献[26]中定义的 MDA 软件过程后绘制而成。在图 10-27 中，圆角方框代表软件开发活动，按照时间线的方向分别是需求收集、需求分析、系统设计与实现；方框代表不同类型的应用模型；带箭头的虚线表示模型与开发阶段的对应关系，指示哪些开发阶段能够创建哪些模型，以及哪些模型能够用于后续的开发阶段。

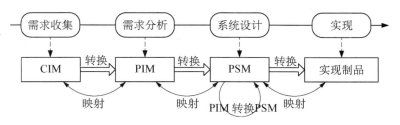

图 10-27 MDA 的软件开发过程

MDA 软件开发过程采用面向模型的技术来驱动软件开发的每一个步骤或活动。CIM 对应需求收集活动,从计算无关的视角描述系统的外部行为和运行环境。PIM 对应于需求分析活动,与 CIM 相比 PIM 拥有更多的业务逻辑方面的知识。PSM 对应于系统设计活动,它在 PIM 基础上融入更多的与实现平台相关的细节。实现制品对应实现活动,它包括可运行、部署的代码,保证软件正常运行的配置规范等不同类型的制品。实现制品可被视为一种特殊类型的平台特定模型,它们内含的与特定平台相关的实现细节能够用于构建软件系统并使之运行。

CIM,PIM 和 PSM 是软件开发不同阶段的产成品,它们可以在类似的软件系统开发的不同阶段被复用。在这 3 类模型中,PIM 最具有可复用性,这是因为 PIM 描述领域知识,这些知识与特定平台的实现代码分离,这使得系统业务逻辑的变更与演化不会受制于某一种特定的实现平台。也就是说,当需要依赖新的平台实现软件系统时,开发者无需抛弃 PIM,只需要基于同一个 PIM 建立与新平台相关的 PSM 并最终实现系统。另外一个原因是 PIM 一般采用通用的模型描述语言,在一个与平台技术无关的层次上描述对系统进行分析和设计的结果,这种通用性有利于 PIM 的复用。

PIM 和 PSM 并不是从头开始创建的。一般来说,新模型(沿着时间线方向在不同开发阶段所要创建的模型)是在已有模型的基础上,通过模型映射与模型转换的技术,结合新模型所需关注的内容与细节,从而逐步被建立起来。

模型映射与模型转换是 MDA 开发过程中的关键技术。

模型映射(Model Mapping)是模型转换时所需定义的模型元素间的映射关系,它提供了一组转换规则以及规格标准。在 MDA 中,从 CIM 到 PIM,从 PIM 到 PSM,以及从 PSM 到具体实现之间都应该建立映射。为了保证模型转换的正确性并且提高转换的自动化程度,模型映射需要尽量完整并无遗漏地描述出模型元素间的对应关系。MDA 提供了两种模型映射方法:类型映射和实例映射[25]。大多数情况下,模型映射需要结合使用类型映射和实例映射这两种方法。

(1) 类型映射:类型映射提供了从 PIM 采用的模型语言类型到 PSM 采用的模型语言类型的映射。PIM 采用某种平台无关的建模语言,利用该语言的建模元素对模型进行描述。同样,PSM 采用另一种平台特定的模型语言,利用该语言的建模元素进行描述。类型映射建立两种建模语言元素之间的映射关系,并据此形成转换规则,指示建模语言元素之间如何进行转换。基于类型映射进行的模型转换可被理解为一个模型语言的基于规则的"翻译"过程。当语言元素的转换完成时,相应地 PIM 就被转换为 PSM。

(2) 实例映射:实例映射是通过对 PIM 模型元素加以标记(Marks)来标识该元素以某种特定方式转换为 PSM 模型元素。标记是元素转换的规则和规格标准的集合。当得到一个 PIM,需要对该模型进行标记,标记后的 PIM 是进一步生成 PSM 的直接基础。实例映射中的标记是平台特定的,其内容体现着 PSM 所选定的实现平台的特定要求。另外,可以在标记中附加相应的类型约束条件(满足应用环境的特殊要求、体现设计人员自身设计经验的约束条件),确保模型转换的语义正确性。当模型转换需要满足一些特殊应用要求时,一般采用实例映射的方法。

模型转换(Model Transformation)是应用模型映射将描述同一系统的某种模型转换为另一种模型的过程。在 MDA 中,模型转换的核心是 PIM 到 PSM 的转换,但也包括从 CIM

到 PIM 的转换,以及从 PSM 到具体实现的转换。对于从 PIM 到 PSM 的模型转换而言,其输入是一个已存在的 PIM 和选定的某个映射,输出的结果是相应的 PSM 和转换记录。转换记录记载了模型转换的过程和内容,包括 PIM 元素和 PSM 元素之间的转换对应关系、映射的应用对象和范围等,它用于检查模型转换的正确性和有效性。

MDA 提供两种基本的模型转换方法,分别对应于类型映射和实例映射这两种模型映射方法[25]。

(1) 采用类型映射的模型转换方法:图 10-28(a)为采用类型映射的模型转换方法。当一个采用某种平台无关模型语言描述的 PIM 已经准备好,目标平台已经选定,且类型映射已被定义时,该 PIM 依据类型映射定义的转换规则被转换为采用另一种平台特定模型语言描述的 PSM。

(2) 采用实例映射的模型转换方法:图 10-28(b)为采用实例映射的模型转换方法。当一个 PIM 准备好,目标平台已经选定,映射已经定义时,首先对该 PIM 进行标记,然后依据映射将已标记的 PIM 转换为相应的 PSM。

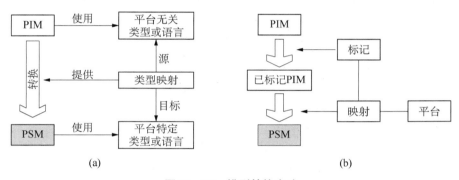

图 10-28   模型转换方法

模型转换可以由设计人员手工完成,这需要设计人员参与和控制转换的整个过程,包括 P1M 的准备、目标平台的选定、模型映射的定义和设置、转换过程的记录、转换结果的保存等。模型转换也可以由软件工具自动完成,但这需要提前准备好 PIM 以及相应的支持自动生成 PSM 所需要的全部映射信息。如果映射信息不够完备,例如,转换规则定义不完整或标记信息不全,那么在转换过程中仍然需要设计人员的人工参与并对关键转换进行决策。软件工具还多用于从 PSM 到程序代码的自动生成工作,这是一种特殊的模型转换,即针对同一个系统同一层次的不同描述方式之间的转换。

然而,在大多数情况下,从 CIM 到 PIM,PSM 直至到最终实现的模型转换,并非能够一次完成,而需要经过多次迭代,这体现在图 10-27 中 PSM 下方的循环箭头上。这是由于模型转换的次数取决于对每次转换结果的可用性评价。例如,一个 PIM 首先被转换为特定于构件技术平台的 PSM1,但此时 PSM1 没有确定具体采用哪一种基于构件的中间件进行实现(可选的中间件可包括 CORBA,EJB, COM/DCOM 等)。随后,系统设计工作进一步细化为决定采用 CORBA 技术,此时 PSM1 中的平台相关性成为针对 CORBA 的平台无关性,因此 PSM1 可被视为平台无关模型,并被进一步转换为特定于 CORBA 平台的 PSM2。类似地,设计人员最终决定采用某公司的 CORBA 产品作为实现方案,此时 PSM2 中的平台相关特性又成为针对该特定 CORBA 产品的无关特性,因此 PSM2 被作为平台无关模型被转换为特定于该 CORBA 技术平台的 PSM3。在该场景中总共进行了 3 次模型转换,每次转换的原因都是由于设计方案的细化,因此对相应模型可用性程度的要求也愈发提高。另外,通过这个场景(PSM2 既是 PSM1 的 PSM,又是 PSM3 的 PIM),也可以看出 PIM 和 PSM 中的平台是相对的概念,平台以软件开发者的知识作为其无关与有关的评判标准,即:超出当前开发者知识范畴的软件技术细节即可认为是与平台相关的,而一旦开发者的知识扩展,则相关的平台知识也可融入到平台无关模型中。

10.3.4　MDA 应用实例

MDA 的一种典型应用是将与编程语言无关的 UML 模型转换为特定语言的实现代码。由于实现代码也可被视作一种模型,即 PSM 的一种特例,因此这种转换可以是从 PIM 到 PSM 的采用类型映射方法的模型转换过程。

在众多 UML 工具中,StarUML 是一种较为常用的 UML 建模工具[27]。除了以图形化方式设计面向对象的 UML 模型之外,它也能够支持从 UML 类图自动生成 Java,C++或 C♯ 的代码框架。显然,从 UML 类图分别转换至 Java,C++与 C♯ 的类型映射规则已经被集成在 StarUML 工具中。

图 10 - 29 是使用 StarUML 工具建立的一个简单的类图。该类图实例涵盖类、接口、继承、聚集、实现、关联等各种元素。其中,SalesOrder 类继承 GeneralOrder 类,在继承 String 类型的 orderID 之外,子类还增加了 double 类型的 salesAmount 成员变量。SalesManagement 类聚集 SalesOrder 类,将其作为类的一个成员,同时该类具有 handleSalesOrder 方法。另外,SalesManagement 类关联 Payment 接口,即在运行过程中会调用 Payment 接口提供的 Pay 方法。Payment 接口被 CreditPayment 与 GiftcardPayment 这两个类实现,在这两个类中分别实现了 Pay 方法的具体应用逻辑。

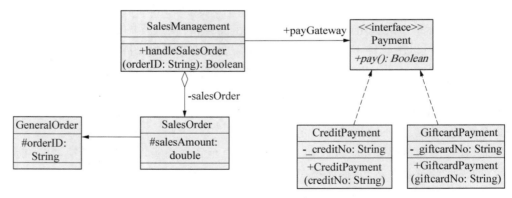

图 10 - 29　UML 类图实例

在该 UML 项目中加入 C++ Profile 与 Java Profile 后(通过选择 Model-Profile 菜单),工具能够将类图自动转换为 C++与 Java 的代码框架。代码框架包括类、成员变量与成员方法的声明,以及与继承、实现、关联关系相关的程序代码,这些语言实现方式在 C++与 Java 语言中是各不相同的。例如,在表示继承关系时,C++语言会在定义一个类的声明语句之后加上冒号与父类名,而 Java 语言会使用 extends 关键字和父类名。然而,代码框架并不包括具体的方法实现逻辑,这是由于类图并未包含这些逻辑,因此具体的方法实现体需要开发人员在该代码框架基础上手工编写。

图 10-30 展示了从该类图实例自动生成的 C++代码中的 SalesManagement 类代码。该代码包括头文件与 cpp 文件。头文件中声明了成员方法以及成员变量,在 cpp 文件中则为具体的成员方法的实现体预留了空间。

SalesManagement. h	SalesManagement. cpp

`//`
`//`
`//    Generated by StarUML(tm) C++ Add-In`
`//`
`//    @ Project : example`
`//    @ File Name : SalesManagement. h`
`//    @ Date : 2013/12/31`
`//    @ Author :`
`//`
`//`
`#if ! defined(_SALESMANAGEMENT_H)`
`#define _SALESMANAGEMENT_H`
 	
`#include "Payment. h"`
`#include "SalesOrder. h"`
 	
`class SalesManagement {`
`public:`
`    Boolean handleSalesOrder(String orderID);`
`    Payment  * payGateway;`
`private:`
`    SalesOrder  * salesOrder;`
`};`
 	
`#endif  //_SALESMANAGEMENT_H`
	`//`
	`//`
	`//    Generated by StarUML(tm) C++ Add-In`
	`//`
	`//    @ Project : example`
	`//    @ File Name : SalesManagement. cpp`
	`//    @ Date : 2013/12/31`
	`//    @ Author :`
	`//`
	`//`
	
	`#include "SalesManagement. h"`
	
	`Boolean  SalesManagement::handleSalesOrder ( String orderID) {`
	
	`}`

图 10-30　SalesManagement 的 C++实现

图 10-31 则展示了 C++代码框架中与 Payment 接口以及 GiftcardPayment 相关的类实现。由于 C++不支持接口,因此该代码框架中使用抽象类与派生类实现类图中所指定的接口与实现关系。

与 C++语言不同,从类图实例自动生成的 Java 代码中的 SalesManagement 类代码如图 10-32 所示。

另外,Payment 接口以及 GiftcardPayment 类的实现如图 10-33 所示。Java 语言支持接口,因此 Payment 被声明为"interface",而 GiftcardPayment 则实现(implements)该接口。

使用 MDA 的方式根据 UML 类图自动生成代码框架能够提高开发效率。同时,MDA 也能够为软件的演化带来便利。当软件应用的业务逻辑发生变化时,仅需修改与实现语言无关的 UML 模型,并重新执行代码自动生成的过程即可将模型的变更同步传播至实现代码。

Payment. h	GiftcardPayment. h

`//`
`//`
`// Generated by StarUML(tm) C++ Add-In`
`//`
`// @ Project : example`
`// @ File Name : Payment. h`
`// @ Date : 2013/12/31`
`// @ Author :`
`//`
`//`
`#if ! defined(_PAYMENT_H)`
`#define _PAYMENT_H`
 	
`class Payment {`
`public :`
`    virtual Boolean pay() = 0;`
`};`
`#endif  //_PAYMENT_H`
	`//`
	`//`
	`// Generated by StarUML(tm) C++ Add-In`
	`//`
	`// @ Project : example`
	`// @ File Name : GiftcardPayment. h`
	`// @ Date : 2013/12/31`
	`// @ Author :`
	`//`
	`//`
	`#if ! defined(_GIFTCARDPAYMENT_H)`
	`#define _GIFTCARDPAYMENT_H`
	
	`#include "Payment. h"`
	`class GiftcardPayment : public Payment {`
	`public :`
	`    void GiftcardPayment(String giftcardNo);`
	`    Boolean pay();`
	`private :`
	`    String _giftcardNo;`
	`};`
	`#endif  //_GIFTCARDPAYMENT_H`

图 10 - 31　Payment 与 CreditPayment 的 C++实现

```
//
//
// Generated by StarUML(tm) Java Add-In
//
// @ Project : example
// @ File Name : SalesManagement. java
// @ Date : 2013/12/31
// @ Author :
//
//
public class SalesManagement {
    private SalesOrder salesOrder;
    public Payment payGateway;
    public Boolean handleSalesOrder(String orderID) {

    }
}
```

图 10 - 32　SalesManagement 的 Java 实现

Payment. java	GiftcardPayment. java
| ```
//
//
//  Generated by StarUML(tm) Java Add-In
//
//  @ Project ：example
//  @ File Name ：Payment. java
//  @ Date ：2013/12/31
//  @ Author ：
//
//
public interface Payment {
    public abstract Boolean pay()；
}
``` | ```
//
//
//  Generated by StarUML(tm) Java Add-In
//
//  @ Project ：example
//  @ File Name ：GiftcardPayment. java
//  @ Date ：2013/12/31
//  @ Author ：
//
//
public class GiftcardPayment implements Payment {
    private String _giftcardNo;
    public void GiftcardPayment(String giftcardNo) {
    }

    public Boolean pay()；
}
``` |

图 10-33 Payment 与 CreditPayment 的 Java 实现

本章参考文献

［1］ Robert E Filman 等著,莫倩等译. 面向方面的软件开发. 机械工业出版社,2006.

［2］ Siobhan Clarke 著. 面向方面的设计与分析：Theme 方法. 机械工业出版社,2006.

［3］ AspectJ. http://www. eclipse. org/aspectj/.

［4］ AspectWerkz. http://aspectwerkz. codehaus. org/.

［5］ JBoss AOP. http://www. jboss. org/jbossaop/.

［6］ Spring AOP. http://static. springsource. org/spring/docs/2. 5. 5/reference/aop. html.

［7］ AspectSharp. http://sourceforge. net/projects/aspectsharp/.

［8］ AspectC＋＋. http://www. aspectc. org/.

［9］ Russ Miles 著,程利剑译. AspectJ Cookbook(中文版). 清华大学出版社,2006.

［10］ Don S Batory, Jacob Neal Sarvela, Axel Rauschmayer. Scaling Step-wise Refinement. IEEE Transaction on Software Engineering, 2004,30(6):355-371.

［11］ Robert Bruce Findler, Matthew Flatt. "Modular Object-oriented Programming with Units and Mixins". In the Proceedings of the third International Conference on Functional programming, 1998, pp. 94-104.

［12］ Don S Batory, Vivek Singhal, Jeff Thomas, Sankar Dasari, Bart J Geraci, Marty Sirkin. The GenVoca Model of Software-system Generators. IEEE Software, 1994,11(5):89-94.

［13］ Salvador Trujillo, Don S Batory, Oscar Díaz. "Feature Oriented Model Driven Development：A Case Study for Portlets". In the Proceedings of the 29th international conference on Software Engineering, 2007,pp. 44-53.

［14］ Sven Apel, Thomas Leich, Marko Rosenmüller, Gunter Saake. "FeatureC＋＋: On the Symbiosis of Feature-Oriented and Aspect-Oriented Programming". In the Proceedings of the 4th international conference on Generative Programming and Component Engineering, 2005,pp. 125-140.

［15］ Christian Kastner, Thomas Thum, Gunter Saake, Janet Feigenspan, Thomas Leich, Fabian Wielgorz, Sven Apel. "FeatureIDE: A Tool Framework for Feature-oriented Software Development".

Software Engineering

In the Proceedings of the 31st International Conference on Software Engineering, 2009, pp. 611 – 614.

[16] FeatureIDE. http://wwwiti. cs. uni-magdeburg. de/iti_db/research/featureide/.

[17] Christian Kästner, Sven Apel, Salvador Trujillo, Martin Kuhlemann, Don S. Batory. "Guaranteeing Syntactic Correctness for all Product Line Variants: A Language-independent Approach". In the Proceedings of the 47th International Conference on Technology of Object-Oriented Languages and Systems, 2009, pp. 175 – 194.

[18] Sven Apel, Christian Kastner, Christian Lengauer. "FEATUREHOUSE: Language-independent, Automated Software Composition". In the Proceedings of the 31st International Conference on Software Engineering, 2009, pp. 221 – 231.

[19] MDA. http://www. omg. org/mda/.

[20] UML. http://www. uml. org/.

[21] John D Poole. "Model-driven Architecture: Vision, Standards and Emerging Technologies". Position Paper, in European Conference on Object-Oriented Programming, Workshop on Metamodeling and Adaptive Object Models, 2001.

[22] MOF. http://www. omg. org/spec/MOF/2. 0/.

[23] UML Profile. http://www. uml-diagrams. org/profile-diagrams. html#profile.

[24] XMI. XML Metadata Interchange. http://www. omg. org/technology/xml/index. htm.

[25] Joaquin Miller, Jishnu Mukerji. "MDA Guide Version 1. 0. 1". OMG, 2003.

[26] Sinan Si Alhir. "Understanding the Model Driven Architecture (MDA)". Methods & Tools, 2003.

[27] StarUML. http://staruml. sourceforge. net/.

图书在版编目(CIP)数据

软件工程:方法与实践/赵文耘等著. —上海:复旦大学出版社,2014.12
21世纪复旦大学研究生教学用书
ISBN 978-7-309-11010-4

Ⅰ.软… Ⅱ.赵… Ⅲ.软件工程-高等学校-教学参考资料 Ⅳ.TP311.5

中国版本图书馆 CIP 数据核字(2014)第 230231 号

软件工程:方法与实践
赵文耘 彭 鑫 张 刚 沈立炜 著
责任编辑/梁 玲

复旦大学出版社有限公司出版发行
上海市国权路 579 号 邮编:200433
网址:fupnet@ fudanpress.com http://www.fudanpress.com
门市零售:86-21-65642857 团体订购:86-21-65118853
外埠邮购:86-21-65109143
常熟市华顺印刷有限公司

开本 787×1092 1/16 印张 24.25 字数 561 千
2014 年 12 月第 1 版第 1 次印刷

ISBN 978-7-309-11010-4/T·525
定价:59.00 元